宠物疾病
临床诊疗与用药指南

刘建柱　王金纪　全双军　主编

化学工业出版社

·北京·

图书在版编目（CIP）数据

宠物疾病临床诊疗与用药指南 / 刘建柱，王金纪，
全双军主编. — 北京：化学工业出版社，2023.12
ISBN 978-7-122-44042-6

Ⅰ．①宠⋯　Ⅱ．①刘⋯ ②王⋯ ③全⋯　Ⅲ．①宠物-
动物疾病-诊疗-指南②宠物-动物疾病-用药法-指南
Ⅳ．①S858.93-62

中国国家版本馆 CIP 数据核字（2023）第 154055 号

责任编辑：邵桂林　　　　　　　　　　装帧设计：张　辉
责任校对：宋　玮

出版发行：化学工业出版社（北京市东城区青年湖南街 13 号　邮政编码 100011）
印　　装：河北鑫兆源印刷有限公司
787mm×1092mm　1/16　印张 27½　字数 678 千字　2024 年 1 月北京第 1 版第 1 次印刷

购书咨询：010-64518888　　　　　　　售后服务：010-64518899
网　　址：http：//www.cip.com.cn
凡购买本书，如有缺损质量问题，本社销售中心负责调换。

定　　价：99.00 元

编写人员名单

主　　编	刘建柱	王金纪	全双军	
副 主 编	赵仁玉	郭士玲	于　宏	杨志昆
	杨志强	战余铭	雷谦谦	
其他参编	高晓慧	任璐璐	张思远	王丽晓
	张　琳	张广斌	庚承芳	张　劲
	梁　潇	米雪丽	刘鑫鑫	杜昌宏
	赵云玲	张广斌	孙培功	王洪涛
	刘玉权	刘晓婷	薛　坤	吕昌洋
	曲　瑶	张治中	高亿凡	戚伊健
	赵茜曼	刘　霞	毛迎雪	杨孟豪
	闫广伟	宋凯敏	许慧玲	陈　鹏
	崔煜坤	孙文静	郝　盼	程　佳
	罗金剑	刘明超	张　璐	王胜男
	陈　斐	周　栋	李桂华	洒　潇
	李金玲	蒋猛琳		

前　言

　　从饲养到陪伴，宠物被赋予多重功能，已成为很多人不可或缺的"家庭成员"之一。《中国宠物行业白皮书》显示，2021 年，中国宠物消费市场规模达到 2490 亿元，中国宠物家庭户数规模即将破亿，核心宠物猫狗的规模将达 1.2 亿只；艾媒咨询发布的《2022—2023 年我国宠物产业发展及消费者调研研究报告》显示，2022 年，中国宠物经济产业规模达 4936 亿元。宠物经济的迅速发展必然导致宠物疾病的诊疗需求越来越大，需要的宠物医生也越来越多，宠物医学专业、动物医学专业学生及宠物从业者也越来越多。

　　目前关于宠物医学方面的图书很多，均具有很好的学习参考价值，但关于宠物临床用药的图书大多以单纯介绍用药为主。本书将宠物疾病诊断与用药相结合，在编写过程中力求简单明了，在疾病诊断的基础上可让读者选择性地使用建议的药物进行治疗，并且说明了该药物的使用注意事项，这也是本书的重要特色之一！

　　需要特别说明的是，本书中的宠物临床诊疗药物及其使用剂量仅供读者参考，不可完全照搬，临床应用时应根据病情轻重缓急酌情调整剂量和疗程。在生产实际中，所用药物学名、通用名和实际商品名称有差异，药物浓度也有所不同，建议读者在使用每一种药物之前，参阅厂家提供的产品说明以确认药物用量、用药方法、用药时间及禁忌等。购买药品时，执业兽医有责任根据专业经验和对患病宠物的了解决定用药量及选择最佳治疗方案。

　　本书在编写过程中力求完善，但由于时间仓促，加之编者水平有限，疏漏和不当之处在所难免，敬请广大读者批评指正。

刘建柱

2023 年 10 月于山东农业大学岱宗校区

目 录

第一章　传染病

第一节　病毒性传染病

一、犬瘟热

1. 概念

犬瘟热（Canine distemper）是由犬瘟热病毒（CDV）引起，感染犬科、鼬科和一部分浣熊科动物的高度接触性、致死性传染病。其特征：双相热型、急性卡他性呼吸道炎、胃肠炎和脑炎。

2. 临床诊断

（1）病犬出现呼吸道症状

① 精神沉郁，厌食。

② 眼结膜发红，眼、鼻流出水样分泌物，在1～2天内转为黏液脓性。

③ 咳嗽和呼吸困难。

④ 肺部听诊呼吸音粗粝，有啰音，存在湿性或干性咳嗽。

（2）体温呈双相热　开始体温升高至40℃左右，持续8～18小时，经1～2天无热期后，体温再度升高至40℃左右。血液检查可见外周血白细胞下降。

（3）消化道症状

① 呕吐，食欲不振。

② 当胃肠出血时，食欲废绝，排黏液便或干便，严重时排出高粱米汤样血便，病犬迅速脱水、消瘦，有时出现肠套叠。

（4）皮肤上可见水泡性和化脓性皮炎

① 皮屑大量脱落。

② 病程稍长者，足垫增厚、变硬甚至干裂，这是临床诊断的重要指征之一。

（5）犬的眼睛受到损伤，以结膜炎、角膜炎为特征。角膜炎大多是在发病后15天左右多见，角膜变白，重者可出现角膜溃疡、穿孔、失明。

（6）神经症状　通常出现于恢复期后7～21天，表现为癫痫、转圈、站立姿势异常、步态不稳、共济失调、咀嚼肌及四肢出现阵发性抽搐等神经症状。

（7）母犬怀孕期间感染犬瘟热时，可能会出现流产、死胎或弱仔。

（8）胶体金试纸条诊断阳性。

3. 用药指南

（1）用药原则　对症治疗，控制细菌继发感染，维持体液平衡，增强抵抗力，控制神经症状。良好的护理是治疗成功的关键。

（2）用药方法（根据临床症状、实验室检查结果等临床实际病情的需要选择以下措施进行治疗）

① 抗病毒药

【措施1】犬瘟热病毒特异性免疫球蛋白

犬：2毫升（60毫克）/千克，每日一次，连用3日，用5%葡萄糖注射液或氯化钠注射液稀释后，静脉滴注，或直接静脉推注。

注意事项：偶见发热、寒颤、过敏等。冰冻后严禁使用，严重酸碱代谢紊乱的病犬和孕犬慎用。

【措施2】犬瘟热病毒单克隆抗体

犬：0.5～1毫升/千克，皮下注射或肌内注射，每日1次，连用3天，严重者可加倍。

注意事项：本品为异种球蛋白，个别犬偶有过敏反应，应立即停用。

【措施3】利巴韦林

犬：5～7毫克/千克，皮下注射/肌内注射，每日1次。

【措施4】双黄连

犬：60毫克/千克，皮下注射/肌内注射，每日1次。

【措施5】注射用重组犬α干扰素

犬：10万～20万单位/次，皮下注射/肌内注射，隔2日1次。

注意事项：极少数犬可能发生发热、精神不振、厌食等副作用，停药后恢复正常。

② 抗菌，防止继发感染

【措施1】氨苄西林钠

20～30毫克/千克，口服，每日2～3次；

10～20毫克/千克，静脉注射/皮下注射/肌内注射。

注意事项：本类药品可出现与剂量无关的过敏反应，表现为皮疹、发热、嗜酸性粒细胞增多、白细胞和血小板减少、贫血、淋巴结病或全身性过敏反应。对青霉素酶敏感，不宜用于耐青霉素的金黄色葡萄球菌感染。

【措施2】头孢噻呋钠

5～10毫克/千克，1次/日，连用5～7日，皮下或静脉注射。

注意事项：现配现用，对肾功能不全动物应调整剂量。避光，严封，在冷处保存。

【措施3】阿莫西林克拉维酸钾混悬剂（速诺）

0.1毫升/千克。肌内注射/皮下注射，每日1次。

注意事项：避光，密闭，摇匀使用。

【措施4】恩诺沙星

犬：2.5～5毫克/千克，口服/皮下注射/静脉滴注，每日2次。

注意事项：勿用于12个月龄前的犬或未发育成熟的犬及软骨损伤动物；禁用于妊娠期

动物或哺乳期动物。

③ 补液，增加机体抵抗力

【措施1】ATP

10～20毫克/次，肌内注射/静脉注射，生理盐水稀释。

注意事项：静注宜缓慢，以免引起头晕、头胀、胸闷及低血压等。心肌梗死和脑出血动物在发病期慎用。

【措施2】辅酶A

犬：25～50单位/次，静脉滴注；5%葡萄糖溶解后静脉滴注。

注意事项：肌内注射，氯化钠溶解后注射。

【措施3】维生素C

一次量，犬、猫0.1～0.5克/次，皮下、肌内/静脉注射。

注意事项：静脉注射可能引起过敏，维生素C的补充可能会通过增加铁的蓄积而增加肝脏损伤。给予高剂量时，尿酸盐、草酸盐或胱氨酸结晶形成的风险增加。

④ 清热解毒

【措施1】柴胡注射液

犬：2毫升/次，肌内注射，每日2次。

【措施2】清开灵口服液

犬：0.2～0.4毫升/千克，口服/静脉滴注，每日2次。

⑤ 止吐

【措施1】胃复安

犬：0.2～0.5毫克/千克。口服/皮下注射，每日3～4次；或0.01～0.08毫克/（千克·小时），静脉滴注，每天1～2次。

注意事项：不宜超量使用，用量过大易导致胃肠道弛缓、膨气、便秘等副作用。

【措施2】奥美拉唑

犬：0.5～1.5毫升/千克，静脉注射/皮下注射/口服，每日1次。最长持续8周。

注意事项：需冷藏。

⑥ 缓解呼吸症状

【措施1】氨茶碱

犬：10～15毫克/千克，口服，每日2～3次；50～100毫克/次，肌内注射/静脉注射。

注意事项：怀孕，患有加速性节律异常和胃肠溃疡者慎用。

【措施2】咳必清

犬：25毫克/次，口服，每日2～3次。

⑦ 激素消炎

【措施】地塞米松

抗炎：0.01～0.16毫克/千克，静脉注射/肌内注射/口服，每日1次，最多用药3～5天。

注意事项：偶尔有烦渴、多食症、多尿症、体重增加、腹泻或抑郁等不良反应；如果长期使用，会导致类库兴综合征。

⑧ 缓解神经症状

【措施1】盐酸氯丙嗪注射液

肌内注射：25～50毫克，一日2次。

静脉滴注：从小剂量开始，25～50毫克稀释于500毫升葡萄糖氯化钠中缓慢静脉滴注，一日1次，每隔1～2日缓慢增加25～50毫克，治疗剂量一日100～200毫克。

注意事项：不宜静脉推注。

【措施2】苯妥英钠

犬：100～200毫克/次，口服，每日1～2次，或5～10毫克/千克，静脉滴注。

【措施3】安定

犬：0.2～0.5毫克/（千克·小时），静脉滴注0.9%氯化钠。

猫：0.3毫克/（千克·小时），静脉滴注，0.9%氯化钠。

⑨ 防止酸中毒

【措施】碳酸氢钠

以碳酸氢钠计，静脉注射：一次量，犬0.5～1.5克，或遵医嘱。

注意事项：大量静脉注射时偶见代谢性碱中毒、低血钾症，易出现心律失常、肌肉痉挛；剂量过大或肾功能不全患病动物偶见水肿、肌肉疼痛等症状。

二、犬细小病毒感染

1. 概念

犬细小病毒感染（Canine parvovirus infection）是由犬细小病毒（CPV）引起的犬的高度接触性、烈性传染病。主要可见肠炎和心肌炎两种病型。肠炎型以剧烈呕吐、小肠出血性坏死性炎和白细胞显著减少为特征，心肌炎型以急性非化脓性心肌炎为特征。有时某些肠炎型病例伴有心肌炎变化。

2. 临床诊断

（1）肠炎型

① 精神沉郁，食欲废绝，体温升到40℃以上。

② 严重呕吐，呕吐物清亮、胆汁样或带血。

③ 剧烈腹泻，起初粪便呈灰色或黄色，随后呈酱油色或番茄汁样，粪便有特殊的腥臭味。

④ 胃肠道症状出现后24～48小时表现脱水和体重减轻，很快呈现耳鼻发凉、末梢循环障碍、精神高度沉郁等休克状态。

⑤ 病犬常在3～4天内昏迷死亡。

（2）心肌炎型

① 多见于28～42日龄幼犬，常无先兆性症候，或仅表现轻度腹泻。

② 突然衰弱，表现为呻吟、干咳，黏膜发绀，呼吸困难，脉搏快而弱，心脏听诊出现杂音，心电图发生病理性改变，短时间内死亡。

③ 在肠炎型中可能突然发生心力衰竭而没有任何先兆。

3. 用药指南

（1）用药原则　对症治疗，抗病毒，控制细菌继发感染，维持体液平衡，增强抵抗力。

良好的护理是治疗成功的关键。

（2）用药方法（根据临床症状、实验室检查结果等临床实际病情的需要选择以下措施进行治疗）

① 抗病毒药

【措施1】犬细小病毒单克隆抗体

犬：0.5～1毫升/千克，皮下注射/肌内注射，每日1次，连用3天，严重者剂量可加倍。

注意事项：本品为异种球蛋白，个别犬偶有过敏反应，应立即停用。

【措施2】病毒唑

犬：5～7毫克/千克，皮下注射/肌内注射，每日1次。

【措施3】干扰素

犬：10万～20万单位/次，皮下注射/肌内注射，隔2日注射1次。

注意事项：单独使用本品无法改善犬细小病毒引起的继发感染、脱水等症状。极少数犬可能发生发热、精神不振、厌食等副作用，停药后恢复正常。

② 抗菌，防止继发感染

【措施1】氨苄西林

犬：20～30毫克/千克，口服，每日2～3次；10～20毫克/千克，静脉滴注/皮下注射/肌内注射，每日2～3次。

注意事项：本类药品可出现与剂量无关的过敏反应，表现为皮疹、发热、嗜酸性粒细胞增多、白细胞和血小板减少、贫血、淋巴结病或全身性过敏反应。

【措施2】头孢唑啉钠

犬：15～30毫克/千克，静脉滴注/肌内注射，每日3～4次。

【措施3】速诺

0.1毫升/千克，肌内注射/皮下注射，每日1次。

注意事项：避光，密闭，摇匀使用。

【措施4】恩诺沙星

犬：2.5～5毫克/千克，口服/皮下注射/静脉滴注，每日2次。

注意事项：勿用于12个月龄前的犬或未发育成熟的犬及软骨损伤动物；禁用于妊娠期动物或哺乳期动物。

③ 补液，增加机体抵抗力

【措施1】ATP

10～20毫克/次，肌注/静注，生理盐水稀释。

注意事项：静注宜缓慢，以免引起头晕、头胀、胸闷及低血压等。心肌梗死和脑出血患病动物在发病期慎用。

【措施2】辅酶A

犬：25～50单位/次，5%葡萄糖溶解后静脉滴注。

注意事项：肌内注射，氯化钠溶解后注射。

【措施3】维生素C

0.1～0.5克/次，皮下、肌内或静脉注射。

注意事项：静脉注射可能引起过敏，维生素C的补充可能会通过增加铁的蓄积而增加肝脏损伤。给予高剂量时，尿酸盐、草酸盐或胱氨酸结晶形成的风险增加。

【措施4】乳酸林格液、葡萄糖

静脉注射乳酸林格液与5％葡萄糖，以防脱水。

注意事项：要特别注意及监控输液量及排尿量，避免过度补水。输液选择乳酸林格钠，同时添加ATP、高糖等，用以提供机体能量，同时使用碳酸氢钠，纠正酸碱。

④ 止吐

【措施1】胃复安

犬：0.2～0.5毫克/千克，口服/皮下注射，每日3～4次；或0.01～0.08毫克/（千克·小时），静脉滴注。

注意事项：不宜超量使用，用量过大易导致胃肠道弛缓、膨气、便秘等副作用。

【措施2】爱茂尔

犬：2毫升/次，皮下注射/肌内注射，每日2次。

注意事项：需冷藏。

【措施3】奥美拉唑

犬：0.5～1.5毫升/千克，静脉注射/皮下注射/口服，每日1次。最长持续8周。

注意事项：需冷藏。

⑤ 激素消炎

【措施】地塞米松

犬：0.5毫克/千克，口服/肌内注射，每日1～2次。

注意事项：偶尔烦渴、多食症、多尿症、体重增加、腹泻或抑郁等不良反应；如果长期使用，会导致类库兴综合征。

⑥ 便血、止血

【措施1】止血敏

犬：2～4毫升/次，肌内注射/静脉滴注。

【措施2】维生素K

犬：10～30毫克/次，肌内注射。

⑦ 治疗腹泻

【措施1】思密达

250～500毫克/千克，口服。

注意事项：可能会产生便秘的副作用。

【措施2】维迪康

犬：0.02～0.08克/千克，口服，每日2次，连用2～4天。

三、犬传染性肝炎

1. 概念

犬传染性肝炎（Infectious canine hepatitis）又称为犬病毒性肝炎，是由犬腺病毒Ⅰ型（ICHV）引起的一种急性败血性传染病，其特征为肝小叶中心坏死，肝实质和内皮细胞出现核内包涵体，特别是幼犬，感染发病率很高。

2. 临床诊断

（1）最急性型　在呕吐、腹痛和腹泻等症状出现后数小时内死亡。

（2）急性型

① 体温升高，精神沉郁，食欲废绝，渴欲增加。

② 时有呻吟，胸腹下有时可见有炎性水肿。

③ 呕吐，吐出带血的胃液。

④ 腹泻，粪中带血，排出果酱样的血便。

（3）亚急性型

① 眼睑痉挛、羞明和浆液性眼分泌物。

② 角膜浑浊通常由边缘向中心扩展。

③ 眼疼痛反射通常在角膜完全浑浊后逐渐减弱。

④ 咽炎和喉炎致扁桃体肿大。

⑤ 颈淋巴结发炎致头颈部水肿。

（4）慢性型

① 轻度发热。

② 食欲时好时坏，便秘与下痢交替。

3. 用药指南

（1）用药原则　对症治疗，抗病毒，控制细菌继发感染，维持体液平衡，增强抵抗力。良好的护理是治疗成功的关键。

（2）用药方法（根据临床症状、实验室检查结果等临床实际病情的需要选择以下措施进行治疗）

① 抗病毒药

【措施1】高免血清

犬：1～2毫克/千克，皮下注射或静脉注射。每日1次，连用3天。

【措施2】板蓝根

口服，每次1袋，每日3次。

【措施3】病毒唑

犬：5～7毫克/千克，皮下注射/肌内注射，每日1次。

注意事项：极少数犬可能发生发热、精神不振、厌食等副作用，停药后恢复正常。

【措施4】干扰素

犬：10万～20万单位/次，皮下注射/肌内注射，隔2日注射1次。

注意事项：极少数犬可能发生发热、精神不振、厌食等副作用，停药后恢复正常。

② 抗菌，防止继发感染

【措施1】氨苄西林

犬：20～30毫克/千克，口服，每日2～3次；10～20毫克/千克，静脉滴注/皮下注射/肌内注射，每日2～3次。

注意事项：本类药品可出现与剂量无关的过敏反应，表现为皮疹、发热、嗜酸性粒细胞增多、白细胞和血小板减少、贫血、淋巴结病或全身性过敏反应。

【措施2】头孢唑啉钠

犬：15～30毫克/千克，静脉滴注/肌内注射，每日3～4次。

【措施3】阿莫西林-克拉维酸钾混悬剂（速诺）

0.1毫升/千克，肌内注射/皮下注射，每日1次。

注意事项：避光，密闭，摇匀使用。

【措施4】复方新诺明

犬：15毫克/千克，口服/皮下注射，每日2次。

注意事项：肝肾功能不良者慎用，可能会出现食欲下降、痛风、蛋白尿、血尿、结晶尿等不良反应。

③ 补液，增加机体抵抗力

【措施1】ATP

10～20毫克/次，肌内注射/静脉注射，生理盐水稀释。

注意事项：静注宜缓慢，以免引起头晕、头胀、胸闷及低血压等。心肌梗死和脑出血动物在发病期慎用。

【措施2】辅酶A

犬：25～50单位/次，静脉滴注，5%葡萄糖溶解后静脉滴注。

注意事项：肌内注射，氯化钠溶解后注射。

【措施3】维生素C

0.1～0.5克/次，皮下注射/肌内注射/静脉注射。

注意事项：静脉注射可能引起过敏，维生素C的补充可能会通过增加铁的蓄积而增加肝脏损伤。给予高剂量时，尿酸盐、草酸盐或胱氨酸结晶形成的风险增加。

④ 保肝护肝

【措施1】强力宁

犬：4～8毫升/次，静脉滴注。

注意事项：严重低钾血症、高钠血症、高血压、心衰、肾功能衰竭者禁用。密闭，避光不超过20℃保存。

【措施2】肝泰乐

犬：50～200毫克/次，口服，每日3次；100～200毫克/次，肌内注射/静脉滴注，每日1次。

【措施3】肌苷

犬：25～50毫克/次，口服/肌内注射。

注意事项：静脉滴注偶有恶心，颜面潮红。

【措施4】蛋氨酸

犬：2～4毫升/次，肌内注射。

【措施5】恩托尼（S-腺苷甲硫氨酸）

0.1克/5.5千克，0.2克/（6～16）千克，口服，每日1次。

注意事项：静脉滴注偶有恶心，颜面潮红。

⑤ 防治眼病

【措施1】阿托品

外用点眼。

注意事项：眼部用药后可能产生皮肤黏膜干燥、发热、面部潮红、心动过速等现象。少数眼睑出现发痒、红肿、结膜充血等过敏现象，应立即停药。

【措施2】普鲁卡因青霉素

外用点眼。

【措施3】盐酸羟苄唑眼液

病毒性角结膜炎，滴眼，1～2次/小时。

注意事项：本品需存放于阴暗处，防止太阳直接照射。

四、犬冠状病毒感染

1. 概念

犬冠状病毒感染（Canine corona-virus infection）是由犬冠状病毒引起的一种高度接触性传染病。其特征为呕吐、腹泻、脱水，并且极易复发。对幼犬危害尤其严重，病死率很高。

2. 临床诊断

（1）嗜睡、衰弱、食欲减退。

（2）消化道症状

① 呕吐，初期持续数天。

② 腹泻，粪便呈粥样或水样，黄绿色或橘红色，恶臭，混有数量不等的黏液，偶尔可在粪便中看到少量血液。

（3）血液检查可见白细胞数略有降低。

（4）临床上很难与犬细小病毒区别，只是本病感染时间更长，且具有间歇性，可反复发作，通常可在7～10天内康复。

3. 用药指南

（1）用药原则　对症治疗，控制细菌继发感染。

（2）用药方法（根据临床症状、实验室检查结果等临床实际病情的需要选择以下措施进行治疗）

① 抗菌，防止继发感染

【措施1】氨苄西林

犬：20～30毫克/千克，口服，每日2～3次；10～20毫克/千克，静脉滴注/皮下注射/肌内注射，每日2～3次。

注意事项：本类药品可出现与剂量无关的过敏反应，表现为皮疹、发热、嗜酸性粒细胞增多、白细胞和血小板减少、贫血、淋巴结病或全身性过敏反应。

【措施2】头孢唑啉钠

犬：15～30毫克/千克，静脉滴注/肌内注射，每日3～4次。

【措施3】阿莫西林-克拉维酸钾混悬剂（速诺）

0.1毫升/千克，肌内注射/皮下注射，每日1次。

注意事项：避光，密闭，摇匀使用。

【措施4】拜有利（恩诺沙星）注射液

1毫升/千克，皮下注射/肌内注射，每日1次。

注意事项：勿用于12个月龄的犬或未发育成熟的犬及软骨损伤动物；禁用于妊娠期或哺乳期动物；癫痫动物慎用；肾功能不良者慎用，易引发结晶尿；偶发胃肠道功能紊乱。

【措施5】复方新诺明

犬：15毫克/千克，口服/皮下注射，每日2次。

注意事项：肝、肾功能不良者慎用，可能会出现食欲下降、痛风、蛋白尿、血尿、结晶尿等不良反应。

② 止吐

【措施1】胃复安

犬：0.2～0.5毫克/千克，口服/皮下注射，每日3～4次；0.01～0.08毫克/（千克·小时），静脉滴注。

注意事项：不宜超量使用，用量过大易导致胃肠道弛缓、臌气、便秘等副作用。

【措施2】奥美拉唑

犬：0.5～1.5毫升/千克，静脉注射/皮下注射/口服，每日1次。最长持续8周。

注意事项：需冷藏。

③ 止泻

【措施1】思密达

250～500毫克/千克，口服。

注意事项：可能会产生便秘的副作用。

【措施2】维迪康

犬：0.02～0.08克/千克，口服，每日2次，连用2～4天。

④ 补液，增加机体抵抗力

【措施1】ATP

10～20毫克/次，肌注/静注，生理盐水稀释。

注意事项：静注宜缓慢，以免引起头晕、头胀、胸闷及低血压等。心肌梗死和脑出血患病动物在发病期慎用。

【措施2】辅酶A

犬：25～50单位/次，静脉滴注（5%葡萄糖溶解后静脉滴注）。

注意事项：肌内注射，氯化钠溶解后注射。

【措施3】维生素C

一次量，0.1～0.5克/次，皮下、肌内或静脉注射。

注意事项：静脉注射可能引起过敏，补充维生素C可能会通过增加铁的蓄积而增加肝脏损伤。给予高剂量时，尿酸盐、草酸盐或胱氨酸结晶形成的风险增加。

【措施4】乳酸林格液、葡萄糖

注射乳酸林格液与5%葡萄糖，以防脱水。

注意事项：要特别注意及监控输液量及排尿量，避免过度补水。输液选择乳酸林格钠，同时添加ATP、高糖等，用以提供机体能量，同时使用碳酸氢钠，纠正酸碱平衡。

⑤ 保护胃肠黏膜

【措施】硫糖铝

犬：0.5～1 克/25 千克，口服，每日 2～4 次。

注意事项：穿孔性溃疡者慎用。

五、犬副流感病毒感染

1. 概念

犬副流感病毒感染（Canine parainfluenza virus infection）是由犬副流感病毒（CPIV）引起的犬的主要呼吸道传染病。临床上以发热、流黏性鼻液、打喷嚏、咳嗽等急性呼吸道症状为主要特征。病理变化以卡他性鼻炎和支气管炎为特征。

2. 临床诊断

（1）突然发病，食欲减退，体温升高。

（2）呼吸道症状

① 出现频率和程度不同的咳嗽，随后出现浆液性、黏液性甚至脓性鼻液。常可在 3～7 天自然康复，继发感染后咳嗽可持续数周，甚至死亡。

② 扁桃体、气管、支气管有炎症病变，呼吸困难。

（3）结膜发炎

（4）若与支气管败血波氏菌混合感染，则临床表现更严重，整窝犬咳嗽、肺炎，病程 3 周以上，甚至死亡。

3. 用药指南

（1）用药原则　对症治疗，止咳化痰，抗病毒，控制细菌继发感染。

（2）用药方法（根据临床症状、实验室检查结果等临床实际病情的需要选择以下措施进行治疗）

① 抗病毒药

【措施 1】阿昔洛韦

5～10 毫克/千克，静脉滴注，每日 1 次，连用 10 天。

注意事项：肾脏功能异常或者有脱水情况的犬禁用。

【措施 2】利巴韦林

20～50 毫克/千克，口服，每日 1 次，连用 7 日；5～7 毫克/千克，皮下注射/肌内注射/静脉滴注，每日 1 次。

注意事项：有致畸的作用，所以妊娠期的动物禁用。

【措施 3】干扰素

犬：10 万～20 万单位/次，皮下注射/肌内注射，隔 2 日注射 1 次。

注意事项：极少数犬可能发生发热、精神不振、厌食等副作用，停药后恢复正常。

② 抗菌，防止继发感染

【措施 1】氨苄西林

犬：20～30 毫克/千克，口服，每日 2～3 次；10～20 毫克/千克，静脉滴注/皮下注射/肌内注射，每日 2～3 次。

注意事项：本类药品可出现与剂量无关的过敏反应，表现为皮疹、发热、嗜酸性粒细胞增多、白细胞和血小板减少、贫血、淋巴结病或全身性过敏反应。

【措施2】头孢唑啉钠

犬：15～30毫克/千克，静脉滴注/肌内注射，每日3～4次。

【措施3】速诺

0.1毫升/千克，肌内注射/皮下注射，每日1次。

注意事项：避光，密闭，摇匀使用。

【措施4】拜有利（恩诺沙星）注射液

1毫升/千克，皮下注射/肌内注射，每日1次。

注意事项：勿用于12个月龄的犬或未发育成熟的犬及软骨损伤动物；禁用于妊娠期或哺乳期动物；癫痫动物慎用；肾功能不良者慎用，易引发结晶尿；偶发胃肠道功能紊乱。

【措施5】阿米卡星

犬：5～15毫克/千克，肌内注射/皮下注射，每日1～3次。

注意事项：禁用于患有严重肾损伤的犬；未进行繁殖实验、繁殖期的犬禁用；慎用于需敏锐听觉的特种犬。

③ 缓解呼吸症状

【措施1】氨茶碱

犬：10～15毫克/千克，口服，每日2～3次；50～100毫克/次，肌内注射/静脉滴注。

注意事项：怀孕，患有加速性节律异常和胃肠溃疡者慎用。

【措施2】咳必清

犬：25毫克/次，口服，每日2～3次。

④ 消炎

【措施】地塞米松

抗炎：0.01～0.16毫克/千克，静脉注射/肌内注射/口服，每日1次，最多用药3～5天。

注意事项：偶尔有烦渴、多食症、多尿症、体重增加、腹泻或抑郁等不良反应；如果长期使用，会导致类库兴综合征。

六、犬疱疹病毒感染

1. 概念

犬疱疹病毒感染（Canine herpesvirus infectien）是由犬疱疹病毒引起的犬的一种急性、全身出血性和坏死性传染病，主要特征为仔犬呼吸困难、全身脏器出血坏死、急性致死以及母犬流产和繁殖障碍。

2. 临床诊断

（1）初期病犬痴呆、抑郁、厌食、软弱无力。

（2）呼吸道症状

① 打喷嚏，干咳，呼吸困难。

② 有的病犬表现鼻炎症状、浆液性鼻漏、鼻黏膜表面广泛性斑点状出血。

③ 如发生混合感染，则可引起致死性肺炎。

（3）消化道症状　压迫腹部有痛感，排黄色稀粪。

（4）皮肤病变　腹股沟、母犬的阴门和阴道以及公犬的包皮和口腔出现红色丘疹。

（5）神经症状

① 丧失知觉，角弓反张，癫痫。

② 康复犬有的表现永久性神经症状，如共济失调、失明等。

（6）少数发病仔犬外表健康，但吃奶后恶心、呕吐。

（7）母犬的生殖道感染以阴道黏膜弥漫性小泡状病变为特征。妊娠母犬可造成流产和死胎。

（8）公犬可见阴茎和包皮病变，分泌物增多。

3. 用药指南

（1）用药原则　增强机体的免疫能力，适当增加环境温度，防止继发感染。

（2）用药方法（根据临床症状、实验室检查结果等临床实际病情的需要选择以下措施进行治疗）

【措施1】高免血清

在流行期间给幼犬腹腔注射1～2毫升高免血清可减少死亡。

【措施2】干扰素

犬：10万～20万单位/次，皮下注射/肌内注射，隔2日注射1次。

注意事项：极少数犬可能发生发热、精神不振、厌食等副作用，停药后恢复正常。

【措施3】广谱抗生素

对出现上呼吸道症状的病犬可用广谱抗生素防止继发感染。

【措施4】提高环境温度

将病犬置于保温箱中，或用取暖器加热等，温度以35～38℃、相对湿度以50%为宜。

七、犬轮状病毒感染

1. 概念

犬轮状病毒感染（Canine rotavirus infection）是由犬轮状病毒引起的幼犬的一种肠道传染病，以腹泻为主要特征，成年犬感染后一般呈隐性经过，轮状病毒存在于病犬的肠道内，并随粪便排出体外，污染周围环境。

2. 临床诊断

（1）病犬精神、食欲正常。

（2）消化道症状　腹泻，排黄绿色稀便，夹杂有中等量黏液，严重病例粪便中混有少量血液。

（3）病犬被毛粗乱，肛门周围皮肤被粪便污染，轻度脱水。

3. 用药指南

（1）用药原则　对症治疗，抗病毒，增强机体的免疫能力，防止继发感染。

（2）用药方法（根据临床症状、实验室检查结果等临床实际病情的需要选择以下措施进

行治疗）

① 抗病毒药

【措施1】病毒唑

犬：5～7毫克/千克，皮下注射/肌内注射，每日1次。

注意事项：极少数犬可能发生发热、精神不振、厌食等副作用，停药后恢复正常。

【措施2】阿昔洛韦

5～10毫克/千克，静脉滴注，每日1次，连用10天。

注意事项：肾脏功能异常或者有脱水情况的犬禁用。

【措施3】干扰素

犬：10万～20万单位/次，皮下注射/肌内注射，隔2日注射1次。

注意事项：极少数犬可能发生发热、精神不振、厌食等副作用，停药后恢复正常。

② 止泻

【措施】维迪康

犬：0.02～0.08克/千克，口服，每日2次，连用2～4天。

③ 补液

【措施1】葡萄糖甘氨酸溶液/葡萄糖氨基酸溶液

应将病犬隔离到清洁、干燥、温暖的场所，给病犬自由饮用。

【措施2】乳酸林格液、葡萄糖盐水、碳酸氢钠溶液

注射以防脱水、机体酸中毒。

注意事项：要特别注意及监控输液量及排尿量，避免过度补水。输液选择乳酸林格液，同时添加ATP、高糖等，用以提供机体能量，同时使用碳酸氢钠，纠正酸碱度。

八、犬传染性气管支气管炎

1. 概念

犬传染性气管支气管炎，通常称为犬咳或犬窝咳症，是由Ⅱ型犬腺病毒引起的一种高度传染性呼吸道疾病，常与副流行性感冒病毒一同感染。具有突然发作、突发性咳嗽、不定期吐痰、眼鼻分泌物等特征。

2. 临床诊断

（1）体温升高，食欲减退。

（2）呼吸道症状

① 病犬常突然出现阵发性干咳，接着出现干呕。临床检查诱咳明显，气管听诊有啰音。

② 出现鼻漏，随呼吸向外流出较多鼻液，扁桃体肿大。

③ 有的犬表现阵发性呼吸困难、呕吐或腹泻等。

（3）随着病程延长，病犬精神委顿、食欲减退、肌肉震颤，最后可发展成肺炎，呼吸迫促，可视黏膜发绀，容易导致死亡。

3. 用药指南

（1）用药原则　抗菌，防止继发感染。

（2）用药方法（根据临床症状、实验室检查结果等临床实际病情的需要选择以下措施进行治疗）

【措施1】氨苄西林

犬：20～30毫克/千克，口服，每日2～3次；10～20毫克/千克，静脉滴注/皮下注射/肌内注射，每日2～3次。

注意事项：本类药品可出现与剂量无关的过敏反应，表现为皮疹、发热、嗜酸性粒细胞增多、白细胞和血小板减少、贫血、淋巴结病或全身性过敏反应。

【措施2】头孢唑啉钠

犬：15～30毫克/千克，静脉滴注/肌内注射，每日3～4次。

【措施3】速诺

0.1毫升/千克，肌内注射/皮下注射，每日1次。

注意事项：避光，密闭，摇匀使用。

【措施4】拜有利（恩诺沙星）注射液

1毫升/千克，皮下注射/肌内注射，每日1次。

注意事项：勿用于12个月龄的犬或未发育成熟的犬及软骨损伤动物；禁用于妊娠期或哺乳期动物；癫痫动物慎用；肾功能不良者慎用，易引发结晶尿；偶发胃肠道功能紊乱。

【措施5】干扰素

犬：10万～20万单位/次，皮下注射/肌内注射，隔2日注射1次。

注意事项：极少数犬可能发生发热、精神不振、厌食等副作用，停药后恢复正常。

【措施6】盐酸多西环素（咳喘宁）

犬、猫5毫克/千克，2次/日，连用3～5日。

注意事项：偶见轻微呕吐、腹泻等胃肠道反应。

九、猫泛白细胞减少症

1. 概念

猫泛白细胞减少症（Feline panleucopenia）又称猫瘟热或猫传染性肠炎，是由猫泛白细胞减少症病毒引起的猫及猫科动物的一种急性高度接触性传染病。临床表现以高热、呕吐、腹泻、脱水、循环血液中白细胞减少和肠炎为特征。

2. 临床诊断

（1）最急性型

① 只有轻微症状，或没有先兆性症状情况下突然倒地，通常在12小时内死亡。

② 在疾病晚期，还有败血性休克、低温和昏睡。

（2）急性型

① 体温升高、沉郁、厌食。

② 常伴有呕吐，呕吐物常有胆汁气味，极度脱水。

③ 口腔溃疡、出血性腹泻或黄疸。

（3）亚急性型

① 双相热，精神不振，被毛粗乱，食欲减退。

② 眼、鼻流出脓性分泌物。

③ 顽固性呕吐，呕吐物中含有胆汁，呈黄绿色。

④ 腹痛，粪便恶臭，呈水样或黏稠样，后期带血。

⑤ 腹部触诊可感到腹部为气、液体所充满。

⑥ 脱水、贫血症状明显，如皮肤弹性降低，眼球深陷，病猫出现渐进性衰弱。

⑦ 在疾病末期出现体温偏低、沉郁、轻度的昏迷。

⑧ 生殖障碍，如胚胎吸收、流产、死胎、木乃伊胎、畸形胎、弱胎。

3. 用药指南

（1）用药原则 对症治疗，抗病毒，控制细菌继发感染，维持体液平衡，增强抵抗力。良好的护理是治疗成功的关键。

（2）用药方法（根据临床症状、实验室检查结果等临床实际病情的需要选择以下措施进行治疗）

① 抗病毒药

【措施1】高免血清

应用高效价的猫瘟热高免血清进行特异性治疗，2～4毫克/千克，皮下注射或肌内注射，每日1次，连用2～3天。

【措施2】病毒唑

猫：5～7毫克/千克，皮下注射/肌内注射，每日1次。

注意事项：极少数猫可能发生发热、精神不振、厌食等副作用，停药后恢复正常。

【措施3】阿昔洛韦

猫：5～10毫克/千克，静脉滴注，每日1次，连用10天。

注意事项：肾脏功能异常或者有脱水情况的猫禁用。

【措施4】干扰素

猫：10万～20万单位/次，皮下注射/肌内注射，隔2日注射1次。

注意事项：极少数猫可能发生发热、精神不振、厌食等副作用，停药后恢复正常。

【措施5】双黄连

猫：60毫克/千克，肌内注射，每日1次。

② 抗菌，防止继发感染

【措施1】氨苄西林

猫：20～30毫克/千克，口服，每日2～3次；10～20毫克/千克，静脉滴注/皮下注射/肌内注射，每日2～3次。

注意事项：本类药品可出现与剂量无关的过敏反应，表现为皮疹、发热、嗜酸性粒细胞增多、白细胞和血小板减少、贫血、淋巴结病或全身性过敏反应。

【措施2】头孢唑啉钠

猫：15～30毫克/千克，静脉滴注/肌内注射，每日3～4次。

【措施3】速诺

0.1毫升/千克，肌内注射/皮下注射，每日1次。

注意事项：避光，密闭，摇匀使用。

【措施4】拜有利（恩诺沙星）注射液

猫：2.5～5 毫升/千克，口服/皮下注射/静脉滴注，每日 2 次。

注意事项：禁用于妊娠期或哺乳期动物；癫痫动物慎用；肾功能不良者慎用，易引发结晶尿；偶发胃肠道功能紊乱。

③ 消炎

【措施】地塞米松

猫：0.5 毫克/千克，口服/肌内注射，每日 1～2 次。

注意事项：禁用于幼猫；偶尔有烦渴、多食症、多尿症、体重增加、腹泻或抑郁等不良反应；如果长期使用，会导致类库兴综合征。

④ 止吐

【措施】胃复安

猫：0.2～0.5 毫克/千克，口服/皮下注射，每日 3～4 次；或 0.01～0.08 毫克/（千克·小时），静脉滴注。

注意事项：不宜超量使用，用量过大易导致胃肠道弛缓、膨气、便秘等副作用。

⑤ 补液，增加机体抵抗力

【措施1】ATP

10～20 毫克/次，肌内注射/静脉注射，生理盐水稀释。

注意事项：静注宜缓慢，以免引起头晕、头胀、胸闷及低血压等。心肌梗死和脑出血患者在发病期慎用。

【措施2】辅酶 A

猫：25～50 单位/次。静脉滴注：5％葡萄糖溶解后静脉滴注。

注意事项：肌内注射，氯化钠溶解后注射。

【措施3】维生素 C

一次量，0.1～0.5 克/次，皮下注射/肌内注射/静脉注射。

注意事项：静脉注射可能引起过敏，补充维生素 C 可能会通过增加铁的蓄积而增加肝脏损伤。给予高剂量时，尿酸盐、草酸盐或胱氨酸结晶形成的风险增加。

十、猫传染性鼻气管炎

1. 概念

猫传染性鼻气管炎（Feline infectious rhinotracheitis）是由猫疱疹病毒Ⅰ型引起的猫的一种急性、高度接触性上呼吸道疾病。临床以角膜结膜炎、上呼吸道感染和流产为特征，但以上呼吸道症状为主。

2. 临床诊断

（1）患猫体温升高，食欲减退，体重下降，精神沉郁。

（2）上呼吸道症状

① 阵发性喷嚏和咳嗽，鼻腔分泌物增多，鼻液和泪液初期透明，后变为黏脓性。

② 继发细菌感染时，可导致鼻甲坏疽变形；偶尔可见气管黏膜感染病例；极少有下呼吸道或肺感染的报道；个别病猫可发生病毒血症，导致全身组织感染。

③ 幼猫感染时鼻甲损害表现为鼻甲及黏膜充血、溃疡甚至扭曲变形。

（3）羞明，流泪，结膜炎。

（4）血液检查中性粒细胞减少。

（5）生殖系统症状

① 可致阴道炎和子宫颈炎，并发生短期不孕。孕猫感染时，缺乏典型的上呼吸道症状，但可能造成死胎或流产。

② 顺利生产的幼仔多伴有呼吸道症状，体格衰弱，极易死亡。

（6）部分病猫耐过后转为慢性，表现持续咳嗽、呼吸困难、角膜溃疡和鼻窦炎等症状。

3. 用药指南

（1）用药原则　对症治疗，抗病毒，控制细菌继发感染，维持体液平衡，增强抵抗力。

（2）用药方法（根据临床症状、实验室检查结果等临床实际病情的需要选择以下措施进行治疗）

① 抗病毒药

【措施1】病毒灵

猫：1～2毫克/千克，肌内注射，每日3次。

注意事项：极少数猫可能发生发热、精神不振、厌食等副作用，停药后恢复正常。

【措施2】阿昔洛韦

猫：5～10毫克/千克，静脉滴注，每日1次，连用10天。

注意事项：肾脏功能异常或者有脱水情况的猫禁用。

【措施3】干扰素

猫：10万～20万单位/次，皮下注射/肌内注射，隔2日注射1次。

注意事项：极少数猫可能发生发热、精神不振、厌食等副作用，停药后恢复正常。

② 抗菌，防止继发感染

【措施1】氨苄西林

猫：20～30毫克/千克，口服，每日2～3次；10～20毫克/千克，静脉滴注/皮下注射/肌内注射，每日2～3次。

注意事项：本类药品可出现与剂量无关的过敏反应，表现为皮疹、发热、嗜酸性粒细胞增多、白细胞和血小板减少、贫血、淋巴结病或全身性过敏反应。

【措施2】速诺

0.1毫升/千克，肌内注射/皮下注射，每日1次。

注意事项：避光，密闭，摇匀使用。

【措施3】拜有利（恩诺沙星）注射液

猫：2.5～5毫升/千克，口服/皮下注射/静脉滴注，每日2次。

注意事项：禁用于妊娠期或哺乳期动物；癫痫动物慎用；肾功能不良动物慎用，易引发结晶尿；偶发胃肠道功能紊乱。

③ 治疗眼病

【措施1】阿糖腺苷

猫：3%，眼疱疹病毒感染，点眼外用，每日5～8次。

注意事项：大剂量应用本品可发生食欲减退、恶心、呕吐、腹泻、轻度骨髓抑制或肌肉疼痛综合征等不良反应。

【措施 2】碘苷

猫：0.1％，眼疱疹病毒感染，点眼外用，每日 4～8 次。

注意事项：有畏光、局部充血、水肿、痒或疼痛等不良反应。

十一、猫杯状病毒感染

1. 概念

猫杯状病毒感染（Feline calicivirus infection）是由猫杯状病毒引起的一种多发性口腔和呼吸道疾病，又称为猫传染性鼻结膜炎。以双相热、口腔溃疡、鼻炎等为特征。

2. 临床诊断

（1）病猫发热，39.5～40.5℃，精神不振。

（2）口腔溃疡

① 口腔溃疡是常见和具有特征性的症状，且有时是唯一的症状。口腔溃疡常见于舌和硬腭，尤其是腭中裂周围。吃食困难，痛苦状。

② 舌部水疱破溃后形成溃疡，有时鼻黏膜也可出现类似病变。

（3）呼吸道症状

① 打喷嚏，口腔和鼻、眼分泌物增多，有时出现流涎和角膜炎。鼻、眼分泌物初呈浆液性、灰色，后呈黏液性，4～5 天后则可呈黏脓性。

② 病毒毒力较强时，可发生肺炎而表现呼吸困难等症状。

（4）有时可见痢疾和温和性白细胞减少的症状。

（5）某些毒株仅能引起发热和肌肉疼痛而无呼吸道症状。

3. 用药指南

（1）用药原则　对症治疗，防止细菌继发感染。

（2）用药方法（根据临床症状、实验室检查结果等临床实际病情的需要选择以下措施进行治疗）

【措施 1】金霉素、氯霉素眼药水

发生结膜炎的病猫，可用金霉素或氯霉素眼药水滴眼。

【措施 2】麻黄碱、氢化可的松、青霉素

鼻炎可用麻黄碱 1 毫升、氢化可的松 2 毫升、青霉素 80 万单位的混合液滴鼻，每日 4～6 次。

【措施 3】碘甘油

口腔溃疡严重时，可涂擦碘甘油。

注意事项：低浓度碘的毒性很低，使用时偶尔引起过敏反应；长时间浸泡金属器械，会产生腐蚀性。

【措施 4】拜有利（恩诺沙星）注射液

猫：2.5～5 毫升/千克，口服/皮下注射/静脉滴注，每日 2 次。

注意事项：禁用于妊娠期或哺乳期动物；癫痫动物慎用；肾功能不良动物慎用，易引发结晶尿；偶发胃肠道功能紊乱。

十二、猫传染性腹膜炎

1. 概念

猫传染性腹膜炎（Feline infectious peritonitis）是由猫传染性腹膜炎病毒（FIPV）引起的一种慢性、渐进性、致死性传染病，以发生腹膜炎和出现腹水为特征。

2. 临床诊断

（1）湿性猫传染性腹膜炎

① 病猫体重逐渐减轻，食欲减退或间歇性厌食，体况衰弱，随后体温升高至39.7～41.1℃。

② 腹水积聚，可见腹部鼓胀。腹部触诊一般无痛感，但似有积液。还可见胸水及心包液增多，导致呼吸困难。

③ 可能表现贫血症状，血液检查白细胞数量增多。

④ 某些湿性病例可发生黄疸。

（2）干性猫传染性腹膜炎

① 病猫体重逐渐减轻，食欲减退或间歇性厌食，体况衰弱，随后体温升高至39.7～41.1℃。

② 角膜水肿，角膜上有沉淀物，虹膜睫状体发炎，眼房液变红，眼前房内有纤维蛋白凝块，患病初期多见有火焰状网膜出血。

③ 后躯运动障碍、行动失调、痉挛、背部感觉过敏。

④ 肝脏受侵害的病例可能发生黄疸。

⑤ 肾脏受侵害时，常能在腹壁触诊到肾脏肿大，病猫出现进行性肾功能衰竭等症状。

（3）干性和湿性通常被描述为两种不同的病症，但某些患猫同时具有两种表现。

3. 用药指南

（1）用药原则　对症治疗，提高机体抵抗力。

（2）用药方法（根据临床症状、实验室检查结果等临床实际病情的需要选择以下措施进行治疗）

【措施1】干扰素

猫：20万单位/千克，口服/皮下注射，每日1次。

注意事项：极少数猫可能发生发热、精神不振、厌食等副作用，停药后恢复正常。

【措施2】泼尼松龙

猫：2～4毫克/千克，口服，每日1～2次，与环磷酰胺合用。

注意事项：患有角膜性溃疡、糖尿病或肾功能不全的犬猫禁用。

【措施3】环磷酰胺

猫：2毫克/千克，口服，每日1次，连用4天/周，与泼尼松龙合用。

注意事项：可能会出现骨髓抑制、出血性膀胱炎、引发膀胱上皮癌等不良反应；应早晨注射本品，鼓励多喝水，并投与呋塞米，促进利尿。

【措施4】苯丁酸氮芥

猫：0.5毫克/千克，口服，使用2～3周。

注意事项：可用于泼尼松龙治疗无效的猫；大剂量使用时易产生耐药性，应同时进行每日全血细胞计数。

【措施5】氨苄西林

猫：20～30毫克/千克，口服，每日2～3次；10～20毫克/千克，静脉滴注/皮下注射/肌内注射，每日2～3次。

注意事项：本类药品可出现与剂量无关的过敏反应，表现为皮疹、发热、嗜酸性粒细胞增多、白细胞和血小板减少、贫血、淋巴结病或全身性过敏反应。

【措施6】速诺

0.1毫升/千克，肌内注射/皮下注射，每日1次。

注意事项：避光，密闭，摇匀使用。

【措施7】441（增免源）

4毫克/千克（建议5.4～9.0毫克/千克），1次/日，肌内、皮下注射，推荐治疗周期不少于4周。

注意事项：注射部位暂时性疼痛、溃疡或结痂。所有猫均可能出现治疗反应不良、耐药、复发、死亡。

十三、猫免疫缺陷病毒感染

1. 概念

猫免疫缺陷病毒感染（Feline immunodeficiency virus infection）是由猫免疫缺陷病毒引起的危害猫类的慢性病毒性传染病，以严重的口腔炎、牙龈炎、鼻炎、腹泻以及神经系统紊乱和免疫机能障碍为特征。

2. 临床诊断

（1）发热、沉郁、淋巴腺肿。

（2）口腔炎、齿龈红肿、口臭、流涎，严重者因疼痛而不能进食。

（3）慢性鼻炎和蓄脓症。病猫常打喷嚏，流鼻涕，长年不愈。鼻腔内有大量脓样鼻液。

（4）慢性腹泻，神经紊乱。发病后期常出现弓形体病、隐球菌病、全身蠕形螨和耳螨疥癣等。

（5）有些猫因免疫力下降，对病原微生物的抵抗力减弱，稍有外伤，即会发生菌血症而死亡。

（6）眼病

① 前眼色素层炎时眼房水发红，虹膜充血，眼球张力减退，瞳孔缩小或瞳孔不均，后部虹膜粘连和前部囊下白内障，部分患猫在玻璃体前有点状白色浸润。

② 个别猫晶状体脱位或视网膜脱离，但不出现临床症状。

③ 青光眼常继发引起眼内发炎或形成肿瘤、眼内压上升、眼积水和视力丧失。

3. 用药指南

（1）用药原则 对症治疗为主，采取对症治疗和营养疗法以延长生命。

（2）用药方法（根据临床症状、实验室检查结果等临床实际病情的需要选择以下措施进行治疗）

【措施1】干扰素

猫：20万单位/千克，口服/皮下注射，隔2日1次。

注意事项：极少数猫可能发生发热、精神不振、厌食等副作用，停药后恢复正常。

【措施2】阿昔洛韦

猫：5～7毫克/千克，静脉滴注，每日1次，连用5天。

注意事项：肾脏功能异常或者有脱水情况的猫禁用。

【措施3】泰洛伦

猫：25毫克/千克，口服，每日1次，连用7～10天。

第二节　细菌性传染病

一、钩端螺旋体病

1. 概念

钩端螺旋体病俗称"打谷黄""稻瘟病"，是由不同血清型的致病性钩端螺旋体引起的一种重要而复杂的人兽共患自然疫源性传染病。临床表现形式多样，主要有发热、黄疸、血红蛋白尿、出血性素质、流产、皮肤和黏膜坏死、水肿等。

2. 临床诊断

（1）急性型

① 初期发热，震颤和广泛性肌肉触痛。

② 呕吐、迅速脱水和微循环障碍，并可出现呼吸急促、心率快而紊乱、食欲减退甚至废绝、毛细血管充盈不良。

③ 呕血、鼻出血、便血、黑粪症和体内广泛性出血。

④ 病犬极度沉郁，体温下降，以致死亡。

（2）亚急性型

① 发热、厌食、呕吐、脱水、饮欲增加。

② 黏膜充血、淤血，并有出血斑点。

③ 干性及自发性咳嗽，呼吸困难，并出现结膜炎、鼻炎和扁桃体炎症状。

④ 肾功能障碍，出现少尿或无尿。有的病犬由于肾功能严重破坏，出现多尿或烦渴症状。

⑤ 感染出血性黄疸钩端螺旋体常出现黄疸。粪便由棕色变为灰色。或有明显的肝衰症状，出现体重减轻、腹水、黄疸或肝脑病。严重者出现尿毒症、口腔恶臭、昏迷或出现出血性、溃疡性胃肠炎等症状，转归多死亡。

3. 用药指南

（1）用药原则　抗菌，对症治疗，可采用疫苗接种预防疾病发生。

（2）用药方法（根据临床症状、实验室检查结果等临床实际病情的需要选择以下措施进行治疗）

【措施1】氨苄西林

犬：20～30毫克/千克，口服，每日2～3次；10～20毫克/千克，肌内注射，每日2～3次。

注意事项：本类药品可出现与剂量无关的过敏反应，表现为皮疹、发热、嗜酸性粒细胞增多、白细胞和血小板减少、贫血、淋巴结病或全身性过敏反应。

【措施2】速诺

0.1毫升/千克，肌内注射/皮下注射，每日1次。

注意事项：避光，密闭，摇匀使用。

【措施3】链霉素

犬：10毫克/千克，肌内注射，每日2～4次。

注意事项：导盲犬、牧羊犬和为听觉缺陷者服务的犬等慎用；肾功能不良动物慎用；猫对本品较敏感，常量即可造成恶心、呕吐、流涎及共济失调等；急性中毒时可用新斯的明等抗胆碱酯酶药、钙制剂（葡萄糖酸钙）等药物进行治疗。

【措施4】四环素

犬：10～20毫克/千克，口服，每日3次，连用28天。

注意事项：禁用于妊娠期或哺乳期动物；严重肝、肾功能障碍动物慎用；犬、猫内服常引起恶心、呕吐，可进食以缓和此种反应。

【措施5】拜有利（恩诺沙星）注射液

犬：2.5～5毫克/千克，口服/皮下注射/静脉滴注，每日2次。

猫：1～2.5毫克/千克，口服，每日2次。

注意事项：禁用于妊娠期或哺乳期动物；癫痫动物慎用；肾功能不良动物慎用，易引发结晶尿；偶发胃肠道功能紊乱。

【措施6】对出现肾病现象的病例，可采用输液支持疗法，同时避免使用链霉素或减少其用量。

二、莱姆病

1. 概念

莱姆病（Lyme borreliosis）又称伯氏疏螺旋体病，是由若干不同基因型的伯氏疏螺旋体（又称莱姆病螺旋体）引起的一种人和多种动物蜱传自然疫源性传染病。临床表现以发热、皮肤损伤、关节炎、脑炎、心肌炎为特征。

2. 临床诊断

（1）体温升高，食欲减少，精神沉郁，嗜睡。

（2）关节发炎、肿胀，急性关节僵硬，跛行。

① 感染早期可能有疼痛表现。急性感染犬一般不出现关节肿大，所以难以确定疼痛部位。

② 跛行常常表现为间歇性，并且从一条腿转到另一条腿。多数犬反复出现跛行并且多个关节受侵害，腕关节最常见。

③ 莱姆病较明显的症状为经常发生间歇性非糜烂性关节炎。

（3）出现眼病和神经症状。

（4）肾机能损伤，出现蛋白尿、圆柱尿、血尿和脓尿等症状。

（5）心肌功能障碍，表现为心肌坏死和赘疣状心内膜炎。

（6）猫感染伯氏疏螺旋体主要表现发热、厌食、精神沉郁、疲劳、跛行或关节肿胀。

3. 用药指南

（1）用药原则　抗菌，对症治疗。

（2）用药方法（根据临床症状、实验室检查结果等临床实际病情的需要选择以下措施进行治疗）

【措施1】四环素

犬：10～20毫克/千克，口服，每日3次，连用28天。

注意事项：禁用于妊娠期或哺乳期动物；严重肝、肾功能障碍动物慎用；犬、猫内服常引起恶心、呕吐，可进食以缓和此种反应。

【措施2】强力霉素（急性病）

犬：5～10毫克/千克，口服/静脉滴注，每日2次，连用10～14天。

注意事项：不可长期大剂量使用；避免与青霉素类同时使用；强力霉素注射时较疼，注意应激；犬、猫内服常引起恶心、呕吐，可进食以缓和此种反应。

【措施3】头孢菌素

犬：静脉注射，22毫克/千克，口服，每日3次。

【措施4】羧苄西林

犬：10～20毫克/千克，肌内注射/静脉滴注，每日2～3次。

注意事项：该药含钠量较高，用药期间应注意监测电解质情况，以免出现高钠血症；禁用于妊娠期或哺乳期动物；严重肝、肾功能障碍动物慎用。

【措施5】红霉素

犬：10～20毫克/千克，口服，每日3次，连用3～5天。

注意事项：内服红霉素后常出现剂量依赖性胃肠道紊乱，如呕吐、腹泻、肠疼痛等。

三、大肠杆菌病

1. 概念

大肠杆菌病是由大肠埃希菌属引起的人畜共患病，以败血症和腹泻为主要特征，主要侵害幼龄动物，且往往与犬瘟热、病毒性肠炎、猫泛白细胞减少症等混合感染或继发感染，从而增加死亡率。

2. 临床诊断

（1）体温呈稽留热　体温升高达40℃以上，达数天或数周，24小时内体温波动范围不超过1℃，精神萎靡。

（2）消化道症状

① 出现呕吐。

② 随后发生剧烈腹泻，粪便初呈黄绿色、污灰色乃至混有气泡，最后混有血液甚至呈水样。

③ 后期脱水，可视黏膜发绀，虚弱无力。

（3）神经症状　发生抽搐、痉挛等。

3. 用药指南

（1）用药原则　对症治疗，控制细菌继发感染，维持体液平衡，增强抵抗力，加强饲养管理。

（2）用药方法（根据临床症状、实验室检查结果等临床实际病情的需要选择以下措施进行治疗）

① 抗菌，防止继发感染

【措施1】硫酸新霉素

犬：10～20毫克/千克，口服，每日2～3次。

注意事项：新霉素在氨基糖苷类中毒性最大，过量易引起肾毒性及耳毒性；新霉素常量内服给药或局部给药很少出现毒性效应。

【措施2】小诺霉素

犬：2～4毫克/千克，肌内注射，每日2次。

注意事项：有肾毒性、耳毒性、神经肌肉传导阻断、血象变化、肝功能改变、消化道反应；个别情况有过敏性休克发生。

【措施3】硫酸庆大霉素

0.075～0.125毫升/千克，肌内注射，一天2次，连用2～3天。

注意事项：耳毒性；偶见过敏；大剂量引起神经肌肉传导阻断；可逆性肾毒性。

【措施4】氟苯尼考注射液

0.05～0.067毫升/千克，肌内注射，每48小时1次，连用2次。

注意事项：幼犬慎用。疫苗接种期或免疫功能严重缺损的动物禁用。肾功能不全患病动物需适当减量或延长给药间隔时间。

【措施5】速诺注射液

0.1毫升/千克，每天1次，连用3～5天，肌内注射/皮下注射。

注意事项：避光，密闭贮藏，摇匀使用。

② 维持体液平衡，增强抵抗力

【措施】SOS电解质口服凝胶

直接喂食，或从下颌后侧抵住舌下，缓慢推入口腔；一次性补充或持续使用至状态缓解。

注意事项：不得饲喂反刍动物，不能替代药物；高血钾/高血钠患宠慎用。

四、巴氏杆菌病

1. 概念

巴氏杆菌病是由多种巴氏杆菌引起的一种人畜共患病的总称。急性型常以败血症和出血性炎症为主要特征；慢性型常表现为皮下结缔组织、关节及各脏器的化脓性病灶，并多与其他疾病混合感染或继发。

2. 临床诊断

（1）急性型巴氏杆菌病

① 体温呈稽留热：体温升高到40℃以上，连续数天，精神沉郁，食欲减退或拒食，渴欲增加。

② 呼吸迫促乃至困难，流出红色鼻液，咳嗽，气喘或张口呼吸。

③ 眼结膜充血潮红，有多量分泌物。

④ 有时腹泻，严重时出现血便。

⑤ 神经症状：后期出现痉挛、抽搐、后肢麻痹等。

（2）慢性型巴氏杆菌病

① 皮下结缔组织、关节及各脏器出现化脓性病灶，关节肿胀。

② 持续咳嗽，呼吸困难，虚弱无力。

3. 用药指南

（1）用药原则　抗菌和对症治疗。

（2）用药方法（根据临床症状、实验室检查结果等临床实际病情的需要选择以下措施进行治疗）

【措施1】海益安

5毫克/千克，口服，每日2次。

注意事项：避免与含钙量较高的饲料同时服用。遮光，密封，干燥处保存。

【措施2】硫酸阿米卡星注射液（宠物用）

犬：11毫克/千克，皮下注射/肌内注射，每日2次。

注意事项：禁用于患有严重肾损伤的犬；未进行繁殖实验、繁殖期的犬禁用；慎用于需敏锐听觉的特种犬。具不可逆的耳毒性；长期用药可导致耐药菌过度生长。

【措施3】复方新诺明

犬：15毫克/千克，口服，每日2次。

注意事项：易出现结晶尿、血尿、蛋白尿、尿少、腰痛等，肝功能不全者不宜使用。

【措施4】大观霉素

犬：22毫克/千克，口服，每日2次；5～11毫克/千克，肌内注射/皮下注射，每天2次，连用5天。

注意事项：易引起肾毒性和耳毒性。

【措施5】头孢羟氨苄（远福乐）

20毫克/千克，口服，每日1次。应持续给药至疾病症状消失后2～3日。

【措施6】氟苯尼考注射液

0.05～0.067毫升/千克，肌内注射，每48小时1次，连用2次。

注意事项：幼犬慎用。疫苗接种期或免疫功能严重缺损的动物禁用。肾功能不全患病动物需适当减量或延长给药间隔时间。

五、链球菌病

1. 概念

链球菌病是由致病性化脓性链球菌引起的一种人畜共患病，在人和多种动物引起诸如败血症、乳腺炎、关节炎、脓肿、脑膜炎等疾病。

2. 临床诊断

（1）患病动物咳嗽，呼吸困难，呕血，尿液偏红。

（2）败血症

① 幼龄动物多为经脐部感染而发生的急性败血症经过。

② 感染后发生菌血症，体温升高，出现卡他性乃至出血性肠炎、脐部发炎、关节炎，最后发生败血症而死亡。

（3）坏死性筋膜炎

① 发热。

② 感染部位极度疼痛，局部发热、肿胀。

③ 筋膜有大量渗出液积聚，筋膜和脂肪组织坏死。

（4）犬毒性休克综合征 起初可能有皮肤溃疡和化脓，并伴有淋巴结肿大，随后发展为深度蜂窝织炎等，动物往往有败血型休克症状。

（5）成年动物多发生皮炎、淋巴结炎、乳腺炎和肺炎。

（6）母犬出现流产。

3. 用药指南

（1）用药原则 抗菌和对症治疗，做药敏实验，选择最敏感的药物进行治疗。

（2）用药方法（根据临床症状、实验室检查结果等临床实际病情的需要选择以下措施进行治疗）

【措施1】头孢羟氨苄（远福乐）

20毫克/千克，口服，每日1次。应持续给药至疾病症状消失后2～3日。

【措施2】阿莫西林

8.75毫克/千克，皮下注射/肌内注射/静脉注射。

注意事项：恶心、腹泻和皮肤丘疹是最常见的不良反应。不要对病情严重的动物使用口服抗生素，因其胃肠道吸收可能效果不可靠，这些患病动物可能需要静脉注射。避免在对其他β-内酰胺类抗菌药有过敏反应的动物上使用。

【措施3】速诺注射液

0.1毫升/千克，每天1次，连用3～5天，肌内注射/皮下注射。

注意事项：贮藏避光、密闭，摇匀使用。

【措施4】红霉素

10～20毫克/千克，口服，每日2次。

注意事项：本品忌与酸性物质配伍；本品内服易被胃酸破坏，可应用肠溶片；红霉素是微粒体酶抑制剂，可能抑制某些药物的体内代谢。

【措施5】赛福魁

0.1毫克/千克，皮下注射，每日1次，连用5～7天。

注意事项：广谱抗菌药。对β-内酰胺类抗生素过敏的动物易对本品过敏。

【措施6】新生霉素

犬：3～8毫克/千克，肌内注射/静脉滴注。

注意事项：对头孢菌素类药物过敏动物慎用；本品与其他青霉素类药物之间有交叉过敏性；肾功能减退者应根据血清肌酐清除率调整剂量或给药间期；最为常见的过敏反应为皮疹。

六、沙门菌病

1. 概念

沙门菌病又称副伤寒，是由各种沙门菌属细菌引起的人畜共患传染病。临床特征为败血症和肠炎，也可发生母畜流产；在人则发生食物中毒和败血症。

2. 临床诊断

（1）胃肠炎型

① 开始表现为发热，精神萎靡，食欲下降；而后呕吐、腹痛和剧烈腹泻。

② 腹泻开始时粪便稀薄如水，继之转为黏液性，严重者胃肠道出血而使粪便带有血迹，有恶臭味。

③ 猫还可见流涎。

④ 体重减轻，严重脱水，表现为黏膜苍白、虚弱、休克、黄疸，可发生死亡。

⑤ 有神经症状者，表现为机体应激性增强，后肢瘫痪，失明，抽搐。

⑥ 部分病例也可出现肺炎症状，咳嗽、呼吸困难和鼻腔出血。

（2）菌血症和内毒素血症

① 主要侵害幼犬、幼猫，有时表现胃肠炎的症状。

② 虚弱，体温下降及毛细血管充盈不良。

③ 神经症状：反射亢进，后肢瘫痪，失明，抽搐

（3）子宫内发生感染的犬和猫，还可引起流产、死胎或产弱仔。

3. 用药指南

（1）用药原则　抗菌，止吐，止血，对症治疗，及时静脉补充营养物质。

（2）用药方法（根据临床症状、实验室检查结果等临床实际病情的需要选择以下措施进行治疗）

① 抗菌治疗

【措施1】复方新诺明

犬：15毫克/千克，口服，每日2次。

注意事项：易出现结晶尿、血尿、蛋白尿、尿少、腰痛等；肝功能不全者不宜使用。

【措施2】阿莫西林

15毫克/千克，口服，每日2～3次。

注意事项：对胃肠道正常菌群有较强的干扰作用。

【措施3】速诺注射液

0.1毫升/千克，每天1次，肌内注射/皮下注射，连用3～5天。

注意事项：避光，密闭贮藏，摇匀使用。

【措施4】氯霉素

犬：25～50毫克/千克，口服/静脉滴注/肌内注射/皮下注射。

猫：15～25毫克/千克，口服/静脉滴注/肌内注射/皮下注射。

注意事项：能严重干扰动物造血功能，引起粒细胞及血小板生成减少，导致不可逆性再生障碍性贫血等。静脉缓慢滴注。

② 胃肠止血

【措施】安络血

犬：1～2毫升/次，肌内注射，每日两次；2.5～5毫克/次，口服，每日两次。

注意事项：本品中含有水杨酸，长期应用可产生水杨酸反应；抗组胺药能抑制本品作用，用本品前48小时应停止给予抗组胺药；本品不影响凝血过程，对大出血、动脉出血疗效差。

③ 止吐药

【措施1】硫酸阿托品

0.05毫克/千克，口服，每日1～2次。

注意事项：不良反应包括窦性心动过速，瞳孔散大造成视觉模糊。青光眼、晶状体脱位、角膜结膜干燥者禁用。

【措施2】甲氧氯普安

0.25～0.5毫克/千克，肌内注射/静脉注射/皮下注射/口服。

注意事项：不良反应主要包括引起动物情绪（抑郁、神经质、坐立不安）和行为的改变。也可能会出现镇静和锥体外系反应（以头部、颈部、躯干、四肢的慢速至快速扭转为特征的运动失调）。猫给药后可能出现狂躁症或定向障碍。该药可降低肾脏血流量，可能会加速原肾脏疾病的恶化。胃肠梗阻、穿孔动物禁用。

七、葡萄球菌病

1. 概念

葡萄球菌病是由葡萄球菌引起的人和动物多种疾病的总称。以局部化脓性炎症多见，有时发生菌血症和败血症。

2. 临床诊断

（1）一般症状

① 体温升高。

② 厌食和精神沉郁。

（2）犬脓皮症

① 浅表性脓皮病的主要特征是形成脓疱和滤泡性丘疹。

② 深层脓皮病常局限于病犬脸部、四肢和指（趾）间，也可能呈全身性感染，病变部位常有脓性分泌物。

（3）蜂窝织炎

① 淋巴结肿大，口腔、耳和眼周围肿胀，形成脓肿和脱毛等。

② 12 周龄内的幼犬易发生。

（4）条件性感染　可引起呼吸道、生殖道、血液、淋巴系统、骨骼、关节、伤口和结膜等感染，这类感染大多数为条件性感染，往往继发于其他疾病或感染。

3. 用药指南

（1）用药原则　抗菌，防止继发感染；排脓消炎，对症治疗。

（2）用药方法（根据临床症状、实验室检查结果等临床实际病情的需要选择以下措施进行治疗）

① 抗皮肤感染

【措施 1】红霉素软膏

【措施 2】可鲁喷剂

皮肤创面感染：3～4 次/日。

注意事项：本品勿与碘制剂、双氧水、重金属离子、含氯消毒剂等合用。本品为无菌制剂，如需直接使用本品溶液时，需无菌操作，以免污染本品。

② 抗菌，抗感染。

【措施 1】乐利鲜

15 毫克/千克，口服，每日 2 次。

注意事项：犬猫偶有呕吐或腹泻。

【措施 2】速诺注射液

0.1 毫升/千克，每天 1 次，肌内注射/皮下注射，连用 3～5 天。

注意事项：避光，密闭贮藏，摇匀使用。

【措施 3】林可霉素

15～25 毫克/千克，口服，一日 1～2 次，连用 3～5 天。

注意事项：本品具有神经肌肉阻断作用。

【措施 4】惠可宁

犬：5 毫克/千克，皮下注射，每日 1～2 次，连用 7 天。

注意事项：对 β-内酰胺类抗生素过敏的动物禁止使用本品；对青霉素和头孢菌素类抗生素过敏的动物勿接触本品。遮光，密闭，在 2～8℃保存。

【措施 5】头孢羟氨苄（远福乐）

20 毫克/千克，口服，每日 1 次，应持续给药至疾病症状消失后 2～3 日。

注意事项：过敏反应是最常见的不良反应。

【措施 6】康卫宁

0.1 毫升/千克，皮下注射，2 周 1 次，连续使用不得超过 2 次。

注意事项：在 2～8℃下遮光保存。

八、弯杆菌病

1. 概念

弯杆菌病是由空肠弯杆菌和大肠弯杆菌引起的以腹泻为主的人畜共患病。

2. 临床诊断

（1）消化道症状

① 发热，嗜睡，口渴，部分出现厌食，偶尔有呕吐。

② 幼龄动物腹泻严重，主要表现为排出带有多量黏液的水样、胆汁样粪便，并持续3～7天。

③ 个别犬仅排软便。

（2）白细胞增多症。

3. 用药指南

（1）用药原则　以抗菌和对症治疗为主。

（2）用药方法（根据临床症状、实验室检查结果等临床实际病情的需要选择以下措施进行治疗）

① 抗菌消炎

【措施1】阿奇霉素

犬：5～10毫克/千克，口服，每日1次。

猫：5毫克/千克，口服，2日1次。

注意事项：不良反应为腹痛、恶心、呕吐、胃痉挛和腹泻等胃肠道症状；肝功能不全、肝病动物禁用。

【措施2】红霉素

10～20毫克/千克，口服，每日2次。

注意事项：本品忌与酸性物质配伍，内服易被胃酸破坏，可应用肠溶片。红霉素是微粒体酶抑制剂，可能抑制某些药物的体内代谢。

【措施3】硫酸庆大霉素

0.075～0.125毫升/千克，肌内注射，一天2次，连用2～3天。

注意事项：耳毒性；偶见过敏；大剂量引起神经肌肉传导阻断；可逆性肾毒性。

【措施4】拜有利注射液

0.2毫升/千克，皮下注射/肌内注射，每日1次，连用3～5天。

注意事项：勿用于12个月龄的犬或未发育成熟的犬及软骨损伤动物；禁用于妊娠期或哺乳期动物；癫痫动物慎用；肾功能不良动物慎用，易引发结晶尿；偶发胃肠道功能紊乱。

② 对症治疗，止泻

【措施1】痢特灵

10～20毫克/千克，口服，每日2次。

注意事项：一般不宜用于溃疡病或支气管炎患病动物；可能会出现呕吐、腹泻、皮疹、低血压、低血糖、肺浸润等，偶尔可出现溶血性贫血、黄疸及多发性神经炎等。

【措施2】坦必欣

规格：0.5克，口服，犬每日0.6～4片。

【措施3】高岭土

犬、猫每日总剂量为0.5～1毫升/千克，口服，分3次服用。

注意事项：可能会降低林可霉素、甲氧苄啶和磺胺类药物的吸收。

【措施4】人参健脾丸

一次2丸，每日2次。

注意事项：健脾益气，和胃止泻。

九、布氏杆菌病

1. 概念

布氏杆菌病是由布氏杆菌引起的人畜共患传染病，以生殖器官发炎、流产、睾丸红肿、不育等为特征。

2. 临床诊断

（1）生殖系统症状

① 阴唇和阴道黏膜红肿，阴道内流出淡褐色或灰绿色分泌物。

② 公畜可能发生睾丸炎、睾丸萎缩、附睾炎、前列腺炎及包皮炎等。

（2）母畜流产

① 怀孕母犬常在怀孕40～50天时发生流产。

② 流产母犬可能发生子宫炎，以后往往屡配不孕。

③ 部分母犬感染后并不发生流产，而是怀孕早期胚胎死亡并被母体吸收。

（3）患病犬猫淋巴结肿大，还可能发生关节炎、腱鞘炎，有时出现跛行。

（4）部分患病动物并发眼色素层炎。

3. 用药指南

（1）用药原则　抗菌治疗，由于布氏杆菌寄生于细胞内，抗生素对其较难发挥作用，对于雄性动物，药物难以通过血睾屏障，因此治疗比较困难。

（2）用药方法（根据临床症状、实验室检查结果等临床实际病情的需要选择以下措施进行治疗）

【措施1】米诺霉素

5～10毫克/千克，口服，每日2次，连用14天。

注意事项：不良反应为恶心、呕吐和腹泻。

【措施2】硫酸庆大霉素

0.075～0.125毫升/千克，肌内注射，一天2次，连用2～3天。

注意事项：耳毒性；偶见过敏；大剂量引起神经肌肉传导阻断；可逆性肾毒性。

【措施3】硫酸卡那霉素

犬：10～15毫克/千克，口服，每日2次；5～7毫克/千克，肌内注射，每日2次。

注意事项：卡那霉素与链霉素一样，可造成耳聋，而且其耳毒性比链霉素、庆大霉素更强；卡那霉素也有肾毒性，但较少出现前庭毒性。

【措施4】链霉素

犬：20毫克/千克，肌内注射，每日1次，连用14天。

注意事项：耳毒性，链霉素最常引起前庭损害，这种损害可随连续给药的药物积累而加重，并呈剂量依赖性；猫对链霉素较敏感，常量即可造成恶心、呕吐、流涎及共济失调等；

神经肌肉阻断作用常由链霉素剂量过大导致。犬、猫外科手术全身麻醉后，联合使用青霉素、链霉素预防感染时，常出现意外死亡，这是由于全身麻醉剂和肌肉松弛剂对神经肌肉阻断有增强作用；长期应用可引起肾脏损害。

【措施5】甲氧苄啶/磺胺

15毫克/千克，口服，每日2次。

注意事项：在猫可见睡意、厌食、白细胞减少、贫血和过度流涎。在犬能见急性肝炎、呕吐、胆汁淤积、免疫介导性血小板减少和免疫介导性多关节炎。使用磺胺类产品可能出现急性过敏反应。

（3）维生素C和维生素B_1作为辅助药物，联合使用

【措施1】维生素B_1注射液

犬：0.2～0.5毫升/千克；猫0.1～0.3毫升/千克，皮下注射/肌内注射。

注意事项：按规定剂量使用，暂未见不良反应。

【措施2】维生素C注射液

0.1～0.5毫升/千克，皮下注射/肌内注射/静脉注射。

注意事项：静脉注射可能引起过敏，补充维生素C可能会通过增加铁的蓄积而增加肝脏损伤。给予高剂量时，尿酸盐、草酸盐或胱氨酸结晶形成的风险增加。

十、坏死杆菌病

1. 概念

坏死杆菌病是由坏死杆菌引起的散发性传染病，以部分皮肤、皮下组织和消化道黏膜发生坏死等为特征。

2. 临床诊断

（1）皮肤症状

① 瘙痒，肿胀，有热痛感。

② 脓肿破溃后流出脓汁。

③ 脐部肿硬，并流出恶臭的脓汁。

（2）弓腰排尿，腹泻，消瘦。

（3）由于四肢关节损伤感染而发生关节炎，出现局部肿胀、跛行。

（4）如局部感染转移至内脏器官，则可发生败血症而死亡。

3. 用药指南

（1）用药原则 局部消炎，防止继发感染，全身抗菌治疗。

（2）用药方法（根据临床症状、实验室检查结果等临床实际病情的需要选择以下措施进行治疗）

局部消炎抗菌，防止继发感染。

【措施1】洗必泰

皮肤外用，局部皮肤及黏膜消毒，创面冲洗。每日1～2次。

注意事项：本品与肥皂、碘化钾、硼砂、碳酸氢盐、碳酸盐、氧化物、枸橼酸盐、磷酸

盐和硫酸盐有配伍禁忌。

【措施2】创愈喷（生物抗菌液）

直接喷涂于患处，每日2～3次。

【措施3】复方新诺明

犬：15毫克/千克，口服，每日2次。

注意事项：易出现结晶尿、血尿、蛋白尿、尿少、腰痛等；肝功能不全动物不宜使用。

【措施4】甲硝唑

犬：15～25毫克/千克，肌内注射，每日1次。

猫：8～10毫克/千克，肌内注射，每日1次。

注意事项：甲硝唑注射液可用于胸腔内注射治疗积脓症。不良反应有恶心、呕吐、食欲减退、乏力等症状。哺乳及妊娠早期动物不用为宜。

【措施5】氟苯尼考

0.05～0.067毫升/千克，肌内注射，每48小时1次，连用2次。

注意事项：疫苗接种期或免疫功能严重缺损的动物禁用；肾功能不全动物需适当减量或延长给药间隔时间。

【措施6】四环素

犬：10～22毫克/千克，口服，每日2～3次。

注意事项：局部刺激作用，内服可引起呕吐；肠道菌群紊乱，轻者出现维生素缺乏症，重者造成二重感染；牙齿和骨发育有影响，四环素进入机体后与钙结合，随钙沉积于牙齿和骨骼中；肝、肾损害，本类药物对肝、肾细胞有毒效应。过量四环素可致严重的肝损害，尤其患有肾衰竭的动物；抗代谢作用，四环素类药物可引起氮血症，而且可因类固醇类药物的存在而加剧，本类药物还可引起代谢性酸中毒及电解质失衡。

十一、结核病

1. 概念

结核病是由结核分枝杆菌属中不同分枝杆菌种所致的人畜共患病。疾病的特征为在多种器官组织形成肉芽肿和干酪样或钙化病灶，多呈慢性经过。

2. 临床诊断

（1）肺结核

① 低热。

② 多表现为支气管肺炎，胸膜有结核结节。

③ 初期干咳，后期湿咳，并伴有痰液。

④ 听诊支气管有肺泡音和湿啰音。

⑤ 严重的病灶蔓延到胸膜、心包膜则呼吸困难，可视黏膜发绀和右心衰竭。

（2）胃肠道结核

① 食欲不振，贫血，呕吐，腹泻，进行性消瘦。

② 触诊腹腔器官有大小不同的肿块。

（3）皮肤结核

① 猫结核病例表现以皮肤结核为多，以眼睑、鼻梁、颊部出现结节和溃疡为特征。

② 有的结核病灶中心积有脓汁，外周有包囊围绕，包囊破溃后，脓汁排出，形成空洞。

3. 用药指南

（1）用药原则　抗菌和对症治疗；应该注意的是，化学药物治疗结核病在于促进病灶愈合，停止向体外排菌，防止复发，而不能真正杀死体内的结核杆菌。

（2）用药方法（根据临床症状、实验室检查结果等临床实际病情的需要选择以下措施进行治疗）

【措施1】异烟肼

犬：10～20毫克/千克，口服，每日1次。

注意事项：大剂量使用会出现外周神经炎、四肢感觉异常、反射消失、肌肉瘫痪和精神失常等；抗酸药尤其是氢氧化铝可以抑制该品的吸收，不宜同服。

【措施2】利福平

10～15毫克/千克，口服，每日1次。

注意事项：肝功能损害动物慎用。高剂量时利福平可能有致畸性，不应用于怀孕动物。利福平的代谢物可能使尿液、唾液和粪便变为橘红色。

【措施3】链霉素

犬：25毫克/千克，肌内注射，每日1次，连用14天。

注意事项：链霉素和氨基糖苷类有交叉过敏现象，对氨基糖苷类过敏的患病动物禁用；患病动物出现脱水（可致血药浓度增高）或肾功能损害时慎用。猫对链霉素较敏感，不宜使用。

（3）辅助治疗

【措施】康复新液

10毫升/次，口服，每日3次，或遵医嘱。

注意事项：密封，置阴凉处保存。

十二、破伤风

1. 概念

破伤风是由破伤风杆菌产生的特异性嗜神经毒素引起的人畜共患病。疾病的特征为动物的运动神经中枢应激反应性增高，肌肉持续性痉挛收缩。

2. 临床诊断

（1）神经症状

① 靠近受伤部位的肢体发生强直性收缩和痉挛。

② 暂时的牙关紧闭。

③ 部分病例可能出现全身强直性痉挛，呈典型的木马样姿势，脊柱僵直或向下弯曲，口角向后，耳朵僵硬竖起，瞬膜突出外露。

（2）呼吸肌痉挛，发生呼吸困难。

（3）咬肌痉挛，发生咀嚼和吞咽困难。

（4）疾病过程中病犬或病猫一般神志清醒，体温一般不高，有饮食欲。

3. 用药指南

（1）用药原则　加强护理，消除病原，中和毒素，镇静解痉。本病必须尽早发现、及时治疗才能见效，晚期病例无治愈可能。

（2）用药方法（根据临床症状、实验室检查结果等临床实际病情的需要选择以下措施进行治疗）

① 处理伤口，中和毒素

【措施1】用双氧水、高锰酸钾或碘酊进行伤口消毒，再撒布碘仿硼酸合剂或冰片散。

【措施2】青霉素、链霉素做创伤周围组织分点注射，以消除感染，减少毒素的产生。

注意事项：局部反应表现为注射部位疼痛、水肿。

【措施3】破伤风抗毒素

预防性：500～1000单位/只，肌内注射/皮下注射一次。

治疗：100～500单位/千克，皮下注射一次，每只动物最大剂量为20000单位。

注意事项：偶见过敏性休克，注射肾上腺素后缓解。

② 镇静、抗惊厥

【措施1】盐酸氯丙嗪注射液

25～50毫克，每日2次。

25～50毫克稀释于500毫升葡萄糖氯化钠中缓慢静脉滴注，一日1次，每隔1～2日缓慢增加25～50毫克，治疗剂量一日100～200毫克。

注意事项：偶可引起过敏；肝功能不全动物慎用；不宜静脉推注。

【措施2】异戊巴比妥钠

犬：5～10毫克/千克，口服；2.5～5毫克/千克，静脉滴注。

注意事项：肝、肾、肺功能不全患病动物禁用；静脉注射不宜过快，否则可出现呼吸抑制或血压下降。

【措施3】郎必妥

6～12毫克/千克，口服。

注意事项：肝肾功能严重损害、严重贫血、心脏疾患、怀孕动物慎用。

③ 消炎，补液

【措施1】采食和饮水困难者，应每天进行补液、补糖。

【措施2】雷宠安

一次量，每10千克体重，首次量1～2片，维持量0.5～1片。一日2次，连用3～5日。

注意事项：本品为磺胺类抗菌药。

【措施3】碳酸氢钠注射液

犬：0.5～1.5克，或遵医嘱。静脉注射。

注意事项：用于酸中毒时解除症状。大量静脉注射时偶见代谢性碱中毒、低血钾症，易出现心律失常、肌肉痉挛；剂量过大或肾功能不全患病动物偶见水肿、肌肉疼痛等症状。

十三、肉毒梭菌毒素中毒

1. 概念

本病是由肉毒梭菌的外毒素（肉毒毒素）引起的一种人畜共患中毒性疾病。疾病的特征是运动中枢神经麻痹和延脑麻痹，死亡率极高。

2. 临床诊断

（1）神经症状

① 发生进行性、对称性肢体麻痹，从后肢向前延伸，进而引起四肢瘫痪。

② 反射机能下降，肌肉张力降低，呈明显的运动神经机能病的表现。

③ 下颌肌张力减弱，下颌下垂，吞咽困难，流涎。

④ 严重者两耳下垂，眼睑反射较差，视觉障碍，瞳孔散大。

（2）严重中毒的犬，呼吸困难，心率快而紊乱，并有便秘及尿潴留。

（3）有时可见结膜炎和溃疡性角膜炎。

3. 用药指南

（1）用药原则　解毒，缓解神经症状，及时补液。

（2）用药方法（根据临床症状、实验室检查结果等临床实际病情的需要选择以下措施进行治疗）

① 解毒，缓解神经症状

【措施1】肉毒抗毒素

谨遵医嘱，皮下注射/肌内注射。

注意事项：不良反应多为过敏反应。

【措施2】新斯的明

0.01～0.1毫克/千克，肌内注射/皮下注射，根据药效持续的时间而确定用药间隔，每日剂量不超过2毫克/千克。

注意事项：肠胃机械性损伤、泌尿道阻塞和腹膜炎禁用。不良反应主要因类胆碱过度刺激所致，常见恶心、呕吐、流涎和腹泻。药物过量可能导致肌肉自发性收缩和瘫痪。

② 补液

【措施】葡萄糖注射液、林格液、维生素C注射液

5%葡萄糖注射液、林格液、25%维生素C注射液，混合后静脉滴注，每日1次，连用2天。

注意事项：注意溶质药物浓度。

十四、放线菌病

1. 概念

放线菌病是由牛放线菌引起的牛、马、猪、犬、猫、鹿和人的共患性传染病。犬感染后的病症为组织增生成瘤状肿、胸腔脓性炎症和脓肿。猫很少发生。

2. 临床诊断

（1）皮肤症状

① 多见于四肢、后腹部和尾巴。

② 发病皮肤出现蜂窝织炎、脓肿和溃疡结节，有时还有排泄窦道。

③ 分泌物呈灰黄色或红棕色，常有恶臭气味。

（2）呼吸道症状

① 病犬体温稍高，咳嗽，体重减轻。

② 胸腔有渗出物，呼吸困难。

（3）骨髓炎性放线菌病　骨髓炎甚至脑膜炎或脑膜脑炎症状。

（4）腹部放线菌病　局部腹膜炎，肠系膜和肝淋巴结肿大，体温升高，消瘦。

3. 用药指南

（1）用药原则　清创，长期应用抗生素。

（2）用药方法（根据临床症状、实验室检查结果等临床实际病情的需要选择以下措施进行治疗）

【措施1】青霉素

15～25毫克/千克，肌内注射/静脉注射，每日1次。

注意事项：青霉素的安全范围广，主要的不良反应是过敏反应，大多数动物均可发生；局部反应表现为注射部位水肿、疼痛，全身反应为荨麻疹、皮疹或虚脱，严重者可引起死亡；对某些动物，青霉素可诱导胃肠道的二重感染。用青霉素类药物治疗放线菌病剂量要大，时间要长，一般需2～8个月，直到无临床症状和X线检查正常为止。

【措施2】土霉素

犬：7～11毫克/千克，肌内注射/皮下注射，每日1次；10～20毫克/千克，口服，每日3次。

猫：7～11毫克/千克，肌内注射/皮下注射，每日1次。

注意事项：空口服用。幼龄动物谨慎使用。不良反应有呕吐、腹泻、沉郁、肝毒性（罕见）、发热、低血压（静脉注射后）和厌食（猫）。长期使用可能引发二重感染。

【措施3】林可霉素

15～25毫克/千克，口服，一日1～2次，连用3～5天。

注意事项：本品具有神经肌肉阻断作用

【措施4】氨苄西林

犬：20～30毫克/千克，口服，每日2～3次。

猫：10～20毫克/千克，静脉滴注/皮下注射/肌内注射。

注意事项：本类药品可出现与剂量无关的过敏反应，表现为皮疹、发热、嗜酸性粒细胞增多、白细胞和血小板减少、贫血、淋巴结病或全身性过敏反应。对青霉素酶敏感，不宜用于耐青霉素的金黄色葡萄球菌感染。

【措施5】速诺（阿莫西林-克拉维酸钾混悬剂）

0.1毫升/千克，每天1次，连用3～5天，肌内注射/皮下注射。

注意事项：避光，密闭，摇匀使用。

【措施 6】沃瑞特

5～10 毫克/千克，皮下注射/静脉注射，每日 1 次，连用 5～7 天。

注意事项：现配现用，对肾功能不全者调整剂量。避光，严封，在冷处保存。

十五、诺卡菌病

1. 概念

本病是由诺卡菌属（原放线菌属）中最常见的病原菌星形诺卡菌引起的一种人畜共患病。疾病的特征是在肺、淋巴结、乳房、脑和皮肤、实质脏器等组织形成脓肿。

2. 临床诊断

（1）全身型　动物表现体温升高、厌食、精神沉郁、消瘦、咳嗽、流鼻液、呼吸困难及神经症状。

（2）胸型

① 呼吸困难，高热，发生脓胸，渗出液像番茄汤。

② X 片透视可见肺门淋巴结肿大，胸腔有渗出液，胸膜有肉芽肿，肺实质和间质结节性实变。

（3）皮肤型　多发生在四肢，损伤处表现蜂窝织炎、脓肿、结节性溃疡和多个窦道分泌物类似于胸型的胸腔渗出液。

（4）诺卡菌病的血象呈慢性化脓性炎症反应，中性粒细胞和巨噬细胞增多。

3. 用药指南

（1）用药原则　外科手术刮除，胸腔引流，以及长期使用抗生素和磺胺药物。

（2）用药方法（根据临床症状、实验室检查结果等临床实际病情的需要选择以下措施进行治疗）

【措施 1】复方新诺明

犬：30 毫克/千克，口服，每日 2 次，连用 6 个月。

注意事项：易出现结晶尿、血尿、蛋白尿、尿少、腰痛等；肝功能不全动物不宜使用。

【措施 2】青霉素

15～25 毫克/千克，肌内注射/静脉注射，每日 1 次。

注意事项：青霉素的安全范围广，主要的不良反应是过敏，大多数动物均可发生；局部反应表现为注射部位水肿、疼痛，全身反应为荨麻疹、皮疹或虚脱，严重者可引起死亡；对某些动物，青霉素可诱导胃肠道的二重感染。用青霉素类药物治疗放线菌病剂量要大，时间要长，一般需 2～8 个月，直到无临床症状和 X 线检查正常为止。

【措施 3】氨苄西林

犬：20～30 毫克/千克，口服，每日 2～3 次。

猫：10～20 毫克/千克，静脉滴注/皮下注射/肌内注射。

注意事项：本类药品可出现与剂量无关的过敏反应，表现为皮疹、发热、嗜酸性粒细胞增多、白细胞和血小板减少、贫血、淋巴结病或全身性过敏反应。对青霉素酶敏感，不宜用于耐青霉素的金黄色葡萄球菌感染。

第三节　真菌性病

一、皮肤癣菌病

1. 概念

皮肤癣菌病是由皮肤癣菌引起的感染。常在患病动物的面部、耳朵、四肢、趾爪和躯干等部位表现脱毛、丘疹、脓疱和皮肤渗出等损伤。

2. 临床诊断

（1）皮肤症状

① 典型的皮肤病变为脱毛，呈圆形迅速向四周扩展。

② 可观察到掉毛、毛发断裂、起鳞屑、形成脓疱、丘疹和皮肤渗出、结痂等。

③ 皮肤病变除呈圆形外，还有呈椭圆形、无规则形或弥漫状。

④ 石膏样小孢子菌和须毛癣菌的慢性感染，有时会出现大面积皮肤损伤。

⑤ 有的形成痂，有痂下继发细菌感染而化脓的，称为"脓癣"。

（2）皮肤癣菌感染可引起猫对称性脱毛，成年猫无明显的病变，仅形成极轻微的斑块或少量断毛，需要进行病原分离培养才能确诊。

（3）须毛癣菌引起犬、猫的甲癣主要表现为指（趾）甲干燥、开裂、质脆并常常发生变形等。在甲床和甲褶处易发细菌感染。

3. 用药指南

（1）用药原则　消除病原，预防传染。

（2）用药方法（根据临床症状、实验室检查结果等临床实际病情的需要选择以下措施进行治疗）

① 外用药

【措施1】舒肤膏（复方酮康唑软膏）

外用，剪毛后涂于患处，一日3～5次，连用5～7日。

注意事项：妊娠动物忌用。肝功能不全动物慎用。本品请勿接触眼睛。遮光、密闭保存。

【措施2】盐酸特比萘芬喷剂

外用喷于患部，每天2～3次，4周为一疗程。

注意事项：喷时每次以患部湿润为宜，如出现毛发内真菌，建议联合口服真菌灭片共同治疗。

【措施3】元康皮肤喷雾

对准伤口喷雾，每天2～3次。

注意事项：全年龄段犬猫等宠物均可使用，宠物可舔本品。常温储存，避免阳光照射。

② 内服药

【措施1】灰黄霉素

10～30毫克/千克，口服，每日2次，连用12周。

注意事项：妊娠动物忌用。

【措施2】酮康唑

犬：5～15毫克/千克，口服，每日2次，连用2～8周。

注意事项：妊娠动物忌用。

【措施3】伊曲康唑

犬：5毫克/千克，口服，每日1～2次，连用2～12个月。

猫：5～10毫克/千克，口服，每日1～2次，连用2～12个月。

注意事项：按推荐剂量使用，尤其幼猫不能超剂量服用；免疫机能不全或患有其他疾病的猫，在治疗期间须密切观察；给药后若出现肝功能损坏，应终止治疗。禁用于肾、肝功能受损的猫；禁用于怀孕、哺乳期猫。

二、孢子菌病

1. 概念

本病是皮肤真菌病中的一种，主要是由犬小孢子菌和石膏状小孢子菌引起。以皮肤出现脱毛斑，皮肤损伤而有渗出液、鳞屑和结痂为特征。

2. 临床诊断

（1）初期红肿，损伤和渗出，有明显痒感。

（2）继而被毛脱落，圆形病灶扩大或呈不规则的弥散状，或覆有断毛、渗出物等，当细菌混合感染或继发感染时甚至有脓疱或脓汁。

3. 用药指南

（1）用药原则　止痒，防止抓挠使得真菌扩散；消除病原，防止感染扩散。

（2）用药方法（根据临床症状、实验室检查结果等临床实际病情的需要选择以下措施进行治疗）

① 消除真菌药，如与皮肤癣菌病用药相同。

② 止痒

【措施1】舒肤喷剂

外用喷雾，直接喷于所需部位，每天使用1～2次，若喷雾面积较大，可酌情加量，连续使用1周左右。

注意事项：本品外用，禁止口服，置于儿童不易触及处．不可与阴离子表面活性剂混用。避免犬猫舔食。

【措施2】苯海拉明

1～2毫克/千克，口服，每日2次。

注意事项：猫可能出现异常兴奋。

【措施3】爱波克

0.4～0.6毫克/千克，口服，每日2次，连用14天，然后每日1次维持治疗，可拌食或直接喂食。

注意事项：12周龄以下犬禁用，严重感染的犬只禁用。本品可能会增加对传染病的易感性。繁殖用种公犬及妊娠期、哺乳期母犬禁用。本品与糖皮质激素、环孢菌素或其他免疫抑制剂的联用未经评估。

【措施4】扑尔敏注射液

犬：0.5毫克/千克。猫：0.25毫克/千克，每日1次。

注意事项：不良反应为嗜睡、疲劳、乏力、口鼻咽喉干燥、痰液黏稠，可引起注射部位局部刺激和一过性低血压，少见皮肤瘀斑、出血倾向。

三、球孢子菌病

1. 概念

本病是由粗球孢子菌引起的多种动物感染的深部真菌病，主要感染动物的支气管、肺、膈、淋巴结、胃、脾、肾等器官组织，人也可感染。本病的特征是肺、淋巴结等器官形成化脓性肉芽肿，呈慢性经过。

2. 临床诊断

（1）原发性肺球孢子菌病

① 出现咳嗽、呼吸困难，胸部X线摄影可见肺脏有结节性实变和暂时性空洞。

② 皮肤损伤出现硬结，中心出现溃疡面。

（2）播散性球孢子菌病

① 临床呈现持续性发热、厌食、咳嗽、呼吸困难、消瘦、腹泻、关节肿大、跛行及外周淋巴结发炎或化脓。

② 患犬多伴发骨骼损伤和跛行。

③ 肺部X线摄影，可发现肺部具有空洞性损伤或结节，肺门淋巴结肿大。

④ 眼损伤表现有羞明、发红、视力差，甚至角膜炎、前葡萄膜炎和继发青光眼。

3. 用药指南

（1）用药原则　抗真菌和对症治疗。

（2）用药方法（根据临床症状、实验室检查结果等临床实际病情的需要选择以下措施进行治疗）

【措施1】两性霉素B

犬：0.25～0.5毫克/千克。

猫：0.25毫克/千克，加入5％葡萄糖溶液中，静脉滴注，隔天1次。

注意事项：犬或猫的最大累积量为8～10毫克/千克。

【措施2】酮康唑

犬：5～15毫克/千克，口服，每日2次，连用2～8周。

注意事项：妊娠动物忌用。

【措施3】伊曲康唑

犬：5 毫克/千克，口服，每日 1~2 次，连用 2~12 个月。

猫：5~10 毫克/千克，口服，每日 1~2 次，连用 2~12 个月。

注意事项：按推荐剂量使用，尤其幼猫不能超剂量服用；免疫机能不全及或患有其他疾病的猫，在治疗期间需密切观察；给药后若出现肝功能损坏，应终止治疗。禁用于肾、肝功能受损的猫；禁用于怀孕、哺乳期猫。

【措施 4】盐酸特比萘芬

犬：5~10 毫克/千克，口服，每日 1 次。

注意事项：胃肠道症状和轻微的皮肤反应。

四、隐球菌病

1. 概念

隐球菌病是一种由新生隐球菌引起的真菌感染性疾病。临床表现可分为肺隐球菌病、中枢神经系统隐球菌病、皮肤黏膜隐球菌病、骨隐球菌病及内脏隐球菌病。

2. 临床诊断

（1）病猫主要侵害上部呼吸道

① 打喷嚏，从一侧或两侧鼻孔经常排出脓性、黏液性或出血性鼻分泌物，并常混有少量颗粒组织。

② 鼻梁肿胀、发硬，有时出现溃疡。

③ 颌下淋巴结和咽背淋巴结肿大变硬，但触压无痛。

（2）病犬多感染中枢神经系统

① 精神沉郁，丧失嗅觉。

② 转圈，共济失调，后躯麻痹。

③ 瞳孔大小不等，严重者失明。

（3）新型隐球菌 咳嗽、呼吸困难，有啰音，体温升高。角膜浑浊，有的失明。

（4）皮肤隐球菌病

① 在猫的头部引起丘疹、结节或脓肿，破溃后流出脓血。

② 犬周身皮肤都易发病。

③ 主要侵害头骨和鼻腔骨。

3. 用药指南

（1）用药原则 抗真菌，对症治疗，增强机体免疫力。

（2）用药方法（根据临床症状、实验室检查结果等临床实际病情的需要选择以下措施进行治疗）

用抗真菌药。

【措施 1】两性霉素 B

0.5~0.8 毫克/千克，累计量不超过 8 毫克，加于 5％葡萄糖液中静脉注射，隔日 1 次。

注意事项：禁用于肝肾衰竭动物。肾功能损害动物慎用；肝功能不全动物慎用。不良反应有肾毒性、低血钾症、心律失常、静脉炎、肝脏衰竭、肾脏衰竭、呕吐、腹泻、发热、肌肉关节疼痛、厌食和过敏反应。

【措施2】氟胞嘧啶

犬：25～35 毫克/千克，口服，每日 3 次。

猫：25～50 毫克/千克，口服，每日 4 次。

注意事项：药物皮疹，包括中毒性表皮坏死溶解。可能出现呕吐和腹泻，给药时间超过 15 分钟可缓解。氟胞嘧啶有致畸作用。

【措施3】酮康唑

5～10 毫克/千克，口服，每日 2 次。进食后服用，一般需要数月。

注意事项：肝脏毒性、厌食、呕吐，毛发颜色改变，可能有致畸作用。

【措施4】伊曲康唑

5 毫克/千克，口服，每日 1～2 次。

注意事项：按推荐剂量使用，尤其幼猫不能超剂量服用。免疫机能不全或患有其他疾病的猫，在治疗期间须密切观察。给药后若出现肝功能损坏，应终止治疗。禁用于肾、肝功能受损猫。禁用于怀孕、哺乳期猫。

【措施5】氟康唑

犬：2.5～5.0 毫克/千克，口服，每日 2 次，连用 4～8 周。

猫：眼/中枢系统隐球菌病，50 毫克/次，口服，每日 1 次；皮肤/鼻隐球菌病，2.5～5 毫克/千克，口服，每日 1 次。

注意事项：犬妊娠期禁用。肝功能不全动物慎用。遮光，密闭保存。

【措施6】盐酸特比萘芬

犬：5～10 毫克/千克，口服，每日 1 次。

注意事项：妊娠期禁用；肝功能不全动物慎用。不良反应有呕吐或腹泻。

五、组织胞浆菌病

1. 概念

荚膜组织胞浆菌病是由荚膜组织胞浆菌所引起的一种传染性很强的肉芽肿性疾病。临床表现为无痰咳嗽、胸痛、呼吸困难、声音嘶哑，中度感染表现为发热、发绀、咯血等。

2. 临床诊断

（1）皮肤及呼吸道症状

① 皮肤局部红肿和结节，出现坏死、溃疡灶。

② 典型肺炎症状：精神不振、厌食、消瘦、高热、咳嗽和呼吸困难。

（2）原发性胃肠道组织胞浆菌病出现排血便、腹泻、消瘦、不规律发热、肠系膜淋巴结肿大和低蛋白血症、腹腔积液。

（3）播散性肺组织胞浆菌病除呈现肺炎症状外，肝脾和淋巴结肿大，贫血和单核细胞增多。

（4）侵害眼时可引起视网膜色素异常增生、视网膜水肿、肉芽肿性脉络膜视网膜炎、前葡萄膜炎、全眼炎或眼神经炎。

（5）有的扩散到脑，引发痉挛、麻痹、转圈等神经症状。

3. 用药指南

（1）用药原则　抗真菌和对症治疗。

（2）用药方法（根据临床症状、实验室检查结果等临床实际病情的需要选择以下措施进行治疗）

用抗真菌药。

【措施1】两性霉素B

0.5～0.8毫克/千克，累计量不超过8毫克，加于5%葡萄糖液中静脉注射，隔日1次。

注意事项：禁用于肝肾衰竭的动物。肾功能损害动物慎用；肝功能不全动物慎用。不良反应有肾毒性、低血钾症、心律失常、静脉炎、肝脏衰竭、肾脏衰竭、呕吐、腹泻、发热、肌肉关节疼痛、厌食和过敏反应。

【措施2】酮康唑

5～10毫克/千克，口服，每日2次。进食后服用，一般需要数月。

注意事项：肝脏毒性、厌食、呕吐、毛发颜色改变，可能有致畸作用。

【措施3】伊曲康唑

5毫克/千克，口服，每日1～2次。

注意事项：按推荐剂量使用，尤其幼猫不能超剂量服用。免疫机能不全或患有其他疾病的猫，在治疗期间须密切观察。给药后若出现肝功能损坏，应终止治疗。禁用于肾肝功能受损猫。禁用于怀孕、哺乳期猫。

【措施4】氟康唑

犬：2.5～5毫克/千克，口服，每日2次，连用4～8周。

猫：2.5～5毫克/千克，口服，每日1次。

注意事项：犬妊娠期禁用；肝功能不全动物慎用；遮光、密闭保存。

六、孢子丝菌病

1. 概念

孢子丝菌病是指由孢子丝菌感染皮肤、黏膜及其附近淋巴组织引起的慢性感染性疾病。表现为慢性炎症性肉芽肿损害，重者可累及黏膜、骨骼甚至播散全身引起系统性损害。

2. 临床诊断

（1）局限皮肤型　发病部位无毛、肿胀或形成溃疡，通常无痛无痒。

（2）皮肤淋巴管型

① 发病部位坚实，形成局限性皮肤和皮下组织结节、脓肿和淋巴结炎。

② 有时还形成淋巴管炎。

③ 脓肿破溃后，成为红棕色溃疡。

（3）播散型　侵害多种器官组织，包括骨髓、眼、胃肠道、中枢神经系统、脾和睾丸等，由于侵害的器官不同，临床表现也各异。

3. 用药指南

（1）用药原则　抗真菌，治疗溃疡，缓解症状，加强机体免疫力。

（2）用药方法（根据临床症状、实验室检查结果等临床实际病情的需要选择以下措施进行治疗）

【措施1】夫西地酸乳膏

本品应局部涂于患处，并缓慢地摩擦；必要时可用多孔绷带包扎患处，每日2～3次，7天为一疗程，必要时可重复一个疗程。

【措施2】云南白药

撒布患部。

注意事项：孕犬、孕猫禁用。服药一日内，忌食蚕豆、鱼类及酸冷食物。

【措施3】两性霉素B

0.5～0.8毫克/千克，累计量不超过8毫克，加于5％葡萄糖液中静脉注射，隔日1次。

注意事项：禁用于肝肾衰竭动物。肾功能损害动物慎用；肝功能不全动物慎用。不良反应有肾毒性、低血钾症、心律失常、静脉炎、肝脏衰竭、肾脏衰竭、呕吐、腹泻、发热、肌肉关节疼痛、厌食和过敏反应。

【措施4】灰黄霉素

10～30毫克/千克，口服，每日2次。

注意事项：不适用于轻症或局部真菌感染；禁用于肾、肝功能受损动物，怀孕、哺乳期动物。遮光，密闭封存。

【措施5】伊曲康唑

5毫克/千克，口服，每日1～2次。

注意事项：按推荐剂量使用，尤其幼猫不能超剂量服用。免疫机能不全或患有其他疾病的猫，在治疗期间须密切观察。给药后若出现肝功能损坏，应终止治疗。禁用于肾、肝功能受损猫，怀孕、哺乳期猫。

七、曲霉菌病

1. 概念

曲霉病，以侵袭性肺曲霉病最为多见，出现发热、咳嗽，还可以出现咯血、胸痛、呼吸困难、痰中可见灰绿色颗粒等症状。

2. 临床诊断

（1）犬曲霉菌病

① 主要是由烟曲霉菌感染支气管、肺脏所致的疾病。

② 在犬主要侵害鼻窦和额窦。

③ 鼻孔溃疡，流出黏脓性分泌物，有的混有血液，打喷嚏。

④ X射线检查可见鼻窦、额窦骨骼增生损坏。

（2）猫曲霉菌病

① 主要侵害支气管和肺。

② 临床呈现呼吸困难、咳嗽和高热。

③ 肺部 X 射线透视，可见肺实质中含有大量结节性坏死。

④ 在猫也偶发肠型曲霉菌病，出现腹泻。

3. 用药指南

（1）用药原则　抗真菌、对症治疗。

（2）用药方法（根据临床症状、实验室检查结果等临床实际病情的需要选择以下措施进行治疗）

用抗真菌药。

【措施1】酮康唑

5～10毫克/千克，口服，每日2次。进食后服用，一般需要数月。

注意事项：肝脏毒性、厌食、呕吐、毛发颜色改变，可能有致畸作用。

【措施2】伊曲康唑

5毫克/千克，口服，每日1～2次。

注意事项：按推荐剂量使用，尤其幼猫不能超剂量服用。免疫机能不全或患有其他疾病猫，在治疗期间须密切观察。给药后若出现肝功能损坏，应终止治疗。禁用于肾、肝功能受损猫，怀孕、哺乳期猫。

【措施3】恩康唑

5%溶液，外用，使用2～3次。

注意事项：口服有肝脏毒性；遮光、密闭保存。

八、念珠菌病

1. 概念

念珠菌病是由各种致病性念珠菌引起的真菌感染性疾病。临床以消化道和呼吸道症状为主。

2. 临床诊断

（1）消化道症状

① 主要侵害犬、猫的上部消化道。

② 口腔和食道黏膜上形成隆起软斑，软斑表面覆有黄白色伪膜。

③ 严重时整个食道被黄白色伪膜覆盖，去除伪膜，可见浅在性溃疡面，患病动物疼痛不安。

④ 如侵害胃肠黏膜，常出现呕吐和腹泻症状。

（2）当散播到支气管和肺脏，发生呼吸道念珠菌病时，出现咳嗽、胸痛和体温升高等。

3. 用药指南

（1）用药原则　抗真菌，消除病原。

（2）用药方法（根据临床症状、实验室检查结果等临床实际病情的需要选择以下措施进行治疗）

【措施1】两性霉素B

0.5～0.8毫克/千克，累计量不超过8毫克，加于5％葡萄糖液中静脉注射，隔日1次。

注意事项：禁用于肝肾衰竭动物。肾功能损害动物慎用；肝功能不全动物慎用。不良反应有肾毒性、低血钾症、心律失常、静脉炎、肝脏衰竭、肾脏衰竭、呕吐、腹泻、发热、肌肉关节疼痛、厌食和过敏反应。

【措施2】氟胞嘧啶

犬：25～35毫克/千克，口服，每日3次。

猫：25～50毫克/千克，口服，每日4次。

注意事项：药物皮疹，包括中毒性表皮坏死溶解。可能出现呕吐和腹泻，给药时间超过15分钟可缓解。氟胞嘧啶有致畸作用。

【措施3】酮康唑

5～10毫克/千克，口服，每日2次。进食后服用，一般需要数月。

注意事项：肝脏毒性、厌食、呕吐、毛发颜色改变，可能有致畸作用。

【措施4】伊曲康唑

5毫克/千克，口服，每日1～2次。

注意事项：按推荐剂量使用，尤其幼猫不能超剂量服用。免疫机能不全或患有其他疾病的猫，在治疗期间须密切观察。给药后若出现肝功能损坏，应终止治疗。禁用于肾、肝功能受损猫，怀孕、哺乳期猫。

【措施5】氟康唑

犬：2.5～5.0毫克/千克，口服，每日2次，连用4～8周。

猫：2.5～5毫克/千克，口服，每日1次。

注意事项：犬妊娠期禁用。肝功能不全动物慎用。遮光、密闭保存。

【措施6】制霉菌素、克念菌素、两性霉素B

制霉菌素、克念菌素、两性霉素B和1％碘液外用，每日2～3次，连用1～2周。

【措施7】纳他霉素（游霉素）

按产品说明使用，涂布于受感染部位或全身。

注意事项：禁止与其他局部用制剂同时使用。

九、芽生菌病

1. 概念

芽生菌病又称北美芽生菌病，是皮炎芽生菌引起的慢性化脓性肉芽肿性疾病。患者可出现发热、胸痛、皮肤损害等不适症状。

2. 临床诊断

（1）呼吸困难，咳嗽，X线检查肺叶有局限性小结节及纵隔淋巴结肿大。

（2）体温升高，消瘦。

（3）有的皮肤有溃疡，病灶伴有渗出物。

（4）部分病例出现眼睑肿胀，流泪，有分泌物流出，角膜浑浊，严重的失明。

（5）侵害关节、骨骼，则出现跛行。

3. 用药指南

（1）用药原则 治疗原则为抗真菌和对症治疗。

（2）用药方法（根据临床症状、实验室检查结果等临床实际病情的需要选择以下措施进行治疗）

【措施1】伊曲康唑

5毫克/千克，口服，每日1～2次。

注意事项：按推荐剂量使用，尤其幼猫不能超剂量服用。免疫机能不全或患有其他疾病猫，在治疗期间须密切观察。给药后若出现肝功能损坏，应终止治疗。禁用于肾、肝功能受损猫，怀孕、哺乳期猫。

【措施2】氟康唑

犬：2.5～5.0毫克/千克，口服，每日2次，连用4～8周。

猫：2.5～5毫克/千克，口服，每日1次。

注意事项：犬妊娠期禁用。肝功能不全动物慎用。遮光、密闭保存。

【措施3】两性霉素B

0.5～0.8毫克/千克，累计量不超过8毫克，加于5％葡萄糖液中静脉注射，隔日1次。

注意事项：禁用于肝、肾衰竭的动物。肾功能损害动物慎用；肝功能不全动物慎用。不良反应有肾毒性、低血钾症、心律失常、静脉炎、肝脏衰竭、肾脏衰竭、呕吐、腹泻、发热、肌肉关节疼痛、厌食和过敏反应。

第四节 立克次体病和衣原体病

一、犬埃里希体病

1. 概念

犬埃里希体病是由牛蜱传染犬埃里希体引起的一种犬败血性传染病。

2. 临床诊断

（1）临床症状

① 周期性发热，流黏液性、脓性鼻液，眼有分泌物。

② 一半病例发生鼻出血，呼出恶臭气味。

③ 呕吐，胃肠炎，进行性消瘦。

④ 腹部触诊可摸到脾肿大。

⑤ 有的可见到可视黏膜苍白或黄染，出现贫血或出血。

⑥ 在腹下部、腹股沟部出现红斑脓疱性疹、四肢浮肿或皮肤糜烂灶。

⑦ 出现过敏、惊厥、麻痹等脑炎症状。

（2）血液学检验 疾病早期可见病犬单核细胞增多，嗜酸性粒细胞几乎消失。随着病程的发展，贫血症状明显，表现为红细胞压积、血红蛋白和红细胞总数下降。

3. 用药指南

（1）用药原则　消除病原，提供支持疗法。

（2）用药方法（根据临床症状、实验室检查结果等临床实际病情的需要选择以下措施进行治疗）

【措施1】阿奇霉素

犬：5～10毫克/千克，口服，每日1次，连用3～4天。

猫：5毫克/千克，口服，每2天1次。

注意事项：阿奇霉素的活性在碱性环境中增强，应空腹服用。对肝脏功能不全的动物用药需谨慎。肾脏功能不全的动物需减量。

【措施2】土霉素

7～11毫克/千克，肌内注射/皮下注射，每日1次。

注意事项：不良反应有呕吐、腹泻、沉郁、肝毒性（罕见）、发热、低血压（静脉注射后）和厌食（猫）。长期使用可能引发二重感染。

【措施3】多西环素

10毫克/千克，口服，随食物服用。

注意事项：偶见轻微呕吐、腹泻等胃肠道反应。遮光密封。

【措施4】米诺霉素

5～10毫克/千克，口服，每日2次。

注意事项：偶见轻微呕吐、流涎、腹泻等胃肠道反应。

【措施5】利福平

10～15毫克/千克，口服，每日1次。

注意事项：在犬，常见血清肝酶浓度升高，并能逐渐发展为肝炎。利福平的代谢物可能使尿液、唾液和粪便变为橘红色。高剂量时利福平可能有致畸性，不应用于怀孕动物和有肝脏疾病的动物。

二、猫血巴尔通体病

1. 概念

猫血巴尔通体病是由一种在血液中增殖的微生物所引起的以贫血为特征的疾病。本病又称猫传染性贫血。

2. 临床症状

（1）急性型

① 精神沉郁，虚弱倦怠，食欲不振。

② 间歇性发热，体温升高到39.5～40.5℃。

③ 贫血，有的出现可视黏膜黄染。

④ 腹部触诊可摸到脾显著肿大。

（2）慢性型　猫体温正常或低于常温，瘦弱无力，不愿活动且失去对外界的敏感性。

（3）典型的再生障碍性贫血变化是本病血液学的特征之一。

（4）血象检查

① 白细胞总数及分类值均增高。

② 单核细胞绝对数增高并发生变形，单核细胞和巨噬细胞有吞噬红细胞现象。

③ 血细胞压积通常在 20% 以下，出现病状前的病猫血细胞压积在 10% 以下。

3. 用药指南

（1）用药原则　消除病原，治疗贫血。严重贫血者，可输血。

（2）用药方法（根据临床症状、实验室检查结果等临床实际病情的需要选择以下措施进行治疗）

① 消除病原

【措施1】土霉素

7～11毫克/千克，肌内注射/皮下注射，每日 1 次。

注意事项：不良反应有呕吐、腹泻、沉郁、肝毒性（罕见）、发热、低血压（静脉注射后）和厌食（猫）。长期使用可能引发二重感染。

【措施2】多西环素

10毫克/千克，口服，随食物服用。

注意事项：偶见轻微呕吐、腹泻等胃肠道反应。遮光密封。

【措施3】利福平

10～15毫克/千克，口服，每日 1 次。

注意事项：在犬，常见血清肝酶浓度升高，并能逐渐发展为肝炎。利福平的代谢物可能使尿液、唾液和粪便变为橘红色。高剂量时利福平可能有致畸性，不应用于怀孕动物和有肝脏疾病的动物。

【措施4】氯霉素

犬：25～50毫克/千克，口服/静脉注射/皮下注射/肌内注射。

猫：15～25毫克/千克，口服/静脉缓慢注射/皮下注射/肌内注射。

注意事项：猫代谢氯霉素的能力较低，更容易发生骨髓抑制，这与剂量和治疗时间有关。其他不良反应包括恶心、呕吐、腹泻和过敏反应。

② 治疗贫血

【措施】诺龙

犬：1～5毫克/千克，皮下注射/肌内注射。最大剂量40～50毫克/只。每21天1次。

猫：1～5毫克/千克，皮下注射/肌内注射。最大剂量20～25毫克/只。每21天1次。

注意事项：种用、怀孕动物或患有肝病、糖尿病的动物禁用。可能产生雄激素样作用。可能导致未成年动物骨骺上生长板的提前闭合。

三、附红细胞体病

1. 概念

附红细胞体病指一种由附红细胞体寄生于红细胞表面、血浆以及骨髓等处引起的一种传染病。

2. 临床症状

（1）病初食欲稍差，精神沉郁。

（2）继而体温升高，呼吸困难，食欲废绝，出现呕吐、下痢甚至便血。

（3）可视黏膜先苍白后黄染，严重者出现皮肤发黄和黄尿。

（4）血液红细胞数明显下降。

（5）慢性病例则发育迟缓，病愈后长期带菌。

3. 用药指南

（1）用药原则　消除病原，及时使用补血药物。

（2）用药方法（根据临床症状、实验室检查结果等临床实际病情的需要选择以下措施进行治疗）

① 消除病原

【措施1】新砷凡纳明

犬：15～45毫克/千克，肌内注射，24小时内附红细胞体即从血液中消失。

注意事项：静注时应缓慢注射；该药品毒性反应较大，容易造成心肌炎，重症内分泌紊乱动物禁用。避光，干燥凉暗处密闭保存。

【措施2】土霉素

7～11毫克/千克，肌内注射/皮下注射，每日1次。

注意事项：不良反应有呕吐、腹泻、沉郁、肝毒性（罕见）、发热、低血压（静脉注射后）和厌食（猫）。长期使用可能引发二重感染。

【措施3】多西环素

10毫克/千克，口服，随食物服用。

注意事项：偶见轻微呕吐、腹泻等胃肠道反应。遮光密封。

② 补血

【措施1】重组人促红素注射液

1000～3000单位/次，皮下注射/静脉注射，每周给药2～3次。

注意事项：冷藏，2～8℃。

【措施2】富血力

0.1毫升/千克，肌内注射。

注意事项：本品毒性较大，需严格控制肌内注射剂量。遮光保存。

四、猫衣原体病

1. 概念

猫衣原体是一种革兰氏阴性杆状球菌。主要表现为眼睑痉挛、眼分泌物多、结膜充血或黄染、角膜炎、低烧、食欲降低、视网膜发炎或出血等。

2. 临床症状

（1）结膜炎

① 病初眼睑痉挛，充血，结膜浮肿，流泪。

② 出现黏脓性分泌物，形成滤泡性结膜炎。

③ 食欲不振，不愿活动，伴发鼻炎的病猫出现阵发性打喷嚏和流鼻液。

（2）重者继发支气管炎和肺炎，呼吸困难，咳嗽，发热，流出脓性鼻液，萎靡，鼻腔、口腔黏膜出现溃疡灶。

（3）新生猫感染引起闭合的眼睑突出及脓性坏死性结膜炎。

3. 用药指南

（1）用药原则　消除病原，对症治疗。

（2）用药方法（根据临床症状、实验室检查结果等临床实际病情的需要选择以下措施进行治疗）

【措施1】阿奇霉素

猫：5毫克/千克，口服，每2天1次。

注意事项：阿奇霉素的活性在碱性环境中增强，应空腹服用。对肝脏功能不全动物用药需谨慎。肾脏功能不全动物需减量。

【措施2】土霉素

7～11毫克/千克，肌内注射/皮下注射，每日1次。

注意事项：不良反应有呕吐、腹泻、沉郁、肝毒性（罕见）、发热、低血压（静脉注射后）和厌食（猫）。长期使用可能引发二重感染。

【措施3】多西环素

10毫克/千克，口服，随食物服用。

注意事项：偶见轻微呕吐、腹泻等胃肠道反应。遮光密封。

【措施4】米诺霉素

5～10毫克/千克，口服，每日2次。

注意事项：偶见轻微呕吐、流涎、腹泻等胃肠道反应。

【措施5】利福平

10～15毫克/千克，口服，每日1次。

注意事项：在犬，常见血清肝酶浓度升高，并能逐渐发展为肝炎。利福平的代谢物可能使尿液、唾液和粪便变为橘红色。高剂量时利福平可能有致畸性，不应用于怀孕动物和有肝脏疾病的动物。

第二章　寄生虫病

第一节　蠕虫病

一、蛔虫病

1. 概念

犬、猫蛔虫病是由于犬、猫的蛔虫寄生于犬、猫的小肠和胃内引起的寄生虫病。临床以胃肠炎为特征。

2. 临床症状

（1）腹泻和腹痛，虫体堵塞肠道，可引起肠阻塞、肠套叠或肠穿孔而死亡。
（2）幼犬发育不良，消瘦。
（3）幼虫移行时引起肺炎，表现为咳嗽、流鼻涕等。
（4）有时虫体释放的毒素可引起神经症状。

3. 用药指南

（1）用药原则　以驱虫、消炎、对症治疗，增加营养为主。
（2）用药方法（根据临床症状、实验室检查结果等临床实际病情的需要选择以下措施进行治疗）

【措施1】丙硫苯咪唑

25～50毫克/千克，口服，每日2次，连用3天。

注意事项：长期连续应用，易产生耐药虫株。

【措施2】左旋咪唑

8～10毫克/千克，口服，每日1次，连用3天。

注意事项：偶有头晕、恶心、呕吐、腹痛、食欲不振、发热、嗜睡、乏力、皮疹、发痒等不良反应，停药后能自行缓解。妊娠早期、肝炎活动期禁用。

【措施3】伊维菌素

犬：0.2毫克/千克，皮下注射/口服，2周1次，连用6周。

注意事项：柯利犬及喜乐蒂犬禁止应用。若穿过哺乳动物血脑屏障，则可能会引起神经毒性。

【措施 4】甲苯咪唑

犬：20～30 毫克/千克，口服，每日 1 次，连用 5 天。

注意事项：常引起呕吐、腹泻或软便，偶尔引起肝功能障碍。

【措施 5】芬苯达唑

犬：<6 月龄，50 毫克/千克；>6 月龄，100 毫克/千克，口服，每日 1 次，连用 3 天。

猫：<6 月龄，20 毫克/千克；>6 月龄，100 毫克/千克，口服，每日 1 次，连用 3 天。

注意事项：妊娠动物可用。

【措施 6】非班太尔

10～15 毫克/千克，配合吡喹酮 1～1.5 毫克/千克，口服。

注意事项：妊娠犬可用，须严格控制剂量。

【措施 7】大宠爱

规格：15 毫克（幼犬，幼猫）、30 毫克、45 毫克（猫）、60 毫克、120 毫克、240 毫克。每月 1 次。

注意事项：适用于 6 周龄和 6 周龄以上的犬和猫。怀孕及哺乳期内犬猫用前需遵从医生建议。

【措施 8】爱沃克（犬）

规格：0.4 毫升、1 毫升、2.5 毫升、4 毫升。每月 1 次。

注意事项：只用于 7 周龄以上犬。怀孕及哺乳期内犬用前需遵从医生建议。

【措施 9】海乐妙

规格：14 毫克/2 千克；56 毫克/8 千克。

注意事项：适应于猫蛔虫、绦虫、钩虫。

二、钩虫病

1. 概念

犬钩虫病是由于犬钩虫、狭头钩虫寄生于犬的小肠，引起高度贫血、消瘦为特征的寄生虫病。

2. 临床症状

（1）皮肤型　皮肤发痒，出现充血斑点或丘疹，继而出现红肿或含浅黄色液体的水泡。如有继发感染，可成为脓疮。

（2）呼吸道型　咳嗽、发热。

（3）肠炎型

① 出现恶心、呕吐、腹泻等消化紊乱症状，有时出现异嗜。

② 粪便带血或黑色，柏油状。

③ 黏膜苍白，消瘦，被毛粗乱无光泽，因极度衰竭而死亡。

（4）胎儿感染和初乳感染的 3 周龄以内幼犬，可引起严重的贫血，导致昏迷和死亡。

3. 用药指南

（1）用药原则　驱虫，消炎，对严重贫血的犬进行输血补液，补充电解质和蛋白质。

（2）用药方法（根据临床症状、实验室检查结果等临床实际病情的需要选择以下措施进行治疗）

【措施1】同蛔虫病用药

【措施2】内宠爱

规格：每片含吡喹酮50毫克、噻嘧50毫克（相当于双羟萘酸噻嘧啶144毫克）、非班太尔150毫克。谨遵医嘱。

注意事项：妊娠犬安全性尚不明确。

【措施3】海乐宠

每次1片，每月1次，至少连用2次。

注意事项：适用于5～10千克犬内服。

【措施4】犬心保

犬按照以下体重范围给药，每月给药1次。

体重<11千克犬（S片），使用规格伊维菌素68微克、双羟萘酸噻嘧啶163毫克。

体重12～22千克的犬（M片），使用规格伊维菌素136微克、双羟萘酸噻嘧啶326毫克。

体重23～45千克的犬（L片），使用规格伊维菌素272微克、双羟萘酸噻嘧啶652毫克。

体重>45千克犬，可以组合使用不同规格片。

注意事项：用于>6周龄的犬。牧羊犬禁用。

三、犬恶心丝虫病

1. 概念

本病是丝虫科犬恶心丝虫引起的一种寄生虫病。该寄生虫寄生于犬心脏的右心室及肺动脉中，引起循环障碍、呼吸困难及贫血症状。

2. 临床症状

（1）犬的主要症状

① 体温升高，咳嗽，训练耐力下降，体重减轻。

② 心悸，心内杂音，呼吸困难，腹围增大。

③ 后期贫血增进，逐渐消瘦，衰竭而死。

④ 犬常伴有结节性皮肤病，以瘙痒和倾向破溃的多发性结节为特征。皮肤结节中心化脓，在其周围的血管内常见有微丝蚴。

（2）猫的常见症状　食欲减退，体重下降，嗜睡，咳嗽，呼吸痛苦和呕吐。

（3）在腔静脉综合征中，右心房和腔静脉中的大量虫体可引起突然衰竭，发生死亡。在此之前，常有食欲减退和黄疸。

3. 用药指南

（1）用药原则　治疗原则以预防为主，定期驱虫，若有成虫，应进行手术治疗取出虫体，加强饲养管理，消灭蚊虫。

（2）用药方法（根据临床症状、实验室检查结果等临床实际病情的需要选择以下措施进行治疗）

【措施1】乙胺嗪（海群生）

犬：6.6毫克/千克，口服，每日1次，预防量；50毫克/千克，口服，杀成虫。

注意事项：引起食欲减退、恶心、呕吐、头晕、头痛、乏力、失眠等症状。成虫死亡后尚可引起局部反应。

【措施2】米尔倍霉素

0.5毫克/千克，口服，每月1次。

注意事项：仅用于预防心丝虫感染。疑似犬心丝虫感染的动物禁用。禁用于2周龄以下的犬、6周龄以下的猫及任何体重低于0.5千克的动物。

【措施3】莫昔克丁

谨遵医嘱。

注意事项：仅用于预防感染。9周龄以下的猫、7周龄以下的犬禁用。

【措施4】赛拉菌素

6毫克/千克，滴剂。

注意事项：仅用于预防感染。经常洗澡会降低本品的效力。

【措施5】迈微舒/迈可舒

心丝虫性肺炎：1毫克/千克，每2天1次，持续3个月以上。

注意事项：患有角膜性溃疡、糖尿病或肾功能不全的犬猫禁用。

【措施6】海乐宠

每次1片，每月1次，至少连用2次。

注意事项：适用于5～10千克犬内服。

【措施7】犬心保

谨遵医嘱。

注意事项：用于＞6周龄的犬。牧羊犬禁用。

【措施8】大宠爱

规格：15毫克（幼犬、幼猫）、30毫克、45毫克（猫）、60毫克、120毫克、240毫克。每月1次。

注意事项：适用于6周龄和6周龄以上的犬和猫。怀孕及哺乳期内犬猫用前需遵从医生建议。

【措施9】爱沃克

犬，规格：0.4毫升、1毫升、2.5毫升、4毫升。每月1次。

猫，规格：0.4毫升、0.8毫升。每月1次。

注意事项：只用于7周龄以上犬、9周龄以上猫。怀孕及哺乳期内用前需遵从医生建议。

四、旋尾线虫病

1. 概念

犬旋尾线虫病也称犬食道虫病，病原为旋尾科、旋尾属的狼尾旋线虫，寄生于犬、狐、狼和豺的食道壁、胃壁或主动脉壁，引起食道瘤等疾病。

2. 临床症状

（1）感染性幼虫钻入宿主胃壁动脉，随血液移行时，常引起组织出血、炎症和坏疽性脓肿。

（2）幼虫离去后病灶可自愈，但遗留有血管腔狭窄病变，若形成动脉瘤或引起管壁破裂，则发生大出血而导致死亡。

（3）成虫在食道壁、胃壁或主动脉壁中形成肿瘤，病犬出现吞咽、呼吸困难、循环衰竭和呕吐等症状。

（4）慢性病例常伴有肥大性骨关节病，胫部长骨肿大。

3. 用药指南

（1）用药原则　杀虫驱虫，防止继发感染，抗肿瘤，对症治疗。

（2）用药方法（根据临床症状、实验室检查结果等临床实际病情的需要选择以下措施进行治疗）

【措施1】丙硫苯咪唑

25～50毫克/千克，口服，每日2次，连用3天。

注意事项：长期连续应用，易产生耐药虫株。

【措施2】左旋咪唑

8～10毫克/千克，口服，每日1次，连用3天。

注意事项：偶有头晕、恶心、呕吐、腹痛、食欲不振、发热、嗜睡、乏力、皮疹、发痒等不良反应，停药后能自行缓解。妊娠早期、肝炎活动期禁用。

【措施3】伊维菌素

犬：0.2毫克/千克，皮下注射/口服，2周1次，连用6周。

注意事项：柯利犬及喜乐蒂犬禁止应用。若穿过哺乳动物血脑屏障，则可能会引起神经毒性。

【措施4】奥苯达唑

犬：10毫克/千克，口服，连用5天。

注意事项：不良反应轻微。

五、毛尾线虫病

1. 概念

毛尾线虫病亦称为鞭虫病，其病原为毛尾科、毛尾属的狐毛尾线虫，寄生于犬和狐的盲肠。主要引起消化道症状。

2.临床症状

（1）出现间歇性软便或带少量黏液血便。

（2）严重感染时引起食欲减退、消瘦、腹泻，大便带血，有时粪便呈褐色、恶臭，贫血，脱水，黄疸等全身症状。

3.用药指南

（1）用药原则　驱虫，补充体液，消炎，加强护理。

（2）用药方法（根据临床症状、实验室检查结果等临床实际病情的需要选择以下措施进行治疗）

【措施1】丙硫苯咪唑

25～50毫克/千克，口服，每日2次，连用3天。

注意事项：长期连续应用，易产生耐药虫株。

【措施2】左旋咪唑

8～10毫克/千克，口服，每日1次，连用3天。

注意事项：偶有头晕、恶心、呕吐、腹痛、食欲不振、发热、嗜睡、乏力、皮疹、发痒等不良反应，停药后能自行缓解。妊娠早期、肝炎活动期禁用。

【措施3】伊维菌素

犬：0.2毫克/千克，皮下注射/口服，2周1次，连用6周。

注意事项：柯利犬及喜乐蒂犬禁止应用。若穿过哺乳动物血脑屏障，则可能会引起神经毒性。

【措施4】甲苯咪唑

犬：20～30毫克/千克，口服，每日1次，连用5天。

注意事项：常引起呕吐、腹泻或软便，偶尔引起肝功能障碍。

【措施5】芬苯达唑

犬：<6月龄，50毫克/千克；>6月龄，100毫克/千克，口服，每日1次，连用3天。

猫：<6月龄，20毫克/千克；>6月龄，100毫克/千克，口服，每日1次，连用3天。

注意事项：妊娠动物可用。

【措施6】非班太尔

10～15毫克/千克，配合吡喹酮1～1.5毫克/千克，口服。

注意事项：妊娠犬可用，须严格控制剂量。

【措施7】大宠爱

规格：15毫克（幼犬、幼猫）、30毫克、45毫克（猫）、60毫克、120毫克、240毫克。每月1次。

注意事项：适用于6周龄和6周龄以上的犬和猫。怀孕及哺乳期内犬猫用前需遵从医生建议。

【措施8】爱沃克（犬）

规格：0.4毫升、1毫升、2.5毫升、4毫升。每月1次。

注意事项：只用于7周龄以上的犬。怀孕及哺乳期内犬用前需遵从医生建议。

【措施9】海乐妙

规格：14毫克/2千克；56毫克/8千克。

注意事项：适应于猫蛔虫、绦虫、钩虫。

六、旋毛虫病

1. 概念

旋毛虫病是旋毛线虫所致动物源性人畜共患寄生虫病，因生食或半生食含旋毛虫幼虫的肉类而感染引起肠炎。

2. 临床症状

（1）成虫寄生于动物的小肠和横纹肌内，可引起寄生虫性肠炎、食欲减退、呕吐、腹泻。

（2）幼虫寄生于动物骨骼肌形成包囊，导致全身肌肉疼痛、呼吸困难和发热等症状。

（3）严重感染时可因呼吸肌和心肌麻痹而导致死亡。

（4）肌旋毛虫可引起人的急性肌肉炎，表现为发热和肌肉疼痛。

3. 用药指南

（1）用药原则　治疗以驱虫，消炎为主。

（2）用药方法（根据临床症状、实验室检查结果等临床实际病情的需要选择以下措施进行治疗）

【措施1】丙硫苯咪唑

25~50毫克/千克，口服，每日2次，连用3天。

注意事项：长期连续应用，易产生耐药虫株。

【措施2】芬苯达唑

犬：<6月龄，50毫克/千克；>6月龄，100毫克/千克，口服，每日1次，连用3天。

猫：<6月龄，20毫克/千克；>6月龄，100毫克/千克，口服，每日1次，连用3天。

注意事项：妊娠动物可用。

【措施3】噻苯咪唑

犬：70毫克/千克，口服，每日2次，连用2天，而后35毫克/千克，口服，每日2次，连用20天。

注意事项：可引起食欲不振、恶心、呕吐、腹痛、腹泻、眩晕、头痛、嗜睡及黄视等，停药后可自行消失。偶尔出现过敏反应，如瘙痒、皮疹及面部潮红等。偶尔可出现白细胞减少、结晶尿。孕期慎用。

【措施4】奥苯达唑

犬：10毫克/千克，口服，连用5天。

注意事项：不良反应轻微。

七、犬类丝虫病

1. 概念

犬类丝虫病的病原为类丝虫科、类丝虫属的虫体，寄生于犬的气管、支气管黏膜下或肺脏所引起的疾病，以肺部病变为特征。

2. 临床诊断

（1）虫体寄生于气管或支气管黏膜下引起结节，结节处为灰白色或粉红色，直径1厘米以下，造成气管或支气管堵塞。

（2）严重感染时，气管分叉处有许多出血性病变覆盖。

（3）顽固性的咳嗽、呼吸困难、食欲缺乏、消瘦和贫血等。

3. 用药指南

（1）用药原则　以驱虫、呼吸道消炎、补充营养为主。

（2）用药方法（根据临床症状、实验室检查结果等临床实际病情的需要选择以下措施进行治疗）

【措施1】丙硫咪唑

犬：25~50毫克/千克，口服，每日2次，连用7~14天。

注意事项：妊娠期禁用。

【措施2】奥芬达唑

犬：10毫克/千克，口服，每日1次，连用4周。

注意事项：单剂量对于犬一般无效，必须连用3天以上。

【措施3】左旋咪唑

8~10毫克/千克，口服，每日1次，连用3天。

注意事项：偶有头晕、恶心、呕吐、腹痛、食欲不振、发热、嗜睡、乏力、皮疹、发痒等不良反应，停药后能自行缓解。妊娠早期、肝炎活动期禁用。

【措施4】爱沃克

犬，规格：0.4毫升、1毫升、2.5毫升、4毫升，每月1次。

猫，规格：0.4毫升、0.8毫升，每月1次。

注意事项：只用于7周龄以上犬、9周龄以上猫。怀孕及哺乳期内用前需遵从医生建议。

八、猫圆线虫病

1. 概念

猫圆线虫病是由后圆线虫科、似丝亚科、猫圆线虫属的莫名猫圆线虫寄生于猫的细支气管和肺泡所致。

2. 临床诊断

（1）肺表面可以见到大小不等的灰白色结节，结节内含有虫卵和幼虫。

（2）胸腔内时有乳白色液体，含有虫卵和幼虫。由于结节的压迫和堵塞，可以引起周围肺泡萎缩或炎症。

（3）中度感染时，患猫出现咳嗽、打喷嚏、厌食、呼吸急促等。严重感染时，咳嗽剧烈、厌食、呼吸困难、消瘦、腹泻，常发生死亡。

3. 用药指南

（1）用药原则　治疗原则以驱虫、呼吸道消炎、补充营养为主。对食欲差、腹泻严重的猫可适当进行输液治疗，呼吸困难的需要对症治疗。

（2）用药方法（根据临床症状、实验室检查结果等临床实际病情的需要选择以下措施进行治疗）

【措施1】丙硫咪唑

25～50毫克/千克，口服，每日2次，连用3天。

注意事项：长期连续应用，易产生耐药虫株。

【措施2】奥芬达唑

猫：10毫克/千克，口服，每日1次，连用4周。

注意事项：单剂量对于犬一般无效，必须连用3天以上。

【措施3】芬苯达唑

猫：<6月龄，20毫克/千克；>6月龄，100毫克/千克，口服，每日1次，连用3天。

注意事项：妊娠动物可用。

【措施4】左旋咪唑

8～10毫克/千克，口服，每日1次，连用3天。

注意事项：偶有头晕、恶心、呕吐、腹痛、食欲不振、发热、嗜睡、乏力、皮疹、发痒等不良反应，停药后能自行缓解。妊娠早期、肝炎活动期禁用。

【措施5】阿奇霉素

猫：5毫克/千克，口服，每2天1次。

注意事项：阿奇霉素的活性在碱性环境中增强，应空腹服用。对肝脏功能不全的动物用药需谨慎。肾脏功能不全动物需减量。

【措施6】氨苄西林

猫：10～20毫克/千克，静脉滴注/皮下注射/肌内注射。

注意事项：本类药品可出现与剂量无关的过敏反应，表现为皮疹、发热、嗜酸性粒细胞增多、白细胞和血小板减少、贫血、淋巴结病或全身性过敏反应。对青霉素酶敏感，不宜用于耐青霉素的金黄色葡萄球菌感染。

九、犬猫类圆线虫病

1. 概念

犬、猫类圆线虫病是由杆形目、类圆科、类圆属的粪类圆线虫引起，导致皮炎、肺炎、肠炎的症状。

2. 临床诊断

（1）患病初期出现皮炎的症状，局部出现瘙痒和红斑。

（2）病犬、猫食欲减退，出现肺炎的症状，眼角脓性分泌物增多、咳嗽、轻度发热等。

（3）病犬出现肠炎的症状，出现腹泻、脱水、衰弱、贫血、消瘦等。严重感染时，病犬消瘦、生长缓慢、腹泻，排出带有黏液和血丝的粪便等。

3. 用药指南

（1）用药原则　以驱虫，消炎，补充营养为主。

（2）用药方法（根据临床症状、实验室检查结果等临床实际病情的需要选择以下措施进行治疗）

【措施1】丙硫咪唑

25～50毫克/千克，口服，每日2次，连用3天。

注意事项：长期连续应用，易产生耐药虫株。

【措施2】奥芬达唑

猫：10毫克/千克，口服，每日1次，连用4周。

注意事项：单剂量对于犬一般无效，必须连用3天以上。

【措施3】芬苯达唑

犬：<6月龄，50毫克/千克；>6月龄，100毫克/千克，口服，每日1次，连用3天。

猫：<6月龄，20毫克/千克；>6月龄，100毫克/千克，口服，每日1次，连用3天。

注意事项：妊娠动物可用。

【措施4】左旋咪唑

8～10毫克/千克，口服，每日1次，连用3天。

注意事项：偶有头晕、恶心、呕吐、腹痛、食欲不振、发热、嗜睡、乏力、皮疹、发痒等不良反应，停药后能自行缓解。妊娠早期、肝炎活动期禁用。

十、眼虫病

1. 概念

眼虫病病原为旋尾目、吸吮科、吸吮属的丽嫩吸吮线虫，寄生于犬和猫的瞬膜下，亦可寄生于兔和人，又称吸吮线虫病。可造成结膜炎和角膜炎，导致视力下降，甚至引起角膜糜烂、溃疡和穿孔。

2. 临床诊断

（1）眼球损伤，引起结膜炎、角膜炎、角膜混浊直至失明。

（2）临床上常见眼部奇痒，结膜充血肿胀，分泌物增多，羞明流泪，病犬和病猫常用爪挠、摩擦患眼，造成角膜混浊，视力下降，甚至发生溃疡和穿孔。

3. 用药指南

（1）用药原则　以摘除虫体、对症治疗为主。

（2）用药方法（根据临床症状、实验室检查结果等临床实际病情的需要选择以下措施进行治疗）

【措施1】可卡因、硼酸、红霉素

摘除虫体后2％可卡因点眼，按摩眼睑5～10秒，待虫体麻痹不动时，用眼科镊子摘除虫体，再用3％硼酸溶液洗眼，涂红霉素眼膏。

【措施2】盐酸普鲁卡因、左旋咪唑、氯霉素、环丙沙星摘除虫体后 2％盐酸普鲁卡因做上、下眼睑皮下注射，每侧各注 1 毫升，再用 5％左旋咪唑注射液缓缓滴入眼内，3～5 分钟后虫体麻痹，翻开眼睑用眼科球头镊子取出虫体，再用生理盐水冲洗患眼，用药棉拭干，外用氯霉素或环丙沙星眼药水或犬猫滴眼药。

十一、绦虫病

1. 概念

绦虫病是由扁形动物门绦虫纲的各种绦虫引起的寄生虫病。寄生于犬和猫等小动物的绦虫种类很多，最常见的是犬复孔绦虫和泡状绦虫。

2. 临床诊断

（1）严重感染时，临床主要表现为食欲下降、呕吐、腹泻，或贪食、异嗜，继而消瘦、贫血、生长发育停滞，严重者死亡。

（2）有的呈现剧烈兴奋，有的发生痉挛或四肢麻痹。

（3）本病为慢性消耗性疾病。虫体成团时，会堵塞肠管，导致肠梗阻、套叠、扭转甚至破裂。不断脱落的孕节会附在肛门周围刺激肛门，引起肛门瘙痒或疼痛发炎。

3. 用药指南

（1）用药原则　以驱虫、消炎、增强营养为主。对发生肠梗阻、套叠、扭转甚至破裂的动物必须进行手术治疗。

（2）用药方法（根据临床症状、实验室检查结果等临床实际病情的需要选择以下措施进行治疗）

【措施 1】氯硝柳胺/灭绦灵

犬：100～150 毫克/千克，空腹口服，2～3 周后，重复给药一次。

注意事项：偶见乏力、头晕、恶心、腹部不适、胸闷。

【措施 2】二氯酚

犬：200～300 毫克/千克，口服。

猫：100～200 毫克/千克，口服。

【措施 3】盐酸丁萘脒

犬：25～50 毫克/千克，6 周后可重复给药。

注意事项：盐酸丁萘脒片剂，不可捣碎或溶于液体中，因为药物除对口腔有刺激性外，并因广泛接触口腔黏膜使吸收加速，甚至导致中毒；盐酸丁萘脒对犬毒性较大，肝病患犬禁用。用药后，部分犬出现肝损害以及胃肠道反应，但多能耐受。

【措施 4】氢溴酸槟榔碱

犬：2～4 毫克/千克，口服，最大剂量 12 毫克/次。

注意事项：本品对猫不安全，可使其支气管大量分泌黏液而致窒息死亡。

【措施 5】双氯芬

200 毫克/千克，口服。

注意事项：控制大于 6 月龄的犬和猫的绦虫感染。可出现呕吐。

【措施 6】硝硫氰醚

犬：50 毫克/千克，口服，每 2 周 1 次，直到大便中没有虫体。

注意事项：猫禁用；犬发生呕吐。

【措施7】吡喹酮

犬：2.5～5 毫克/千克，口服/肌内注射/皮下注射。

注意事项：4 周龄以内幼犬和 6 周龄以内小猫慎用；吡喹酮与非班太尔配伍的产品可用于各种年龄的犬、猫，还可以安全用于怀孕的犬、猫。

【措施8】槟榔、南瓜子

犬，南瓜子：30 克/千克，口服，与槟榔合用。

【措施9】芬苯达唑

犬：<6 月龄，50 毫克/千克；>6 月龄，100 毫克/千克，口服，每日 1 次，连用 3 天。

猫：<6 月龄，20 毫克/千克；>6 月龄，100 毫克/千克，口服，每日 1 次，连用 3 天。

注意事项：妊娠动物可用。

十二、肝吸虫病

1. 概念

本病是由华枝睾吸虫和猫后睾吸虫寄生于犬、猫等动物的肝胆管内，引起以胆囊、胆管发炎以及肝功能障碍为特征的寄生虫病。

2. 临床诊断

（1）疾病表现为慢性经过。

（2）胆管炎和胆囊炎，胆管和胆囊内有大量虫体和虫卵。

（3）肝脏结缔组织增生，肝细胞变性萎缩，甚至引发肝硬化。

（4）多数感染动物为隐性感染，临床症状不明显。严重感染时，主要表现为消化不良、下痢、消瘦、贫血、水肿，甚至腹水。

3. 用药指南

（1）用药原则 以驱虫、消炎、保肝护肝为主。若肝脏有病变，应进行针对性治疗。

（2）用药方法（根据临床症状、实验室检查结果等临床实际病情的需要选择以下措施进行治疗）

【措施1】硝氯酚

犬：8 毫克/千克，口服，隔日 1 次，连用 3 次。

猫：3 毫克/千克，口服。

【措施2】六氯对二甲苯/血防 846

犬：50 毫克/千克，口服，每日 1 次，连用 10 天。

【措施3】吡喹酮

犬：10～30 毫克/千克，口服/皮下注射，1 次。

猫：40 毫克/千克，口服，每日 1 次，连用 3 天。

注意事项：4 周龄以内幼犬和 6 周龄以内小猫慎用；吡喹酮与非班太尔配伍的产品可用于各种年龄的犬、猫，还可以安全用于怀孕的犬、猫。

【措施 4】丙硫咪唑

25～50 毫克/千克，口服，每日 2 次，连用 3 天。

注意事项：长期连续应用，易产生耐药虫株。

【措施 5】芬苯达唑

犬：<6 月龄，50 毫克/千克；>6 月龄，100 毫克/千克，口服，每日 1 次，连用 3 天。

猫：<6 月龄，20 毫克/千克；>6 月龄，100 毫克/千克，口服，每日 1 次，连用 3 天。

注意事项：妊娠动物可用。

【措施 6】肝泰乐注射液

0.1 毫升/千克，肌内注射/静脉注射，一日 1 次。

【措施 7】乙酰半胱氨酸注射液

犬、猫急性肝损伤的中毒：初始剂量 140～180 毫克/千克，使用生理盐水或 5% 葡萄糖等比稀释成 5% 溶液，静脉推注超过 15～20 分钟，随后 70 毫克/（千克·次），1 次/6 小时，连用 7～17 次。

注意事项：开封后冷藏保存不超过 24 小时。

十三、并殖吸虫病

1. 概念

并殖吸虫病又称肺吸虫病，是由并殖科并殖属的几种吸虫寄生于犬、猫肺组织内所引起的人畜共患病。主要引发呼吸道症状。

2. 临床诊断

（1）患猫和犬表现精神不振、阵发性咳嗽、呼吸困难等。

（2）虫体窜扰于腹壁时可引起腹泻与腹痛。

（3）虫体寄生于脑部和脊髓时可引起神经症状。

3. 用药指南

（1）用药原则　以驱虫、消炎、对症治疗为主。

（2）用药方法（根据临床症状、实验室检查结果等临床实际病情的需要选择以下措施进行治疗）

【措施 1】吡喹酮

犬：10～30 毫克/千克，口服/皮下注射，1 次。

猫：40 毫克/千克，口服，每日 1 次，连用 3 天。

注意事项：4 周龄以内幼犬和 6 周龄以内小猫慎用；吡喹酮与非班太尔配伍的产品可用于各种年龄的犬猫，还可以安全用于怀孕的犬猫。

【措施 2】丙硫咪唑

25～50 毫克/千克，口服，每日 2 次，连用 3 天。

注意事项：长期连续应用，易产生耐药虫株。

【措施 3】芬苯达唑

犬：<6 月龄，50 毫克/千克；>6 月龄，100 毫克/千克，口服，每日 1 次，连用 3 天。

猫：<6月龄，20毫克/千克；>6月龄，100毫克/千克，口服，每日1次，连用3天。

注意事项：妊娠动物可用。

【措施4】硫双二氯酚

100毫克/千克，口服，每日1次，连用7天。

注意事项：有轻度头晕、头痛、呕吐、腹痛、腹泻和荨麻疹等不良反应，可有光敏反应，也可能引起中毒性肝炎；服本品前应先驱蛔虫和钩虫。

【措施5】硝氯酚

1毫克/千克，口服，每日1次，连用3天。

注意事项：治疗量对动物比较安全，过量引起的中毒（如发热、呼吸困难、窒息）可根据症状选用尼可刹米、毒毛花苷K、维生素C等对症治疗，但禁用钙剂静注。

【措施6】六氯对二甲苯/血防846

50毫克/千克，口服，每日1次，连用10天。

注意事项：由于乳汁中药物浓度极高，加之能透过胎盘进入胎儿组织，因此，妊娠、授乳母畜以不用为宜。

十四、裂体吸虫病

1. 概念

本病亦称为日本血吸虫病或血吸虫病，是一种人畜共患病。是由日本裂体吸虫寄生于哺乳动物和人门静脉系统的小血管引起的疾病。

2. 临床诊断

（1）当尾蚴钻入皮肤可引发皮炎，出现瘙痒和丘疹。

（2）幼虫移行到肺时可引起咳嗽，成虫产卵期表现为精神沉郁、体温升高、食欲减退、消瘦、贫血、里急后重、腹泻、排出带黏液的血便。

（3）当发生肝肿大或肝硬化时，引起腹水。

3. 用药指南

（1）用药原则　以驱虫、防止继发感染、对症治疗为主。

（2）用药方法（根据临床症状、实验室检查结果等临床实际病情的需要选择以下措施进行治疗）

【措施1】吡喹酮

犬：10~30毫克/千克，口服/皮下注射，1次。

猫：40毫克/千克，口服，每日1次，连用3天。

注意事项：4周龄以内幼犬和6周龄以内小猫慎用；吡喹酮与非班太尔配伍的产品可用于各种年龄的犬猫，还可以安全用于怀孕的犬猫。

【措施2】六氯对二甲苯/血防846

犬：50毫克/千克，口服，每日1次，连用10天。

注意事项：由于乳汁中药物浓度极高，加之能透过胎盘进入胎儿组织，因此，妊娠、授乳母畜以不用为宜。

第二节　原虫病

一、球虫病

1. 概念

球虫病是球虫寄生于幼犬和猫的小肠和大肠黏膜上皮细胞内而引起的一种疾病。一般情况下致病力较弱，严重感染时可引起肠炎，对幼犬危害大。

2. 临床诊断

（1）感染后 3～6 天内发生水泻或排出带血液的粪便。

（2）患病动物轻度发热，精神沉郁，食欲减退，消化不良，消瘦，贫血。

（3）成年犬、猫抵抗力较强，常呈慢性经过，经过一段时间后可自然康复，但数月内仍有卵囊排出。幼龄犬猫多因极度衰竭而死亡。

3. 用药指南

（1）用药原则　以驱虫、消炎、对症治疗为主。

（2）用药方法（根据临床症状、实验室检查结果等临床实际病情的需要选择以下措施进行治疗）

【措施 1】氨丙啉

犬：200 毫克/千克，拌食，口服，每日 1 次，连用 7～10 天。

猫：60～100 毫克/千克，拌食，口服，每日 1 次，连用 5 天。

注意事项：不良反应有犬厌食、腹泻和精神沉郁。长期高剂量药会造成硫胺缺乏。

【措施 2】甲氧苄啶/磺胺

15 毫克/千克，口服，每日 2 次。

注意事项：在猫可见睡意、厌食、白细胞减少、贫血和过度流涎。在犬能见急性肝炎、呕吐、胆汁淤积、免疫介导性血小板减少和免疫介导性多关节炎。

【措施 3】磺胺二甲氧嘧啶

犬：50 毫克/千克，口服，每日 1 次，使用 1 天，然后 25 毫克/千克，口服，每日 1 次，连用 5～20 天。

注意事项：肾功能减弱、肾衰竭或脱水的动物要慎用。

【措施 4】复方新诺明

犬：15～30 毫克/千克，口服/皮下注射，每日 2 次。

注意事项：用药期间，需多饮水，保持高尿流量以防出现结晶尿、血尿和管型尿。

【措施 5】贝斯特

0.1～0.2 毫克/千克，葡萄糖水稀释到 10 毫升，口服，连续 5～7 天使用。

注意事项：混饮的溶液稳定期仅为 4 小时，故现用现配。

二、弓形虫病

1. 概念

寄生于人、犬、猫和其他多种动物。猫是弓形虫的终末宿主。犬、猫多为隐性感染，但有时也可引起发病。主要侵害呼吸系统和神经系统。

2. 临床诊断

（1）猫的急性型

① 厌食、嗜睡、高热（体温在40℃以上）、呼吸困难（呈腹式呼吸）。

② 有些出现呕吐、腹泻、过敏、眼结膜充血、对光反应迟钝，甚至眼盲。

③ 有的出现轻度黄疸。

④ 怀孕母猫可出现流产，不流产者所产胎儿于产后数日死亡。

（2）猫的慢性型

① 猫时常复发，厌食，体温在39.7～41.1℃，发热期长短不等，可超过1周。

② 有些腹泻、虹膜发炎、贫血。

③ 中枢神经系统症状多表现为运动失调、惊厥、瞳孔不均、视觉丧失、抽搐及延髓麻痹等。

④ 怀孕母猫有流产或死产。

（3）犬的症状主要为发热、咳嗽、呼吸困难、厌食、精神沉郁、眼和鼻流分泌物、呕吐、黏膜苍白、运动失调、早产和流产等。

3. 用药指南

（1）用药原则　以预防、杀虫驱虫、对症治疗、防止继发感染为主。

（2）用药方法（根据临床症状、实验室检查结果等临床实际病情的需要选择以下措施进行治疗）

【措施1】复方新诺明

犬：15～30毫克/千克，口服/皮下注射，每日2次。

注意事项：用药期间，需多饮水，保持高尿流量以防出现结晶尿、血尿和管型尿。

【措施2】阿奇霉素

犬：5～10毫克/千克，口服，每日1次。

猫：5毫克/千克，口服，每2日1次。

注意事项：不良反应为腹痛、恶心、呕吐、胃痉挛和腹泻等胃肠道症状；肝功能不全、肝病患者禁用。

【措施3】乙胺嘧啶

1毫克/千克，口服，每日1～2次，连用3天后，0.5毫克/千克，每日1次。

注意事项：可逆性骨髓抑制（叶酸可缓解）。与磺胺类药物同时使用效果增强。

三、犬巴贝丝虫病

1. 概念

是由硬蜱传播的血液原虫病，主要症状是高热、黄疸、呼吸困难，引起犬的严重贫血和血红蛋白缺乏，是一种犬常见疾病。

2. 临床诊断

（1）病初精神沉郁，喜卧，四肢无力，身躯摇摆。

（2）发热，呈不规则间歇热，体温在 40～41℃。

（3）食欲减退或废绝，营养不良，明显消瘦。从口、鼻流出具有不良气味的液体。

（4）贫血，结膜苍白，黄染。

（5）常见有化脓性结膜炎。

（6）尿呈黄色至暗褐色，如酱油样，且血液稀薄。

（7）在病犬皮肤上可以找到蜱。

3. 用药指南

（1）用药原则　以驱虫、消炎、对症治疗为主。做好防蜱灭蜱工作，若发现有犬感染，应对一起生活的其他犬进行药物注射预防。

（2）用药方法（根据临床症状、实验室检查结果等临床实际病情的需要选择以下措施进行治疗）

【措施 1】三氮脒

犬：3.5 毫克/千克，肌内注射，1 次。

【措施 2】吖啶黄

2～4 毫克/次，静脉滴注，防止漏入皮下。

注意事项：吖啶黄注射后常出现心跳加速、不安、呼吸迫促、肠蠕动增强等不良反应。

【措施 3】咪唑苯脲

犬：5～7.5 毫克/千克，肌内注射/皮下注射，14 天后重复 1 次。

猫：2～5 毫克/千克，肌内注射，14 天后重复 1 次。

注意事项：不良反应有流涎，呕吐，偶见腹泻，呼吸困难，焦躁不安。

【措施 4】克林霉素

犬：12.5 毫克/千克，口服，每日 2 次。

注意事项：偶见恶心、呕吐、腹痛及腹泻。

四、利什曼原虫病

1. 概念

利什曼原虫病又称黑热病，是由于杜氏利什曼原虫寄生于内脏而引起的一种人畜共患慢性寄生虫病。

2. 临床诊断

（1）无症状感染　多数犬感染后呈隐性带虫状态，无明显症状。

（2）皮肤损害

① 被毛粗糙失去光泽，甚至脱落。

② 脱毛处有皮脂外溢或糠秕样鳞屑或因皮肤增厚形成结节，结节破溃后形成溃疡。

③ 皮肤病变多见于头部，尤其是耳、鼻及眼周围最为明显，其他部位也可出现。

④ 眼部的皮肤损害可引起眼缘发炎，有的还出现体温中度升高、眼角炎和结膜炎。

（3）严重者拒食，逐渐消瘦，贫血，叫声变得嘶哑甚至困难，最后因恶病质而死亡。

3. 用药指南

（1）用药原则　以驱虫，对症治疗为主。

（2）用药方法（根据临床症状、实验室检查结果等临床实际病情的需要选择以下措施进行治疗）

【措施1】戊烷脒

犬：1毫克/千克，皮下注射，肌内注射。

注意事项：肌内注射局部可发生硬结和疼痛，偶可形成脓肿。

【措施2】锑酸葡胺

犬：100～200毫克/千克，静脉滴注/皮下注射，每日1次，隔天使用，连用3～4周。

注意事项：严重肝病或肾功能不全者禁用。

【措施3】葡萄糖酸锑钠

犬：30～50毫克/千克，皮下注射，每日1次，连用3～4周。

注意事项：有时出现恶心、呕吐、咳嗽、腹痛、腹泻现象，偶见白细胞减少。

【措施4】酮康唑

犬：10毫克/千克，口服，每日3次，连用3周。

注意事项：有时出现恶心、呕吐、腹痛、腹泻、消化不良以及一过性转氨酶升高。

【措施5】米替福新

犬：2毫克/千克，口服，每日1次，连用28天。

注意事项：妊娠期、泌乳期和种用动物禁用。常见中度、一过性呕吐和腹泻。

五、阿米巴病

1. 概念

阿米巴病为阿米巴原虫寄生于大肠黏膜引起的以顽固性腹泻为主要特征的寄生虫病，起病缓慢，为人畜共患病。人是阿米巴虫的自然宿主，犬的发病率较低。

2. 临床诊断

（1）急性表现为严重下痢，可导致死亡。

（2）慢性表现为间歇性或持续性腹泻，粪便中带有血液和黏液，里急后重，厌食，体重下降。

3. 用药指南

（1）用药原则　以驱虫、消炎、对症治疗为主。

（2）用药方法（根据临床症状、实验室检查结果等临床实际病情的需要选择以下措施进行治疗）

【措施1】甲硝唑

犬：10～30毫克/千克，口服，每日1～2次，连用5～7天。

猫：10～25毫克/千克，口服，每日1～2次连用5天。

注意事项：本品毒性较小，其代谢物常使尿液呈红棕色；当剂量过大，易出现舌炎、胃炎、恶心、呕吐、白细胞减少甚至神经症状，但均能耐过。哺乳及妊娠早期动物不用为宜。禁用于食品动物。

【措施2】硫酸巴龙霉素

犬：125～165毫克/千克，口服，每日2次，连用5天。

注意事项：可引起食欲减退、恶心、呕吐、腹泻等，偶可引起吸收不良综合征。

【措施3】痢特灵

犬：4～10毫克/千克，口服，每日1～2次，连用5～7天。

【措施4】甲硝唑

25～50毫克/千克，口服，连用5～7天。

注意事项：本品毒性较小，其代谢物常使尿液呈红棕色；当剂量过大，易出现舌炎、胃炎、恶心、呕吐、白细胞减少甚至神经症状，但均能耐过。哺乳及妊娠早期动物不用为宜。禁用于食品动物。

六、贾第鞭毛虫病

1. 概念

贾第鞭毛虫病是由一种名为肠贾第虫（也称蓝氏贾第鞭毛虫或十二指肠贾第虫）的微生物感染引起的消化系统疾病。

2. 临床诊断

（1）肠贾第虫是通过滋养体吸附在肠黏膜表面，对肠黏膜造成机械性刺激，使肠黏膜的吸收能力降低，引起肠胃功能紊乱和腹泻。

（2）幼龄动物发病时，主要表现为下痢，粪便灰色，带有黏液或血液，精神沉郁，消瘦，后期出现脱水症状。

（3）成畜仅表现排出多泡沫的糊状粪便，体温、食欲无太大的变化。

3. 用药指南

（1）用药原则　以驱虫，对症治疗为主。

（2）用药方法（根据临床症状、实验室检查结果等临床实际病情的需要选择以下措施进行治疗）

【措施1】甲硝唑

犬：10～30毫克/千克，口服，每日1～2次，连用5～7天。

猫：10～25毫克/千克，口服，每日1～2次，连用5天。

注意事项：本品毒性较小，其代谢物常使尿液呈红棕色；当剂量过大，易出现舌炎、胃炎、恶心、呕吐、白细胞减少甚至神经症状，但均能耐过。哺乳及妊娠早期动物不用为宜。禁用于食品动物。

【措施2】异丙硝唑

犬：10～30毫克/千克，口服，每日1～2次，连用7天。

【措施3】米帕林/阿的平

犬：9～11毫克/千克，口服，每日1次，连用6～12天。

注意事项：本品能黄染皮肤，又可能引起中毒性精神病，偶见剥脱性皮炎、肝炎、再生障碍性贫血、粒性白细胞缺乏症等，偶见恶心、呕吐、头痛、头晕，停药后症状消失。

七、隐孢子虫病

1. 概念

隐孢子虫病是由隐孢子虫引起的人畜共患寄生虫病。临床以发热、腹痛、腹泻、体重减轻等为主要症状。

2. 临床诊断

（1）主要表现急性水样腹泻、排便次数多、食欲不振、呕吐、消瘦等症状。抵抗力弱的犬、猫临床症状明显且严重。

（2）多数隐孢子虫病犬、猫肠系膜淋巴结肿大，小肠和盲肠增厚、扩张。

3. 用药指南

（1）用药原则　驱虫杀虫，抗菌消炎。

（2）用药方法（根据临床症状、实验室检查结果等临床实际病情的需要选择以下措施进行治疗）

【措施1】阿奇霉素

犬：5～10毫克/千克，口服，每日1～2次。

猫：7～15毫克/千克，口服，每日2次，连用5～7天。

注意事项：不良反应为腹痛、恶心、呕吐、胃痉挛和腹泻等胃肠道症状；肝功能不全、肝病患者禁用。

【措施2】泰乐菌素

11毫克/千克，口服，每日2次，连用28天。

注意事项：具刺激性，注射、吸入、摄入、与皮肤和眼睛接触后可能会出现过敏反应，如皮肤红肿和发痒、呼吸加快、肛周轻度水肿或脱肛等，此类症状会迅即消失。

【措施3】巴龙霉素

犬：125～165毫克/千克，口服，每日2次，连用5天。

注意事项：口服可引起食欲减退、恶心、呕吐、腹泻等，偶可引起消化不良综合征。长期口服可引起二重感染。

【措施 4】林可霉素

22 毫克/千克，口服，每日 2 次。

注意事项：具有神经肌肉阻断作用。

【措施 5】乙酰螺旋霉素

犬：25～50 毫克/千克，口服，每日 1 次；10～25 毫克/千克，肌内注射，每日 1 次。

注意事项：可以引起腹痛、恶心、呕吐等胃肠道反应，程度大多轻微，停药后可以自行消失。

八、毛滴虫病

1. 概念

毛滴虫病是由五鞭毛滴虫引起的以仔犬黏液性出血性腹泻为特征的原虫病。

2. 临床诊断

犬、猫摄入含有滋养体的食物或水而感染。主要表现为顽固性慢性腹泻，便中常带有黏液和血、食欲不振、消瘦、被毛粗乱、贫血和嗜睡。

3. 用药指南

（1）用药原则　预防性驱虫，及时杀虫。

（2）用药方法（根据临床症状、实验室检查结果等临床实际病情的需要选择以下措施进行治疗）

【措施 1】巴龙霉素

犬：125～165 毫克/千克，口服，每日 2 次，连用 5 天。

注意事项：口服可引起食欲减退、恶心、呕吐、腹泻等，偶可引起消化不良综合征。长期口服可引起二重感染。

【措施 2】甲硝唑

犬：10～30 毫克/千克，口服，每日 1～2 次，连用 5～7 天。

猫：10～25 毫克/千克，口服，每日 1～2 次，连用 5 天。

注意事项：本品毒性较小，其代谢物常使尿液呈红棕色；当剂量过大，易出现舌炎、胃炎、恶心、呕吐、白细胞减少甚至神经症状，但均能耐过。哺乳及妊娠早期动物不用为宜。禁用于食品动物。

第三节　蜘蛛昆虫病

一、疥螨病

1. 概念

疥螨病，由疥螨科疥螨属的疥螨寄生于犬、猫皮肤上引起的一种寄生虫病。特征为奇痒不安、脱毛、皮肤生小结节，后变为水疱及脓疱，破溃后形成痂皮。

2. 临床诊断

（1）皮肤症状

① 病初在患部出现红斑、丘疹，皮肤薄的部位还会出现水疱和脓肿。

② 剧烈瘙痒，患病犬、猫不断啃咬摩擦患部，局部出血、渗出、结痂、继发细菌感染，表面形成黄色痂皮，进而皮肤增厚，被毛脱落。

③ 增厚的皮肤尤其是面部、颈部和胸部皮肤常形成褶皱。

④ 气温上升或运动后瘙痒症状加剧。

⑤ 若继发感染，则发展为深层脓皮病，最终导致死亡。

（2）消化道症状　食欲下降和消化吸收功能紊乱、逐渐消瘦、贫血，继而出现恶病质。

（3）猫背肛螨病多发于面、鼻、耳及颈部的皮肤，严重感染时常使皮肤增厚、龟裂，出现黄棕色痂皮，可导致死亡。

3. 用药指南

（1）用药原则　以驱虫、对症治疗为主。防止继发感染，应配合抗生素全身治疗；加强饲养管理，补充微量元素和维生素。

（2）用药方法（根据临床症状、实验室检查结果等临床实际病情的需要选择以下措施进行治疗）

① 对症治疗，缓解皮肤症状。

【措施 1】伊维菌素

犬：0.2～0.3 毫克/千克，口服/皮下注射，2 周后重复。

猫：0.2～0.4 毫克/千克，皮下注射；2 周后重复。

注意事项：用于 6 周龄以上的犬。牧羊犬禁用，在柯利犬及其相关品种不推荐使用。若穿过哺乳动物血脑屏障，则可能会引起神经毒性。

【措施 2】马拉硫磷

0.5％马拉硫磷溶液，喷洒。

【措施 3】皮蝇磷

0.25％～2.5％溶液，局部涂抹。

【措施 4】阿米曲士

犬：0.025％阿米曲士溶液，洗浴风干，每周 1 次，连用 2～6 周。

预防用药：滴剂，20 毫克/千克阿米曲士和氰氟虫腙，每月 1 次。

注意事项：禁用于不足 3 月龄的犬（不足 8 周龄的犬禁用滴剂），禁用于吉娃娃、猫或患有糖尿病的动物。

② 驱虫药

【措施 1】塞拉菌素/大宠爱

规格：15 毫克（幼犬、幼猫）、30 毫克、45 毫克（猫）、60 毫克、120 毫克、240 毫克。

根据体重用量，谨遵医嘱，每月 1 次。

注意事项：本品仅限用于宠物，适用于 6 周龄和 6 周龄以上犬、猫。为了获得最好的用药效果，请勿在宠物毛发尚湿的时候使用本品，但在用药 2 小时后给宠物洗澡不会降低本品的药效。

【措施2】福来恩喷剂

喷雾，1毫克/千克，外用1～2个疗程，间隔2～4周。

注意事项：不可直接喷于犬、猫的眼睛。

【措施3】爱沃克

犬：规格：0.4毫升、1毫升、2.5毫升、4毫升。

猫：规格：0.4毫升、0.8毫升。

注意事项：只用于7周龄以上犬、9周龄以上猫。怀孕及哺乳期内犬、猫用前需遵从医生建议。

【措施4】米尔倍霉素

0.25～0.5毫克/千克，口服，每月1次。

二、蠕形螨病

1. 概念

蠕形螨病也称为毛囊虫病或脂螨病，是由于蠕形螨寄生于皮脂腺、毛囊和淋巴腺内引起的皮肤病。特征为多发于面部和耳部，严重时蔓延至全身，大面积脱毛、浮肿。

2. 临床诊断

（1）皮肤症状

① 病初患部脱毛、秃斑、界限明显，毛囊周围有红润小突起，并伴有皮肤的轻度潮红和麸皮状脱屑，皮肤变为红铜色。

② 患部几乎不痒，只有当继发细菌感染时才发生瘙痒现象。

③ 常因继发感染而发展为脓疱型，患部化脓，形成脓疱和溃疡，皮肤形成皱褶或出现皲裂。

（2）感染严重的病例常有一种特殊的臭味，因全身感染或脓血症和自体中毒而死亡。

（3）猫可携带此螨虫而不表现症状或出现瘙痒、掉毛、局部或对称性脱毛、红斑与表皮脱落等症状。

3. 用药指南

（1）用药原则　定期驱虫，对症治疗，防止继发感染。

（2）用药方法（根据临床症状、实验室检查结果等临床实际病情的需要选择以下措施进行治疗）

【措施1】伊维菌素

犬：0.2～0.3毫克/千克，口服/皮下注射，2周后重复。

猫：0.2～0.4毫克/千克，皮下注射；2周后重复。

注意事项：用于＞6周龄犬。牧羊犬禁用，在柯利犬及其相关品种不推荐使用。若穿过哺乳动物血脑屏障，则可能会引起神经毒性。

【措施2】阿米曲士

犬：0.025%阿米曲士溶液，洗浴风干，每周1次，连用2～6周。

预防用药：滴剂，20 毫克/千克阿米曲士和氰氟虫腙，每月 1 次。

注意事项：禁用于不足 3 月龄的犬（不足 8 周龄的犬禁用滴剂），禁用于吉娃娃、猫或患有糖尿病的动物。

【措施 3】百部酊

20％醇溶液局部涂抹。

【措施 4】石灰硫黄悬浊液

犬：1：20 稀释（16 克/升）。

猫：1：40 稀释（8 克/升）洗浴，风干，每周 1 次，连用 6 周。

【措施 5】塞拉菌素/大宠爱

规格：15 毫克（幼犬、幼猫）、30 毫克、45 毫克（猫）、60 毫克、120 毫克、240 毫克。根据体重用量，谨遵医嘱，每月 1 次。

注意事项：本品仅限用于宠物，适用于 6 周龄和 6 周龄以上犬、猫。为了获得最好的用药效果，请勿在宠物毛发尚湿的时候使用本品，但在用药 2 小时后给宠物洗澡不会降低本品的药效。

【措施 6】福来恩喷剂

喷雾，1 毫克/千克，外用 1～2 个疗程，间隔 2～4 周。

注意事项：不可直接喷于犬、猫的眼睛。

三、耳痒螨病

1. 概念

犬、猫的耳痒螨病是由犬耳痒螨寄生于外耳道引起的外耳部炎症。特征为具有高度传染性，有瘙痒感，犬、猫常自己抓伤自己，使皮肤有渗出、增厚和形成痂皮。

2. 临床诊断

（1）常见犬、猫摇头，有时出现耳血肿或水肿而使整个耳部肿大，发炎或过敏反应，在外耳道有厚的棕黑色蜡质样渗出物或鳞状痂皮。

（2）犬、猫耳痒螨病的早期感染常是双侧性的，进一步发展则整个耳郭广泛性感染，鳞屑明显，角化过度。

（3）耳和尾尖部瘙痒性皮炎，同侧后肢爪部暂时性皮炎。

（4）严重的感染可蔓延到头的前部，并出现严重的全身症状。

3. 用药指南

（1）用药原则　以杀虫、清洗耳道、防止继发感染为主。

（2）用药方法（根据临床症状、实验室检查结果等临床实际病情的需要选择以下措施进行治疗）

①清洗耳道，消炎灭菌

【措施 1】耳康

提起耳尖，挤压本品 2～4 次，使药液充满耳道。轻轻揉按耳道数次，以能听到液体声响为佳，然后用柔软纸张轻轻吸取上浮的液体及污物。对残留药液不必介意，动物自行摇头甩出即可。每日 1 次，至少连用 7 天。

注意事项：避光，密闭，阴凉处保存。

【措施 2】耳肤灵

清洗外耳后，耳部每天用约一粒豌豆大小的药膏，轻轻按摩耳底部，清洗掉多余的药品。每隔 1 天用药 1 次，直至痊愈。推荐的给药周期为 21 天（耳螨的再繁殖周期）。

注意事项：不得长期大剂量使用。

② 驱虫药

【措施 1】爱沃克

犬：规格，0.4 毫升，1 毫升，2.5 毫升，4 毫升。

猫：规格，0.4 毫升，0.8 毫升。

注意事项：只用于 7 周龄以上犬、9 周龄以上猫。怀孕及哺乳期内犬、猫用前需遵从医生建议。

【措施 2】塞拉菌素/大宠爱

规格：15 毫克（幼犬、幼猫），30 毫克，45 毫克（猫），60 毫克，120 毫克，240 毫克。根据体重用量，谨遵医嘱，每月 1 次。

注意事项：本品仅限用于宠物，适用于 6 周龄和 6 周龄以上犬、猫。为了获得最好的用药效果，请勿在宠物毛发尚湿的时候使用本品，但在用药 2 小时后给宠物洗澡不会降低本品的药效。

四、犬虱病

1. 概念

本病是由兽虱和毛虱寄生于犬、猫体表引起的皮肤寄生虫病。特征为犬瘙痒不安、脱毛或掉毛。

2. 临床诊断

（1）犬瘙痒不安，啃咬瘙痒处，脱毛，继发湿疹、丘疹、水疱、脓疱。

（2）大量感染时引起化脓性皮炎、贫血、营养不良、消瘦，对其他疾病的抵抗力差。有时皮肤上出现小结节、出血点或坏死灶。

（3）有时可在皮肤上摸到或看到虱子。

3. 用药指南

（1）用药原则　以杀虫、驱虫、防止继发感染为主。

（2）用药方法（根据临床症状、实验室检查结果等临床实际病情的需要选择以下措施进行治疗）

① 驱虫

【措施 1】大宠爱

规格：15 毫克（幼犬、幼猫）、30 毫克、45 毫克（猫）、60 毫克、120 毫克、240 毫克。根据体重用量，谨遵医嘱，每月 1 次。

注意事项：本品仅限用于宠物，适用于 6 周龄和 6 周龄以上的犬、猫。为了获得最好的用药效果，请勿在宠物毛发尚湿的时候使用本品，但在用药 2 小时后给宠物洗澡不会降低本品的药效。

【措施 2】拜宠爽（仅用于犬）

规格：0.4 毫升、1 毫升、2.5 毫升、4 毫升。预防或治疗期间，每月 1 次，可维持 1 个月有效。

注意事项：只能用于 7 周龄以上的犬。怀孕及哺乳期母犬亦可使用本品。

【措施 3】福来恩喷剂

喷雾或滴洒，1 毫克/千克，外用每月 1 次。

注意事项：不可直接喷于犬、猫的眼睛；滴洒需要 10 周龄以上动物才可以用。

【措施 4】旺滴静（犬）

规格：0.4 毫升、1 毫升、2.5 毫升、4 毫升。每月 1 次，外用滴在皮肤上。

注意事项：治疗犬的咬虱（犬啮毛虱）感染。8 周龄以下断奶犬禁用。动物偶尔接触水后不会降低本品作用效果。但如果频繁游泳或用香波洗澡后，可能需要重复使用本品，但不得超过每周 1 次。用于治疗犬的咬虱时，建议给药后 30 天复查，因为一些动物需要使用本品 2 次。

② 杀虫，缓解皮肤症状

【措施 1】辛硫磷

0.1%乳液喷洒。

注意事项：常温、避光保存。

【措施 2】西维因

0.5%溶液，局部涂抹。

注意事项：避光、阴凉、干燥处贮存。

③ 缓解瘙痒症状

【措施】扑尔敏注射液

犬：0.5 毫克/千克，肌内注射。

猫：0.25 毫克/千克，肌内注射。

注意事项：不良反应为嗜睡、疲劳、乏力、口鼻咽喉干燥、痰液黏稠。

五、蚤病

1. 概念

本病是由吸血昆虫蚤及其排泄物刺激引起的皮肤病。侵害犬和猫的跳蚤主要是犬栉首蚤和猫栉首蚤，成年蚤以血液为食。其特征：急性散在性皮炎和慢性非特异性皮炎，且伴有剧烈的瘙痒。

2. 临床诊断

（1）患病犬、猫表现为烦躁不安，啃咬、搔抓和摩擦患部。

（2）在耳郭、肩胛、臀部或腿部附近出现急性散在性皮炎，有的则在后背部和阴部发生慢性非特异性皮炎。

（3）病初患部出现丘疹、红斑，病程延长时则出现脱毛、落屑、痂皮、皮肤增厚和色素沉着等症状。

（4）严重感染的病犬、猫则出现贫血、消瘦，并在其被毛间可见到白色有光泽的蚤卵，背部被毛的根部有煤焦油样颗粒（蚤的排泄物）。

3. 用药指南

（1）用药原则　杀虫，定期驱虫，制止瘙痒，防止继发感染。

（2）用药方法（根据临床症状、实验室检查结果等临床实际病情的需要选择以下措施进行治疗）

① 驱虫药

【措施1】塞拉菌素/大宠爱

规格：15毫克（幼犬、幼猫）、30毫克、45毫克（猫）、60毫克、120毫克、240毫克。根据体重用量，谨遵医嘱，每月1次。

注意事项：本品仅限用于宠物，适用于6周龄和6周龄以上犬、猫。为了获得最好的用药效果，请勿在宠物毛发尚湿的时候使用本品，但在用药2小时后给宠物洗澡不会降低本品的药效。

【措施2】欣宠克

2毫克/千克，口服，每月1次。

注意事项：仅用于6月龄以上且体重不低于1.3千克的犬。

【措施3】贝卫多

口服，每3个月1次。

注意事项：还可辅助治疗因跳蚤引起的过敏性皮炎。

【措施4】爱沃克

犬，规格：0.4毫升、1毫升、2.5毫升、4毫升。

猫，规格：0.4毫升、0.8毫升。

注意事项：只用于7周龄以上犬、9周龄以上猫。怀孕及哺乳期内犬、猫用前需遵从医生的建议。

【措施5】博来恩（猫）

规格：0.3毫升、0.9毫升。

外用：分开猫颈背部毛发，将给药器中的全部药量滴至皮肤。

注意事项：7周龄以下和体重小于0.6千克的猫，妊娠期和哺乳期内的猫慎用。滴于猫舔不到的地方，不建议在治疗后2日内洗澡，重复用药间隔最短应2周以上。

【措施6】旺滴静

犬，规格：0.4毫升、1毫升、2.5毫升、4毫升。

猫，规格：0.4毫升、0.8毫升。

滴皮。使用一次，对跳蚤的有效作用可维持4周。

注意事项：8周龄下的断奶犬、猫禁用。动物偶尔接触水后不会降低本品的作用。但如果频繁游泳或用香波洗澡后，可能需要重复使用本品，但频率不得超过每周1次。

【措施7】索来多

犬，规格：小型项圈12.5克、大型项圈45克。

猫，规格：小型项圈12.5克。

注意事项：勿用于7周龄以下幼犬和10周龄以下幼猫。不推荐用于孕期及哺乳期的犬。定期检查项圈并适当调节长度。

②杀虫药

【措施1】马拉硫磷

0.5%溶液喷洒。

【措施2】氰戊菊酯

80毫克/升，涂抹。

③缓解瘙痒症状

【措施】扑尔敏注射液

犬：0.5毫克/千克，肌内注射。

猫：0.25毫克/千克，肌内注射。

注意事项：不良反应为嗜睡、疲劳、乏力、口鼻咽喉干燥、痰液黏稠。

六、蜱致麻痹

1. 概念

蜱致麻痹是由某些寄生性蜱所分泌的毒素引起的一种四肢肌肉对称性松弛麻痹症。

2. 临床诊断

（1）病初表现为不安、轻度震颤、步态不稳、共济失调、软弱无力直至后肢麻痹。

（2）随着症状加重，麻痹范围逐渐扩大呈上行性发展，患犬前肢或后肢不能活动，或不能站立或不能坐下，麻痹的部位对刺激仍有反应。

（3）出现呼吸麻痹后几小时患病动物死亡。

3. 用药指南

（1）用药原则　杀虫，定期驱虫，缓解麻痹症状。

（2）用药方法（根据临床症状、实验室检查结果等临床实际病情的需要选择以下措施进行治疗）

①驱虫药

【措施1】伊维菌素

犬：0.2～0.3毫克/千克，口服/皮下注射，2周后重复。

猫：0.2～0.4毫克/千克，皮下注射，2周后重复。

注意事项：用于>6周龄犬。牧羊犬禁用，对柯利犬及其相关品种不推荐使用。若穿过哺乳动物血脑屏障，则可能会引起神经毒性。

【措施2】博来恩（猫）

规格：0.3毫升、0.9毫升。外用。

注意事项：7周龄以下和体重小于0.6千克猫，妊娠期和哺乳期内的猫慎用。滴于猫舔不到的地方，不建议在治疗后2日内洗澡，重复用药间隔最短应2周以上。

【措施3】福来恩喷剂

1毫克/千克，外用喷雾。

注意事项：不可直接喷于犬、猫的眼睛。

【措施4】索来多

犬，规格：小型项圈 12.5 克、大型项圈 45 克。

猫，规格：小型项圈 12.5 克。

注意事项：勿用于 7 周龄以下幼犬和 10 周龄以下幼猫。不推荐用于孕期及哺乳期的犬。定期检查项圈并适当调节长度。

② 杀虫药

【措施1】皮蝇磷

0.25%～2.5%溶液，局部涂抹。

【措施2】马拉硫磷

0.5%溶液喷洒。

③ 缓解麻痹症状

【措施】对症治疗

10%葡萄糖酸钙和 10%葡萄糖混合静脉滴注，肌内注射强力解毒敏、维生素 B_1、维生素 B_{12} 等，以促进功能的恢复。

注意事项：严重低钾血症、高钠血症、高血压、心衰、肾功能衰竭者禁用解毒敏。维生素 B_{12} 肌内注射偶可引起皮疹、瘙痒、腹泻以及过敏性哮喘。

第三章　消化系统疾病

第一节　上消化道疾病

一、口腔炎

1. 概念

口腔炎是口腔黏膜深层或浅层组织的炎症，一般呈局限性，有时波及舌、齿龈、颊黏膜等处，称为弥散性炎症。按炎症的性质可分为溃疡性、坏死性、霉菌性和水疱性口腔炎等。

2. 临床诊断

（1）主要症状为齿龈、舌和颊黏膜潮红、充血和大量流涎。

（2）一般症状

① 犬通常有食欲，但采食后不敢咀嚼即行吞咽，吃食时会突然尖声嚎叫。

② 猫多见食欲减退或消失，搔抓口腔，饮欲增加。

③ 呼出的气体常有难闻的气味。

④ 口腔感觉敏感，抗拒检查。

⑤ 下颌淋巴结肿胀，有时体温轻度升高。

3. 用药指南

（1）用药原则　消炎，防止和治疗继发感染。

（2）用药方法（根据临床症状、实验室检查结果等临床实际病情的需要选择以下措施进行治疗）

① 消炎，防止继发感染

【措施1】氨苄西林

10～20毫克/千克，静脉滴注/皮下注射/肌内注射。

注意事项：对青霉素酶敏感，不宜用于耐青霉素的金黄色葡萄球菌感染。

【措施2】头孢氨苄

15毫克/千克，口服，每日2次，连用3～5天。

注意事项：禁用于对青霉素类药物过敏的动物；肾功能受损动物同时服用其他经肾排泄

的药物会加重本药在体内的蓄积，因此在动物肾功能不全时可减少本药的用量。

【措施 3】头孢噻肟钠

20～40 毫克/千克，静脉滴注/肌内注射/皮下注射。

注意事项：对青霉素类药过敏的动物慎用。

② 口腔局部消炎护理

【措施 1】元康

对准口腔及特殊伤口喷 1～3 次/天或遵医嘱。

注意事项：全部年龄段的犬、猫与人均可使用。常温储存，避免阳光照射。

【措施 2】怡口安（猫口炎喷剂）

喷适量药液于患处，每次 6～8 喷，每日 2～3 次，严重病例可适当增加给药次数。对于难以给药的病例可将药物喷洒在食物或饮水中使用。

注意事项：孕期可用。未开启常温密闭保存，有效期 2 年。开启后 2～8℃冷藏保存，15 日内用完。

【措施 3】创愈口喷（生物抗菌液）

直接用于患处，2～3 次/日。

注意事项：对金色葡萄球菌、白色念珠菌、大肠杆菌有效，口腔溃疡面抑菌处理。

【措施 4】溃疡净（碘甘油）

创面消毒，涂擦溃疡面。

注意事项：避光保存。

【措施 5】可鲁口腔喷剂-复合溶菌酶口腔抗菌喷剂（犬、猫）

直接喷于口腔、咽部等，每次 2～3 喷。

注意事项：本品勿与碘制剂、双氧水、重金属离子、含氯消毒剂等合用。

【措施 6】补充维生素 A，增加黏膜抵抗力。

二、齿石

1. 概念

齿石是磷酸钙、硫酸钙等钙盐和有机物以及铁、硫、镁等的混合物，与黏液、唾液沉积在一起形成的硬固沉积物。以齿龈缘形成黄白色、黄绿色或灰绿色的沉着物为特征。

2. 临床诊断

（1）在犬的犬齿和上颌臼齿外侧多见。

（2）齿龈潮红，在齿龈缘形成黄白色、黄绿色或灰绿色的沉着物。

（3）齿龈溃疡、流涎，口腔具有恶臭味，在黏膜损伤部有食物积聚。

3. 用药指南

（1）用药原则　去除齿石，必要时洗牙，防止继发感染，全身应用抗生素。

（2）用药方法（根据临床症状、实验室检查结果等临床实际病情的需要选择以下措施进行治疗）

① 去除齿石，口腔消炎

【措施1】高锰酸钾

0.1%高锰酸钾溶液清洗口腔。

注意事项：仅限动物外用。

【措施2】溃疡净（碘甘油）

创面消毒，涂擦溃疡面。

注意事项：避光保存。

② 全身消炎，防止继发感染

【措施1】氨苄西林

10~20毫克/千克，静脉滴注/皮下注射/肌内注射。

注意事项：对青霉素酶敏感，不宜用于耐青霉素的金黄色葡萄球菌感染。

【措施2】速诺（阿莫西林-克拉维酸钾混悬剂）

0.1毫升/千克，肌内注射/皮下注射，每日1次。

注意事项：本品和氨苄西林有完全交叉耐药性，与青霉素和头孢菌素类有交叉耐药性。本品含有半合成青霉素，会有产生过敏反应的潜在可能。

【措施3】头孢氨苄

15毫克/千克，口服，每日2次，连用3~5天

注意事项：犬、猫偶有呕吐或腹泻。

【措施4】环丙沙星

犬：5~10毫克/千克，口服，每日2次；2~2.5毫克/千克，肌内注射，每日1次。

注意事项：环丙沙星不宜用于对喹诺酮类过敏者。

三、口腔异物

1. 概念

口腔异物是指口腔内有异物并且刺入口腔黏膜的状况。以不敢进食、流涎为特征。

2. 临床诊断

（1）患犬虽有食欲，但因疼痛而采食困难或不敢采食。

（2）有时口角有血液流出。

（3）口腔黏膜局限性充血、肿胀，病程长时一侧面部肿胀。

3. 用药指南

（1）用药原则　止疼，除去口腔异物，控制感染。

（2）用药方法（根据临床症状、实验室检查结果等临床实际病情的需要选择以下措施进行治疗）

① 止疼药

【措施】利多卡因

犬：2毫克/千克。猫：0.25~0.5毫克/千克，肌内注射，每日1次。

注意事项：不良反应为抑郁、抽搐、肌束震颤、呕吐、心动过缓和低血压。如果反应严重，应减少或停止使用。

② 除去口腔异物

【措施】硼酸液、高锰酸钾液、碘甘油

用生理盐水、2％硼酸液或0.1％高锰酸钾液体冲洗口腔，涂搽复方碘甘油或2％龙胆紫液。

注意事项：硼酸和高锰酸钾仅限动物外用。使用龙胆紫应注意，储存过久而析出多量沉淀、紫色溶液变淡时，不宜再用。

③ 消炎抗感染

【措施1】头孢氨苄

15毫克/千克，口服，每日2次，连用3～5天。

注意事项：犬、猫偶有呕吐或腹泻。

【措施2】阿莫西林

5～10毫克/千克，皮下注射/静脉滴注/肌内注射，连用5天。

注意事项：阿莫西林不能用于已知对药物过敏的动物。

【措施3】速诺（阿莫西林-克拉维酸钾混悬剂）

0.1毫升/千克，肌内注射/皮下注射，每日1次。

注意事项：本品和氨苄西林有完全交叉耐药性，与青霉素和头孢菌素类有交叉耐药性；本品不适用于家兔、豚鼠、仓鼠，用于其它小的草食动物时应慎用；本品含有半合成青霉素，会有产生过敏反应的潜在可能。

【措施4】氨苄西林

10～20毫克/千克，静脉滴注/皮下注射/肌内注射。

注意事项：对青霉素酶敏感，不宜用于耐青霉素的金黄色葡萄球菌感染。

四、齿龈炎和牙周炎

1. 概念

齿龈炎是齿龈的急性或慢性炎症，以齿龈的充血和肿胀为特征。牙周炎是牙周膜及其周围组织的一种急性或慢性炎症，也称牙槽脓溢。二者有着类似的临床症状。

2. 临床诊断

（1）齿龈边缘出血、肿胀，似海绵状，脆弱易出血。

（2）出现口臭、流涎，动物在咀嚼食物时，当碰及牙齿时可产生剧烈的疼痛，严重的发生抽搐和痉挛，抗拒检查。

（3）严重病例，形成溃疡，齿龈萎缩，齿根大半露出，牙齿松动。

（4）若感染化脓，轻轻挤压可排出脓汁。

3. 用药指南

（1）用药原则　以治疗原发病，防止继发感染为主。

（2）用药方法（根据临床症状、实验室检查结果等临床实际病情的需要选择以下措施进行治疗）

① 消除口腔局部炎症

【措施1】元康

对准口腔及特殊伤口喷1～3次/天或遵医嘱。

注意事项：全部年龄段的犬、猫与人均可使用。常温储存，避免阳光照射。

【措施2】怡口安（猫口炎喷剂）

喷适量药液于患处，每次6～8喷，每日2～3次，严重病例可适当增加给药次数。对于难以给药的病例可将药物喷洒在食物或饮水中使用。

注意事项：孕期可用。贮藏：未开启常温密闭保存，有效期2年。开启后2～8℃冷藏保存，15日内用完。

【措施3】创愈口喷（生物抗菌液）

直接用于患处，2～3次/日。

注意事项：对金色葡萄球菌、白色念珠菌、大肠杆菌有效，口腔溃疡面抑菌处理。

【措施4】溃疡净（碘甘油）

创面消毒，涂擦溃疡面。

注意事项：避光保存。

【措施5】可鲁口腔喷剂-复合溶菌酶口腔抗菌喷剂（犬、猫）

直接喷于口腔、咽部等，每次2～3喷。

注意事项：本品勿与碘制剂、双氧水、重金属离子、含氯消毒剂等合用。

② 消炎抗感染

【措施1】氨苄西林

10～20毫克/千克，静脉滴注/皮下注射/肌内注射。

注意事项：对青霉素酶敏感，不宜用于耐青霉素的金黄色葡萄球菌感染。

【措施2】速诺（阿莫西林-克拉维酸钾混悬剂）

0.1毫升/千克，肌内注射/皮下注射，每日1次。

注意事项：本品和氨苄西林有完全交叉耐药性，与青霉素和头孢菌素类有交叉耐药性；本品不适用于家兔、豚鼠、仓鼠，用于其它小的草食动物时应慎用；本品含有半合成青霉素，会有产生过敏反应的潜在可能。

【措施3】四环素

犬：10～22毫克/千克，口服，每日2～3次。

注意事项：四环素不应用于年幼动物（6个月以下），因为可能会导致牙齿永久性变色；常见的副作用包括恶心、呕吐、食欲不振或腹泻；四环素偶尔会引起肝或肾损伤。

【措施4】环丙沙星

犬：5～10毫克/千克，口服，每日2次；2～2.5毫克/千克，肌内注射，每日2次。

注意事项：不宜用于对喹诺酮类过敏者。

【措施5】地塞米松

抗炎：0.01～0.16毫克/千克，静脉注射/肌内注射/口服，每日1次，最多用药3～5天。

注意事项：不可突然停药；地塞米松不能与氯化钙、磺胺嘧啶钠、盐酸四环素、盐酸土霉素等配伍。

【措施6】甲硝唑

犬：15毫克/千克，口服，每日2～3次，然后逐渐减到每日1次。

注意事项：本品毒性较小，其代谢物常使尿液呈红棕色；当剂量过大，易出现舌炎、胃炎、恶心、呕吐、白细胞减少甚至神经症状，但均能耐过。哺乳及妊娠早期动物不用为宜。禁用于食品动物。

【措施7】复方新诺明

犬：15毫克/千克，口服/皮下注射，每日2次。

注意事项：过敏反应较为常见；不可任意加大剂量、增加用药次数或延长疗程，以防蓄积中毒；由于该品能抑制大肠杆菌生长、妨碍B族维生素在肠内的合成，故使用该品超过1周以上者，应同时给予B族维生素以预防其缺乏。

【措施8】对进食过少的动物应输注营养液，如静脉输注葡萄糖、复合氨基酸等。

五、咽炎

1. 概念

咽炎是咽黏膜及其深层组织的炎症。多继发于口腔感染、扁桃体炎、鼻腔感染、流感、犬瘟热、传染性肝炎等。

2. 临床诊断

（1）动物主要表现采食缓慢、采食困难或无食欲，常出现流涎、呕吐和咽部黏膜充血等症状。

（2）部分病例频发咳嗽，体温升高。

3. 用药指南

（1）用药原则　以加强饲养管理、消除炎症为主。

（2）用药方法（根据临床症状、实验室检查结果等临床实际病情的需要选择以下措施进行治疗）

① 局部消炎护理

【措施】可鲁口腔喷剂-复合溶菌酶口腔抗菌喷剂（犬、猫）

直接喷于口腔、咽部等，每次2～3喷。

注意事项：本品勿与碘制剂、双氧水、重金属离子、含氯消毒剂等合用。

② 全身消炎，防止继发感染

【措施1】速诺（阿莫西林-克拉维酸钾混悬剂）

0.1毫升/千克，肌内注射/皮下注射，每日1次。

注意事项：本品和氨苄西林有完全交叉耐药性，与青霉素和头孢菌素类有交叉耐药性；本品不适用于家兔、豚鼠、仓鼠，其它小的草食动物应慎用；本品含有半合成青霉素，会有产生过敏反应的潜在可能。

【措施2】氨苄西林

10～20毫克/千克，静脉滴注/皮下注射/肌内注射。

注意事项：对青霉素酶敏感，不宜用于耐青霉素的金黄色葡萄球菌感染。

【措施3】复方新诺明

犬：15～30毫克/千克，口服，每日2次。

注意事项：过敏反应较为常见；不可任意加大剂量、增加用药次数或延长疗程，以防蓄积中毒；由于该品能抑制大肠杆菌生长、妨碍 B 族维生素在肠内的合成，故使用该品超过 1 周以上者，应同时给予 B 族维生素以预防其缺乏。

【措施4】养阴清肺糖浆

一次 20 毫升，一日 2 次。

注意事项：用于咽喉干燥疼痛，干咳、少痰或无痰。

【措施5】银翘解毒丸

口服。一次 1 袋，一日 2～3 次，以芦根汤或温开水送服。

【措施6】稳可信（清瘟解毒口服药）

0.5～1 毫升/千克，灌服，每日 2 次，连用 3～5 日。

注意事项：久置有沉淀出现，使用前摇匀。

③ 补充营养、能量

【措施】对采食困难或重症病例应静脉补充液体和能量，如静脉输注葡萄糖、复合氨基酸、ATP 和辅酶 A 等。

注意事项：ATP 静注宜缓慢，以免引起头晕、头胀、胸闷及低血压等。心肌梗死和脑出血动物在发病期慎用。

六、咽麻痹

1. 概念

咽麻痹是指动物丧失吞咽能力，大量流涎。

2. 临床诊断

（1）病犬突然丧失吞咽能力，食物、饮水及唾液从口鼻中流出。

（2）病犬常因误咽而死于吸入性肺炎，或因长期不能饮食，衰竭而死。

（3）中枢性咽麻痹多半是由脑病所引起，还可见于狂犬病、肉毒中毒。外周性咽麻痹因吞咽神经损伤所致。

3. 用药指南

（1）用药原则　治疗原发病，及时补充动物所必需的营养。

（2）用药方法（根据临床症状、实验室检查结果等临床实际病情的需要选择以下措施进行治疗）

① 治疗原发病

【措施1】复方新诺明

犬：15～20 毫克/千克，口服/肌内注射，每日 2 次。

注意事项：过敏反应较为常见；不可任意加大剂量、增加用药次数或延长疗程，以防蓄积中毒；由于该品能抑制大肠杆菌生长、妨碍 B 族维生素在肠内合成，故使用该品超过 1 周以上者，应同时给予 B 族维生素以预防其缺乏。

【措施2】拜有利注射液

0.2 毫升/千克，每日 1 次，连用 3～5 日，肌内或皮下注射。

注意事项：勿用于 12 个月龄前的犬或未发育成熟的犬及软骨损伤动物；禁用于妊娠期动物或哺乳期动物。

② 补充营养物质

【措施 1】ATP 注射液、葡萄糖、辅酶 A、复合氨基酸

静脉补充 25% 葡萄糖、ATP 和辅酶 A、复合氨基酸等。

注意事项：ATP 静注宜缓慢，以免引起头晕、头胀、胸闷及低血压等。心肌梗死和脑出血动物在发病期慎用。

【措施 2】COVB 注射液

0.5～1 毫升/次，或遵医嘱，肌内注射。

注意事项：静脉给药时可能出现过敏，应该缓慢给药或用液体稀释。同时使用含有脂溶性维生素（维生素 A、维生素 D、维生素 E、维生素 K）的药物可能会引起中毒。避光，密闭保存。

七、多涎症

1. 概念

本病是由多种原因引发的唾液腺分泌亢进而表现出来的流涎。因吞咽困难所致流涎，一般称为假性流涎症。

2. 临床诊断

（1）病犬口唇周围有很多泡沫样唾液。

（2）当分泌亢进而无吞咽困难时，唾液全部咽下，胃呈膨胀状态，有的出现反射性呕吐。

（3）假性流涎常伴有唇下垂或舌脱出。

3. 用药指南

（1）用药原则　治疗原发病，制止流涎，镇静。

（2）用药方法（根据临床症状、实验室检查结果等临床实际病情的需要选择以下措施进行治疗）

① 制止流涎

【措施 1】氨苄西林

10～20 毫克/千克，静脉滴注/皮下注射/肌内注射，每日 2～3 次。

注意事项：对青霉素酶敏感，不宜用于耐青霉素的金黄色葡萄球菌感染。

【措施 2】硫酸阿托品

减少唾液分泌，0.02～0.04 毫克/千克，皮下注射，遵照医嘱。

注意事项：其毒性作用往往是使用过大剂量所致，在麻醉前给药或治疗消化道疾病时，易致肠臌胀和便秘等；所有动物的中毒症状基本类似，即表现为口干、瞳孔扩大、脉搏快而弱、兴奋不安和肌肉震颤等，严重时则出现昏迷、呼吸浅表、运动麻痹等，最终可因惊厥、呼吸抑制及窒息而死亡。

② 止吐，镇静安定

【措施1】氯丙嗪

3 毫克/千克，口服，每日 2 次。

1～2 毫克/千克，肌内注射，每日 1 次。

0.5～1 毫克/千克，静脉滴注，每日 1 次。

注意事项：对吩噻嗪类药过敏者禁用。

【措施2】安定

犬：0.2～0.6 毫克/千克，静脉滴注。猫：0.1～0.2 毫克/千克，静脉滴注。

八、食道炎

1. 概念

食道炎是食管黏膜表层及深层的炎症。

2. 临床诊断

（1）主要表现为食欲不振、吞咽困难、大量流涎和呕吐。
（2）若发生广泛性坏死性病变时，可发生剧烈干呕或呕吐。

3. 用药指南

（1）用药原则　以祛除病因、止疼、消除炎症、补充营养为主。
（2）用药方法（根据临床症状、实验室检查结果等临床实际病情的需要选择以下措施进行治疗）

①　止疼药

【措施】利多卡因

犬：2 毫克/千克。猫：0.25～0.5 毫克/千克。肌内注射，每日 1 次。

注意事项：不良反应为抑郁、抽搐、肌束震颤、呕吐、心动过缓和低血压。如果反应严重，应减少或停止使用。

②　消除炎症

【措施1】阿莫西林

犬：10～20 毫克/千克，口服，每日 2～3 次，连用 5 天；5～10 毫克/千克，皮下注射/静脉滴注/肌内注射，每日 1 次，连用 5 天。

注意事项：阿莫西林不能用于已知对药物过敏的动物。

【措施2】速诺（阿莫西林-克拉维酸钾混悬剂）

0.1 毫升/千克，肌内注射/皮下注射，每日 1 次。

注意事项：本品和氨苄西林有完全交叉耐药性，与青霉素和头孢菌素类有交叉耐药性；本品不适用于家兔、豚鼠、仓鼠，其它小的草食动物应慎用；本品含有半合成青霉素，会有产生过敏反应的潜在可能。

【措施3】头孢噻肟钠

犬：20～40 毫克/千克，静脉滴注/肌内注射/皮下注射，每日 3～4 次。

注意事项：对青霉素类药过敏的动物慎用。

【措施4】硫酸阿托品

减少唾液分泌，0.02～0.04毫克/千克，皮下注射，遵照医嘱。

注意事项：其毒性作用往往是使用过大剂量所致，在麻醉前给药或治疗消化道疾病时，易致肠臌胀和便秘等；所有动物的中毒症状基本类似，即表现为口干、瞳孔扩大、脉搏快而弱、兴奋不安和肌肉震颤等，严重时则出现昏迷、呼吸浅表、运动麻痹等，最终可因惊厥、呼吸抑制及窒息而死亡。

③ 补充营养物质

【措施1】ATP注射液、葡萄糖、辅酶A、复合氨基酸

静脉补充25%葡萄糖，ATP和辅酶A，复合氨基酸等。

注意事项：ATP静注宜缓慢，以免引起头晕、头胀、胸闷及低血压等。心肌梗死和脑出血动物在发病期慎用。

【措施2】COVB注射液

0.5～1毫升/次，或遵医嘱，肌内注射。

注意事项：静脉给药时可能出现过敏，应该缓慢给药或用液体稀释。同时使用含有脂溶性维生素（维生素A、维生素D、维生素E、维生素K）的药物可能会引起中毒。避光，密闭保存。

【措施3】硫糖铝混悬凝胶

每次一袋（1克），每日2次，空腹服用。

注意事项：肾功能不全的，服用硫糖铝后，血浆中铝含量增加，虽不能确定长期用药后铝在体内的蓄积情况，但应小心使用；常见的是便秘；少见或偶见的有腰痛、腹泻、眩晕、昏睡、口干、消化不良、恶心、皮疹、瘙痒以及胃痉挛。

九、食道扩张

1. 概念

食道扩张是指食道管腔的直径增加。它可发生于食道的全部，或仅发生于食道的一段。食道扩张有先天性和后天性之分，犬、猫都可以发生该病，犬多见。

2. 临床诊断

（1）先天性食道扩张

① 仔、幼犬在哺乳期食用固体食物时，发生呕吐。

② 口臭，并能引起食道炎和咽炎。

（2）后天性食道扩张

① 主要表现为吞咽困难、食物反流和进行性消瘦。

② 随着病的进展，食道扩张加剧，食物反流延迟。

3. 用药指南

（1）用药原则　以消炎、饲喂流质食物、加强营养和护理为主。

（2）用药方法（根据临床症状、实验室检查结果等临床实际病情的需要选择以下措施进行治疗）

【措施1】先天性食道扩张，可对动物进行特殊饲喂，即将动物提起来饲喂，一直持续

到机能正常、发育完善时为止。

【措施2】后天性食道扩张，给予半流质饮食，实行少量多餐。或将食物放于高于动物的头部，使其站立吃食，借助重力作用使食物进入胃内。

【措施3】阿莫西林

犬：10～20毫克/千克，口服，每日2～3次，连用5天；5～10毫克/千克，皮下注射/静脉滴注/肌内注射，连用5天。

注意事项：阿莫西林不能用于已知对药物过敏的动物。

【措施4】速诺（阿莫西林-克拉维酸钾混悬剂）

0.1毫升/千克，肌内注射/皮下注射，每日1次。

注意事项：本品和氨苄西林有完全交叉耐药性，与青霉素和头孢菌素类有交叉耐药性；本品不适用于家兔、豚鼠、仓鼠，用于其它小的草食动物时应慎用；本品含有半合成青霉素，会有产生过敏反应的潜在可能。

【措施5】头孢噻肟钠

犬：20～40毫克/千克，静脉滴注/肌内注射/皮下注射，每日3～4次。

注意事项：对青霉素类药过敏的动物慎用。

【措施6】复合维生素B

犬：1～2片/次，口服，每日3次；针剂0.5～2毫升/次，肌内注射。

猫：片剂0.5～1片/次，口服，每日3次；针剂0.5～1毫升/次，肌内注射。

十、食道梗阻

1. 概念

食道梗阻是指食道被食物团或异物所阻塞。异物阻塞可分为完全阻塞或不完全阻塞。

2. 临床诊断

（1）完全阻塞

① 患病动物完全拒食，高度不安，头颈伸直，大量流涎，出现哽咽和呕吐动作，吐出带泡沫的黏液和血液。

② 常用四肢搔抓颈部，头部水肿。

③ 呕吐物吸入气管时，可刺激上呼吸道出现咳嗽。

④ 梗阻时间长的，因压迫食道壁发生坏死和穿孔时，病犬高热，伴发局限性纵隔窦炎、胸膜炎、脓胸、脓气胸等，多取死亡转归。

（2）不完全阻塞

① 骚动不安，呕吐，哽咽，摄食缓慢，吞咽小心。

② 仅液体能通过食道入胃，固体食物则往往被呕吐出，有疼痛表现。

3. 用药指南

（1）用药原则　去除异物，消炎止痛，补充必需的营养物质。

（2）用药方法（根据临床症状、实验室检查结果等临床实际病情的需要选择以下措施进行治疗）

① 催吐，去除异物

【措施】阿扑吗啡

犬：0.02～0.04 毫克/千克，静脉滴注；0.08 毫克/千克，肌内注射/皮下注射。

注意事项：最常见的不良反应有恶心、呕吐、面色苍白、直立性低血压、多汗、运动徐缓、震颤不安，其他自主神经功能失调表现也较常见。不推荐猫使用。

② 止痛药

【措施1】美昔口服液

犬：用前充分摇匀，首次量 0.133 毫升/千克，维持量 0.067 毫升/千克，每日 1 次。猫剂量减半，连用 7 日。因存在个体差异，请遵医嘱。

注意事项：不推荐用于妊娠期、泌乳期或不足 6 周龄的犬和猫。不良反应主要是食欲不振、呕吐、腹泻。通常是暂时性的，极少数引起死亡。

【措施2】曲马多注射液

犬：2～5 毫克/千克。猫：2～4 毫克/千克。皮下注射/肌内注射/静脉注射。

注意事项：镇痛剂或其他中枢神经系统作用药物，急性中毒、严重脑损伤、意识模糊、呼吸抑制禁用。肾、肝功能不全，心脏疾患动物酌情减量使用或慎用。不得与单胺氧化酶抑制剂同用。猫相对敏感。

③ 消除炎症，防止继发感染

【措施1】速诺（阿莫西林-克拉维酸钾混悬剂）

0.1 毫升/千克，肌内注射/皮下注射，每日 1 次。

注意事项：本品和氨苄西林有完全交叉耐药性，与青霉素和头孢菌素类有交叉耐药性；本品不适用于家兔、豚鼠、仓鼠，其它小的草食动物应慎用；本品含有半合成青霉素，会有产生过敏反应的潜在可能。

【措施2】头孢噻肟钠

犬：20～40 毫克/千克，静脉滴注/肌内注射/皮下注射，每日 3～4 次。

注意事项：对青霉素类药过敏动物慎用。

④ 输液补充营养物质

【措施1】ATP 注射液、葡萄糖、辅酶 A、复合氨基酸

静脉补充 25% 葡萄糖、ATP 和辅酶 A、复合氨基酸等。

注意事项：ATP 静注宜缓慢，以免引起头晕、头胀、胸闷及低血压等。心肌梗死和脑出血动物在发病期慎用。

【措施2】COVB 注射液

0.5～1 毫升/次，或遵医嘱，肌内注射。

注意事项：静脉给药时可能出现过敏，应该缓慢给药或用液体稀释。同时使用含有脂溶性维生素（维生素 A、维生素 D、维生素 E、维生素 K）的药物可能会引起中毒。避光，密闭保存。

十一、唾液腺炎

1. 概念

唾液腺炎主要是涎腺结石及化脓菌、病毒、结核菌等感染所致。临床表现为涎腺红肿、

胀痛，全身发热。

2. 临床诊断

（1）初期体温升高，周围组织发生炎性浸润。

（2）局部出现红、肿、热、痛，头颈偏向一侧。

（3）采食、咀嚼障碍、吞咽困难等症状。

（4）化脓性者涎腺导管口发红，可挤出脓；病毒性者导管口唾液清亮；涎腺淋巴结炎者其导管口正常。

3. 用药指南

（1）用药原则　以去除病因、消除炎症、加强营养为主。

（2）用药方法（根据临床症状、实验室检查结果等临床实际病情的需要选择以下措施进行治疗）

【措施1】聚维酮碘软膏

外用，取适量涂抹于患处。

注意事项：妊娠期及哺乳期小动物禁用。避免接触眼睛和其他黏膜。

【措施2】氨苄西林钠

20～30毫克/千克，口服，每日2～3次。

10～20毫克/千克，静脉注射/皮下注射/肌内注射。

注意事项：本类药品可出现与剂量无关的过敏反应，表现为皮疹、发热、嗜酸性粒细胞增多、白细胞和血小板减少、贫血、淋巴结病或全身性过敏反应。对青霉素酶敏感，不宜用于耐青霉素的金黄色葡萄球菌感染。

【措施3】速诺

0.1毫升/千克，肌内注射/皮下注射，每日1次，连3～5日。

注意事项：避光，密闭，摇匀使用。

【措施4】头孢西丁钠

犬：15～30毫克/千克，皮下注射/肌内注射/静脉滴注，每日3～4次。

猫：22毫克/千克，静脉滴注，每日3～4次。

注意事项：偶见呕吐、食欲下降、腹泻等胃肠道反应。避光，严封，在冷处保存。

第二节　胃肠疾病

一、急性胃炎

1. 概念

急性胃炎是由多种病因引起的急性胃黏膜炎症。临床上急性发病，常表现为上腹部症状。内镜检查可见胃黏膜充血、水肿、出血、糜烂（可伴有浅表溃疡）等一过性病变。

2. 临床诊断

（1）坐卧不安，精神萎靡

（2）消化道症状

① 呕吐，初期为未消化食糜，后期为泡沫状黏液和胃液。有时混有血液、黄绿色胆汁或胃黏膜脱落物。

② 口腔可见黄白色舌苔，有臭味。

③ 食欲不振，饮欲增加，大量饮水和剧烈呕吐。

④ 腹痛，触诊腹部腹壁紧张，胃部敏感。

3. 用药指南

（1）用药原则　消炎止痛，保护胃黏膜，抑制呕吐，纠正电解质紊乱。

（2）用药方法（根据临床症状、实验室检查结果等临床实际病情的需要选择以下措施进行治疗）

【措施1】奥美拉唑

犬：0.5～1.5毫克/千克，静脉滴注/皮下注射/口服，每日1次，最长持续8周。

猫：0.75～1毫克/千克，口服，每日1次。

注意事项：不良反应较少，主要有口干、恶心、腹胀，偶有皮疹、白细胞减少、失明等，可能增加骨折风险。严重肝肾功能不全者慎用。

【措施2】硫酸铜

犬：0.1～0.5克/次，口服。猫：0.05～0.1克/次，口服。

注意事项：过量的铜进入体内可引起急、慢性中毒，出现恶心、呕吐、上腹部疼痛、腹泻。因有收敛腐蚀作用，不宜肌内注射，口服需稀释后应用。

【措施3】胃复安

犬：0.2～0.5毫克/千克，肌内注射/静脉注射。

猫：0.1～0.2毫克/千克，肌内注射/静脉注射。

注意事项：常见的不良反应为昏睡、烦躁不安、疲惫无力。妊娠期及哺乳期小动物禁用。

【措施4】环丙沙星

犬：5～10毫克/千克，口服，每日2次；2～2.5毫克/千克，肌内注射，每日2次。

注意事项：有癫痫或中枢神经系统疾病既往史者慎用。

二、慢性胃炎

1. 概念

慢性胃炎指不同病因引起的各种慢性胃黏膜炎性病变。常见慢性浅表性胃炎、慢性糜烂性胃炎和慢性萎缩性胃炎。

2. 临床诊断

（1）一般症状

① 被毛粗糙，无光泽。

② 逐渐消瘦，走路无力。

（2）消化道症状

① 食欲不振，经常出现间歇性呕吐，呕吐物有时混有少量血液，常发生逆呕动作。

② 常有嗳气、腹泻、烦渴、腹痛、异嗜等症状。

3. 用药指南

（1）用药原则　消除病因，消炎，加强营养和护理。

（2）用药方法（根据临床症状、实验室检查结果等临床实际病情的需要选择以下措施进行治疗）

【措施1】奥美拉唑

犬：0.5～1.5毫克/千克，静脉滴注/皮下注射/口服，每日1次，最长持续8周。

猫：0.75～1毫克/千克，口服，每日1次。

注意事项：不良反应较少，主要有口干、恶心、腹胀，偶有皮疹、白细胞减少、失明等，可能增加骨折风险。严重肝肾功能不全者慎用。

【措施2】氢氧化镁

犬：5～30毫升/次，口服，每日1～2次。

猫：1～15毫升/次，口服，每日1～2次。

注意事项：肾功能不全者可能发生高镁血症。

【措施3】氨苄西林钠

20～30毫克/千克，口服，每日2～3次。

10～20毫克/千克，静脉注射/皮下注射/肌内注射。

注意事项：本类药品可出现与剂量无关的过敏反应，表现为皮疹、发热、嗜酸性粒细胞增多、白细胞和血小板减少、贫血、淋巴结病或全身性过敏反应。对青霉素酶敏感，不宜用于耐青霉素的金黄色葡萄球菌感染。

【措施4】头孢噻肟钠

犬：20～40毫克/千克，静脉滴注/肌内注射/皮下注射，每日3～4次。

注意事项：结肠炎患者慎用。对青霉素过敏和过敏体质者、严重肾功能不全者慎用。大量长期给药可引起肾功能损害。较长期应用可致菌群失调，甚至二重感染。对头孢类抗生素过敏者禁用。

【措施5】西沙必利

0.1～0.5毫克/千克，口服，每日2～3次。

注意事项：因本品的药理活性，可能发生瞬时性腹部痉挛、腹鸣和腹泻。发生腹部痉挛时，可减半剂量。已知对本品过敏者禁用。

【措施6】硫糖铝

500毫克/千克，每日3次。

注意事项：饭前服用。

三、胃内异物

1. 概念

胃内异物分为外源性、内源性和胃内形成的异物，即胃石病。临床表现为疼痛不安，食欲不振或废绝。

2. 临床诊断

（1）一般症状

① 精神沉郁。

② 痛苦不安、呻吟，经常改变躺卧地点和位置。

③ 时间长，消瘦、体重减轻。

（2）消化道症状

① 食欲不振，采食后出现呕吐。

② 触诊胃部敏感。

③ 尖锐物可引起胃黏膜损伤，有呕血和血便，易发生胃穿孔。

3. 用药指南

（1）用药原则　去除病因，消炎，加强营养和护理。必要时进行手术治疗。

（2）用药方法（根据临床症状、实验室检查结果等临床实际病情的需要选择以下措施进行治疗）

【措施1】硫酸锌

犬：0.2～0.4毫克/千克，静脉滴注；0.08毫克/千克，肌内注射/皮下注射。

注意事项：消化道溃疡患者禁用，本品宜餐后服用以减少对胃肠道的刺激。

【措施2】速诺

0.1毫升/千克，1次/日，连3～5日，肌内注射/皮下注射。

注意事项：避光，密闭，摇匀使用。

【措施3】头孢菌素

犬：15～30毫克/千克，静脉滴注/肌内注射，每日3～4次。

注意事项：本品与青霉素有交叉变态反应。对青霉素过敏动物中有些对头孢菌素也过敏，应用时应谨慎。应用本品一般在室温保存24小时内应用，若冷藏与结晶析出，可用温水热溶解后使用。

【措施4】阿扑吗啡

犬：20～40微克/千克，静脉注射；40～100微克/千克，肌内注射/皮下注射。

注意事项：猫不推荐使用。如果食入强酸或强碱性物质，不能催吐。患犬无意识、昏厥，咳嗽反射降低，摄入毒物超过2小时，摄入石蜡、石油制品或其他油类挥发性有机物质时，均不能催吐。

四、胃扩张-扭转综合征

1. 概念

胃扩张是采食过量和后送机能障碍所致胃急剧膨胀的一种腹痛性疾病。胃扭转是胃幽门部从右侧转向左侧，导致食物后送机能障碍的疾病。胃扩张和胃扭转常一起发生。

2. 临床诊断

（1）精神状态　烦躁或沉郁。

（2）消化道症状

① 腹部膨胀，叩诊呈鼓音或金属音。

② 急性干呕，流涎较多，可能虚弱或虚脱。

③ 突发腹痛，不安，卧地滚转。

（3）眼结膜潮红或发绀，呼吸急促或困难，脉搏频率增加。

3. 用药指南

（1）用药原则　止痛，减压，制酵，镇静解痉。

（2）用药方法（根据临床症状、实验室检查结果等临床实际病情的需要选择以下措施进行治疗）

【措施1】羟吗啡酮

犬：0.05～0.1毫克/千克，静脉滴注；0.1～0.2毫克/千克，肌内注射/皮下注射。

猫：0.02毫克/千克，静脉滴注。

注意事项：连续使用3～5天即产生耐药性，1周以上可致依赖性，需慎重。

【措施2】盐酸哌替啶

犬：3～10毫克/千克，肌内注射；2～4毫克/千克，静脉滴注。

猫：2～4毫克/千克，肌内注射/皮下注射。

注意事项：本品为国家特殊管理的麻醉药品，务必严格遵守国家对麻醉药品的管理条例，各级负责保管人员均应遵守交接班制度，不可稍有疏忽。未明确诊断的疼痛，尽可能不用本品，以免掩盖病情贻误诊治。连续使用可成瘾，连续使用1～2周便可产生药物依赖性。

【措施3】盐酸氯丙嗪

犬：3毫克/千克，口服，每日2次；1～2毫克/千克，肌内注射，每日1次；0.5～1毫克/千克，静脉滴注，每日1次。

注意事项：本品不宜静脉推注。对吩噻嗪类药物过敏者、骨髓抑制者、青光眼患者、肝功能严重减退、有癫痫病史者及昏迷患者（特别是用中枢神经抑制药后）禁用。

【措施4】碳酸氢钠

犬：0.5～1.5克，静脉滴注。

注意事项：大量静脉注射时偶见代谢性碱中毒、低血钾症，易出现心律失常、肌肉痉挛；剂量过大或肾功能不全患病动物偶见水肿、肌肉疼痛等症状。

五、胃出血

1. 概念

胃出血俗称上消化道出血，引起吐血，排黑色粪便等症状。

2. 临床诊断

（1）一般症状

① 病犬倦怠、乏力，步态不稳。

② 贫血、食欲不振、消瘦。

（2）消化道症状

① 呕血，呕吐物呈暗红色，有酸臭味。

② 粪便呈暗黑色，煤焦油样，有恶臭味。

（3）眼结膜和口腔黏膜苍白，呼吸加快，心音增强。

3. 用药指南

（1）用药原则　补充血容量，止血，消炎，补充营养。

（2）用药方法（根据临床症状、实验室检查结果等临床实际病情的需要选择以下措施进行治疗）

【措施1】硫酸亚铁

犬：100～300毫克，口服，每日1次。

猫：50～100毫克，口服，每日1次。

注意事项：用药过量可能发生胃肠道不良反应。

【措施2】右旋糖酐铁

犬：10～20毫克/千克，口服/皮下注射/肌内注射。

注意事项：本品毒性较大，需严格控制肌内注射剂量。避光保存。

【措施3】酚磺乙胺

犬：2～4毫升/次，肌内注射/静脉滴注。

猫：1～2毫升/次，肌内注射/静脉滴注。

注意事项：预防外科手术出血，应术前15～30分钟用药。

【措施4】维生素K_1

犬：0.5～2毫克/千克，皮下注射/肌内注射/静脉滴注。

注意事项：结肠炎患者慎用。对青霉素过敏和过敏体质者、严重肾功能不全者慎用。大量长期给药可引起肾功能损害。较长期应用可致菌群失调，甚至二重感染。对头孢类抗生素过敏者禁用。

【措施5】硫糖铝

犬：20～40毫克/千克，口服，每日2～4次。

注意事项：慢性肾功能不全者。必须空腹摄入。连续应用不宜超过8周。

【措施6】奥美拉唑

犬：0.5～1.5毫克/千克，静脉滴注/皮下注射/口服，每日1次，最长持续8周。

猫：0.75～1毫克/千克，口服，每日1次。

注意事项：不良反应较少，主要有口干、恶心、腹胀，偶有皮疹、白细胞下降、失明等，可能增加骨折风险。严重肝肾功能不全者慎用。

【措施7】氢氧化镁

犬：5～30毫升/次，口服，每日1～2次。

猫：1～15毫升/次，口服，每日1～2次。

注意事项：肾功能不全者可能发生高镁血症。

【措施8】阿米卡星

犬：5～15毫克/千克，肌内注射/皮下注射，每日1～3次。

猫：10毫克/千克，肌内注射/皮下注射，每日3次。

注意事项：具不可逆的耳毒性；长期用药可导致耐药菌过度生长。禁用于患有严重肾损伤的犬；未进行繁殖实验、繁殖期的犬禁用；慎用于需敏锐听觉的特种犬。

六、消化性溃疡

1. 概念

消化性溃疡主要指发生于胃及十二指肠的慢性溃疡，是一多发病、常见病。其临床特点为慢性过程，周期发作，中上腹节律性疼痛。

2. 临床诊断

（1）一般状态
① 食欲不振。
② 消瘦，体重减轻。
（2）消化道症状
① 采食后呕吐，呕吐物带有血液，甚至吐血。
② 腹部有压痛，进食1小时后明显。
③ 饮欲增强，有时有嗳气，排出黑褐色血便。

3. 用药指南

（1）用药原则　对症治疗，保护胃肠黏膜，消炎，增加营养。
（2）用药方法（根据临床症状、实验室检查结果等临床实际病情的需要选择以下措施进行治疗）

【措施1】氢氧化铝

犬：2片/次，口服，每日2～3次。

注意事项：骨折、低磷血症患者不宜服用。不宜长期大剂量使用。若需长期服用，应在饮食中酌加磷酸盐。

【措施2】雷尼替丁

犬：0.5～2毫克/千克，静脉滴注/皮下注射/口服，每日2～3次。

猫：0.5毫克/千克，静脉滴注，每日2次；2.5毫克/千克，口服，每日2次。

注意事项：肝功能不全患者慎用。

【措施3】西咪替丁

犬：1～4毫升/千克，肌内注射。

注意事项：不能直接静脉注射。

【措施4】氢氧化镁

犬：5～30毫升/次，口服，每日1～2次。

猫：1～15毫升/次，口服，每日1～2次。

注意事项：肾功能不全者可能发生高镁血症。

【措施5】硫糖铝

犬：20～40毫克/千克，口服，每日2～4次。

注意事项：慢性肾功能不全者。必须空腹摄入。连续应用不宜超过8周。

【措施6】奥美拉唑

犬：0.5～1.5毫克/千克，静脉滴注/皮下注射/口服，每日1次，最长持续8周。

猫：0.75～1毫克/千克，口服，每日1次。

注意事项：不良反应较少，主要有口干、恶心、腹胀，偶有皮疹、白细胞下降、失明等，可能增加骨折风险。严重肝肾功能不全者慎用。

【措施7】胃复安

犬：0.2～0.5毫克/千克，肌内注射/静脉注射。

猫：0.1～0.2毫克/千克，肌内注射/静脉注射。

注意事项：常见的不良反应为昏睡、烦躁不安、疲怠无力。妊娠期及哺乳期小动物禁用。

【措施8】甲硝唑

犬：10～30毫克/千克，口服，每日1～2次，连用5～7天。

猫：10～25毫克/千克，口服，每日1～2次，连用5～7天。

注意事项：本品毒性较小，其代谢物常使尿液呈红棕色；当剂量过大，易出现舌炎、胃炎、恶心、呕吐、白细胞减少甚至神经症状，但均能耐过。哺乳及妊娠早期动物不用为宜。禁用于食品动物。

【措施9】法莫替丁

2毫克/千克，一日1次。

注意事项：肾功能不全，孕妇禁用。

七、急性肠炎

1. 概念

急性肠炎是肠道表层组织及其深层组织的急性炎症，是消化系统疾病中最常见的疾病。

2. 临床诊断

（1）肠道卡他性炎症

① 急性水样下痢。

② 食欲不振或废绝。

（2）小肠和胃的急性炎症

① 频繁呕吐。

② 有上消化道出血时，粪便呈煤焦油色或黑色。

（3）大肠急性炎症

① 里急后重，排黏液性稀便。

② 若有出血则在粪便表面附有鲜血。

（4）严重时表现发热、腹部紧张、疼痛、黏膜苍白、脱水等。

3. 用药指南

（1）用药原则　祛除原发病，补充体液，防止脱水，消炎，止吐。

（2）用药方法（根据临床症状、实验室检查结果等临床实际病情的需要选择以下措施进行治疗）

【措施1】胃复安

犬：0.2～0.5毫克/千克，肌内注射/静脉注射。

猫：0.1～0.2毫克/千克，肌内注射/静脉注射。

注意事项：常见的不良反应为昏睡、烦躁不安、疲怠无力。妊娠期及哺乳期小动物禁用。

【措施2】盐酸氯丙嗪

犬：3毫克/千克，口服，每日2次；1～2毫克/千克，肌内注射，每日1次；0.5～1毫克/千克，静脉滴注，每日1次。

注意事项：本品不宜静脉推注。对吩噻嗪类药物过敏者、骨髓抑制者、青光眼患者、肝功能严重减退者、有癫痫病史者及昏迷患者（特别是用中枢神经抑制药后）禁用。

【措施3】硫酸庆大霉素

犬：3～5毫升/千克，皮下注射/肌内注射，每日2次，连用2～3天；肠道感染，10～15毫升/千克，口服。

注意事项：耳毒性；偶见过敏；大剂量引起神经肌肉传导阻断；可逆性肾毒性。

【措施4】阿米卡星

犬：5～15毫克/千克，肌内注射/皮下注射，每日1～3次。

猫：10毫克/千克，肌内注射/皮下注射，每日3次。

注意事项：具不可逆耳毒性；长期用药可导致耐药菌过度生长。禁用于患有严重肾损伤的犬；未进行繁殖实验、繁殖期的犬禁用；慎用于需敏锐听觉的特种犬。

【措施5】呋喃唑酮

犬：20～40毫克/千克，口服，每日2～4次。

注意事项：妊娠期及哺乳期小动物禁用。有呕吐、腹泻、药物热、皮疹、肛门瘙痒、哮喘、直立性低血压、低血糖、肺浸润等不良反应。

【措施6】止血敏

犬：2～4毫升/次。猫：1～2毫升/次，肌内注射/静脉滴注。

注意事项：酚磺乙胺（止血敏成分）毒性低，可出现恶心、头痛和皮疹。不能在酚磺乙胺之前使用。

【措施7】安络血

犬：1～2毫升/次，肌内注射，每日2次；2.5～5毫克/次，口服，每日2次。

注意事项：有癫痫史者应慎用。本品如变为棕红色，则不能再用。

八、慢性肠炎

1. 概念

慢性肠炎指肠道的慢性炎症性疾病。临床表现为长期慢性或反复发作的腹痛、腹泻及消化不良等症，重者可有黏液便或水样便。

2. 临床诊断

主要表现食欲不振，长期持续腹泻，吸收不良，营养缺乏，体况消瘦。

3. 用药指南

（1）用药原则　补充体液，增加营养，消炎，止泻。
（2）用药方法（根据临床症状、实验室检查结果等临床实际病情的需要选择以下措施进行治疗）

【措施1】鞣酸蛋白

犬：0.2～2克/次，口服，每日2～3次。

注意事项：用量过大可致便秘，但可以通过乳酸菌素片进行调节。能影响胃蛋白酶、胰酶、乳酶生等消化酶类的活性，故不宜同服。

【措施2】普乐高宁

<5千克，2毫升/次；5～15千克，3毫升/次；15～30千克，5毫升/次；>30千克，7毫升/次，一天口服2次。

注意事项：密封，避光保存。

【措施3】白陶土

1～2毫克/千克，口服，每日2～4次。

注意事项：过量食用会引起便秘、大便干结。与其他药物同时服用影响药物吸收，因此不应同时服用。

【措施4】阿莫西林

犬：10～20毫克/千克，口服，每日2～3次，连用5天；5～10毫克/千克，肌内注射/皮下注射/静脉滴注，连用5天。

注意事项：使用阿莫西林前必须进行青霉素皮肤试验，阳性反应者禁用。妊娠期及哺乳期小动物慎用。

【措施5】SOS宠物高岭土软膏

直接喂食或拌入食物，每日3次，使用不超过3日。

注意事项：不得饲喂反刍动物，不能替代药物；严重脱水需补液支持。

九、出血性胃肠炎综合征

1. 概念

一种以胃肠道黏膜发生出血性黏膜炎症改变为主的胃肠道感染，以突然呕吐和严重血样腹泻为特征。

2. 临床诊断

（1）腹泻前2～3小时，突然呕吐，呕吐物中常混有血液，排恶臭果酱样或胶冻样便。
（2）精神沉郁，嗜睡，毛细血管充盈时间延长，发热，腹痛，烦躁不安。

3. 用药指南

（1）用药原则　以止血、止吐、消炎为主。

（2）用药方法（根据临床症状、实验室检查结果等临床实际病情的需要选择以下措施进行治疗）

【措施1】羟乙基淀粉

犬：10～20毫升/千克，静脉滴注。

猫：10～15毫升/千克，静脉注射。

注意事项：肝功能损伤动物或者凝血障碍动物慎用。妊娠期及哺乳期小动物慎用。

【措施2】胃复安

犬：0.2～0.5毫克/千克，肌内注射/静脉注射。

猫：0.1～0.2毫克/千克，肌内注射/静脉注射。

注意事项：常见的不良反应为昏睡、烦躁不安、疲怠无力。妊娠期及哺乳期小动物禁用。

【措施3】止血敏

犬：2～4毫升/次。猫：1～2毫升/次。肌内注射/静脉滴注。

注意事项：酚磺乙胺（止血敏成分）毒性低，可出现恶心、头痛和皮疹。不能在酚磺乙胺之前使用。

【措施4】安络血

犬：1～2毫升/次，肌内注射，每日2次；2.5～5毫克/次，口服。

注意事项：有癫痫史动物应慎用。本品如变为棕红色，则不能再用。

十、嗜酸性粒细胞性胃肠炎

1. 概念

嗜酸性粒细胞性胃肠炎是一种极少见的疾病，是胃肠道由于嗜酸性粒细胞浸润而引起的严重慢性炎症性变化，以末梢血液中嗜酸性粒细胞绝对增多为特征。

2. 临床诊断

（1）食欲减退，被毛粗乱，皮肤干燥，弹性降低。

（2）呕吐，持续腹泻，常见血便，体重减轻，逐渐脱水。

3. 用药指南

（1）用药原则　止血，止吐，防止脱水，加强营养。

（2）用药方法（根据临床症状、实验室检查结果等临床实际病情的需要选择以下措施进行治疗）

【措施1】泼尼松龙

犬：1～2毫克/千克，口服，每日1～2次，逐渐减到隔天1次。

注意事项：患有角膜性溃疡、糖尿病或肾功能不全的犬、猫禁用。

【措施2】胃复安

犬：0.2～0.5毫克/千克，肌内注射/静脉注射。

猫：0.1～0.2毫克/千克，肌内注射/静脉注射。

注意事项：常见的不良反应为昏睡、烦躁不安、疲怠无力。妊娠期及哺乳期小动物禁用。

【措施3】阿米卡星

犬：5～15毫克/千克，肌内注射/皮下注射，每日1～3次。

猫：10毫克/千克，肌内注射/皮下注射，每日3次。

注意事项：具不可逆耳毒性；长期用药可导致耐药菌过度生长。禁用于患有严重肾损伤的犬；未进行繁殖实验、繁殖期的犬禁用；慎用于需敏锐听觉的特种犬。

【措施4】阿莫西林

犬：10～20毫克/千克，口服，每日2～3次，连用5天；5～10毫克/千克，肌内注射/皮下注射/静脉滴注，连用5天。

注意事项：使用阿莫西林前必须进行青霉素皮肤试验，阳性反应者禁用。妊娠期及哺乳期小动物慎用。

【措施5】硫糖铝

犬：20～40毫克/千克，口服，每日2～4次。

注意事项：慢性肾功能不全动物慎用，连续应用不宜超过8周。

十一、肠套叠

1. 概念

肠套叠是指一段肠管及其附着的肠系膜套入到邻近一段肠腔内的肠变位。犬的肠套叠较多见，尤其幼犬发病率较高。多见于小肠下部套入结肠。

2. 临床诊断

食欲不振、饮欲亢进、顽固性呕吐、黏液性血便、里急后重、腹痛剧烈、脱水等。

3. 用药指南

（1）用药原则　补充体液，加强护理。手术治疗是根本措施。

（2）用药方法（根据临床症状、实验室检查结果等临床实际病情的需要选择以下措施进行治疗）

【措施1】氢化可的松

犬：6～10毫克/千克，静脉滴注。

【措施2】氨苄西林钠

20～30毫克/千克，口服，每日2～3次。

10～20毫克/千克，静脉注射/皮下注射/肌内注射。

注意事项：本类药品可出现与剂量无关的过敏反应，表现为皮疹、发热、嗜酸性粒细胞增多、白细胞和血小板减少、贫血、淋巴结病或全身性过敏反应。对青霉素酶敏感，不宜用于耐青霉素的金黄色葡萄球菌感染。

【措施3】阿莫西林

犬：10～20 毫克/千克，口服，每日 2～3 次，连用 5 天；5～10 毫克/千克，肌内注射/皮下注射/静脉滴注，连用 5 天。

注意事项：使用阿莫西林前必须进行青霉素皮肤试验，阳性反应者禁用。妊娠期及哺乳期小动物慎用。

【措施 4】速诺

0.1 毫升/千克，1 次/日，连 3～5 日，肌内注射/皮下注射。

注意事项：避光，密闭，摇匀使用。

十二、肠梗阻

1. 概念

肠梗阻是肠腔的物理性或机能性阻塞，使肠内容物不能顺利下行，临床上以剧烈腹痛及明显的全身症状为特征。

2. 临床诊断

（1）腹围膨胀，脱水。
（2）肠蠕动音先亢进后减弱，排出煤焦油样腹泻便，以后排便停止。
（3）阻塞和狭窄部位的肠管充血、淤血、坏死或穿孔时，表现腹痛。

3. 用药指南

（1）用药原则　消炎，补充体液和电解质。
（2）用药方法（根据临床症状、实验室检查结果等临床实际病情的需要选择以下措施进行治疗）

【措施 1】氨苄西林钠

20～30 毫克/千克，口服，每日 2～3 次。

10～20 毫克/千克，静脉注射/皮下注射/肌内注射。

注意事项：本类药品可出现与剂量无关的过敏反应，表现为皮疹、发热、嗜酸性粒细胞增多、白细胞和血小板减少、贫血、淋巴结病或全身性过敏反应。对青霉素酶敏感，不宜用于耐青霉素的金黄色葡萄球菌感染。

【措施 2】阿莫西林

犬：10～20 毫克/千克，口服，每日 2～3 次，连用 5 天；5～10 毫克/千克，肌内注射/皮下注射/静脉滴注，每日 2～3 次，连用 5 天。

注意事项：使用阿莫西林前必须进行青霉素皮肤试验，阳性反应者禁用。妊娠期及哺乳期小动物慎用。

【措施 3】速诺

0.1 毫升/千克，1 次/日，连 3～5 日，肌内注射/皮下注射。

注意事项：避光，密闭，摇匀使用。

【措施 4】复合维生素 B

犬：1～2 片/次，口服，每日 3 次；0.5～2 毫升/次，肌内注射。

猫：0.5～1 片/次，口服，每日 3 次；0.5～1 毫升/次，肌内注射。

注意事项：肝、肾损伤者慎用。

【措施5】维生素C

100～500毫克/次，口服/肌内注射/静脉滴注。

注意事项：静脉注射可能引起过敏，维生素C的补充可能会通过增加铁的蓄积而增加肝脏损伤。给予高剂量时，尿酸盐、草酸盐或胱氨酸结晶形成的风险增加。

十三、结肠炎

1. 概念

结肠炎是指结肠黏膜发生炎症性病变，分为急性结肠炎以及慢性结肠炎。

2. 临床诊断

（1）排便量多，呈喷射状，粪便稀薄如水，有难闻的气味。
（2）结肠黏膜损伤严重时，腹泻便带血，里急后重，体温正常或升高。
（3）病犬、猫腹痛或消瘦。
（4）持续出血或腹泻的犬，可导致贫血或脱水。

3. 用药指南

（1）用药原则　止泻，消炎，补充体液。
（2）用药方法（根据临床症状、实验室检查结果等临床实际病情的需要选择以下措施进行治疗）

【措施1】洛哌丁胺

犬：0.08～0.2毫克/千克，口服，每日2～4次。

注意事项：本品一般耐受良好，偶见口干、胃肠痉挛、便秘、恶心和皮肤过敏。

【措施2】地芬诺酯

犬：0.05～0.1毫克/千克，口服，每日3～4次。

猫：0.063毫克/千克，口服，每日3次。

注意事项：有致畸作用，妊娠期犬、猫禁用。腹泻早期和腹胀动物应慎用。

【措施3】鞣酸蛋白

犬：0.2～2克/次，口服，每日2～3次。

注意事项：用量过大可致便秘，但可以通过吃乳酸菌素片进行调节。能影响胃蛋白酶、胰酶、乳酶生等消化酶类的活性，故不宜同服。

【措施4】阿莫西林

犬：10～20毫克/千克，口服，每日2～3次，连用5天；5～10毫克/千克，肌内注射/皮下注射/静脉滴注，连用5天。

注意事项：使用阿莫西林前必须进行青霉素皮肤试验，阳性反应者禁用。妊娠期及哺乳期小动物慎用。

【措施5】颠茄酊

犬：0.1～1毫升/次，口服。

注意事项：青光眼动物忌服。常见不良反应有便秘、出汗减少、口鼻咽喉及皮肤干燥、视力模糊、排尿困难等。

十四、便秘

1. 概念

便秘是指肠道内容物和粪团滞积于肠道的某部，逐渐变干变硬，使肠道扩张直至完全阻塞。

2. 临床诊断

(1) 食欲不振或废绝，呕吐。
(2) 尾巴伸直，步态紧张。
(3) 脉搏加快，可视黏膜发绀。
(4) 轻症犬反复努责，排出少量秘结便。
(5) 重症犬排出少量混有血液或黏液的液体。
(6) 肛门发红和水肿，触诊后腹上部有压痛，肠音减弱或消失。
(7) 直肠触诊能触到硬的粪块。

3. 用药指南

(1) 用药原则　灌肠排出粪便，消炎。
(2) 用药方法（根据临床症状、实验室检查结果等临床实际病情的需要选择以下措施进行治疗）

【措施 1】硫酸镁

犬：6％～8％溶液，10～20 克/次，口服。

猫：6％～8％溶液，2～5 克/次，口服。

【措施 2】酚酞

犬：0.2～0.5 克/次，口服。

注意事项：偶见肠绞痛、出血倾向，罕见过敏反应。药物过量或长期紊乱，诱发心律失常、神志不清、肌痉挛以及倦怠乏力等症状。

【措施 3】开塞露

犬：5～20 毫升/次，肛门灌肠。

猫：5～10 毫升/次，肛门灌肠。

注意事项：过敏体质者慎用。刺破或剪开后的注药导管的开口应光滑，以免擦伤肛门或直肠。遮光，严封保存。

【措施 4】软皂

3％溶液灌肠。

注意事项：皮肤破溃者禁用。若使用的皂液过浓过频，阴离子去污剂将天然皮肤油脂去除后可刺激皮肤，导致发红、脱屑、皲裂和疼痛。密封保存。

【措施 5】氨苄西林钠

20～30 毫克/千克，口服，每日 2～3 次。

10～20 毫克/千克，静脉注射/皮下注射/肌内注射。

注意事项：本类药品可出现与剂量无关的过敏反应，表现为皮疹、发热、嗜酸性粒细胞增多、白细胞和血小板减少、贫血、淋巴结病或全身性过敏反应。对青霉素酶敏感，不宜用于耐青霉素的金黄色葡萄球菌感染。

【措施6】阿莫西林

犬：10～20毫克/千克，口服，每日2～3次，连用5天；5～10毫克/千克，肌内注射/皮下注射/静脉滴注，连用5天。

注意事项：使用阿莫西林前必须进行青霉素皮肤试验，阳性反应者禁用。妊娠期及哺乳期小动物慎用。

【措施7】速诺

0.1毫升/千克，1次/日，连3～5日，肌内注射/皮下注射。

注意事项：避光，密闭，摇匀使用。

十五、巨结肠症

1. 概念

巨结肠症是指结肠的异常伸展和扩张，分为先天性和继发性两种。

2. 临床诊断

（1）便秘，便秘时仅能排出少量浆液性或带血丝的黏液性粪便，偶有排出褐色水样便。

（2）病犬腹围膨隆似桶状，腹部触诊可感知充实粗大的肠管。

（3）继发性病犬除便秘外，呕吐、脱水、精神沉郁。

3. 用药指南

（1）用药原则　静脉补充营养、电解质，灌肠排出粪便。

（2）用药方法（根据临床症状、实验室检查结果等临床实际病情的需要选择以下措施进行治疗）

【措施1】比沙可啶

犬：10毫克，口服，每日1次。

猫：5毫克，口服，每日1次。

注意事项：偶可引起明显的腹部绞痛，停药后即消失。

【措施2】软皂

3%溶液灌肠。

注意事项：皮肤破溃者禁用。倘使用皂液过浓过频，阴离子去污剂将天然皮肤油脂去除后可刺激皮肤，导致发红、脱屑、皲裂和疼痛。密封保存。

【措施3】氨苄西林钠

20～30毫克/千克，口服，每日2～3次。

10～20毫克/千克，静脉注射/皮下注射/肌内注射。

注意事项：本类药品可出现与剂量无关的过敏反应，表现为皮疹、发热、嗜酸性粒细胞增多、白细胞和血小板减少、贫血、淋巴结病或全身性过敏反应。对青霉素酶敏感，不宜用于耐青霉素的金黄色葡萄球菌感染。

【措施4】阿莫西林

犬：10～20毫克/千克，口服，每日2～3次，连用5天；5～10毫克/千克，肌内注射/皮下注射/静脉滴注，连用5天。

注意事项：使用阿莫西林前必须进行青霉素皮肤试验，阳性反应者禁用。妊娠期及哺乳期小动物慎用。

【措施5】速诺

犬：0.1毫升/千克，1次/日，连3～5日，肌内注射/皮下注射。

注意事项：避光，密闭，摇匀使用。

十六、直肠脱垂

1. 概念

直肠脱垂是直肠壁黏膜层或肠壁全层向下移位的疾病。狭义上的直肠脱垂是指直肠全层、环周一圈（环绕肛门一周）的肠段脱出至肛门外。全层脱垂未至肛门外被称为内脱垂或直肠套叠；仅黏膜的脱垂称为直肠黏膜内脱垂。

2. 临床诊断

（1）仅直肠黏膜脱出的犬，排便或努责时，直肠黏膜瘀血。

（2）当直肠翻转脱出的犬，突出物呈长圆柱状，直肠黏膜红肿发亮。如果持续突出，黏膜暗红变黑，严重者可继发局部性溃疡和坏死。

（3）反复努责，摩擦肛门，排出少量水样粪便。

3. 用药指南

（1）用药原则　消炎消肿，维持体液平衡，加强相关护理。

（2）用药方法（根据临床症状、实验室检查结果等临床实际病情的需要选择以下措施进行治疗）

【措施1】氨苄西林钠

20～30毫克/千克，口服，每日2～3次。

10～20毫克/千克，静脉注射/皮下注射/肌内注射。

注意事项：本类药品可出现与剂量无关的过敏反应，表现为皮疹、发热、嗜酸性粒细胞增多、白细胞和血小板减少、贫血、淋巴结病或全身性过敏反应。对青霉素酶敏感，不宜用于耐青霉素的金黄色葡萄球菌感染。

【措施2】速诺（阿莫西林-克拉维酸钾混悬剂）

0.1毫升/千克，1次/日，连续3～5日，肌内注射/皮下注射。

注意事项：避光，密闭，摇匀使用。

十七、肛门囊炎

1. 概念

肛门囊炎是指肛门腺囊内的分泌物积聚于囊内，刺激黏膜而发生的炎症。

2. 临床诊断

（1）肛门瘙痒、疼痛。有擦肛或舔咬肛门的动作。

（2）肛门腺肿大，突出皮肤，肛门囊破溃，流出黄色分泌液，肛门处形成瘘管。

（3）接近犬、猫，可闻见腥臭味。

（4）肛门分泌物稀薄，有时呈脓性或带血。

3. 用药指南

（1）用药原则　去除病因，以消炎为主，同时外用治疗脓肿。

（2）用药方法（根据临床症状、实验室检查结果等临床实际病情的需要选择以下措施进行治疗）

【措施1】阿莫西林

10毫克/千克，口服，每日2～3次，连用5天。

5～10毫克/千克，皮下注射/静脉注射/肌内注射，连用5天。

注意事项：会有产生过敏反应的潜在可能。

【措施2】氨苄西林钠

20～30毫克/千克，口服，每日2～3次。

10～20毫克/千克，静脉注射/皮下注射/肌内注射。

注意事项：本类药品可出现与剂量无关的过敏反应，表现为皮疹、发热、嗜酸性粒细胞增多、白细胞和血小板减少、贫血、淋巴结病或全身性过敏反应。对青霉素酶敏感，不宜用于耐青霉素的金黄色葡萄球菌感染。

【措施3】速诺（阿莫西林-克拉维酸钾混悬剂）

0.1毫升/千克，1次/日，连续3～5日，肌内注射/皮下注射。

注意事项：避光，密闭，摇匀使用。

【措施4】康复新液

口服，一次10毫升，一日3次，或遵医嘱。

外用，用医用纱布浸透药液后敷患处，感染创面先清创再用本品冲洗，并用浸透本品的纱布填塞或敷用。

注意事项：密封，置阴凉处。

第三节　肝、脾、胰、腹膜疾病

一、急性肝炎

1. 概念

急性肝炎是多种致病因素侵害肝脏，使肝脏实质细胞发生的急性炎症，肝脏的功能受损，这些损害病程不超过半年。其特征：黄疸、急性消化不良和出现神经症状。

2. 临床诊断

（1）体温正常或略有升高，出现明显消瘦，精神沉郁，全身无力，眼结膜黄染。

（2）消化道症状

① 呕吐，初期食欲不振，后期废绝。

② 粪便灰白绿色，有恶臭，不成形。

（3）神经症状　肌肉震颤、痉挛、肌肉无力、感觉迟钝、昏睡或昏迷。

（4）肝区触诊紧张，疼痛，肋骨后缘感知肝肿大。肝区叩诊浊音区扩大。

3. 用药指南

（1）用药原则　去除病因，消炎补液，保肝解毒。

（2）用药方法（根据临床症状、实验室检查结果等临床实际病情的需要选择以下措施进行治疗）

① 保肝，促进肝脏恢复

【措施1】肝泰乐

50～200毫克/次，口服，每日一次；0.1毫升/千克，肌内注射或静脉注射，每日1次。

【措施2】肌苷

25～50毫克，肌内注射/口服。

注意事项：静脉注射偶有恶心，颜面潮红。

【措施3】促肝细胞生长因子

0.2～0.4毫升/千克，肌内注射/皮下注射，每日1次。

【措施4】强力宁

2～4毫克/千克，加入5%葡萄糖或0.9%氯化钠250～500毫升注射液稀释后，缓慢滴注，每日1次。

注意事项：严重低钾血症、高钠血症、高血压、心衰、肾功能衰竭者禁用。密闭，避光不超过20℃保存。

② 抗菌，防止继发感染

【措施1】氨苄西林钠

20～30毫克/千克，口服，每日2～3次。

10～20毫克/千克，静脉注射/皮下注射/肌内注射。

注意事项：本类药品可出现与剂量无关的过敏反应，表现为皮疹、发热、嗜酸性粒细胞增多、白细胞和血小板减少、贫血、淋巴结病或全身性过敏反应。对青霉素酶敏感，不宜用于耐青霉素的金黄色葡萄球菌感染。

【措施2】速诺（阿莫西林-克拉维酸钾混悬剂）

0.1毫升/千克，1次/日，连续3～5日，肌内注射/皮下注射。

注意事项：避光，密闭，摇匀使用。

【措施3】阿米卡星

犬：5～15毫克/1千克，肌内注射/皮下注射，每日2次。

猫：10毫克/千克，肌内注射/皮下注射，每日3次。

注意事项：具不可逆耳毒性；长期用药可导致耐药菌过度生长。禁用于患有严重肾损伤的犬；未进行繁殖实验、繁殖期的犬禁用；慎用于需敏锐听觉的特种犬。

【措施 4】头孢噻肟钠

20～40 毫克/千克，静脉滴注/肌内注射/皮下注射。

③ 补液，补充营养物质，平衡体液

【措施 1】维生素 C

0.1～0.5 克/次，皮下注射/肌注射内/静脉注射。

注意事项：静脉注射可能引起过敏，补充维生素 C 可能会通过增加铁的蓄积而增加肝脏损伤。给予高剂量时，尿酸盐、草酸盐或胱氨酸结晶形成的风险增加。

【措施 2】谷氨酸钠

1～2 克/次，静脉滴注。

【措施 3】维丙胺

2.5 毫克/千克，每日两次，肌内注射。

【措施 4】蛋氨酸

2～4 毫升/次，肌内注射。

【措施 5】COVB

犬：片剂 1～2 片，口服，每日 1～3 次；针剂 0.5～1 毫升/次，肌内注射，或遵医嘱。

猫：片剂 0.5～1 片，口服，每日 1～3 次；针剂 0.5～1 毫升/次，肌内注射，或遵医嘱。

注意事项：静脉给药时可能出现过敏，应该缓慢给药或用液体稀释。同时使用含有脂溶性维生素（维生素 A、维生素 D、维生素 E、维生素 K）的药剂可能会引起中毒。避光，密闭保存。

【措施 6】恩托尼（S-腺苷甲硫氨酸）

0.1 克/5.5 千克，0.2 克/6～16 千克，口服，每日一次。

【措施 7】碳酸氢钠

0.5～1.5 克，静脉注射，或遵医嘱。

注意事项：大量静脉注射时偶见代谢性碱中毒、低血钾症，易出现心律失常、肌肉痉挛；剂量过大或肾功能不全患病动物偶见水肿、肌肉疼痛等症状。

【措施 8】辅酶 A

25～50 单位/次，5％葡萄糖溶解后静脉滴注。

注意事项：肌内注射，氯化钠溶解后注射。

【措施 9】ATP

10～20 毫克/次，一日 10～40 毫克，肌内注射/静脉注射，生理盐水稀释。

注意事项：静注宜缓慢，以免引起头晕、头胀、胸闷及低血压等。心肌梗死和脑出血动物在发病期慎用。

二、慢性肝炎

1. 概念

慢性肝炎是指由不同病因引起、病程至少持续超过 6 个月以上的肝脏坏死和炎症，多数是由急性肝炎转化而来。

2. 临床诊断

（1）消化道症状

① 食欲不振，偶有呕吐。

② 腹泻、便秘或腹泻与便秘交替发生，粪便色淡。

（2）精神萎靡不振、倦怠、呆滞、行走无力。

（3）皮毛枯焦、逐渐消瘦。

（4）有的出现轻度黄疸，触诊肝脏和脾脏中度肿大、疼痛。

3. 用药指南

（1）用药原则　消炎补液，保肝利胆，加强护理。

（2）用药方法（根据临床症状、实验室检查结果等临床实际病情的需要选择以下措施进行治疗）

① 保肝，促进肝脏恢复

【措施1】肝泰乐

50～200毫克/次，口服，每日1次；0.1毫升/千克，肌内注射/静脉注射，每日1次。

【措施2】肌苷

25～50毫克，肌内注射/口服。

注意事项：静脉注射偶有恶心，颜面潮红。

【措施3】促肝细胞生长因子

0.2～0.4毫升/千克，肌内注射/皮下注射，每日1次。

【措施4】强力宁

2～4毫克/千克，加入5%葡萄糖或0.9%氯化钠250～500毫升注射液稀释后，缓慢滴注，每日1次。

注意事项：严重低钾血症、高钠血症、高血压、心衰、肾功能衰竭者禁用。密闭，避光不超过20℃保存。

② 抗菌，防止继发感染

【措施1】氨苄西林钠

20～30毫克/千克，口服，每日2～3次。

10～20毫克/千克，静脉注射/皮下注射/肌内注射。

注意事项：本类药品可出现与剂量无关的过敏反应，表现为皮疹、发热、嗜酸性粒细胞增多、白细胞和血小板减少、贫血、淋巴结病或全身性过敏反应。对青霉素酶敏感，不宜用于耐青霉素的金黄色葡萄球菌感染。

【措施2】速诺（阿莫西林-克拉维酸钾混悬剂）

0.1毫升/千克，1次/日，连续3～5日，肌内注射/皮下注射。

注意事项：避光，密闭，摇匀使用。

【措施3】阿米卡星

犬：5～15毫克/1千克，肌内注射/皮下注射，每日2次。

猫：10毫克/千克，肌内注射/皮下注射，每日3次。

注意事项：具不可逆耳毒性；长期用药可导致耐药菌过度生长。禁用于患有严重肾损伤的犬；未进行繁殖实验、繁殖期的犬禁用；慎用于需敏锐听觉的特种犬。

【措施4】头孢噻肟钠

20～40毫克/千克，静脉滴注/肌内注射/皮下注射。

③补液，补充营养物质，平衡体液

【措施1】维生素C

0.1～0.5克/次，皮下注射/肌注射内/静脉注射。

注意事项：静脉注射可能引起过敏，补充维生素C可能会通过增加铁的蓄积而增加肝脏损伤。给予高剂量时，尿酸盐、草酸盐或胱氨酸结晶形成的风险增加。

【措施2】谷氨酸钠

1～2克/次，静脉滴注。

【措施3】维丙胺

2.5毫克/千克，每日两次，肌内注射。

【措施4】蛋氨酸

2～4毫升/次，肌内注射。

【措施5】COVB

犬：片剂1～2片，口服，每日1～3次；针剂0.5～1毫升/次，肌内注射，或遵医嘱。

猫：片剂0.5～1片，口服，每日1～3次；针剂0.5～1毫升/次，肌内注射，或遵医嘱。

注意事项：静脉给药时可能出现过敏，应该缓慢给药或用液体稀释。同时使用含有脂溶性维生素（维生素A、维生素D、维生素E、维生素K）的药剂可能会引起中毒。避光，密闭保存。

【措施6】恩托尼（S-腺苷甲硫氨酸）

0.1克/5.5千克，0.2克/6～16千克，口服，每日1次。

【措施7】碳酸氢钠

0.5～1.5克，静脉注射，或遵医嘱。

注意事项：大量静脉注射时偶见代谢性碱中毒、低血钾症，易出现心律失常、肌肉痉挛；剂量过大或肾功能不全患病动物偶见水肿、肌肉疼痛等症状。

【措施8】辅酶A

25～50单位/次，静脉滴注（5%葡萄糖溶解后静脉滴注）。

注意事项：肌内注射，氯化钠溶解后注射。

【措施9】ATP

10～20毫克/次，一日10～40毫克，肌内注射/静脉注射，生理盐水稀释。

注意事项：静注宜缓慢，以免引起头晕、头胀、胸闷及低血压等。心肌梗死和脑出血动物在发病期慎用。

三、肝硬化

1. 概念

肝硬化是由一种或多种病因长期或反复作用形成的弥漫性肝损害。

2. 临床诊断

（1）病犬、猫病情严重时，肌肉震颤、痉挛、肌肉无力、感觉迟钝、昏睡或昏迷。

（2）肝细胞弥漫性损伤时，有出血倾向，血液凝固时间明显延长。

（3）肝脏叩诊浊音区扩大。

3. 用药指南

（1）用药原则　去除病因，护肝解毒，加强护理。

（2）用药方法（根据临床症状、实验室检查结果等临床实际病情的需要选择以下措施进行治疗）

【措施1】辅酶 A

犬：25～50 单位/次，5％葡萄糖溶解后静脉滴注。

注意事项：肌内注射，氯化钠溶解后注射。

【措施2】ATP

10～20 毫克/次，一日 10～40 毫克，肌内注射/静脉注射，生理盐水稀释。

注意事项：静注宜缓慢，以免引起头晕、头胀、胸闷及低血压等。心肌梗死和脑出血动物在发病期慎用。

【措施3】维生素 C

0.1～0.5 克/次，皮下注射/肌注射内/静脉注射。

注意事项：静脉注射可能引起过敏，补充维生素 C 可能会通过增加铁的蓄积而增加肝脏损伤。给予高剂量时，尿酸盐、草酸盐或胱氨酸结晶形成的风险增加。

【措施4】COVB

犬：片剂 1～2 片，口服，每日 1～3 次；针剂 0.5～1 毫升/次，肌内注射，或遵医嘱。

猫：片剂 0.5～1 片，口服，每日 1～3 次；针剂 0.5～1 毫升/次，肌内注射，或遵医嘱。

注意事项：静脉给药时可能出现过敏，应该缓慢给药或用液体稀释。同时使用含有脂溶性维生素（维生素 A、维生素 D、维生素 E、维生素 K）的药剂可能会引起中毒。避光，密闭保存。

【措施5】肝泰乐

50～200 毫克/次，口服，每日一次；0.1 毫升/千克，肌内注射或静脉注射，每日 1 次。

【措施6】强力宁

2～4 毫克/千克，加入 5％葡萄糖或 0.9％氯化钠 250～500 毫升注射液稀释后，缓慢滴注，每日 1 次。

注意事项：严重低钾血症、高钠血症、高血压、心衰、肾功能衰竭者禁用。密闭，避光不超过 20℃保存。

【措施7】碳酸氢钠

犬：0.5～1.5 克，静脉注射，或遵医嘱。

注意事项：大量静脉注射时偶见代谢性碱中毒、低钾血症，易出现心律失常、肌肉痉挛；剂量过大或肾功能不全患病动物偶见水肿、肌肉疼痛等症状。

【措施8】苦黄注射液

犬：30～40毫升/天。

【措施9】猫血白蛋白

用5%葡萄糖注射液或氯化钠注射液稀释后，静脉滴注。

<5千克，5毫升/日；5～10千克，10毫升/日；>10千克，20～40毫升/日。

注意事项：避光，2～8℃保存。

【措施10】恩托尼（S-腺苷甲硫氨酸）

0.1克/5.5千克，0.2克/6～16千克，口服，每日1次。

【措施11】硫酸镁

犬：10～20克/次，口服。猫：2～5克/次，口服。

注意事项：连续使用硫酸镁可引起便秘。

四、肝脓肿

1. 概念

肝脓肿是细菌、真菌或溶组织阿米巴原虫等多种微生物引起的肝脏化脓性病变。

2. 临床诊断

（1）出现弛张热或间歇性高热。

（2）咳嗽，呼吸困难，胸部触诊敏感。

（3）食欲不振，便秘。

（4）精神高度沉郁，体形消瘦，触诊肝区疼痛。

（5）若脓肿破溃，引起急性腹膜炎。

3. 用药指南

（1）用药原则　去除病因，使用抗生素消炎，加强护理。

（2）用药方法（根据临床症状、实验室检查结果等临床实际病情的需要选择以下措施进行治疗）

【措施1】氨苄西林钠

20～30毫克/千克，口服，每日2～3次。

10～20毫克/千克，静脉注射/皮下注射/肌内注射，每日2～3次。

注意事项：本类药品可出现与剂量无关的过敏反应，表现为皮疹、发热、嗜酸性粒细胞增多、白细胞和血小板减少、贫血、淋巴结病或全身性过敏反应。对青霉素酶敏感，不宜用于耐青霉素的金黄色葡萄球菌感染。

【措施2】速诺（阿莫西林-克拉维酸钾混悬剂）

0.1毫升/千克，1次/日，连续3～5日，肌内注射/皮下注射。

注意事项：避光，密闭，摇匀使用。

【措施3】头孢噻呋钠

5～10毫克/千克，1次/日，连续5～7日，皮下注射/静脉注射。

注意事项：现配现用，对肾功能不全动物应调整剂量。避光，严封，在冷处保存。

【措施4】硫酸头孢喹肟

犬：5毫克/千克，1~2次/日，连续7天，皮下注射。

注意事项：对β-内酰胺类抗生素过敏的动物禁止使用本品；对青霉素和头孢菌素类抗生素过敏者勿接触本品。遮光，密闭，在2~8℃保存。

【措施5】青霉素

15~25毫克/千克，肌内注射/静脉注射，每日1次。

注意事项：青霉素的安全范围广，主要的不良反应是过敏反应，大多数动物均可发生；局部反应表现为注射部位水肿、疼痛，全身反应为荨麻疹、皮疹或虚脱，严重者可引起死亡；对某些动物，青霉素可诱导胃肠道的二重感染。用青霉素类药物治疗放线菌病剂量要大，时间要长，一般需2~8个月，直到无临床症状和X线检查正常为止。

【措施6】复方新诺明

15~30毫克/千克，口服/皮下注射，每日2次。

注意事项：年老、肝肾功能不全的犬、猫禁用。不能与酸性药物同服，且出现不良反应立即停药。

五、脾脏破裂

1. 概念

脾脏破裂是指各种因素作用于脾脏引起的破裂，有脾实质、脾被膜同时破裂和仅脾实质破裂两种。

2. 临床诊断

（1）内出血，呼吸困难，呈胸式呼吸，可视黏膜苍白，心搏动加快、脉搏快而弱。

（2）消化道症状

① 呕吐，可能出血。

② 触诊腹部疼痛，叩诊腹部浊音区变大，有移动浊音。

③ 听诊肠鸣音减弱。

④ 腹部穿刺出不凝固血液，腹部隆起呈桶状。

3. 用药指南

（1）用药原则　止血输血，消炎补液，维持体液平衡。

（2）用药方法（根据临床症状、实验室检查结果等临床实际病情的需要选择以下措施进行治疗）

【措施1】高浓度犬血白蛋白

一般情况下1毫升（200毫克）/千克，可根据病情酌情加减。用5%葡萄糖注射液或0.9%氯化钠注射液稀释后，静脉滴注。本品4倍稀释后的溶液与一般血浆大致等渗。

注意事项：冰冻后严禁使用，严重酸碱代谢紊乱的病犬慎用。不得与其他药物混合使用。

【措施2】葡萄糖口服凝胶

猫：5~10毫升/次，直接喂食或从下颌后侧抵住舌下，缓慢推入口腔。

犬：10~20毫升/次，直接喂食或从下颌后侧抵住舌下，缓慢推入口腔；每日2~3次。

注意事项：不得饲喂反刍动物，不能替代药物。

【措施3】安络血

犬：1～2毫升/次，肌内注射，每日2次。

猫：2.5～5毫克/次，口服，每日2次。

【措施4】止血敏注射液

犬：2～4毫升/次。猫：1～2毫升/次。肌内注射/静脉滴注。

【措施5】氨苄西林钠

20～30毫克/千克，口服，每日2～3次。

10～20毫克/千克，静脉注射/皮下注射/肌内注射。

注意事项：本类药品可出现与剂量无关的过敏反应，表现为皮疹、发热、嗜酸性粒细胞增多、白细胞和血小板减少、贫血、淋巴结病或全身性过敏反应。对青霉素酶敏感，不宜用于耐青霉素的金黄色葡萄球菌感染。

【措施6】速诺（阿莫西林-克拉维酸钾混悬剂）

0.1毫升/千克，1次/日，连续3～5日，肌内注射/皮下注射。

注意事项：避光，密闭，摇匀使用。

【措施7】头孢噻呋钠

5～10毫克/千克，1次/日，连续5～7日，皮下注射/静脉注射。

注意事项：现配现用，对肾功能不全动物应调整剂量。避光，严封，在冷处保存。

【措施8】头孢西丁钠

犬：15～30毫克/千克，皮下注射/肌内注射/静脉滴注，每日3～4次。

猫：22毫克/千克，静脉滴注，每日3～4次。

六、急性胰腺炎

1. 概念

急性胰腺炎是指各种原因造成胰腺内胰酶激活，导致了胰腺自身消化，引起一种以胰腺坏死、水肿、出血为主要病理变化的一种急性炎症。

2. 临床诊断

（1）患病犬、猫精神沉郁，昏睡，食欲不振或废绝，进食后腹部疼痛。

（2）血压、体温降低。

（3）消化道症状

① 呕吐、剧烈腹泻乃至出血性腹泻。

② 腹壁紧张，腹部压痛，弓背收腹。

（4）神经症状 随着病情的发展，意识丧失、全身痉挛，进而发生休克。

3. 用药指南

（1）用药原则 抑制胰腺分泌，消炎止痛，维持水盐代谢平衡。

（2）用药方法（根据临床症状、实验室检查结果等临床实际病情的需要选择以下措施进行治疗）

① 消炎止痛，抑制胰腺分泌

【措施1】硫酸阿托品注射液

0.02～0.04毫克/千克，肌内注射/皮下注射/静脉注射，遵医嘱。

注意事项：本品副作用与用药的剂量有关，其毒性作用往往是使用过大剂量所致，在麻醉前给药或治疗消化道疾病时，易致肠臌胀和便秘等；所有动物的中毒症状基本类似，即表现为口干、瞳孔扩大、脉搏快而弱、兴奋不安和肌肉震颤等，严重时则出现昏迷、呼吸浅表、运动麻痹等，最终可因惊厥、呼吸抑制及窒息而死亡。

【措施2】注射用乌司他丁

初期每次10万单位溶于500毫升5％葡萄糖注射液中静脉滴注，每次静脉滴注1～2小时，每日1～3次，以后随症状消退而减量。

注意事项：有药物过敏史、对食品过敏或过敏体质慎用。密闭，阴凉干燥处（不超过20℃保存）。

【措施3】注射用甲磺酸加贝酯

仅供静脉滴注使用，100毫克/次，前三天每日300毫克（症状减轻后100毫克），连续6～10天，先以5毫升注射用水溶解，后移注于5％葡萄糖液或林格液500毫升中，控制在1～2.5毫克/（千克·小时）。

注意事项：密闭，在阴凉处（避光，不超过20℃）。

【措施4】氨苄西林钠

20～30毫克/千克，口服，每日2～3次。

10～20毫克/千克，静脉注射/皮下注射/肌内注射，每日2～3次。

注意事项：本类药品可出现与剂量无关的过敏反应，表现为皮疹、发热、嗜酸性粒细胞增多、白细胞和血小板减少、贫血、淋巴结病或全身性过敏反应。对青霉素酶敏感，不宜用于耐青霉素的金黄色葡萄球菌感染。

【措施5】速诺（阿莫西林-克拉维酸钾混悬剂）

0.1毫升/千克，1次/日，连续3～5日，肌内注射/皮下注射。

注意事项：避光，密闭，摇匀使用。

【措施6】头孢噻呋钠

5～10毫克/千克，1次/日，连续5～7日，皮下注射/静脉注射。

注意事项：现配现用，对肾功能不全动物应调整剂量。避光，严封，在冷处保存。

【措施7】阿米卡星

犬：5～15毫克/千克，肌内注射/皮下注射。

猫：10毫克/千克，肌内注射/皮下注射。

注意事项：具不可逆耳毒性；长期用药可导致耐药菌过度生长。禁用于患有严重肾损伤的犬；未进行繁殖实验、繁殖期的犬禁用；慎用于需敏锐听觉的特种犬。

【措施8】地塞米松

抗炎：0.01～0.16毫克/千克，静脉注射/肌内注射/口服，每日1次，最多用药3～5天。

预防并治疗过敏症：0.5毫克/千克，静脉注射。

注意事项：幼犬、猫禁用；心脏病动物禁用；使用此药时应适量补充钙磷；若长时间使用此药，应逐步减少药物使用量；严禁与水杨酸钠同用。

② 补液，补充营养物质，维持体液平衡

【措施1】口服补液盐

一袋溶于 500 毫升温水中，3000 毫升/日，直至腹泻停止。

【措施2】维生素 C 注射液

0.1～0.5 克/次，一次量，皮下注射/肌内注射/静脉注射。

注意事项：静脉注射可能引起过敏，补充维生素 C 可能会通过增加铁的蓄积而增加肝脏损伤。给予高剂量时，尿酸盐、草酸盐或胱氨酸结晶形成的风险增加。

【措施3】COVB

犬：片剂 1～2 片，口服，每日 1～3 次；针剂 0.5～1 毫升/次，肌内注射，或遵医嘱。

猫：片剂 0.5～1 片，口服，每日 1～3 次；针剂 0.5～1 毫升/次，肌内注射，或遵医嘱。

注意事项：静脉给药时可能出现过敏，应该缓慢给药或用液体稀释。同时使用含有脂溶性维生素（维生素 A、维生素 D、维生素 E、维生素 K）的药剂可能会引起中毒。避光，密闭保存。

七、慢性胰腺炎

1. 概念

慢性胰腺炎是指胰腺反复发作性或持续性的炎症变化。

2. 临床诊断

（1）精神不振，食欲异常亢进，但生长发育停滞，体形消瘦，皮毛无光泽。

（2）消化道症状

① 反复腹痛，剧烈疼痛时伴有呕吐。

② 消化不良，粪便量多，含有较多脂肪和蛋白，呈灰白色或黄色，有恶臭。

③ 进一步发展到胃、十二指肠、胆总管或胰岛时，产生消化道阻塞。

（3）出现高血糖及糖尿

3. 用药指南

（1）用药原则　抑制胰腺分泌，消炎止痛，加强护理。

（2）用药方法（根据临床症状、实验室检查结果等临床实际病情的需要选择以下措施进行治疗）

① 消炎抗感染

【措施1】氨苄西林

犬：20～30 毫克/千克，口服，每日 2～3 次。

猫：10～20 毫克/千克，静脉滴注/皮下注射/肌内注射。

注意事项：本类药品可出现与剂量无关的过敏反应，表现为皮疹、发热、嗜酸性粒细胞增多、白细胞和血小板减少、贫血、淋巴结病或全身性过敏反应。对青霉素酶敏感，不宜用于耐青霉素的金黄色葡萄球菌感染。

【措施2】速诺注射液

0.1毫升/千克，每天1次，连用3～5天，肌内注射/皮下注射。

注意事项：避光，密闭贮藏，摇匀使用。

② 补充营养物质

【措施1】伊可新

1粒/次，1～2次/日。

注意事项：避光，不超过20℃。

【措施2】维生素K_1

0.5～1.5毫克/千克，皮下注射。

【措施3】维生素B_{12}

0.4毫升/次，皮下注射/肌内注射，也可用于穴位封闭。

注意事项：肌内注射偶可引起皮疹、瘙痒、腹泻以及过敏性哮喘。

【措施4】COVB

犬：片剂1～2片，口服，每日1～3次；针剂0.5～1毫升/次，肌内注射，或遵医嘱。

猫：片剂0.5～1片，口服，每日1～3次；针剂0.5～1毫升/次，肌内注射，或遵医嘱。

注意事项：静脉给药时可能出现过敏，应该缓慢给药或用液体稀释。同时使用含有脂溶性维生素（维生素A、维生素D、维生素E、维生素K）的药剂可能会引起中毒。避光，密闭保存。

【措施5】维生素A

犬：100～500单位，口服/肌内注射，每日1次，连续10～30天。

猫：30～100单位，口服，每日1次。

【措施6】维生素D_2

犬：2500～5000单位/次，皮下注射/肌内注射。

【措施7】维生素D_3

犬：1500～3000单位/千克，肌内注射。

八、腹膜炎

1. 概念

腹膜炎通常是化学刺激、物理损伤以及细菌感染等引起的腹膜炎症。

2. 临床诊断

（1）患病犬、猫精神高度沉郁，食欲废绝，不愿运动，弓背姿势。

（2）体温升高，心跳加快，心律不齐，脉搏快而衰弱。

（3）呼吸急促，胸式呼吸。

（4）消化道症状

① 反射性呕吐，排便迟缓。

② 剧烈腹痛，痛苦呻吟，低头收腹。

③ 触诊犬、猫躲藏，腹壁紧张，压痛明显。

④ 腹腔积液，下腹部向两侧对称膨大。

⑤ 听诊肠音初期增强，之后减弱。叩诊呈水平浊音，浊音区上方呈鼓音。

3. 用药指南

（1）用药原则　去除病因，控制渗出，抗菌消炎。

（2）用药方法（根据临床症状、实验室检查结果等临床实际病情的需要选择以下措施进行治疗）

【措施1】氨苄西林钠

20～30毫克/千克，口服，每日2～3次。

10～20毫克/千克，静脉注射/皮下注射/肌内注射，每日2～3次。

注意事项：本类药品可出现与剂量无关的过敏反应，表现为皮疹、发热、嗜酸性粒细胞增多、白细胞和血小板减少、贫血、淋巴结病或全身性过敏反应。对青霉素酶敏感，不宜用于耐青霉素的金黄色葡萄球菌感染。

【措施2】速诺（阿莫西林-克拉维酸钾混悬剂）

0.1毫升/千克，1次/日，连续3～5日，肌内注射/皮下注射。

注意事项：避光，密闭，摇匀使用。

【措施3】头孢噻呋钠

犬猫5～10毫克/千克，1次/日，连续5～7日，皮下注射/静脉注射。

注意事项：现配现用，对肾功能不全动物应调整剂量。避光，严封，在冷处保存。

【措施4】硫酸庆大霉素

0.075～0.125毫升/千克，一日2次，连续2～3日，肌内注射。

注意事项：耳毒性；偶见过敏；大剂量引起神经肌肉传导阻断；可逆性肾毒性。

【措施5】阿米卡星

犬：5～15毫克/1千克，肌内注射/皮下注射，每日2次。

猫：10毫克/千克，肌内注射/皮下注射，每日3次。

注意事项：具不可逆耳毒性；长期用药可导致耐药菌过度生长。禁用于患有严重的肾损伤的犬；未进行繁殖实验、繁殖期的犬禁用；慎用于需敏锐听觉的特种犬。

【措施6】口服补液盐

一袋溶于500毫升温水中，3000毫升/日，直至腹泻停止。

【措施7】维生素C注射液

0.1～0.5克/次，一次量，皮下注射/肌内注射/静脉注射。

注意事项：静脉注射可能引起过敏，补充维生素C可能会通过增加铁的蓄积而增加肝脏损伤。给予高剂量时，尿酸盐、草酸盐或胱氨酸结晶形成的风险增加。

【措施8】COV B

犬：片剂1～2片，口服，每日1～3次；针剂0.5～1毫升/次，肌内注射，或遵医嘱。

猫：片剂0.5～1片，口服，每日1～3次；针剂0.5～1毫升/次，肌内注射，或遵医嘱。

注意事项：静脉给药时可能出现过敏，应该缓慢给药或用液体稀释。同时使用含有脂溶性维生素（维生素A、维生素D、维生素E、维生素K）的药剂可能会引起中毒。避光，密闭保存。

九、腹水

1. 概念

腹水是腹腔内液体生理性潴留的状态。

2. 临床诊断

（1）患病犬、猫精神不振，四肢无力，行动迟缓，病程较长者渐进性消瘦。

（2）体温一般正常，脉搏快而弱。可视黏膜苍白或发绀。

（3）呼吸急促，呼吸困难。

（4）消化道症状

① 食欲减退，有时呕吐。

② 排尿减少，四肢下部浮肿。

③ 腹水未充满时，腹部向下向两侧对称性膨胀；腹水充满时腹壁紧张呈桶状。

④ 触诊腹壁不敏感，一侧冲击腹壁，对侧可感到波动，听到击水音。

⑤叩诊两侧腹壁有对称性的等高水平的浊音，腹腔穿刺有大量透明黄色的液体。

3. 用药指南

（1）用药原则 治疗原发病，对症治疗，加强护理。

（2）用药方法（根据临床症状、实验室检查结果等临床实际病情的需要选择以下措施进行治疗）

【措施1】螺内酯片

1～2毫克/千克。每日1次。

【措施2】呋塞米

1～5毫克/千克，肌内注射/静脉注射。

注意事项：可诱发低钠、低钾、低钙血症与低血镁等电解质平衡紊乱，另外，在脱水动物易出现氮血症；大剂量静脉注射可能使犬听觉丧失；还可引起胃肠道功能紊乱、贫血、白细胞减少和衰弱等症状。

【措施3】猫血白蛋白

用5%葡萄糖注射液或氯化钠注射液稀释后。5千克以下猫，5毫升/日；5～10千克猫，10毫升/日；10千克以上猫，20～40毫升/日，静脉滴注。

注意事项：避光贮藏，2～8℃保存。

【措施4】氢氯噻嗪

犬：12.5～25毫克/只，肌内注射；0.5～4毫克/千克，口服，每日1～2次。

猫：12.5毫克/只，肌内注射；1～4毫克/千克，口服，每日1～2次。

注意事项：可能会出现胃肠道症状，患有肝肾功能不全及糖尿病、高尿酸血症、痛风、高钙血症、低钠血症以及红斑狼疮等病犬需要禁用。长期使用应同时补充钾盐，同时限制饮食中盐的摄入。

【措施5】洋地黄

犬：0.3～0.4克/千克，口服；维持量为全效量的1/10。

注意事项：引起恶心、呕吐；用药期间忌用钙注射液；急性心肌炎动物慎用。

十、黄疸

1. 概念

黄疸是由于胆色素代谢障碍、血清胆红素增高，使组织染成黄色的一种病理状态。

2. 临床诊断

（1）可视黏膜及皮肤黄染。
（2）血清胆红素升高，出现胆色素尿，大便有异常臭味。

3. 用药指南

（1）用药原则　治疗原发病，对症治疗，加强护理。
（2）用药方法（根据临床症状、实验室检查结果等临床实际病情的需要选择以下措施进行治疗）
【措施1】辅酶A
25～50单位/次，5％葡萄糖溶解后静脉滴注。

注意事项：肌内注射，氯化钠溶解后注射。

【措施2】ATP
10～20毫克/次，一日10～40毫克，肌内注射/静脉注射，生理盐水稀释。

注意事项：静注宜缓慢，以免引起头晕、头胀、胸闷及低血压等。心肌梗死和脑出血动物在发病期慎用。

【措施3】维生素C
0.1～0.5克/次，皮下注射/肌注射内/静脉注射。

注意事项：静脉注射可能引起过敏，补充维生素C可能会通过增加铁的蓄积而增加肝脏损伤。给予高剂量时，尿酸盐、草酸盐或胱氨酸结晶形成的风险增加。

【措施4】COV B
犬：片剂1～2片，口服，每日1～3次；针剂0.5～1毫升/次，肌内注射，或遵医嘱。
猫：片剂0.5～1片，口服，每日1～3次；针剂0.5～1毫升/次，肌内注射，或遵医嘱。

注意事项：静脉给药时可能出现过敏，应该缓慢给药或用液体稀释。同时使用含有脂溶性维生素（维生素A、维生素D、维生素E、维生素K）的药剂可能会引起中毒。避光，密闭保存。

【措施5】苦黄注射液
犬：30～40毫升/天。

【措施6】消胆胺
犬：2～4克，口服，每日3次。

【措施7】恩托尼（S-腺苷甲硫氨酸）
0.1克/5.5千克，0.2克/6～16千克，口服，每日一次。

十一、腹壁疝

1. 概念

腹壁疝是人体腹腔内的某些脏器因先天性或后天性腹壁的薄弱或缺损，从体内延伸至体外的疾病。

2. 临床诊断

（1）患病犬、猫腹壁皮肤囊状突起，触诊局部可以摸到疝环，大小和质地随脱出的脏器不同而不同。

（2）当发生局部炎症，触摸感知疝的轮廓不清。

（3）当发生嵌闭，内容物不能还纳，囊壁紧张，腹痛不安，呕吐，食欲废绝，发热，甚至出现休克。

3. 用药指南

（1）用药原则　消炎，加强护理，必要时手术治疗。

（2）用药方法（根据临床症状、实验室检查结果等临床实际病情的需要选择以下措施进行治疗）

【措施1】氨苄西林钠

20～30毫克/千克，口服，每日2～3次。

10～20毫克/千克，静脉注射/皮下注射/肌内注射，每日2～3次。

注意事项：本类药品可出现与剂量无关的过敏反应，表现为皮疹、发热、嗜酸性粒细胞增多、白细胞和血小板减少、贫血、淋巴结病或全身性过敏反应。对青霉素酶敏感，不宜用于耐青霉素的金黄色葡萄球菌感染。

【措施2】速诺（阿莫西林-克拉维酸钾混悬剂）

0.1毫升/千克，1次/日，连续3～5日，肌内注射/皮下注射。

注意事项：避光，密闭，摇匀使用。

【措施3】头孢噻呋钠

5～10毫克/千克，1次/日，连续5～7日，皮下注射/静脉注射。

注意事项：现配现用，对肾功能不全动物应调整剂量。避光，严封，在冷处保存。

【措施4】阿米卡星

犬：5～15毫克/1千克，肌内注射/皮下注射，每日2次。

猫：10毫克/千克，肌内注射/皮下注射，每日3次。

注意事项：具不可逆耳毒性；长期用药可导致耐药菌过度生长。禁用于患有严重肾损伤的犬；未进行繁殖实验、繁殖期的犬禁用；慎用于需敏锐听觉的特种犬。

【措施5】杜冷丁

犬：3～10毫克/千克，肌内注射；或2～4毫克/千克，静脉滴注。

猫：2～4毫克/千克，肌内注射/皮下注射，遵照医嘱。

注意事项：肝功能损伤、甲状腺功能不全者慎用。单胺氧化酶抑制药停用14天以上方可给药。老年、孕期、哺乳期孕犬、猫慎用。应用时注意配伍禁忌。

【措施6】镇痛新

犬：0.5～1毫克/千克，肌内注射/皮下注射/静脉滴注。

猫：2.2～3.3毫克/千克，肌内注射/皮下注射/静脉滴注。

注意事项：肝肾功能不全者慎用。不可用于缓解心肌梗死。孕期犬猫慎用。

十二、脐疝

1. 概念

由于脐部组织的缺损，可以导致腹腔内脏器经过脐部的缺损，突出到皮肤表面。

2. 临床诊断

（1）脐部呈局限性球形肿胀，质地柔软，也有的紧张。

（2）非粘连性脐疝多能还纳，可摸出疝轮。

（3）内容物与疝囊发生粘连的，内容物不能还纳腹腔，发生嵌闭性脐疝。

① 血液供应障碍，局部出现肿胀、疼痛。

② 精神沉郁，食欲废绝，弓背收腹，严重者出现休克。

3. 用药指南

（1）用药原则　消炎止痛。

（2）用药方法（根据临床症状、实验室检查结果等临床实际病情的需要选择以下措施进行治疗）

【措施1】氨苄西林钠

20～30毫克/千克，口服，每日2～3次。

10～20毫克/千克，静脉注射/皮下注射/肌内注射。

注意事项：本类药品可出现与剂量无关的过敏反应，表现为皮疹、发热、嗜酸性粒细胞增多、白细胞和血小板减少、贫血、淋巴结病或全身性过敏反应。对青霉素酶敏感，不宜用于耐青霉素的金黄色葡萄球菌感染。

【措施2】速诺（阿莫西林-克拉维酸钾混悬剂）

0.1毫升/千克，1次/日，连续3～5日，肌内注射/皮下注射。

注意事项：避光，密闭，摇匀使用。

【措施3】阿米卡星

犬：5～15毫克/千克，肌内注射/皮下注射，每日2次。

猫：10毫克/千克，肌内注射/皮下注射，每日3次。

【措施4】阿莫西林

犬：10～20毫克/千克，口服，每日2～3次，连用5天；5～10毫克/千克，皮下注射/静脉注射/肌内注射，连用5天。

注意事项：会有产生过敏反应的潜在可能。

【措施5】镇痛新

犬：0.5～1毫克/千克，肌内注射/皮下注射/静脉滴注。

猫：2.2～3.3毫克/千克，肌内注射/皮下注射/静脉滴注。

注意事项：肝肾功能不全者慎用。不可用于缓解心肌梗死。孕期犬猫慎用。

十三、腹股沟阴囊疝

1. 概念

腹股沟阴囊疝是腹腔脏器经腹股沟环脱出至阴囊鞘膜腔内。

2. 临床诊断

（1）公犬的阴囊疝多为单侧发生，呈索状肿胀。

（2）患侧阴囊增大，皮肤紧张，触之柔软有弹性，疝内容物可以还纳入腹腔。

（3）可能会压迫腹股沟处静脉，使得睾丸和精囊肿胀和水肿。

（4）母犬的腹股沟疝可以向阴部扩展，类似于会阴疝。

（5）由于腹股沟环小，容易发生嵌闭，可能会导致肠管坏死，进而发生中毒性休克而死亡。

3. 用药指南

（1）用药原则　对症治疗，加强护理，手术治疗是根本治疗方法。

（2）用药方法（根据临床症状、实验室检查结果等临床实际病情的需要选择以下措施进行治疗）

【措施1】氨苄西林钠

20～30毫克/千克，口服，每日2～3次。

10～20毫克/千克，静脉注射/皮下注射/肌内注射，每日2～3次。

注意事项：本类药品可出现与剂量无关的过敏反应，表现为皮疹、发热、嗜酸性粒细胞增多、白细胞和血小板减少、贫血、淋巴结病或全身性过敏反应。对青霉素酶敏感，不宜用于耐青霉素的金黄色葡萄球菌感染。

【措施2】速诺（阿莫西林-克拉维酸钾混悬剂）

0.1毫升/千克，1次/日，连续3～5日，肌内注射/皮下注射。

注意事项：避光，密闭，摇匀使用。

【措施3】阿米卡星

犬：5～15毫克/1千克，肌内注射/皮下注射，每日2次。

猫：10毫克/千克，肌内注射/皮下注射，每日3次。

第四章　呼吸系统疾病

第一节　上呼吸道疾病

一、感冒

1. 概念

感冒是由于各种原因引起的一种急性上呼吸道感染。

2. 临床诊断

（1）体温升高，皮肤温度不均，四肢末端和耳尖发凉，精神沉郁，食欲减退。

（2）结膜潮红，轻度肿胀，羞明，流泪。

（3）呼吸道症状

① 呼吸加快，咳嗽。

② 流鼻涕，初期为浆液性，之后变为黄色黏稠状，有的看见鼻黏膜有溃烂或溃疡。

③ 鼻黏膜高度肿胀时，鼻腔狭窄，呼吸困难，肺泡呼吸音增强。

（4）心率增强，心音增强。

3. 用药指南

（1）用药原则　解热镇痛，对症治疗，防止继发感染。

（2）用药方法（根据临床症状、实验室检查结果等临床实际病情的需要选择以下措施进行治疗）

【措施1】感冒清热颗粒

开水冲服，一次1袋，每日2次。

【措施2】氨苄西林钠

20～30毫克/千克，口服，每日2～3次。

10～20毫克/千克，静脉注射/皮下注射/肌内注射，每日2～3次。

注意事项：本类药品可出现与剂量无关的过敏反应，表现为皮疹、发热、嗜酸性粒细胞增多、白细胞和血小板减少、贫血、淋巴结病或全身性过敏反应。对青霉素酶敏感，不宜用于耐青霉素的金黄色葡萄球菌感染。

【措施3】复方氨基比林

小型犬：1~2毫升/次。大型犬：5~10毫升/次，皮下注射/肌内注射，每日2次，连续2天。

【措施4】欣必先（麻杏石甘口服液）

0.5~1毫升/千克，一日2次，连用3~5天。

注意事项：用前摇匀。服用后20分钟内暂勿饮水。

【措施5】通宣理肺口服液

一次2支，一日2~3次。

【措施6】银翘解毒丸

一次1袋，口服，一日2~3次，以芦根汤或温开水送服。

二、鼻出血

1. 概念

鼻出血是指鼻腔或副鼻窦黏膜血管出血并从鼻孔流出的一种症状，可由鼻部疾病引起，也可由全身疾病所致。局部疾患引起的鼻出血多发生于一侧鼻腔，而全身疾病引起者，可能两侧鼻腔交替或同时出血。

2. 临床诊断

（1）常见症状　单侧或双侧鼻孔内流出血液，一般为鲜血，呈滴状或线状流出，不含气泡或含有几个大气泡。

（2）继发性鼻出血　一般多持续流出棕色鼻汁。

（3）反复或持续性出血

① 当出现大出血并持续不断时，出血常迅速流入咽部，从口中吐出。

② 反复鼻出血可导致贫血，表现为可视黏膜苍白，脉搏弱而快，重者可表现为失血性休克。

3. 用药指南

（1）用药原则　治疗以保持安静，止血为原则。少数少量出血可自止或自行压迫后停止，额头、鼻梁冷敷数分钟到半小时。

（2）用药方法（根据临床症状、实验室检查结果等临床实际病情的需要选择以下措施进行治疗）

【措施1】止血敏

犬：2~4毫升/次。猫：1~2毫升/次。肌内注射/静脉滴注。

注意事项：且勿过量应用。

【措施2】维生素K_3

0.5~1.5毫克/千克，皮下注射。

注意事项：用于维生素K缺乏所引起的出血性疾病。

【措施3】肾上腺素

0.1%肾上腺素溶液，滴入鼻腔。

注意事项：本品可诱发兴奋、不安、颤抖、呕吐、高血压、心律失常等。局部重复注射可引起注射部位组织坏死。避光，密闭，在阴凉处（不超过20℃）保存。

【措施4】云南白药

撒布患部。

注意事项：孕犬、孕猫禁用。服药一日内，忌食蚕豆、鱼类及酸冷食物。

【措施5】安络血

1～2毫升/次，肌内注射，每日2次；2.5～5毫克/次，口服，每日2次。

【措施6】维生素C

100～500毫克/次，皮下注射/肌内注射/静脉滴注，每日2次。

注意事项：静脉注射可能引起过敏，补充维生素C可能会通过增加铁的蓄积而增加肝脏损伤。给予高剂量时，尿酸盐、草酸盐或胱氨酸结晶形成的风险增加。

【措施7】氯丙嗪

3毫克/千克，口服，每日2次；1～2毫克/千克，肌内注射，每日1次；0.5～1毫克/千克，静脉滴注，每日1次。

注意事项：缓慢静脉滴注，用于犬猫镇静。

三、鼻炎

1. 概念

鼻炎是指鼻腔黏膜表层的炎症，临床上主要表现为鼻黏膜充血、肿胀、流鼻液、打喷嚏。

2. 临床诊断

（1）鼻黏膜充血、肿胀、流鼻液。

① 急性鼻炎初表现为鼻黏膜充血、肿胀，患病犬、猫因鼻黏膜发痒而打喷嚏、摇头、蹭鼻子，继而鼻孔流出浆液性、黏液性、脓性、血样鼻涕。鼻黏膜可有糜烂。

② 慢性鼻炎主要表现为长期流鼻液，鼻涕多为黏液性或脓性，量时多时少，也可能发出腐败气味，有时可见鼻涕中混有血丝。

（2）呼吸道症状

① 急性鼻炎表现为呼吸急促，张口呼吸，因鼻腔黏膜肿胀，鼻分泌物增多，堵塞鼻腔，可听到鼻塞音。

② 慢性鼻炎呈呼吸困难，尤其是运动后常出现前肢叉开，甚至呈犬坐姿势，呼吸用力。严重时，张口呼吸，出现阵发性喘气，鼻鼾明显。

（3）常情况下，犬的食欲、体温等无明显变化。

（4）部分病例可见到下颌淋巴结肿胀，伴有结膜炎时，有羞明、流泪、眼分泌物增多等症状。少数患病犬猫可出现呕吐、扁桃体炎、咽喉炎。

3. 用药指南

（1）用药原则　治疗以消除病因，控制炎症为原则。

（2）用药方法（根据临床症状、实验室检查结果等临床实际病情的需要选择以下措施进行治疗）

【措施 1】红霉素软膏

注意事项：仅限动物外用。避免瓶口接触眼睛或皮肤，污染剩余产品。

【措施 2】庆大霉素、利多卡因、地塞米松

庆大霉素 4 万～8 万单位、利多卡因 20～40 毫克、地塞米松 2～4 毫克、注射用水 20 毫升，混合滴鼻，每日多次，连用 3～5 天。

注意事项：耳毒性；偶见过敏；大剂量引起神经肌肉传导阻断；可逆性肾毒性。糖皮质激素，过敏性及自身免疫性炎症病。幼犬、猫禁用；心脏病动物禁用；若长时间使用此药应逐步减少药物使用量；严禁与水杨酸钠同用。

【措施 3】氨苄西林

犬：20～30 毫克/千克，口服，每日 2～3 次。

猫：10～20 毫克/千克，静脉滴注/皮下注射/肌内注射。

注意事项：本类药品可出现与剂量无关的过敏反应，表现为皮疹、发热、嗜酸性粒细胞增多、白细胞和血小板减少、贫血、淋巴结病或全身性过敏反应。对青霉素酶敏感，不宜用于耐青霉素的金黄色葡萄球菌感染。

【措施 4】速诺注射液

0.1 毫升/千克，每天 1 次，连用 3～5 天，肌内注射/皮下注射。

注意事项：避光，密闭贮藏；摇匀使用。

【措施 5】醋酸曲安奈德注射液

0.11～0.22 毫升/千克，肌内注射/皮下注射。

注意事项：糖皮质激素，对过敏性鼻炎效果好。

【措施 6】扑尔敏注射液

犬：0.5 毫克/千克。猫：0.25 毫克/千克，每日 1 次。

注意事项：不良反应为嗜睡、疲劳、乏力、口鼻咽喉干燥、痰液黏稠，可引起注射部位局部刺激和一过性低血压，少见皮肤瘀斑、出血倾向。

【措施 7】复方碘甘油

1％复方碘甘油，滴鼻，每日多次，连用 10 天。

注意事项：对碘过敏动物禁用；不应与含汞药物配伍。主治真菌性鼻炎。

四、副鼻窦炎

1. 概念

副鼻窦炎是上颌窦、额窦及蝶窦黏膜的炎症，临床表现为各副鼻窦黏膜发生浆液性、黏液性或脓性甚至坏死性炎症。

2. 临床诊断

（1）呼吸系统

① 患病犬、猫呼吸困难。

② 触诊时有痛感，局部肿胀。

③ 鼻腔中流出大量鼻液并随患病犬、猫剧烈运动、咳嗽或强力呼吸而增多。

④ 流出的鼻液起初为浆液性或黏液性的，其后为脓性并有臭味。

（2）全身症状　急性鼻炎严重病例体温升高，畏寒或颤抖，惊恐不安，狂躁惨叫。

（3）如细菌性窦腔黏膜炎症发展到鼻腔黏膜时，则引起鼻炎，并可能通过鼻泪管感染，引起眼结膜炎，发生鼻泪管堵塞。

3. 用药指南

（1）用药原则　治疗以消除病因、控制炎症为原则。

（2）用药方法（根据临床症状、实验室检查结果等临床实际病情的需要选择以下措施进行治疗）

【措施1】明矾溶液、小苏打溶液、磺胺软膏

1%明矾溶液、1%小苏打溶液冲洗鼻腔，磺胺软膏或抗生素药水滴鼻、涂抹。

【措施2】青霉素

15～25毫克/千克，肌内注射/静脉注射，每日1次。

注意事项：青霉素的安全范围广，主要不良反应是过敏，大多数动物均可发生；局部反应表现为注射部位水肿、疼痛，全身反应为荨麻疹、皮疹或虚脱，严重者可引起死亡；对某些动物，青霉素可诱导胃肠道的二重感染。

【措施3】麻黄碱、肾上腺素、滴鼻净。

1%麻黄碱、肾上腺素、滴鼻净滴鼻（扩张鼻腔）

注意事项：可诱发兴奋、不安、颤抖、呕吐、高血压、心律失常等。哺乳期、妊娠期犬、猫禁用；高血压、甲状腺功能亢进动物禁用；幼犬、幼猫禁用。

【措施4】强力霉素

犬：急性病时，5～10毫克/千克，口服，每日2次，连用10～14天；慢性病时，10毫克/千克，口服，连用7～21天。

猫：2.5～5毫克/千克，口服，每日2次。

注意事项：不应用于已知对药物过敏的动物；高剂量时患病动物可能会出现呕吐或腹泻；不建议给幼犬、幼猫使用，会导致牙齿变色；不应与钙或含钙药物同时口服以防止影响其吸收；注意配伍禁忌，防止失效。

【措施5】氨苄西林

犬：20～30毫克/千克，口服，每日2～3次。

猫：10～20毫克/千克，静脉滴注/皮下注射/肌内注射。

注意事项：本类药品可出现与剂量无关的过敏反应，表现为皮疹、发热、嗜酸性粒细胞增多、白细胞和血小板减少、贫血、淋巴结病或全身性过敏反应。对青霉素酶敏感，不宜用于耐青霉素的金黄色葡萄球菌感染。

【措施6】速诺（阿莫西林-克拉维酸钾混悬剂）

0.1毫升/千克，每天1次，连用3～5天，肌内注射/皮下注射。

注意事项：避光，密闭贮藏；摇匀使用。

五、喉炎

1. 概念

喉炎是喉黏膜及黏膜下层组织的炎症，临床上以剧烈咳嗽、喉部肿胀、敏感性增强、疼

痛为主要特征。

2. 临床诊断

（1）急性喉炎

① 剧烈咳嗽，初期干咳，咳声粗粝，患病动物叫声嘶哑或完全叫不出来，渗出物较少。随着病程的发展，渗出物增多，由干咳转为湿咳。

② 患病动物表情痛苦，呼吸困难，低头张口呼吸，并呼出恶臭气体。出现阵咳，且咳后常发生呕吐。如遇寒冷刺激喉部，咳嗽加剧，触诊喉部可诱发咳嗽。

③ 重症时，体温升高 1～1.5℃，精神不振，食欲下降，呼吸急促，脉搏加快，可视黏膜发绀。发生严重喉部水肿者，可造成窒息。

（2）慢性喉炎

① 一般无明显症状，仅表现早晨频频咳嗽，喉部触诊敏感。

② 喉黏膜增厚、肿胀呈颗粒状或结节状，结缔组织增生，喉腔狭窄。

3. 用药指南

（1）用药原则　以去除致病因素，消炎、祛痰、止咳为原则。

（2）用药方法（根据临床症状、实验室检查结果等临床实际病情的需要选择以下措施进行治疗）

① 止咳祛痰药

【措施 1】可待因

犬：15～60 毫克/次，口服/皮下注射，每日 3 次。

猫：5～30 毫克/次，口服/皮下注射，每日 3 次。

注意事项：孕犬、孕猫禁用。

【措施 2】氯化铵

犬：0.2～1 克/次，口服，每日 2～3 次。

注意事项：肝脏、肾脏功能异常的犬、猫，内服氯化铵容易引起血氯过高性酸中毒和血氨升高，应慎用或禁用。忌与碱性药物、重金属盐、磺胺药等配伍应用。

【措施 3】果根素

1～1.5 毫升/千克，1～2 次/天，连用 7 天。

注意事项：开封后冷藏保存不超过 24 小时。

【措施 4】止咳橘红口服液

10 毫升/次，每日 2 次。

【措施 5】欣必先（麻杏石甘口服液）

0.5～1 毫升/千克，一日 2 次，连用 3～5 天。

注意事项：服用后 20 分钟内暂勿饮水，用前摇匀。

【措施 6】咳必清

犬：25 毫克/次，口服，每日 2～3 次。

猫：5～10 毫克/次，口服，每日 2～3 次。

【措施 7】枇杷止咳露

犬：5～10 毫升/次，口服，每日 3 次。

猫：2～4毫升/次，口服，每日 3 次。

【措施 8】急支糖浆

犬：5～10毫升/次，口服，每日 3 次。

猫：2～3毫升/次，口服，每日 3 次。

【措施 9】喉部封闭

2%普鲁卡因 2 毫升，氨苄西林 0.5 克，地塞米松 5 毫克，注射用水 2 毫升，喉部封闭注射。

注意事项：幼犬、猫禁用；心脏病动物禁用；若长时间使用此药，应逐步减少药物使用量；严禁与水杨酸钠同用。

② 消炎药

【措施 1】氨苄西林

犬：20～30毫克/千克，口服，每日 2～3 次。

猫：10～20毫克/千克，静脉滴注/皮下注射/肌内注射。

注意事项：本类药品可出现与剂量无关的过敏反应，表现为皮疹、发热、嗜酸性粒细胞增多、白细胞和血小板减少、贫血、淋巴结病或全身性过敏反应。对青霉素酶敏感，不宜用于耐青霉素的金黄色葡萄球菌感染。

【措施 2】速诺（阿莫西林-克拉维酸钾混悬剂）

0.1毫升/千克，每天 1 次，连用 3～5 天，肌内注射/皮下注射。

注意事项：避光，密闭贮藏，摇匀使用。

六、喉头麻痹

1. 概念

喉头麻痹以吸气、发音困难，不耐运动，咳嗽及喘气为主要特征，犬较常见。

2. 临床诊断

（1）发病早期，动物仅表现作呕、咳嗽，在吃食或饮水时更加明显。

（2）以后随气道阻塞加重，病犬吸气困难，吸气时喘鸣音，运动时出现明显的缺氧症状，呼吸急促，可视黏膜发绀。

3. 用药指南

（1）用药原则　消除病因，对症治疗。

（2）用药方法（根据临床症状、实验室检查结果等临床实际病情的需要选择以下措施进行治疗）

【措施 1】氢氯噻嗪

犬：12.5～25毫升/只，肌内注射；0.5～4毫克/千克，口服，每日 1～2 次。

猫：12.5毫克/只，肌内注射；1～4毫克/千克，口服，每日 1～2 次。

注意事项：可能会出现胃肠道症状，患有肝肾功能不全及糖尿病、高尿酸血症、痛风、高钙血症、低钠血症以及红斑狼疮等病犬需要禁用。长期使用应同时补充钾盐，同时限制饮食中盐的摄入。

【措施2】地塞米松

抗炎：0.01～0.16毫克/千克，静脉注射/肌内注射/口服，每日1次，最多用药3～5天。

注意事项：幼犬、猫禁用；心脏病动物禁用；使用此药时应适量补充钙磷；若长时间使用此药，应逐步减少药物使用量；严禁与水杨酸钠同用。

【措施3】氢化可的松

4毫克/千克，口服，每日1次。

注意事项：患有肝功能不佳、肝脏疾病、免疫系统变弱或受损、糖尿病、心脏问题、系统性感染、高血压的病犬、猫慎用，怀孕、哺乳期犬、猫慎用。

七、气管麻痹

1. 概念

气管麻痹多发生于小型观赏犬和短头品种犬，可分为先天性和后天性气管麻痹两种。以呼吸困难为特征。

2. 临床诊断

（1）呼吸困难

① 呼气延长、用力呼吸提示胸腔入口处的气管麻痹。

② 吸气延长、用力呼吸提示颈部气管麻痹。

（2）在犬采食、饮水、运动时，发出特征性"嘎"样叫声的干性间歇性咳嗽。

（3）可视黏膜发绀。

（4）触诊颈部气管变平。

（5）听诊可听到气管内的捻发音，呼气比吸气时有长而高亢的气管呼吸音。

（6）换气不足出现体温升高时，容易引起热射病。

3. 用药指南

（1）用药原则　治疗以抗菌消炎、平喘、止咳为原则。

（2）用药方法（根据临床症状、实验室检查结果等临床实际病情的需要选择以下措施进行治疗）

① 抗菌，消除炎症

【措施1】氨苄西林

犬：20～30毫克/千克，口服，每日2～3次。

猫：10～20毫克/千克，静脉滴注/皮下注射/肌内注射。

注意事项：本类药品可出现与剂量无关的过敏反应，表现为皮疹、发热、嗜酸性粒细胞增多、白细胞和血小板减少、贫血、淋巴结病或全身性过敏反应。对青霉素酶敏感，不宜用于耐青霉素的金黄色葡萄球菌感染。

【措施2】速诺（阿莫西林-克拉维酸钾混悬剂）

0.1毫升/千克，每天1次，连用3～5天，肌内注射/皮下注射。

注意事项：避光，密闭储藏；摇匀使用。

【措施 3】头孢曲松

20～30 毫克/千克，肌内注射/皮下注射/静脉滴注，每日 2 次。

注意事项：对头孢类药物过敏的犬、猫禁用；肝肾功能不全、孕期或哺乳期犬、猫禁用。且应用此药时慎用其他药物，尤其是含有乙醇类药物，尽量单独给药。

【措施 4】头孢羟氨苄

20 毫克/千克，口服，每日 1 次，应持续给药至疾病症状消失后 2～3 日。

注意事项：对头孢类药物过敏的犬、猫禁用；肝肾功能不全、孕期或哺乳期犬、猫禁用。

② 止咳平喘药

【措施 1】氨茶碱注射液

犬：6～11 毫克/千克，静脉注射/肌内注射。

猫：4 毫克/千克，肌内注射。

注意事项：怀孕，患有加速性节律异常和胃肠溃疡者慎用。

【措施 2】麻黄碱

犬：5～15 毫克，口服，每日 2～3 次。

猫：2～5 毫克，口服，每日 2～3 次。

注意事项：哺乳期、妊娠期犬、猫禁用；高血压、甲状腺功能亢进者禁用；幼犬、幼猫禁用。

【措施 3】喷雾疗法

1% 异丙肾上腺素 0.6 毫升、庆大霉素 100 毫克、卡那霉素 500 毫克、多黏霉素 60 毫升及生理盐水 5 毫升，溶解后经口腔喷雾，每日 3 次，每次 20 分钟。

注意事项：可诱发兴奋、不安、颤抖、呕吐、高血压、心律失常等。具有耳毒性、肾毒性、神经毒性，使用剂量切勿过大且时间切勿过长，否则会出现耐药性，会损害动物肾脏，对动物造成呼吸抑制，引起过敏性休克。

八、扁桃体炎

1. 概念

扁桃体炎是指扁桃体的急性或慢性炎症，以扁桃体肿胀为特征。

2. 临床诊断

（1）急性扁桃体炎

① 病初表现体温升高，精神不振，厌食，流涎，吞咽困难。

② 常有短、弱的咳嗽，继之呕出或排出少量黏液。

③ 扁桃体表面潮红肿胀，有黏液性渗出物包绕在扁桃体周围。

④ 严重时扁桃体水肿，呈鲜红色，出现坏死灶或化脓灶，扁桃体由隐窝向外突出。

（2）慢性扁桃体炎　扁桃体表面失去光泽，隐窝上皮组织增生，轻度肿胀。

3. 用药指南

（1）用药原则　以对因治疗、抗菌消炎为原则。

（2）用药方法（根据临床症状、实验室检查结果等临床实际病情的需要选择以下措施进行治疗）

【措施 1】青霉素。

15～25 毫克/千克，肌内注射/静脉注射，每日 1 次。

注意事项：青霉素的安全范围广，主要不良反应是过敏，大多数动物均可发生；局部反应表现为注射部位水肿、疼痛，全身反应为荨麻疹、皮疹或虚脱，严重者可引起死亡；对某些动物，青霉素可诱导胃肠道的二重感染。

【措施 2】速诺（阿莫西林-克拉维酸钾混悬剂）

0.1 毫升/千克，每天 1 次，连用 3～5 天，肌内注射/皮下注射。

注意事项：避光，密闭储藏；摇匀使用。

【措施 3】拜有利

5 毫克/千克，每天 1 次，口服。

注意事项：勿用于 12 个月龄的犬或未发育成熟的犬及软骨损伤动物；禁用于妊娠期或哺乳期动物；癫痫动物慎用；肾功能不良动物慎用，易引发结晶尿。偶发胃肠道功能紊乱。

第二节　肺、支气管及胸腔疾病

一、支气管炎

1. 概念

支气管炎是犬、猫的支气管黏膜在各种致病因素作用下发生的急性或慢性炎症，临床上以咳嗽、胸部听诊有啰音为特征。

2. 临床诊断

（1）呼吸道症状

① 突发带有疼痛的干咳，以后随着渗出物增加而变为湿咳。

② 慢性气管支气管炎表现为顽固性、痉挛性咳嗽，运动时、采食时、夜间或早晚更为严重。

③ 呼吸困难，严重者呈腹式呼吸。

④ 两侧鼻孔流浆液、黏液乃至脓性鼻液，咳嗽后流出量增多。

（2）全身症状　食欲减退，精神委顿，体温升高，脉搏增数，呼吸困难，重症者可视黏膜发绀。

（3）胸部听诊　肺泡呼吸音增强，气管和支气管干、湿性啰音。

（4）X 线摄影　可见较粗纹理的支气管和细支气管炎阴影。

（5）血液学检查　可见白细胞总数增高，伴以嗜中性白细胞增多。

3. 用药指南

（1）用药原则　以对症治疗、抗菌消炎为主；同时抗过敏，强心补液，加强护理。

（2）用药方法（根据临床症状、实验室检查结果等临床实际病情的需要选择以下措施进行治疗）

① 止咳平喘

【措施1】氨茶碱注射液

犬：6～11毫克/千克，静脉注射/肌内注射。

猫：4毫克/千克，肌内注射。

注意事项：怀孕、患有加速性节律异常和胃肠溃疡者慎用。

【措施2】可待因

犬：15～60毫克/次，口服/皮下注射，每日3次。

猫：5～30毫克/次，口服/皮下注射，每日3次。

注意事项：孕犬、孕猫禁用。

【措施3】氯化铵

犬：0.2～1克/次，口服，每日2～3次。

注意事项：肝脏、肾脏功能异常的犬、猫，内服氯化铵容易引起血氯过高性酸中毒和血氨升高，应慎用或禁用。忌与碱性药物、重金属盐、磺胺药等配伍应用。

【措施4】果根素

1～1.5毫升/千克，1～2次/天，连用7天。

注意事项：开封后冷藏保存不超过24小时。

【措施5】止咳橘红口服液

10毫升/次，每日2次。

【措施6】欣必先（麻杏石甘口服液）

0.5～1毫升/千克，一日2次，连用3～5天。

注意事项：服用后20分钟内暂勿饮水，用前摇匀。

② 应用抗生素抗菌消炎

【措施1】青霉素

15～25毫克/千克，肌内注射/静脉注射，每日1次。

注意事项：青霉素的安全范围广，主要的不良反应是过敏反应，大多数动物均可发生；局部反应表现为注射部位水肿、疼痛，全身反应为荨麻疹、皮疹或虚脱，严重者可引起死亡；对某些动物，青霉素可诱导胃肠道的二重感染。

【措施2】速诺（阿莫西林-克拉维酸钾混悬剂）

0.1毫升/千克，每天1次，连用3～5天，肌内注射/皮下注射。

注意事项：避光，密闭储藏；摇匀使用。

【措施3】拜有利

5毫升/千克，每天1次，口服。

注意事项：勿用于12月龄的犬或未发育成熟的犬及软骨损伤动物；禁用于妊娠期或哺乳期动物；癫痫动物慎用；肾功能不良动物慎用，易引发结晶尿。偶发胃肠道功能紊乱。

【措施4】头孢唑啉钠

15～30 毫克/千克，静脉滴注/肌内注射。

注意事项：应用可出现过敏反应（皮疹、荨麻疹、嗜伊红细胞增高、药热及其他过敏反应）；本品有肾脏毒性；应用本品应警惕发生肾功能异常的可能性，对青霉素过敏者慎用；对头孢类药物过敏的犬、猫禁用；肝肾功能不全、孕期或哺乳期犬、猫禁用。

③ 抗过敏

【措施 1】扑尔敏

犬：0.5 毫克/千克，口服，每日 2～3 次。

猫：0.25 毫克/千克，口服，每日 2 次。

注意事项：犬、猫可出现嗜睡、疲劳、乏力、口鼻咽喉干燥、痰液黏稠，可引起注射部位局部刺激和一过性低血压，少见皮肤瘀斑、出血倾向。

【措施 2】苯海拉明

犬：2～4 毫克/千克，口服，每日 3 次。

注意事项：用药后不良反应常见中枢神经抑制作用、共济失调、恶心、呕吐、食欲不振等。少见气急、胸闷、咳嗽、肌张力障碍等。有报道给药后可发生牙关紧闭并伴有喉痉挛。偶可引起皮疹、粒细胞减少、贫血及心率紊乱。重症肌无力、闭角型青光眼、前列腺肥大者禁用，幼犬、幼猫禁用。

④ 强心补液

【措施】葡萄糖溶液、安钠咖

适量 5% 葡萄糖溶液或 5% 右旋糖酐、生理盐水，以及 10% 安钠咖用于强心补液。

二、支气管肺炎

1. 概念

支气管肺炎也称为小叶性肺炎或卡他性肺炎，是细支气管及肺泡的炎症。临床上以弛张热型、呼吸次数增多、叩诊有散在的局灶性浊音区、听诊有啰音和捻发音为特征。

2. 临床诊断

（1）全身症状

① 精神沉郁、食欲不振或废绝。

② 体温升高到 40℃ 以上，呈弛张热。

③ 眼睛无神，眼分泌物增多。

（2）呼吸道症状

① 鼻镜干燥、流鼻液、咳嗽。

② 听诊局部肺泡音增强，以后减弱或消失，有支气管湿性啰音及捻发音。

③ 叩诊出现浊音区。

④ 重症犬、猫呼吸困难，出现明显的腹式呼吸，可视黏膜发绀。

（3）影像学检查　X 线检查可见肺纹理增强，伴有小片状模糊阴影。

（4）血液学检查　白细胞总数大量增加，嗜中性白细胞增加。

3. 用药指南

（1）用药原则　主要以止咳、化痰、消炎、制止渗出为治疗原则。可参照支气管炎的一些治疗方法。

（2）用药方法（根据临床症状、实验室检查结果等临床实际病情的需要选择以下措施进行治疗）

① 消炎，制止渗出

【措施1】硫酸阿米卡星注射液

犬：11毫克/千克，肌内注射/皮下注射，每日2次。

注意事项：具不可逆耳毒性；长期用药可导致耐药菌过度生长。禁用于患有严重肾损伤的犬；未进行繁殖实验、繁殖期的犬禁用；慎用于需敏锐听觉的特种犬。

【措施2】四环素

犬：15～20毫克/千克，口服，每日3次。

猫：10毫克/千克，口服，每日3次。

注意事项：能引起消化机能障碍，具有肝毒性；怀孕犬、猫禁用。

【措施3】速诺（阿莫西林-克拉维酸钾混悬剂）

0.1毫升/千克，每天1次，连用3～5天，肌内注射/皮下注射。

注意事项：避光，密闭储藏，摇匀使用。

② 止咳、化痰、平喘

【措施1】复方甘草合剂

犬：5～10毫升/次，口服，每日3次。

猫：2～4毫升/次，口服，每日3次。

注意事项：严重低钾血症、高钠血症、高血压、心衰、肾功能衰竭者禁用。避光储藏，密闭保存。

【措施2】麻黄碱

犬：5～15毫克，口服，每日2～3次。

猫：2～5毫克，口服，每日2～3次。

注意事项：哺乳期、妊娠期犬、猫禁用；高血压、甲状腺功能亢进者禁用；幼犬、幼猫禁用。

【措施3】氨茶碱注射液

犬：6～11毫克/千克，静脉注射/肌内注射。

猫：4毫克/千克，肌内注射。

注意事项：不良反应包括恶心、呕吐、胃酸分泌增加、腹泻、多食、多饮多尿和心律失常。猫可发生感觉过敏。肌内注射时可引起强烈的局部疼痛。

【措施4】肺心康

10毫克/千克，口服，每日2～4次。

注意事项：作为支气管扩张药使用，辅助治疗小型犬心力衰竭，尤其是并发慢性堵塞性肺炎、伴有支气管痉挛的急性肺水肿、心病性气喘、慢性支气管炎等。怀孕、患有加速性节律异常和胃肠溃疡动物慎用。

③ 平衡电解质

【措施】葡萄糖酸钙

犬：0.5～1.5毫升/千克。猫：1～1.5毫升/千克。静脉注射。

注意事项：密闭保存。

三、猫支气管哮喘

1. 概念

猫支气管哮喘又称猫过敏性支气管炎，是气管、支气管对各种刺激物的高度敏感性所引起的急性、慢性、阻塞性支气管痉挛。

2. 临床诊断

（1）急性型

① 突然患病，患猫呼吸急促，张口呼吸，呈现出增强性或强迫性呼气。

② 可视黏膜发绀，出现明显的缺氧症状。

③ 心跳加速，突然不安，喘鸣，窒息甚至休克。

（2）慢性型

① 阵发性干咳、频咳伴有喘鸣。

② 发作时呈现不安、呼吸急促、缺氧等症状。

③ 触诊易诱发咳嗽，呼吸音增强，诱咳后通常喘鸣更加明显。

3. 用药指南

（1）用药原则　治疗以止咳平喘、抗过敏、防止继发感染为治疗原则。

（2）用药方法（根据临床症状、实验室检查结果等临床实际病情的需要选择以下措施进行治疗）

【措施1】氨茶碱注射液

猫：4毫克/千克，肌内注射。

注意事项：不良反应包括恶心、呕吐、胃酸分泌增加、腹泻、多食、多饮多尿和心律失常。猫可发生感觉过敏。肌内注射时可引起强烈的局部疼痛。

【措施2】氯化铵

0.2～1克/次，口服，每日2～3次。

注意事项：肝脏、肾脏功能异常的犬、猫，内服氯化铵容易引起血氯过高性酸中毒和血氨升高，应慎用或禁用。忌与碱性药物、重金属盐、磺胺药等配伍应用。

【措施3】地塞米松

猫：0.2～1毫克/千克，口服/肌内注射。

注意事项：幼犬、猫禁用；心脏病动物禁用；使用此药时应适量补充钙、磷；若长时间使用此药应逐步减少药物使用量；严禁与水杨酸钠同用。

【措施4】扑尔敏

猫：0.25毫克/千克，口服，每日2次。

注意事项：猫可出现嗜睡、疲劳、乏力、口鼻咽喉干燥、痰液黏稠，可引起注射部位局部刺激和一过性低血压，少见皮肤瘀斑、出血倾向。

【措施5】苯海拉明

猫：2～4毫克/千克，口服，每日3次。

注意事项：用药后不良反应常见中枢神经抑制作用、共济失调、恶心、呕吐、食欲不振等。少见气急、胸闷、咳嗽、肌张力障碍等。有报道给药后可发生牙关紧闭并伴有喉痉挛。偶可引起皮疹、粒细胞减少、贫血及心率紊乱。重症肌无力、闭角型青光眼、前列腺肥大者禁用，幼猫禁用。

【措施6】醋酸甲基氢化泼尼松

猫：10～20毫克，肌内注射，每2～8周一次。

注意事项：妊娠早期及后期怀孕动物禁用。禁用于骨质疏松症和疫苗接种期。严重肝功能不良、骨折治疗期、创伤修复期动物禁用。急性细菌性感染时应与抗菌药物配伍使用。长期用药不能突然停药，应逐渐减量，直至停药。

【措施7】泼尼松龙

0.5～2毫克/千克，肌内注射/口服，每日1次。

注意事项：患有角膜性溃疡、糖尿病或肾功能不全的犬、猫禁用。

四、肺炎

1. 概念

肺炎是肺实质的急性或慢性炎症，临床上以高热稽留、呼吸障碍、低氧血症、肺部广泛浊音区为特征。

2. 临床诊断

（1）全身症状

① 精神不振，食欲减退或废绝。

② 稽留热：体温高达40℃以上，稽留不退。

③ 脉搏增数，达每分钟100～150次。

④ 结膜潮红或发绀。

（2）呼吸道症状

① 鼻镜干燥，流鼻液，先为浆液性，后为黏液性或脓性，有时可见铁锈色鼻液。

② 剧烈的疼痛性咳嗽。

③ 动物呼吸急促，可达每分钟50次以上。明显的腹式呼吸，呈进行性呼吸困难。

④ 缺氧，可视黏膜发绀。

（3）听诊　肺泡呼吸音增强，呈湿性啰音。随病程发展，肺泡呼吸音减弱直至消失，但消失区周围的肺泡呼吸音增强。

（4）叩诊　病变区呈浊音或半浊音，周围肺组织呈过清音。

（5）X线检查　可见不同区域的大小不等的肺部阴影。

（6）血象学检查　白细胞总数增高，核左移，红细胞沉降反应加速，血小板减少，淋巴细胞减少。

3. 用药指南

（1）用药原则　以消炎、止咳、化痰、制止渗出为治疗原则，参照支气管炎和支气管肺炎的治疗方法。

（2）用药方法（根据临床症状、实验室检查结果等临床实际病情的需要选择以下措施进行治疗）

① 抗菌消炎，制止渗出

【措施1】青霉素。

15～25毫克/千克，肌内注射/静脉注射，每日1次。

注意事项：青霉素的安全范围广，主要不良反应是过敏，大多数动物均可发生；局部反应表现为注射部位水肿、疼痛，全身反应为荨麻疹、皮疹或虚脱，严重者可引起死亡；对某些动物，青霉素可诱导胃肠道的二重感染。

【措施2】速诺（阿莫西林-克拉维酸钾混悬剂）

0.1毫升/千克，每天1次，连用3～5天，肌内注射/皮下注射。

注意事项：避光，密闭贮藏，摇匀使用。

【措施3】拜有利

5毫克/千克，每天1次，口服。

注意事项：勿用于12个月龄的犬或未发育成熟的犬及软骨损伤动物；禁用于妊娠期或哺乳期动物；癫痫动物慎用；肾功能不良动物慎用，易引发结晶尿。偶发胃肠道功能紊乱。

【措施4】复方新诺明

15毫克/千克，口服/皮下注射，每日2次。

注意事项：年老、肝肾功能不全的犬、猫禁用。不能与酸性药物同服。出现不良反应立即停药。

【措施5】阿奇霉素

犬：5～10毫克/千克，口服，每日1次。

猫：7～15毫克/千克，口服，每日1次。

注意事项：年老、肝功能不全的犬、猫禁用。不宜用滚开水冲服。用药浓度、量不宜过大。用药时期定时查肝功能。

【措施6】克林霉素

犬：10～12.5毫克/千克，口服，每日2次。

注意事项：肝、肾功能损害动物，胃肠疾病如溃疡性结肠炎、局限性肠炎、抗生素相关肠炎的病犬要慎用。应用时应考虑配伍禁忌，不能与红霉素同用。

【措施7】两性霉素B

犬：0.25～0.5毫克/千克，溶于0.5～1升5%葡萄糖溶液，静脉滴注，超过6～8小时，隔天1次，总剂量8～10毫克/千克，或不使尿素氮和肌酸酐水平升高。

猫：0.25毫克/千克，静脉滴注，隔天1次，总剂量5～8毫克/千克。

注意事项：肝功能不全的犬、猫禁用。

【措施8】葡萄糖酸钙、氯化钙

10%葡萄糖酸钙，5%氯化钙，制止渗出，10～15毫升/次，静脉滴注。

注意事项：密闭保存。

【措施 9】速尿

犬：2～4 毫克/千克，静脉滴注/肌内注射/口服，每 4～12 小时。

猫：1～5 毫克/千克，静脉滴注。

注意事项：可诱发低钠、低钾、低钙血与低血镁等电解质平衡紊乱，另外，在脱水动物易出现氮血症；大剂量静脉注射可能使犬听觉丧失；还可引起胃肠道功能紊乱、贫血、白细胞减少和衰弱等症状。

② 止咳药

【措施 1】可待因

犬：15～60 毫克/次，口服/皮下注射，每日 3 次。

猫：5～30 毫克/次，口服/皮下注射，每日 3 次。

注意事项：孕犬、孕猫禁用。

【措施 2】欣必先（麻杏石甘口服液）

0.5～1 毫升/千克，一日 2 次，连用 3～5 天。

注意事项：服用后 20 分钟内暂勿饮水，用前摇匀。

【措施 3】肺心康

10 毫克/千克，口服，每日 2～4 次。

注意事项：作为支气管扩张药使用，辅助治疗小型犬心力衰竭，尤其是并发慢性堵塞肺炎，伴有支气管痉挛的急性肺水肿、心病性气喘、慢性支气管炎等。怀孕、患有加速性节律异常和胃肠溃疡动物慎用。

五、异物性肺炎

1. 概念

异物性肺炎是由于吸入异物到肺内引起支气管和肺的炎症，统称为异物性或吸入性肺炎。

2. 临床诊断

（1）全身症状

① 体温升高 40℃以上，精神沉郁，食欲下降或废绝，畏寒，有时战栗。

② 心跳加快，脉搏快而弱。

（2）呼吸道症状

① 呼吸急速而困难，明显的腹式呼吸。

② 湿性咳嗽。

（3）病理过程剧烈，最终陷于肺坏疽：呼出带有腐败恶臭味的气体，鼻孔流出有奇臭的污秽鼻液。

（4）肺部检查

① 触诊胸部疼痛明显。

② 听诊有明显啰音。

③ 叩诊呈浊音，后期可能出现肺空洞而发出灶性鼓音；若空洞周围被致密组织所包围，其中充满空气，叩诊呈金属音；若空洞与支气管相通则呈破壶音。

3. 用药指南

（1）用药原则　治疗以缓解呼吸困难、排出异物、制止肺组织腐败分解及对症治疗为原则。对于呼吸困难、严重缺氧的患病动物，应予以吸氧。患病动物横卧，后腿抬高，利于异物咳出。

（2）用药方法（根据临床症状、实验室检查结果等临床实际病情的需要选择以下措施进行治疗）

【措施1】硝酸毛果芸香碱

犬：3～20毫克/次，皮下注射。

注意事项：幼犬、孕期或哺乳期病犬禁用。

【措施2】氨苄西林

犬：20～30毫克/千克，口服，每日2～3次。

猫：10～20毫克/千克，静脉滴注/皮下注射/肌内注射。

注意事项：本类药品可出现与剂量无关的过敏反应，表现为皮疹、发热、嗜酸性粒细胞增多、白细胞和血小板减少、贫血、淋巴结病或全身性过敏反应。对青霉素酶敏感，不宜用于耐青霉素的金黄色葡萄球菌感染。

【措施3】速诺注射液

0.1毫升/千克，每天1次，连用3～5天，肌内注射/皮下注射。

注意事项：避光，密闭储藏；摇匀使用。

【措施4】头孢他啶

20～50毫克/千克，静脉滴注/肌内注射。

注意事项：对头孢类药物过敏的犬、猫禁用；肝肾功能不全、孕期或哺乳期犬、猫禁用。

【措施5】复方新诺明

犬：15毫克/千克，口服，每日2次。

注意事项：年老、肝肾功能不全的犬禁用。不能与酸性药物同服。出现不良反应立即停药。

六、肺气肿

1. 概念

肺气肿是肺的肺泡气肿和间质性气肿的统称。该病是因肺组织内空气含量过多而致体积膨胀。

2. 临床诊断

（1）全身症状　可视黏膜发绀，精神沉郁，易于疲劳，脉搏细数，体温一般正常。

（2）呼吸道症状　呼吸困难、气喘，张口呼吸，明显的缺氧症状。

（3）肺部检查

① 听诊：肺部肺泡音减弱，可听到碎裂性啰音及捻发音。在肺组织被压缩的部位，可听到支气管呼吸音。

② X 线检查：肺区透明、膈肌后移、支气管影像模糊。

3. 用药指南

（1）用药原则　积极治疗原发病，改善肺的通气和换气功能，控制心力衰竭。

（2）用药方法（根据临床症状、实验室检查结果等临床实际病情的需要选择以下措施进行治疗）

【措施 1】四环素

犬：15～20 毫克/千克，口服，每日 3 次。

猫：10 毫克/千克，口服，每日 3 次。

注意事项：能引起消化机能障碍，具有肝毒性；怀孕犬、猫禁用。

【措施 2】头孢噻肟钠

20～40 毫克/千克，静脉滴注/肌内注射/皮下注射。

注意事项：对头孢菌素类药物过敏动物禁用；幼犬不能肌内注射；对青霉素过敏、严重肾功能不全动物应慎用药；不能与碳酸氢钠进行混合。

【措施 3】复方甘草合剂

犬：5～10 毫升/次，口服，每日 3 次。

猫：2～4 毫升/次，口服，每日 3 次。

注意事项：严重低钾血症、高钠血症、高血压、心衰、肾功能衰竭动物禁用。避光贮藏，密闭保存。

【措施 4】门冬氨酸钾镁

餐后服用，1～2 片，每日 3 次；根据具体情况剂量可增加至每次 3 片，每日 3 次。

注意事项：电解质补充药。可用于低钾血症、洋地黄中毒引起的心律失常（主要是室性心律失常）以及心肌炎后遗症、充血性心力衰竭、心肌梗死的辅助治疗。

【措施 5】肺心康

10 毫克/千克，口服，每日 2～4 次。

注意事项：作为支气管扩张药使用，辅助治疗小型犬心力衰竭，尤其是并发慢性堵塞性肺炎，伴有支气管痉挛的急性肺水肿、心病性气喘、慢性支气管炎等。怀孕、患有加速性节律异常和胃肠溃疡动物慎用。

七、肺水肿

1. 概念

肺水肿是肺毛细血管内血液量异常增加，血液的液体成分渗漏到肺泡、支气管及肺间质内过量积聚所引起的一种非炎性疾病，临床上以极度呼吸困难、流泡沫样鼻液为特征。

2. 临床诊断

（1）呼吸道症状

① 高度混合性呼吸困难，弱而湿的咳嗽，头颈伸展，鼻翼扇动，张口呼吸，呼吸数明显增多。

② 眼球突出，静脉怒张，两侧鼻孔流出大量粉红色泡沫状鼻液。

③ 结膜发绀，体温升高。

（2）肺部检查

① 叩诊呈浊音。

② 听诊可听到广泛的水泡音。

③ X 线检查：肺阴影呈散在性增强，呼吸道轮廓清晰，支气管周围增厚。因左心机能不全者并发的肺水肿，肺门呈放射状。

3. 用药指南

（1）用药原则　去除病因，制止渗出，缓解呼吸困难；保持病犬安静，减轻心脏负担，缓解肺循环障碍。

（2）用药方法（根据临床症状、实验室检查结果等临床实际病情的需要选择以下措施进行治疗）

① 镇静

【措施】苯巴比妥

犬：1～2 毫克/千克，口服/肌内注射，每日 2 次。

猫：1 毫克/千克，口服/肌内注射，每日 2 次。

注意事项：肝肾功能严重损伤、怀孕动物慎用。

② 止咳

【措施】氨茶碱注射液

犬：6～11 毫克/千克，静脉注射/肌内注射。

猫：4 毫克/千克，肌内注射。

注意事项：不良反应包括恶心、呕吐、胃酸分泌增加、腹泻、多食、多饮多尿和心律失常。猫可发生感觉过敏。肌内注射时可引起强烈的局部疼痛。

③ 强心利尿

【措施 1】肾上腺素

犬：0.1～0.5 毫升/次。

猫：0.1～0.2 毫升/次，皮下注射/静脉滴注/肌内注射，生理盐水稀释 10 倍。

注意事项：本品可诱发兴奋、不安、颤抖、呕吐、高血压、心律失常等。局部重复注射可引起注射部位组织坏死。避光，密闭贮藏，在阴凉处（不超过 20℃）保存。

【措施 2】地高辛

犬：0.005～0.01 毫克/千克，口服，每日 2 次。

猫：0.005～0.008 毫克/千克，口服，隔天 1 次或每日 1 次。

注意事项：导致所有类型的心律不齐和心力衰竭症状的恶化。罕见嗜睡、皮疹、荨麻疹（过敏反应）。

【措施 3】氢氯噻嗪

犬：12.5～25 毫克/只，肌内注射；0.5～4 毫克/千克，口服，每日 1～2 次。

猫：12.5 毫克/只，肌内注射；1～4 毫克/千克，口服，每日 1～2 次。

注意事项：可能会出现胃肠道症状，患有肝肾功能不全及糖尿病、高尿酸血症、痛风、高钙血症、低钠血症以及红斑狼疮等病犬需要禁用。长期使用应同时补充钾盐，并且同时限制饮食中盐的摄入。

【措施4】安体舒通

犬：1～2毫克/千克，口服，每日2次。

猫：12.5毫克，口服，每日1次。

注意事项：肝肾功能不全者禁用。

【措施5】速尿

犬：2～4毫克/千克，静脉滴注/肌内注射/口服，每4～12小时。

猫：1～5毫克/千克，静脉滴注。

注意事项：可诱发低钠、低钾、低钙血症与低血镁等电解质平衡紊乱，另外，在脱水动物易出现氮血症；大剂量静脉注射可能使犬听觉丧失；还可引起胃肠道功能紊乱、贫血、白细胞减少和衰弱等症状。

【措施6】葡萄糖酸钙、氯化钙

10%葡萄糖酸钙，5%氯化钙10～15毫升/次，静脉滴注。

注意事项：密闭保存。

【措施7】心得安

犬：0.01～0.1毫克/千克，静脉滴注；0.2～1毫克/千克，口服，每日2～3次，每日最大剂量不超过1毫克。

注意事项：有过敏史、充血性心力衰竭、糖尿病、肺气肿或非过敏性支气管炎禁用。

【措施8】肺心康

10毫克/千克，口服，每日2～4次。

注意事项：作为支气管扩张药使用，辅助治疗小型犬心力衰竭，尤其是并发慢性堵塞性肺炎，伴有支气管痉挛的急性肺水肿、心病性气喘、慢性支气管炎等。怀孕、患有加速性节律异常和胃肠溃疡动物慎用。

④ 抗炎抗过敏

【措施1】地塞米松

抗炎：0.01～0.16毫克/千克，静脉注射/肌内注射/口服，每日1次，最多用药3～5天。

预防并治疗过敏症：0.5毫克/千克，静脉注射。

注意事项：幼犬、猫禁用；心脏病动物禁用；使用此药时应适量补充钙磷；若长时间使用此药应逐步减少药物使用量；严禁与水杨酸钠同用。

【措施2】泼尼松龙

0.5～1毫克/千克，口服，隔日1次。

注意事项：患有角膜性溃疡、糖尿病或肾功能不全的犬、猫禁用。

八、肺出血

1. 概念

肺出血是肺动脉壁损伤、变性并伴有肺动脉压增高等引起的一种疾病，临床上以咯血为主要特征。咯出的血液主要来自肺脏，其次来自支气管黏膜。

2. 临床诊断

（1）突发性从鼻和口腔流出鲜红色血液，并混有泡沫，且出血量的多少因出血部位而异。

（2）重症者精神沉郁，脉搏加快，呼吸促迫，咳嗽。出血过多者，可视黏膜苍白，皮肤变凉，心跳加快，血压下降。

（3）听诊时可于肺、气管处听到湿性啰音。

3. 用药指南

（1）用药原则　治疗以止血，清除原发病，防止继发感染为原则。

（2）用药方法（根据临床症状、实验室检查结果等临床实际病情的需要选择以下措施进行治疗）

【措施1】止血敏

犬：2～4毫升/次。猫：1～2毫升/次，肌内注射/静脉滴注。

注意事项：且勿过量应用。

【措施2】维生素 K_3

0.5～1.5毫克/千克，皮下注射。

注意事项：用于维生素 K 缺乏所引起的出血性疾病。

【措施3】维生素 C

100～500毫克/次，口服/肌内注射/静脉滴注，每日1次。

注意事项：静脉注射可能引起过敏，补充维生素 C 可能会通过增加铁的蓄积而增加肝脏损伤。给予高剂量时，尿酸盐、草酸盐或胱氨酸结晶形成的风险增加。

【措施4】泼尼松龙

0.5～2毫克/千克，肌内注射/口服，每日1次。

注意事项：患有角膜性溃疡、糖尿病或肾功能不全的犬、猫禁用。

【措施5】氨苄西林

犬：20～30毫克/千克，口服，每日2～3次；

猫：10～20毫克/千克，静脉滴注/皮下注射/肌内注射。

注意事项：本类药品可出现与剂量无关的过敏反应，表现为皮疹、发热、嗜酸性粒细胞增多、白细胞和血小板减少、贫血、淋巴结病或全身性过敏反应。对青霉素酶敏感，不宜用于耐青霉素的金黄色葡萄球菌感染。

【措施6】速诺（阿莫西林-克拉维酸钾混悬剂）

0.1毫升/千克，肌内注射/皮下注射，每日1次。

注意事项：避光，密闭贮藏，摇匀使用。

【措施7】头孢他啶

20～50毫克/千克，静脉滴注/肌内注射。

注意事项：对头孢类药物过敏的犬、猫禁用；肝肾功能不全、孕期或哺乳期犬、猫禁用。

九、胸膜炎

1. 概念

胸膜炎是指由各种致病因素作用于胸膜而引起的炎症。其临床上以腹式呼吸、听诊胸膜摩擦音和胸部叩诊出现水平浊音为特征。病理特征为胸膜发生炎症渗出和纤维蛋白沉积的炎症过程。

2. 临床诊断

（1）全身症状：精神沉郁，食欲不振，体温升高达 40℃以上。

（2）呼吸加快，出现明显的浅表呼吸，呈腹式呼吸，有时咳嗽。慢性胸膜炎表现反复性微热、呼吸促迫。

（3）胸部检查

① 触诊胸壁有明显的疼痛感。

② 听诊有摩擦音，这种摩擦音因胸膜渗出物而减弱，有时可能听到拍水音。

③ 叩诊呈水平浊音。

（4）心功能发生障碍，心力衰竭，外周循环淤血及胸、腹下水肿。

3. 用药指南

（1）用药原则　消除病因，消炎止痛，制止渗出，促进渗出物吸收和排出，防止自体中毒。

（2）用药方法（根据临床症状、实验室检查结果等临床实际病情的需要选择以下措施进行治疗）

① 消炎，防止继发感染

【措施1】氨苄西林

犬：20～30毫克/千克，口服，每日2～3次。

猫：10～20毫克/千克，静脉滴注/皮下注射/肌内注射。

注意事项：本类药品可出现与剂量无关的过敏反应，表现为皮疹、发热、嗜酸性粒细胞增多、白细胞和血小板减少、贫血、淋巴结病或全身性过敏反应。对青霉素酶敏感，不宜用于耐青霉素的金黄色葡萄球菌感染。

【措施2】速诺注射液

0.1毫升/千克，每天1次，连用3～5天，肌内注射/皮下注射。

注意事项：避光，密闭贮藏；摇匀使用。

【措施3】头孢唑啉钠

15～30毫克/千克，静脉滴注/肌内注射。

注意事项：应用可出现过敏反应（皮疹、荨麻疹、嗜伊红细胞增多、药热及其他过敏反应）；本品有肾脏毒性；应用本品应警惕发生肾功能异常的可能性，对青霉素过敏者慎用；对头孢类药物过敏的犬、猫禁用；肝肾功能不全、孕期或哺乳期犬、猫禁用。

【措施4】林可霉素

15～25毫克/千克，口服，一日1～2次，连用3～5天。

注意事项：肝、肾功能不全者慎用。具有神经肌肉阻断作用。

【措施5】硫酸阿米卡星注射液（宠物用）

犬：11毫克/千克，皮下注射/肌内注射，每日2次。

注意事项：禁用于患有严重肾损伤的犬；未进行繁殖实验、繁殖期的犬禁用；慎用于需敏锐听觉的特种犬。具不可逆的耳毒性；长期用药可导致耐药菌过度生长。

【措施6】复方氨基比林

小型犬：1～2毫升/次；大型犬5～10毫升/次，皮下注射/肌内注射。

注意事项：有呼吸系统慢性病及呼吸困难、有吡唑酮类或巴比妥类药物过敏史的病犬、病猫慎用。长期使用可引起粒细胞减少、再生障碍性贫血及肝肾功能损害等严重的中毒反应。用药期间需要复查肝肾功能、血常规。

② 止痛阵痛

【措施1】安痛定

小型犬，0.3～0.5毫升/次；大型犬，5～10毫升/次，皮下注射/肌内注射，每日2次，连用2天。

注意事项：剂量过大或长期应用，可引起虚脱、高铁血红蛋白症、缺氧、发绀、粒细胞减少症等，长期应用时注意检查血象。

【措施2】杜冷丁

犬：3～10毫克/千克，肌内注射；或2～4毫克/千克，静脉滴注。

猫：2～4毫克/千克，肌内注射/皮下注射，遵照医嘱。

注意事项：肝功能损伤、甲状腺功能不全动物慎用。单胺氧化酶抑制药停用14天以上方可给药。老年、孕期、哺乳期犬、猫慎用。应用时注意配伍禁忌。

【措施3】镇痛新

犬：0.5～1毫克/千克，肌内注射/皮下注射/静脉滴注。

猫：2.2～3.3毫克/千克，肌内注射/皮下注射/静脉滴注。

注意事项：肝肾功能不全者慎用。不可用于缓解心肌梗死。孕期犬、猫慎用。

③ 制止炎性渗出

【措施】葡萄糖酸钙、地塞米松、维生素C

10%葡萄糖酸钙10～20毫升/次，地塞米松5～10毫克/次，维生素C 0.1～0.5克/次，静脉滴注，每日1次。

注意事项：幼犬、猫禁用；心脏病动物禁用；若长时间使用此药，应逐步减少药物使用量；严禁与水杨酸钠同用。静脉注射可能引起过敏，补充维生素C可能会通过增加铁的蓄积而增加肝脏损伤。给予高剂量时，尿酸盐、草酸盐或胱氨酸结晶形成的风险增加。

④ 促进渗出物吸收和排除，防止自体中毒

【措施1】氢氯噻嗪

犬：12.5～25毫克/只，肌内注射；0.5～4毫克/千克，口服，每日1～2次。

猫：12.5毫克/只，肌内注射；1～4毫克/千克，口服，每日1～2次。

注意事项：可能会出现胃肠道症状，患有肝肾功能不全及糖尿病、高尿酸血症、痛风、高钙血症、低钠血症以及红斑狼疮等病犬需要禁用。长期使用应同时补充钾盐。

【措施2】速尿

犬：2～4毫克/千克，静脉滴注/肌内注射/口服。

猫：1～5毫克/千克，静脉滴注。

注意事项：可诱发低钠、低钾、低钙血症与低血镁等电解质平衡紊乱，另外，脱水动物易出现氮血症；大剂量静脉注射可能使犬听觉丧失；还可引起胃肠道功能紊乱、贫血、白细胞减少和衰弱等症状。

十、胸腔积水

1. 概念

胸腔积水是胸腔内积有漏出液，胸膜并无炎症变化的一种疾病，是其他器官或全身性疾病的一种症状，常以呼吸困难为特征。

2. 临床诊断

（1）呼吸道症状

① 呼吸困难，通常表现为吸气费力，呼气延迟。

② 严重时甚至呼吸急促，黏膜发绀，张口呼吸，咳嗽，肺呼吸音减弱等。

（2）全身症状

① 体温正常，心音高朗。

② 胸壁叩诊时两侧呈水平浊音，其浊音界的位置随动物体位的改变而变化。

③ 胸壁听诊时在浊音区听不到肺泡音，有时可听到支气管呼吸音。

④ 常伴有腹水、心包积水和皮下水肿现象。

（3）伴发出现基础疾病。

3. 用药指南

（1）用药原则　消除病因，减少积液，防止继发感染。

（2）用药方法（根据临床症状、实验室检查结果等临床实际病情的需要选择以下措施进行治疗）

【措施1】醋酸可的松

胸腔穿刺排出积液并用0.1%雷佛努尔冲洗胸腔后注入35～300毫克醋酸可的松。

【措施2】氢氯噻嗪

犬：12.5～25毫克/只，肌内注射；0.5～4毫克/千克，口服，每日1～2次。

猫：12.5毫克/只，肌内注射；1～4毫克/千克，口服，每日1～2次。

注意事项：可能会出现胃肠道症状，患有肝肾功能不全及糖尿病、高尿酸血症、痛风、高钙血症、低钠血症以及红斑狼疮等病犬需要禁用。长期使用应同时补充钾盐，并且同时限制饮食中盐的摄入。

【措施3】速尿

犬：2～4毫克/千克，静脉滴注/肌内注射/口服。

猫：0.5～2毫克/千克，静脉滴注，每日3次。

注意事项：可诱发低钠、低钾、低钙血症与低血镁等电解质平衡紊乱；另外，在脱水动物易出现氮血症；大剂量静脉注射可能使犬听觉丧失；还可引起胃肠道功能紊乱、贫血、白细胞减少和衰弱等症状。

十一、胸腔积血

1. 概念

胸腔积血是胸膜壁层、胸腔内脏器官或横膈膜出血，使血液潴留于胸腔内的一种疾病，又称血胸。

2. 临床诊断

（1）全身症状

① 患病表现为明显的腹式呼吸，呼吸浅表而困难。

② 出血严重者可出现出血性休克、突然虚脱、四肢发凉、脉搏细而弱、可视黏膜苍白、精神沉郁。

（2）听诊症状

① 听诊肺泡音减弱、心跳快而弱；肺泡听诊区移向胸部背侧。

② 叩诊呈水平浊音。

③ 穿刺检查发现为血液，可凝固，与外周血液性质相同。

（3）血液状态

① 血液凝固异常、血管破裂。

② 双香豆素中毒、骨髓机能降低。

3. 用药指南

（1）用药原则　抗休克、止血、改善血液循环和防止继发感染。

（2）用药方法（根据临床症状、实验室检查结果等临床实际病情的需要选择以下措施进行治疗）

【措施1】氢化泼尼松琥珀酸钠

犬：11～30毫克/千克，静脉注射/肌内注射。

【措施2】盐酸多巴胺

犬：2～20微克/千克/分钟，静脉滴注。

猫：5～15微克/千克/分钟，静脉滴注。

【措施3】肾上腺素

犬：0.1～0.5毫升/次，皮下注射/静脉滴注/肌内注射/心室注射。

猫：0.1～0.2毫升/次，皮下注射/静脉滴注/肌内注射/心室注射，生理盐水稀释10倍。

注意事项：本品可诱发兴奋、不安、颤抖、呕吐、高血压、心律失常等。局部重复注射可引起注射部位组织坏死。

【措施4】止血敏

犬：2～4毫升/次；猫：1～2毫升/次，肌内注射/静脉滴注。

注意事项：预防外科手术出血，应术前15～30分钟用药。

十二、胸腔积脓

1. 概念

胸腔积脓是因化脓性感染而引起的胸腔内脓液潴留，也称脓胸，又称为化脓性胸膜炎。主要特征为胸膜、肺、纵隔、腹膜发生炎症。

2. 临床诊断

（1）全身症状

① 患病动物精神沉郁，行走无力，食欲废绝，体温升高。

② 呼吸急促，呈腹式呼吸和张口呼吸，表情痛苦，可视黏膜发绀。

（2）听诊症状

① 胸部听诊可听到拍水音或摩擦音，伴有咳嗽，叩诊或触诊胸壁有疼痛感。

② 肘外展、淋巴结肿大。

③ 胸腔穿刺检查，有脓样渗出物。

3. 用药指南

（1）用药原则　消除病原，胸腔排脓，补液，全身应用抗生素。

（2）用药方法（根据临床症状、实验室检查结果等临床实际病情的需要选择以下措施进行治疗）

【措施1】细菌敏感抗生素、蛋白溶解酶

胸腔穿刺排出积脓，0.1%雷佛努尔冲洗胸腔后，注入细菌敏感抗生素和蛋白溶解酶加速脓汁溶解吸收。

【措施2】氨苄西林

犬：20～30毫克/千克，口服，每日2～3次；10～20毫克/千克，静脉滴注/皮下注射/肌内注射，每日2～3次。

【措施3】速诺（阿莫西林-克拉维酸钾混悬剂）

0.1毫升/千克，肌内注射/皮下注射，每日1次。

注意事项：避光，密闭贮藏；摇匀使用。

【措施4】头孢唑啉钠

犬：15～30毫克/千克，静脉滴注/肌内注射，每日3～4次。

【措施5】阿米卡星

犬：5～15毫克/千克，肌内注射/皮下注射，每日1～3次。

猫：10毫克/千克，肌内注射/皮下注射，每日3次。

注意事项：具不可逆的耳毒性；长期用药可导致耐药菌过度生长。禁用于患有严重肾损伤的犬；未进行繁殖实验、繁殖期的犬禁用；慎用于需敏锐听觉的特种犬。

第五章　泌尿生殖系统疾病

第一节　生殖器官疾病

一、前列腺肥大

1. 概念

前列腺肥大又称良性前列腺增生，是引起老年雄性动物排尿障碍最常见的一种良性疾病。主要表现为尿频、尿急、夜尿增多、排尿分叉和进行性排尿困难等症状。

2. 临床诊断

（1）排尿次数增加

① 尿频，开始多为夜尿次数增多，随后白天也出现尿频。

② 此外还会伴有尿急、尿痛，甚至出现急迫性尿失禁。

（2）排尿困难

① 初期表现为有尿意时需要片刻后才能排出尿液，称为排尿踌躇，排尿费力。

② 随后会出现尿线变细、无力、射程短，甚至尿不成线，尿液呈滴沥状排出。

（3）尿潴留　患病动物排尿时不能将膀胱内尿液排空，膀胱内出现残余尿。残余尿量逐渐增加，导致高压性慢性尿潴留。

（4）并发症　主要是尿道感染、尿道出血、急性尿潴留、膀胱结石、尿毒症。

3. 用药指南

（1）用药原则　睾丸摘除术是最有效的治疗方法。如果引起急性尿潴留需要及时就诊，给予导尿处理，必要时可进行膀胱穿刺造瘘。

（2）用药方法（根据临床症状、实验室检查结果等临床实际病情的需要选择以下措施进行治疗）

【措施1】非那司提

犬：5毫克，口服，每日1次。

【措施2】醋酸甲地孕酮

犬：0.55毫克/千克，口服，每日1次，连用4周。

【措施3】己烯雌酚

犬：0.1～1毫克，口服/肌内注射，每日1次，连用5天，每5～14天重复。

注意事项：妊娠期和哺乳期禁用。

二、前列腺囊肿和前列腺炎

1. 概念

在先天性前列腺畸形的条件下，伴发腺瘤型前列腺肥大时，称为前列腺囊肿。当囊肿大到足以压迫附近的直肠和尿道时，导致排便和排尿障碍。当囊肿被感染时，则转为前列腺炎。

2. 临床诊断

（1）触诊症状

① 直肠触诊时，可触到有波动感、无疼痛、非对称性前列腺肿大。

② 腹部触诊时，可触到有一个大的肿块，类似硬实的组织块。

（2）急性前列腺炎

① 病犬表现出体温升高、精神沉郁、食欲废绝、呕吐。

② 由于疼痛而行动缓慢，步态僵硬，并有便秘和里急后重的表现。

（3）慢性前列腺炎　很少见到明显的临床症状。患犬早晨第一次排尿时，可在卧处周围发现有血液或脓液。

3. 用药指南

（1）用药原则　前列腺囊肿可采取手术疗法。前列腺炎一般使用抗生素，防止感染，对体弱不适手术的病犬只能采取保守疗法。

（2）用药方法（根据临床症状、实验室检查结果等临床实际病情的需要选择以下措施进行治疗）

【措施1】氨苄西林

犬：20～30毫克/千克，口服，每日2～3次，10～20毫克/千克，静脉滴注/皮下注射/肌内注射，连续2周。

注意事项：本类药品可出现与剂量无关的过敏反应，表现为皮疹、发热、嗜酸性粒细胞增多、白细胞和血小板减少、贫血、淋巴结病或全身性过敏反应。

【措施2】速诺（阿莫西林-克拉维酸钾混悬剂）

0.1毫升/千克，肌内注射/皮下注射，每日1次。

注意事项：避光，密闭贮藏；摇匀使用。

【措施3】阿米卡星

犬：5～15毫克/千克．肌内注射/皮下注射，每日1～3次。

猫：10毫克/千克，肌内注射/皮下注射，每日3次。

注意事项：具不可逆的耳毒性；长期用药可导致耐药菌过度生长。禁用于患有严重肾损伤的犬；未进行繁殖实验、繁殖期的犬禁用；慎用于需敏锐听觉的特种犬。

【措施4】青霉素

犬：40万～80万单位，肌内注射，每日2次，连用5～7天。

注意事项：对β-内酰胺类抗生素过敏的动物禁止使用本品；对青霉素和头孢菌素类抗生素过敏动物勿接触本品。

【措施5】链霉素

犬：50万～100万单位，肌内注射，每日2次，连用5～7天。

【措施6】诺氟沙星

犬：10毫克/千克，口服，每日2次，5毫克/千克，肌内注射，每日2次。

【措施7】复方新诺明

犬：15～30毫克/千克，口服，每日2次。

【措施8】拜有利

犬：5～15毫克/千克，口服/皮下注射，每日2次。

注意事项：勿用于12个月龄前的犬或未发育成熟的犬及软骨损伤动物；禁用于妊娠期动物或哺乳期动物。

三、子宫内膜炎

1. 概念

子宫内膜炎是指子宫内膜受到感染引起的炎症，根据发病的经过，分急性和慢性子宫内膜炎。

2. 临床诊断

（1）急性黏液脓性子宫内膜炎

① 为体温升高，食欲不振。

② 泌乳量下降。

③ 努责，常做排尿姿势，阴道内排出黏液性渗出物。

（2）急性纤维蛋白性子宫内膜炎

① 体温升高，食欲不振。

② 反刍和泌乳停止或下降。

③ 努责，阴道内排出污红色或者棕黄色的恶臭渗出物，内含黏液或黏膜组织碎片。

（3）慢性隐性子宫内膜炎

① 屡配不孕。

② 发情时阴道有大量黏膜。

（4）慢性卡他性

① 子宫黏膜增厚，有时可见溃疡和结缔组织增生。

② 冲洗子宫时，回流液浑浊，像淘米水。

③ 直肠检查时，子宫体、角稍厚、变粗，子宫壁变厚，弹性减弱，收缩反应也弱。

（5）慢性卡他性脓性子宫内膜炎

① 精神不振，食欲减少，逐渐消瘦，体温略高。

② 发情周期异常。

③ 阴门中经常排出灰白色或黄褐色的稀薄脓性分泌物。

（6）慢性脓性子宫内膜炎

① 精神沉郁，食欲下降，消瘦和贫血。

② 瘤胃弛缓，消化紊乱。

③ 发情周期异常。

④ 阴门中经常排出脓性分泌物，排出物污染尾根和后躯。

（7）子宫积液

① 直检子宫腺分泌加强，子宫的收缩力减弱。

② 子宫增大，子宫壁变薄，触感有波动，触摸无胎儿或子叶。

③ 阴道检查子宫颈外口闭锁，液体不能排出。

（8）子宫蓄脓

① 直检子宫增大，宫壁增厚，触感有波动，触摸无胎儿及子叶。

② 阴检阴门中排出脓性分泌物，味臭，尾根和后躯有脓痂。

3. 用药指南

（1）用药原则　抗菌消炎，促进炎性产物的排出和子宫机能的恢复。

（2）用药方法（根据临床症状、实验室检查结果等临床实际病情的需要选择以下措施进行治疗）

【措施1】高锰酸钾/雷佛努尔

0.1%溶液，清洗子宫。

注意事项：冲洗至流出的液体与注入的液体颜色一致为止。但注意冲洗压力不宜太大，防止流入输卵管。

【措施2】青霉素、链霉素

犬：青霉素20万～80万单位和链霉素50万～100万单位注入子宫内。

注意事项：单独使用或与其他抗生素同时使用可能发生过敏反应。

【措施3】己烯雌酚

犬：0.2～1毫克，口服/肌内注射。

【措施4】马来酸麦角新碱

犬：0.1～0.5毫克/次，肌内注射/静脉滴注。

猫：0.07～0.2毫克/次肌内注射/静脉滴注。

注意事项：待宫颈张开后再用上述子宫收缩药。

【措施5】苄星青霉素

犬：4万～5万单位/千克，肌内注射，每2～3日1次。

注意事项：对β-内酰胺类抗生素过敏的动物禁止使用本品；对青霉素和头孢菌素类抗生素过敏动物勿接触本品。

【措施6】红霉素

犬：5～10毫克/千克，口服，每日3次。

四、子宫蓄脓综合征

1. 概念

子宫蓄脓综合征是子宫内贮留大量脓汁并伴有子宫内膜囊泡性增生的疾病。

2. 临床诊断

（1）外阴症状

① 持续发情出血，外阴部增厚肿大，尤其是慢性子宫颈闭塞犬的外阴紧张度降低。

② 阴门排出脓性或血样分泌物，阴门周围、尾和飞节附近的被毛被阴道分泌物污染。

③ 有的患犬频频舔阴门，散发特殊的臭味。

（2）全身症状

① 精神沉郁，多饮多尿，食欲不振或废绝，偶有呕吐。

② 患犬腹部胀满或下垂，慢性子宫颈闭塞犬的腹部呈明显的洋梨形，触诊敏感，可摸到扩张的子宫角。

（3）子宫显著肥大的病犬，可见腹壁静脉怒张，有的可见脐周围静脉怒张。子宫颈闭塞犬有明显的中毒症状。

3. 用药指南

（1）用药原则　促使子宫颈开张和子宫收缩，消除子宫内感染的微生物。

（2）用药方法（根据临床症状、实验室检查结果等临床实际病情的需要选择以下措施进行治疗）

【措施1】睾酮

犬：200～300 毫克/次，口服，2 次/周，连用 3 周。

【措施2】前列腺素

犬：250 微克/千克，皮下注射，同时用抗生素。

注意事项：引起恶心、呕吐、腹痛等胃肠道兴奋现象。

【措施3】催产素

犬：10～20 单位/次。

注意事项：引起血压升高、脉搏加速及出现水潴留等现象。

【措施4】内酰胺类抗生素

犬：35 毫克/千克，静脉注射，连用 3～5 天。

五、卵巢囊肿

1. 概念

卵巢囊肿可分为卵泡囊肿和黄体囊肿两种，以频繁发情、长期发情为特征。

2. 临床诊断

（1）发情症状

① 发情周期变短，发情期延长，严重时，持续表现强烈的发情行为。

② 性欲亢进并长期持续或不定期的频繁发情，喜爬跨或被爬跨。

③ 严重时，性情粗野好斗，经常发出犹如公牛的吼叫。

④ 对外界刺激敏感，一有动静便两耳竖起。

（2）生殖道症状

① 外阴部充血、红胀，触诊呈面团感。

② 卧地时阴门开张，经常伴有"噗噗"的排气声。

③ 阴道经常流出大量透明黏稠分泌物，但无牵缕状。

④ 少数患病动物阴门外翻，并发阴道炎和子宫内膜炎。

（3）生殖器官变化

① 骨质疏松、易骨折。

② 单侧或双侧卵巢体积增大，卵巢上有一个较大未排卵的囊肿卵泡。

③ 有多个囊肿泡时，卵巢表面有许多富有弹性、大小不均的小结节。

④ 子宫肥厚，松弛并下垂，收缩迟缓。

（4）黄体化囊肿，长期不发情，直检卵泡壁厚柔软不紧张。

3. 用药指南

（1）用药原则　尽早采取措施，防止胎衣腐败吸收；促进子宫收缩；局部或全身抗菌消炎；条件适宜时可以用手剥离胎盘。

（2）用药方法（根据临床症状、实验室检查结果等临床实际病情的需要选择以下措施进行治疗）

① 激素治疗法

【措施1】人绒毛膜促性腺激素

犬：50～100单位，肌内注射。

【措施2】促黄体激素

犬：1毫克/次，皮下注射/静脉滴注，每日1次，连用7天。

【措施3】黄体酮

50～100毫克，肌内注射，每天1次，连用5～7天，总量为250～700毫克。

注意事项：出现胃肠道功能紊乱，可能会出现恶心、呕吐甚至腹泻的情况。

【措施4】地塞米松

10～20毫克，肌内注射或静脉注射，隔日1次，连用3次。

注意事项：不宜长期使用，可能引起过敏反应。

② KI疗法

【措施】碘化钾

3～9克的粉末或1‰水溶液，内服或拌入料中饲喂，每天1次，7天为一疗程，间隔5天，连用2～3个疗程。

六、假孕

1. 概念

常见于犬、猫，在发情而未配种（犬）或配种而未受孕之后全身状况和行为出现妊娠所特有的变化的一种综合征。

2. 临床诊断

（1）乳腺发育胀大，能泌乳，并允许其它母猫、母犬的仔猫、仔犬吮乳。

（2）行为发生变化，如造窝等。

（3）母性增强。

（4）腹部扩张增大，触诊腹壁可感觉子宫增长、直径变粗。

（5）母犬多数出现呕吐、泻泄、多尿、喜欢饮水，或厌食、贪食等。

3. 用药指南

（1）用药原则　一般不予治疗，待下一个发情季节可恢复正常。但为了抓紧配种季节，提高繁殖率，可用激素治疗。

（2）用药方法（根据临床症状、实验室检查结果等临床实际病情的需要选择以下措施进行治疗）

【措施1】甲基睾丸酮

犬：1～2毫克/千克，每日1～2次，连用3天。

【措施2】前列腺素

犬：1～2毫克/次，每日1～2次，连用2～3天。

注意事项：引起恶心、呕吐、腹痛等胃肠道不适现象。

【措施3】丙酸睾酮

犬：0.5～1毫克/千克，肌内注射。

注意事项：对于精神异常兴奋的犬可给予缓慢镇静剂。

七、难产

1. 概念

难产是指犬分娩经过明显延长，没有外力帮助下，不能将胎儿顺利排出体外的分娩期疾病。

2. 临床诊断

（1）分娩发生阵痛后4小时才娩出第一胎，间隔4～6小时分娩出第二胎。

（2）腹部强烈收缩30～60分钟仍未产出胎儿。

（3）阴道内流出绿色排出物之后，胎儿经数小时仍不能娩出。

（4）母犬频频排尿，精神沉郁，阴道流出黑色脓性或血性分泌物。

（5）怀孕期超过70天以上，有全身性疾病、难产和产道阻塞病史。

3. 用药指南

用药方法（根据临床症状、实验室检查结果等临床实际病情的需要选择以下措施进行治疗）

【措施1】垂体后叶素

犬：50～30单位/次，肌内注射/静脉滴注。

猫：5～10单位/次，肌内注射/静脉滴注。

注意事项：待宫颈张开后再用药。

【措施2】葡萄糖酸钙

10％，10～100 毫升/次，静脉注射。

八、胎衣不下

1. 概念

胎衣不下又称胎衣滞留。母畜在分娩后，胎衣在一定时间内不排出。

2. 临床诊断

（1）病初剧烈努责，但未见胎衣排出。
（2）腹部触诊时感知子宫呈节段性肿胀。
（3）若胎衣不下超过一天则发生腐烂，出现急性子宫炎。
（4）在第二天即表现出明显的全身症状。
① 体温升高，食欲废绝。
② 呼吸和心跳增数。
③ 产道流出难闻的分泌物。

3. 用药指南

（1）用药原则　尽早采取措施，防止胎衣腐败吸收；促进子宫收缩；局部或全身抗菌消炎；条件适宜时可以用手剥离胎盘。
（2）用药方法（根据临床症状、实验室检查结果等临床实际病情的需要选择以下措施进行治疗）
【措施1】高锰酸钾/雷佛努尔
0.1％溶液，冲洗灌注子宫。
注意事项：冲洗至流出的液体与注入的液体颜色一致时为止。但注意冲洗压力不宜太大，防止流入输卵管。
【措施2】垂体后叶素
犬：10～30 单位/次，肌内注射/静脉滴注。
猫：5～10 单位/次，肌内注射/静脉滴注。
注意事项：待宫颈张开后再用药。
【措施3】马来酸麦角新碱
犬：0.1～0.5 毫克/次，肌内注射/静脉滴注。
猫：0.2 毫克/次，肌内注射/静脉滴注。
注意事项：待宫颈张开后再用药。

九、产后败血症

1. 概念

产后败血症是一种由于子宫的局部炎症感染扩散而并发的严重全身性疾病。

2. 临床诊断

（1）全身症状

① 体温突然升高到 41℃，呈稽留热体温曲线。

② 四肢末端及两耳感到冰冷。

（2）出现热症候

① 呼吸急促，心跳快而弱。

② 鼻镜干燥，食欲废绝，精神萎靡。

③ 有时呈昏睡状态，结膜充血。

④ 轻度发抖。

⑤大便干而少，尿少而浓，乳量骤减。

（3）生殖道症状　往往从阴道中流出少量污红色或和恶臭脓汁，可以查到感染病灶。

3. 用药指南

（1）用药原则　局部处理、全身用药和对症治疗。

（2）用药方法（根据临床症状、实验室检查结果等临床实际病情的需要选择以下措施进行治疗）

【措施1】氨苄西林

犬：20～30 毫克/千克，口服，每日 2～3 次；10～20 毫克/千克，静脉滴注/皮下注射/肌内注射，连续两周。

注意事项：对青霉酶敏感，不宜用于耐青霉素的金黄色葡萄球菌感染。

【措施2】速诺

0.1 毫升/千克，肌内注射/皮下注射，每日 1 次。

注意事项：避光，密闭贮藏；摇匀使用。

【措施3】阿米卡星

犬：5～15 毫克/千克，肌内注射/皮下注射，每日 1～3 次。

猫：10 毫克/千克，肌内注射/皮下注射，每日 3 次。

注意事项：具不可逆的耳毒性；长期用药可导致耐药菌过度生长。禁用于患有严重肾损伤的犬；未进行繁殖实验、繁殖期的犬禁用；慎用于需敏锐听觉的特种犬。

【措施4】青霉素

冲洗灌注子宫。

注意事项：对 β-内酰胺类抗生素过敏的动物禁止使用本品；对青霉素和头孢菌素类抗生素过敏动物勿接触本品。

【措施5】四环素

冲洗灌注子宫。

【措施6】垂体后叶素

犬：30～50 单位/次，肌内注射/静脉滴注。

猫：5～10 单位/次，肌内注射/静脉滴注。

注意事项：待宫颈张开后再用药。

【措施7】马来酸麦角新碱

犬：0.1～0.5毫克/次，肌内注射/静脉滴注。

猫：0.07～0.2毫克/次，肌内注射/静脉滴注。

注意事项：待宫颈张开后再用药。

【措施8】前列腺素F2

犬：0.1～0.25毫克/千克，皮下注射，每日1～2次。

猫：0.1～0.25毫克/千克，皮下注射，每日1～3次。

注意事项：根据病情配合输液或输血、强心和抗酸中毒等疗法。

十、产后抽搐

1. 概念

产后癫痫又称产后抽搐症、产后子痫，是指母犬、猫分娩后发生的低血钙症。临床上以癫痫样痉挛、低血钙症和意识障碍为特征。

2. 临床诊断

（1）精神症状

① 病初表现烦躁不安，气喘，缓慢走动。

② 继而出现运步蹒跚，后躯僵硬，运步失调。

③ 突然倒地，四肢伸直，肌肉战栗性痉挛。

（2）全身症状

① 犬张口呼吸并流出泡沫状唾液，呼吸急迫，脉搏细而快。

② 眼球向上翻动，可见黏膜充血。

③ 体温升高达40℃左右。

④ 痉挛呈现间歇性发作，症状逐次加重。如不及时治疗，患犬通常在癫痫样痉挛发作中死亡，少数是在昏迷状态中死亡。

3. 用药指南

（1）用药原则　治疗以及时补充血钙、进行对症治疗和减少泌乳为原则。

（2）用药方法（根据临床症状、实验室检查结果等临床实际病情的需要选择以下措施进行治疗）

【措施1】葡萄糖酸钙

0.5～1毫升/千克体重加入10毫升5%葡萄糖溶液中，静脉滴注。

注意事项：密闭保存。注意事项：副作用主要有嗜睡，头昏、乏力等，大剂量可有共济失调、震颤。

【措施2】安定

犬：0.5毫克/千克体重，静脉滴注。

猫：0.2～0.6毫克/千克体重，静脉滴注。

注意事项：副作用主要有嗜睡、头昏、乏力等，大剂量可有共济失调、震颤。

【措施3】葡萄糖

10%，5～10毫升/千克体重，静脉滴注。

【措施 4】钙制剂

补钙，口服。

【措施 5】维生素 D 制剂

促进钙的吸收，0.2 万～0.5 万单位/次，口服。

十一、乳腺炎

1. 概念

乳腺炎是乳腺的一系列炎症。

2. 临床诊断

（1）浆液性乳腺炎

① 乳房红肿热痛，同时乳房淋巴结肿胀。

② 乳汁稀薄，含絮状物。

③ 无全身症状。

（2）卡他性乳腺炎

① 乳汁呈水样，含絮状物。

② 脱落的腺上皮细胞和白细胞沉结于上皮表面。

③ 先挤出的奶含絮片，后挤出的奶不见异常。

④ 如果全乳区腺胞发炎，则患区红肿热痛，乳量减少，乳汁水样，含絮片。

（3）纤维蛋白性乳腺炎

① 纤维蛋白沉积于上皮表面或组织内，为重剧急性炎症。

② 乳上淋巴结肿胀。

③ 无奶或只能挤出几滴清水。

④ 有明显全身症状。本型多由卡他性炎发展而来，往往与脓性子宫炎并发。

（4）化脓性乳腺炎

① 乳池、输乳管、腺泡发生化脓性炎症，排出脓性分泌物。

② 有较重全身症状。

（5）出血性乳腺炎

① 一般为深部组织和腺管出血，皮肤有红色斑点。

② 乳上淋巴结肿胀。

③ 乳量剧减，乳汁水样，含絮状物和血液。

④ 有体温、食欲变化，可能是溶血性大肠杆菌等感染引起，如外伤引起的则有疼痛。

3. 用药指南

（1）用药原则　杀灭已侵入乳腺的病原菌，防止病原菌侵入，减轻或消除乳腺的炎性症状。

（2）用药方法（根据临床症状、实验室检查结果等临床实际病情的需要选择以下措施进行治疗）

【措施 1】头孢拉啶

犬：25～50 毫克/千克，肌内注射/静脉注射，每日 2 次，连用 2～3 天。

【措施2】地塞米松

抗炎：0.01～0.16毫克/千克，静脉注射/肌内注射/口服，每日1次，最多用药3～5天。

注意事项：不宜长期使用，可能引起过敏反应。

【措施3】林可霉素

犬：15毫克/千克，口服，每日3次，连用21天。

注意事项：具有神经肌肉阻断作用。

【措施4】头孢噻吩

犬：10～30毫克/千克，肌内注射/静脉滴注。

十二、缺乳症

1. 概念

缺乳症或称无乳症是指母犬、猫分娩后乳量不足或全无的病理状态。

2. 临床诊断

（1）临床呈现乳房松软、缩小，用手挤不出乳汁。

（2）仔犬、猫哺乳次数增加但吃不饱，经常追赶母犬、猫吮乳，有时乳头被咬破，甚至发炎、溃烂。

（3）仔犬、猫常因饥饿而鸣叫、乱啃咬，很快消瘦，甚至全窝仔犬、猫死亡。

3. 用药指南

（1）用药原则　应改善饲养管理，补充营养，消除病因，治疗原发病，必要时进行药物催乳。

（2）用药方法（根据临床症状、实验室检查结果等临床实际病情的需要选择以下措施进行治疗）

【措施1】垂体后叶素

犬：5～30单位/次，肌内注射/皮下注射，每日1次，连用2～3天。

【措施2】促甲状腺释放激素

犬：0.005～0.03毫克/次，肌内注射/皮下注射，每日1次，连用2～3天。

第二节　泌尿系统疾病

一、尿道损伤

1. 概念

尿道损伤是指多种因素直接或间接作用于尿道所造成的伤害，多发生于公犬、猫。多为会阴部受到直接或间接的打击、碰撞或跳越障碍物时发生的挫伤。

2. 临床诊断

（1）阴茎部尿道挫伤

① 局部发生肿胀、增温、疼痛，皮肤呈紫色。

② 触诊十分敏感。

③ 病犬、猫常用舌舔患部。

④ 排尿不畅或尿频等。

（2）尿道发生创伤，尿中混有血液和出现漏尿等症状。

（3）会阴部尿道损伤

① 尿液可渗入骨盆腔和腹腔，下腹部肌肉紧张，并呈现水肿现象。

② 严重者可呈现腹膜炎、休克等全身症状。

3. 用药指南

（1）用药原则　镇静止痛，抗休克，抗感染，疏通尿路。

（2）用药方法（根据临床症状、实验室检查结果等临床实际病情的需要选择以下措施进行治疗）

【措施1】吗啡

犬：0.2～0.5毫克/千克，皮下注射/肌内注射，每4～6小时1次；或0.1毫克/千克，静脉滴注。

猫：0.05～0.1毫克/千克，皮下注射/肌内注射，每日2次。

注意事项：为了保证尿路畅通，可安置导尿管。

【措施2】地塞米松

抗炎：0.01～0.16毫克/千克，静脉注射/肌内注射/口服，每日1次，最多用药3～5天。

注意事项：不宜长期使用，可能引起过敏反应。

【措施3】普鲁卡因、青霉素

犬：普鲁卡因10～20毫升与青霉素20万～40万单位，在尿道损伤部位进行封闭疗法。

【措施4】头孢拉啶

犬：25～50毫克/千克，肌内注射/静脉注射，每日2次。

【措施5】速诺（阿莫西林-克拉维酸钾混悬剂）

0.1毫升/千克，肌内注射/皮下注射，每日1次。

注意事项：避光，密闭贮藏；摇匀使用。

二、尿道炎

1. 概念

尿道炎是尿道黏膜的炎症，临床以频频尿意和尿频为特征。

2. 临床症状

（1）病犬、猫频频排尿，但排尿困难，痛苦不安。

（2）尿液浑浊，呈线状断续排出。

（3）尿中混有炎性分泌物，严重者混有脓液或血液，有时混有脱落的黏膜。

（4）触诊患部敏感，探诊时导尿管插入困难，病犬、猫疼痛不安。

3. 用药指南

（1）用药原则　以消除病因、控制感染为原则。

（2）用药方法（根据临床症状、实验室检查结果等临床实际病情的需要选择以下措施进行治疗）

【措施1】雷佛努尔或洗必泰

0.1%，冲洗尿道，每日1～2次。

注意事项：洗必泰与肥皂、碘化钾、硼砂、碳酸氢盐、碳酸盐、氧化物、枸橼酸盐、磷酸盐和硫酸盐有配伍禁忌。

【措施2】呋喃坦啶

5毫克/千克，口服，每日2～3次。

注意事项：与萘啶酸不宜合用，因两者有拮抗作用。

【措施3】乌洛托品

0.5～2克/次，口服，静脉滴注。

注意事项：可能引起膀胱刺激症状及血尿，停药后可缓解。本品对胃有刺激性，服用时间过长有时可能产生尿频、血尿等副作用。肾功能严重不全动物禁用。

【措施4】氨苄西林

20～30毫克/千克，口服，每日2～3次；10～20毫克/千克，静脉滴注/皮下注射/肌内注射，每日2～3次。

注意事项：本类药品可出现与剂量无关的过敏反应，表现为皮疹、发热、嗜酸性粒细胞增多、白细胞和血小板减少、贫血、淋巴结病或全身性过敏反应。对青霉素酶敏感，不宜用于耐青霉素的金黄色葡萄球菌感染。

【措施5】速诺（阿莫西林-克拉维酸钾混悬剂）

0.1毫升/千克，肌内注射/皮下注射，每日1次，连用3～5日。

注意事项：避光，密闭贮藏；摇匀使用。

【措施6】拜有利

0.2毫升/千克，肌内注射/皮下注射，每日1次，连用3～5日；5毫克/千克，口服，每日1次，连用5～10日。

注意事项：勿用于12个月龄前的犬或未发育成熟的犬及软骨损伤动物；禁用于妊娠期或哺乳期动物。偶发胃肠道功能紊乱。

三、膀胱炎

1. 概念

膀胱炎是膀胱黏膜或黏膜下层组织的炎症，多由病原微生物感染所致，临床特征是尿频和尿中含有大量膀胱上皮细胞、脓细胞和白细胞等。

2. 临床诊断

（1）病犬、猫频频排尿或做排尿姿势，但排尿时疼痛不安，每次排出的尿量很少，或呈滴状流出。

（2）尿液混浊，有强烈的氨臭味，并混有多量黏液、血液或血凝块和大量白细胞等。

（3）触诊膀胱疼痛，多呈空虚状态。

（4）当炎症波及深部组织，或同时伴有肾炎、输尿管炎时，出现体温升高、精神沉郁、食欲不振等不同程度的全身症状。

3. 用药指南

（1）用药原则　以改善饲养管理、抗菌消炎和对症治疗为原则。

（2）用药方法（根据临床症状、实验室检查结果等临床实际病情的需要选择以下措施进行治疗）

【措施1】雷佛努尔溶液或高锰酸钾溶液

0.1%溶液，冲洗膀胱。

【措施2】明矾溶液或鞣酸溶液

1%～2%溶液，冲洗膀胱。

【措施3】青霉素

40万～80万单位溶于5～10毫升注射用水中直接注入。

注意事项：有产生过敏反应的潜在可能。

【措施4】恩诺沙星

犬：2.5～5毫克/千克，口服/皮下注射/静脉滴注，每日2次。

注意事项：勿用于12个月龄前的犬或未发育成熟的犬及软骨损伤动物；禁用于妊娠期或哺乳期动物。

【措施5】止血敏

5～15毫克/千克，肌内注射，每日2次。

注意事项：预防外科手术出血，应术前15～30分钟用药。

【措施6】安络血

0.1～0.3毫克/千克，肌内注射，每日2次。

注意事项：适用于因毛细血管损伤及通透性增加所致出血，如鼻血、视网膜出血、咯血、胃肠出血、尿血、痔疮出血及子宫出血等，也用于血小板减少性紫癜，但止血效果不十分理想。

【措施7】优泌可

犬：每10千克1片，口服，每日1次。

猫：每5千克1片，口服，每日1次。

注意事项：开封后尽快食用，密封、避光保存。

【措施8】咪尿通（猫）

首次用药（2～3周）：2粒/（日·只）。

维持用药（长期）：1粒/（日·只），混食或整服。

注意事项：开封后尽快食用，密封、避光保存。

四、急性肾功能衰竭

1. 概念

急性肾功能衰竭是指各种致病因素造成的肾实质急性损害，是一种危重的急性综合征。临床上以少尿或无尿、氮质血症、水和电解质代谢失调、血钾含量增高等为特征。

2. 临床诊断

（1）少尿期

① 初期，病犬、猫在原发病症状的基础上，排尿量明显减少，甚至无尿。

② 表现水肿、心力衰竭、高血压、高钾血症、低钠血症、酸中毒和尿毒症等症状，并易继发或并发感染。

（2）多尿期

① 水肿开始消退、血压逐渐下降，但是血中氮质代谢产物的浓度在多尿初期反而上升。

② 四肢无力、瘫痪，心律紊乱甚至休克，重者可因室性颤动等而猝死，病犬、猫多死于多尿期，故又称为危险期。此期持续时间约 1～2 周。

（3）恢复期

① 病犬、猫排尿量逐渐恢复正常，各种症状逐渐减轻或消除。

② 表现四肢乏力、肌肉萎缩、消瘦等，因此应根据病情，继续加强调养和治疗。

3 重症犬、猫，若肾小球功能迟迟不能恢复，转为慢性肾功能衰竭。

3. 用药指南

（1）用药原则　以消除病因、防止脱水和休克、纠正高血钾和酸中毒、缓解氮血症为原则。

（2）用药方法（根据临床症状、实验室检查结果等临床实际病情的需要选择以下措施进行治疗）

【措施 1】速尿

1～5 毫克/千克，肌内注射/静脉注射，每日 3 次。

注意事项：可诱发低钠、低钾、低钙血症与低血镁等电解质平衡紊乱，另外，在脱水动物易出现氮血症；大剂量静脉注射可能使犬听觉丧失；还可引起胃肠道功能紊乱、贫血、白细胞减少和衰弱等症状。

【措施 2】碳酸氢钠

犬：1～2 克/千克体重，静脉注射。

注意事项：大量静脉注射时偶见代谢性碱中毒、低血钾症，易出现心律失常、肌肉痉挛；剂量过大或肾功能不全患病动物偶见水肿、肌肉疼痛等症状。

【措施 3】生理盐水或乳酸林格液

10～20 毫升/千克，静脉注射。

【措施 4】葡萄糖

25%溶液，1～3 毫升/千克，静脉注射。

【措施 5】氨苄西林

犬：20～30毫克/千克，口服，每日2～3次；10～20毫克/千克，静脉滴注/皮下注射/肌内注射，每日2～3次。

注意事项：本类药品可出现与剂量无关的过敏反应，表现为皮疹、发热、嗜酸性粒细胞增多、白细胞和血小板减少、贫血、淋巴结病或全身性过敏反应。对青霉素酶敏感，不宜用于耐青霉素的金黄色葡萄球菌感染。

【措施6】速诺（阿莫西林-克拉维酸钾混悬剂）

0.1毫升/千克，肌内注射/皮下注射，每日1次，连用3～5日。

注意事项：避光，密闭贮藏；摇匀使用。

【措施7】地塞米松

犬：0.05～0.1毫克/千克，每日1次。

猫：0.125毫克/千克，每日1次。

注意事项：不可突然停药；地塞米松不能与氯化钙、磺胺嘧啶钠、盐酸四环素、盐酸土霉素等配伍。

【措施8】犬肾易康

谨遵医嘱，餐中或餐后服用。

【措施9】丰姿兴

起始期：2粒/2.5千克，每日2次。保健期：1粒/2.5千克，每日2次。

注意事项：阴凉干燥、避光保存。

五、慢性肾功能衰竭

1. 概念

慢性肾功能衰竭是指因功能性肾组织长期或严重损害，承担肾功能的肾单位绝对数减少引起机体内环境平衡失调和代谢严重紊乱而出现的临床综合征。

2. 临床诊断

（1）Ⅰ期为储备能减少期，表现血中肌酸酐和尿素氮轻度升高。

（2）Ⅱ期为代偿期，出现多尿烦渴，并可见轻度脱水、贫血和心力衰竭等症状。

（3）Ⅲ期为氮质血症期，表现排尿量减少、中度或重度贫血。血钙浓度降低，血钠浓度多降低，血磷浓度升高，血中尿素氮浓度升高，多伴有代谢性酸中毒。

（4）Ⅳ期为尿毒症期，表现无尿，血钠、血钙浓度降低，血钾、血磷浓度升高，并伴有代谢性酸中毒、尿中毒症状、神经症状和骨骼明显变形等。

3. 用药指南

（1）用药原则　消除病因，防止脱水和休克，纠正水、电解质和酸碱平衡紊乱，进行对症治疗。

（2）用药方法（根据临床症状、实验室检查结果等临床实际病情的需要选择以下措施进行治疗）

【措施1】速尿

1～5毫克/千克，肌内注射/静脉注射，每日3次。

注意事项：可诱发低钠、低钾、低钙血症与低血镁等电解质平衡紊乱，另外，在脱水动物易出现氮血症；大剂量静脉注射可能使犬听觉丧失；还可引起胃肠道功能紊乱、贫血、白细胞减少和衰弱等症状。

【措施2】碳酸氢钠

犬：1～2克/千克体重，静脉注射。

注意事项：大量静脉注射时偶见代谢性碱中毒、低血钾症，易出现心律失常、肌肉痉挛；剂量过大或肾功能不全动物偶见水肿、肌肉疼痛等症状。

【措施3】生理盐水或乳酸林格液

10～20毫升/千克，静脉注射。

【措施4】葡萄糖

25％溶液，1～3毫升/千克，静脉注射。

【措施5】氨苄西林

犬：20～30毫克/千克，口服，每日2～3次；10～20毫克/千克，静脉滴注/皮下注射/肌内注射，每日2～3次。

注意事项：本类药品可出现与剂量无关的过敏反应，表现为皮疹、发热、嗜酸性粒细胞增多、白细胞和血小板减少、贫血、淋巴结病或全身性过敏反应。对青霉素酶敏感，不宜用于耐青霉素的金黄色葡萄球菌感染。

【措施6】速诺（阿莫西林-克拉维酸钾混悬剂）

0.1毫升/千克，肌内注射/皮下注射，每日1次，连用3～5日。

注意事项：避光，密闭贮藏；摇匀使用。

【措施7】地塞米松

犬：0.05～0.1毫克/千克，口服，每日1次。

猫：0.125毫克/千克，口服，每日1次。

注意事项：不可突然停药；地塞米松不能与氯化钙、磺胺嘧啶钠、盐酸四环素、盐酸土霉素等配伍。

【措施8】犬肾易康

谨遵医嘱，餐中或餐后服用。

【措施9】胺肾

规格：300毫克、1000毫克，谨遵医嘱。

注意事项：用于犬猫慢性肾衰，亦可用于预防或减缓慢性肾衰竭的恶化。

六、肾小球肾炎

1. 概念

肾小球肾炎简称肾炎，是一种由感染后或中毒后变态反应引起的肾脏弥散性肾小球损害为主的疾病。临床上以肾区敏感、疼痛、水肿、高血压、血尿和蛋白尿为特征。

2. 临床诊断

（1）急性肾小球肾炎

① 精神沉郁，体温升高，食欲不振，有时发生呕吐、腹泻、肾区敏感、触诊疼痛，肾

脏肿大。

② 不愿活动，步态强拘，站立时背腰拱起，后肢集拢于腹下。

③ 频频排尿，但尿量较少，可能有血尿或无尿。病程延长，可见眼睑、胸腹下发生水肿。

④ 发展为尿毒症时，则出现呼吸困难、衰竭无力、肌肉痉挛、昏睡。体温降低，呼出气体中有尿臭味。

（2）慢性肾小球肾炎

① 发展缓慢，食欲不振，消瘦。被毛无光泽，皮肤失去弹性，体温正常或偏低，可见黏膜苍白。

② 有的出现明显的水肿、高血压、血尿或尿毒症。

③ 病初期多尿后期少尿，发展为尿毒症时意识丧失、肌肉痉挛、昏睡。可能反复发作。

3. 用药指南

（1）用药原则　以加强护理、抗菌消炎、利尿消肿、抑制免疫反应和防止尿毒症为原则。

（2）用药方法（根据临床症状、实验室检查结果等临床实际病情的需要选择以下措施进行治疗）

【措施1】速尿

1～5毫克/千克，肌内注射/静脉注射，每日3次。

注意事项：可诱发低钠、低钾、低钙血症与低血镁等电解质平衡紊乱，另外，在脱水动物易出现氮血症；大剂量静脉注射可能使犬听觉丧失；还可引起胃肠道功能紊乱、贫血、白细胞减少和衰弱等症状。

【措施2】氢氯噻嗪

犬：12.5～25毫克/只，肌内注射；0.5～4毫克/千克，口服，每日1～2次。

猫：12.5毫克/只，肌内注射；1～4毫克/千克，口服，每日1～2次。

注意事项：用于喉部或肺部有水肿。可能会出现胃肠道症状，患有肝肾功能不全及糖尿病、高尿酸血症、痛风、高钙血症、低钠血症以及红斑狼疮等病犬需要禁用。长期使用应同时补充钾盐，同时限制饮食中盐的摄入。

【措施3】环孢霉素A

犬：15毫克/千克，口服，每日1次。

注意事项：可能出现厌食、恶心、呕吐等不良症状。

【措施4】硫唑嘌呤

犬：1～2.5毫克/千克，口服，每日1次，隔天1次。

注意事项：如出现全身不适、恶心、呕吐、腹泻、发热、寒战和低血压，应立即停药和给予支持疗法，可使大部分病例恢复。

【措施5】环磷酰胺

犬：2.2毫克/千克，口服，每日1次，每周连用4天。

注意事项：妊娠及哺乳期禁用。感染、肝肾功能损害动物禁用或慎用。

【措施6】氨苄西林

犬：20～30毫克/千克，口服，每日2～3次；10～20毫克/千克，静脉滴注/皮下注射/

肌内注射，每日 2～3 次。

注意事项：本类药品可出现与剂量无关的过敏反应，表现为皮疹、发热、嗜酸性粒细胞增多、白细胞和血小板减少、贫血、淋巴结病或全身性过敏反应。对青霉素酶敏感，不宜用于耐青霉素的金黄色葡萄球菌感染。

【措施 7】恩诺沙星

0.2 毫升/千克，肌内或皮下注射，每日 1 次，连用 3～5 日。

注意事项：勿用于 12 个月龄的犬或未发育成熟的犬及软骨损伤动物；禁用于妊娠期或哺乳期动物；癫痫动物慎用；肾功能不良动物慎用，易引发结晶尿。偶发胃肠道功能紊乱。

【措施 8】头孢拉啶

犬：50～100 毫克/千克，口服，每日 2 次；25～50 毫克/千克，肌内注射/静脉滴注，每日 2 次。

注意事项：对青霉素过敏慎用。对头孢类抗生素过敏禁用。肾功能不全应酌情减量。

【措施 9】速诺（阿莫西林-克拉维酸钾混悬剂）

0.1 毫升/千克，肌内注射/皮下注射，每日 1 次，连用 3～5 日。

注意事项：避光，密闭贮藏；摇匀使用。

【措施 10】地塞米松

犬：0.05～0.1 毫克/千克，口服，每日 1 次。

猫：0.125 毫克/千克，口服，每日 1 次。

注意事项：不可突然停药；地塞米松不能与氯化钙、磺胺嘧啶钠、盐酸四环素、盐酸土霉素等配伍。

七、肾病综合征

1. 概念

肾病综合征又称肾小球肾病，是一组由多种致病因素引起肾小球轻微病变为主的非炎性肾脏疾患综合征。临床上以蛋白尿、浮肿、肾功能降低、低蛋白血症和高脂血症为特征。

2. 临床诊断

（1）轻者仅见尿中有少量蛋白和肾上皮细胞。重者表现渐进性全身水肿，严重时胸腔和腹腔积水。

（2）尿量减少、尿比重较高、尿蛋白试验呈强阳性反应，尿沉渣检查可见大量肾上皮管型。

（3）血液学检查呈现血清总蛋白量降低、总胆固醇含量增高、血脂增高、血液尿素氮升高。表现贫血、衰弱、消瘦。

3. 用药指南

（1）用药原则　以消除病因、改善营养、利尿消肿、抗炎抗过敏、增强免疫力为原则。

（2）用药方法（根据临床症状、实验室检查结果等临床实际病情的需要选择以下措施进行治疗）

【措施1】速尿

1～5毫克/千克，肌内注射/静脉注射，每日3次。

注意事项：可诱发低钠、低钾、低钙血症与低血镁等电解质平衡紊乱，另外，在脱水动物易出现氮血症；大剂量静脉注射可能使犬听觉丧失；还可引起胃肠道功能紊乱、贫血、白细胞减少和衰弱等症状。

【措施2】氢氯噻嗪

犬：12.5～25毫克/只，肌内注射；0.5～4毫克/千克，口服，每日1～2次。

猫：12.5毫克/只，肌内注射；1～4毫克/千克，口服，每日1～2次。

注意事项：可能会出现胃肠道症状，患有肝肾功能不全及糖尿病、高尿酸血症、痛风、高钙血症、低钠血症以及红斑狼疮等病犬需要禁用。长期使用应同时补充钾盐，同时限制饮食中盐的摄入。

【措施3】氨苄青霉素

10～20毫克/千克，肌内注射/静脉注射，每日2～3次。

注意事项：本类药品可出现与剂量无关的过敏反应，表现为皮疹、发热、嗜酸性粒细胞增多、白细胞和血小板减少、贫血、淋巴结病或全身性过敏反应。对青霉素酶敏感，不宜用于耐青霉素的金黄色葡萄球菌感染。

【措施4】速诺（阿莫西林-克拉维酸钾混悬剂）

0.1毫升/千克，肌内注射/皮下注射，每日1次，连用3～5日。

注意事项：避光，密闭贮藏；摇匀使用。

【措施5】恩诺沙星

5毫克/千克，口服，每日1次，连用5～10日。

0.2毫升/千克，肌内或皮下注射，每日1次，连用3～5日。

注意事项：勿用于12个月龄的犬或未发育成熟的犬及软骨损伤动物；禁用于妊娠期或哺乳期动物；癫痫动物慎用；肾功能不良动物慎用，易引发结晶尿。偶发胃肠道功能紊乱。

【措施6】犬血白蛋白

犬：每千克给予本品1毫升（200毫克），静脉推注/静脉滴注，每日1次或隔日1次，可根据病情酌情加减。用5%葡萄糖注射液或0.9%氯化钠注射液稀释后静脉滴注。本品4倍稀释后的溶液与一般血浆大致等渗。

注意事项：冰冻后严禁使用，严重酸碱代谢紊乱病犬慎用。不得与其他药物混合使用。

【措施7】猫血白蛋白

<5千克，5毫升；5～10千克，10毫升；>10千克，20～40毫升，每日1次。用5%葡萄糖注射液或氯化钠注射液稀释后，静脉滴注。

注意事项：避光，2～8℃保存。

【措施8】犬肾易康

谨遵医嘱，餐中或餐后服用。

第六章 血液循环系统疾病

第一节　心血管疾病

一、心律不齐

1. 概念

心律不齐是犬、猫脉搏异常和出现不规则心音的病理表现。临床上表现为脉搏异常和不规则心音并引起虚弱、衰竭、癫痫样发作或突然死亡。

2. 临床诊断

（1）有的犬、猫无明显危害，有的可突然死亡。

（2）轻症心音和脉搏异常，易疲劳，运动后呼吸和心跳次数恢复缓慢。

（3）重症则表现为无力，安静时呼吸促迫，严重心律不齐，呆滞，痉挛，昏睡，衰竭，甚至突然死亡。

（4）听诊和触诊时可发现心音和脉搏不规则。死后剖检无明显肉眼可见变化。

3. 用药指南

（1）用药原则　根据诊断结果，在治疗原发病的同时，加强饮食管理并结合药物治疗。

（2）用药方法（根据临床症状、实验室检查结果等临床实际病情的需要选择以下措施进行治疗）

【措施1】利多卡因

犬：1～4毫克/千克，静脉滴注。

猫：0.25～0.5毫克/千克，静脉滴注，缓慢推入。

注意事项：严格控制用量。

【措施2】奎尼丁

6～20毫克/千克，肌内注射/口服，每日3～4次。

注意事项：对该药过敏者或曾应用该药引起血小板减少性紫癜者禁用。

【措施3】普鲁卡因胺

犬：10～20毫克/千克，肌内注射/口服，每日3～4次；6～20毫克/千克，缓慢静脉滴

注：加入 5％葡萄糖溶液中静脉滴注。

猫：3～8 毫克/千克，口服，每日 3～4 次；2 毫克/千克，静脉滴注；加入 5％葡萄糖溶液中静脉滴注。

注意事项：大剂量口服出现恶心、呕吐、腹泻等胃肠道反应。

【措施 4】心得安

犬：0.15～1.0 毫克/千克，口服，每日 3 次；0.01～0.1 毫克/千克，静脉滴注 5～10 分钟。

猫：2.5～5 毫克，口服，每日 2～3 次。

【措施 5】洋地黄毒苷

犬：0.006～0.012 毫克/千克，全效量，静脉滴注，维持量为全效量的 1/10；0.11 毫克/千克，口服，每日 2 次，全效量，维持量为全效量的 1/10，每日 1 次。

注意事项：可能出现心律失常、恶心、呕吐（刺激延髓中枢）、无力等。

【措施 6】硫酸阿托品

0.01～0.04 毫克/千克，肌内注射/皮下注射/静脉滴注，遵照医嘱。

注意事项：眼部用药后可能产生皮肤、黏膜干燥，发热，面部潮红，心动过速等现象。少数眼睑出现发痒、红肿，结膜充血等过敏现象，应立即停药。青光眼及前列腺肥大动物禁用。妊娠期与哺乳期应避免使用或停止哺乳。避光，密闭，在凉暗处（避光并不超过 20℃）保存。开封后，最多可使用 4 周。

【措施 7】异丙肾上腺素

0.01～0.02 微克/千克/分钟，静脉滴注。

【措施 8】肾上腺素

犬：0.1～0.5 毫升/次，皮下注射/静脉滴注/肌内注射/心室注射。

猫：0.1～0.2 毫升/次，皮下注射/静脉滴注/肌内注射/心室注射。

注意事项：本品可诱发兴奋、不安、颤抖、呕吐、高血压、心律失常等。局部重复注射可引起注射部位组织坏死。避光，密闭，在阴凉处（不超过 20℃）保存。

【措施 9】去甲肾上腺素

0.4～2 毫克/次，肌内注射/静脉滴注/心室注射。

注意事项：药液外漏可引起局部组织坏死。

【措施 10】氯化钙

10％，1～2 毫升，左心室内注射。

二、心力衰竭

1. 概念

心力衰竭不是一个独立的疾病，它是多种疾病过程中发生的一种综合征，临床上表现为心肌收缩力减弱、心排血量减少、静脉回流受阻、动脉系统供血不足、全身血液循环障碍等一系列症状和体征。心力衰竭可分为左心衰竭和右心衰竭，但任何一侧心力衰竭均可影响对侧。

2. 临床诊断

（1）急性心力衰竭

① 呼吸困难，精神极度沉郁。

② 脉搏细数而微弱，可视黏膜发绀，体表静脉怒张。

③ 神志不清，突然倒地痉挛，体温降低，并发肺水肿。

④ 胸部听诊可见广泛性湿性啰音，两侧鼻孔流出泡沫样鼻汁。

（2）慢性心力衰竭

① 发展缓慢，精神沉郁，呼吸困难，黏膜发绀。

② 四肢末端发生水肿，运动后水肿会减轻或消失。

③ 听诊心音减弱，出现机械性杂音和心律不齐。心脏叩诊浊音区扩大。

（3）左心衰竭

① 犬、猫主要呈现肺循环淤血、呼吸加快和呼吸困难。

② 听诊有各种性质的啰音，并发咳嗽等。

（4）右心衰竭

① 体循环淤血和心脏性水肿（全身性水肿），尿生成减少。

② 钠和水在组织内潴留，加重了心性水肿。

③ 脑、胃、肠、肝、肾等实质脏器淤血。

3. 用药指南

（1）用药原则　减轻心脏负担，提高心肌收缩力；使用强心剂和血管扩张剂，辅之以对症治疗。

（2）用药方法（根据临床症状、实验室检查结果等临床实际病情的需要选择以下措施进行治疗）

【措施1】安定

犬：0.2～0.6毫克/千克，静脉滴注。

猫：0.1～0.2毫克/千克，静脉滴注。

【措施2】洋地黄毒苷

犬：0.006～0.012毫克/千克，全效量，静脉滴注，维持量为全效量的1/10；0.11毫克/千克，口服，每日2次，全效量，维持量为全效量的1/10，每日1次。

注意事项：可能出现心律失常、恶心、呕吐（刺激延髓中枢）、无力等。

【措施3】毛花丙苷

静脉滴注时将0.3～0.6毫克毛花丙苷混于10～20倍5%葡萄糖溶液，4～6小时注射完成。

注意事项：剂量过大会产生室性期外收缩、阵发室上性心动过速、传导阻滞。

【措施4】氢氯噻嗪

犬：12.5～25毫克/只，肌内注射；0.5～4毫克/千克，口服，每日1～2次。

猫：12.5毫克/只，肌内注射；1～4毫克/千克，口服，每日1～2次。

注意事项：可能会出现胃肠道症状，患有肝肾功能不全及糖尿病、高尿酸血症、痛风、高钙血症、低钠血症以及红斑狼疮等病犬需要禁用。长期使用应同时补充钾盐，并同时限制饮食中盐的摄入。

【措施5】速尿

1～5毫克/千克，肌内注射/静脉注射，每日3次。

注意事项：可诱发低钠、低钾、低钙血症与低血镁等电解质平衡紊乱，另外，在脱水动物易出现氮血症；大剂量静脉注射可能使犬听觉丧失；还可引起胃肠道功能紊乱、贫血、白细胞减少和衰弱等症状。

【措施6】络活喜

犬：0.05～0.25毫克/千克，口服，每日1次。

猫：0.625～1.25毫克/千克，口服，每日1次。

注意事项：对氨氯地平过敏禁用本品。

【措施7】开博通

犬：0.5～2毫克/千克，口服，每日2～3次。

注意事项：遮光，密封保存。肾功能不全，以及妊娠期与哺乳期动物慎用。

【措施8】欣贝宁、乐汀心

0.25～0.5毫克/千克，口服，每日1次。

注意事项：用于治疗犬的充血性心力衰竭。

三、期前收缩

1. 概念

期前收缩是指异位起搏点发出的过早冲动引起的心脏搏动，为最常见的心律失常。

2. 临床诊断

通常犬不表现症状。表现为第一心音增强、第二心音减弱或消失。

3. 用药指南

（1）用药原则　以治疗原发病、对症治疗为原则。

（2）用药方法（根据临床症状、实验室检查结果等临床实际病情的需要选择以下措施进行治疗）

【措施1】利多卡因

犬：1～4毫克/千克，静脉滴注。

猫：0.25～0.5毫克/千克，静脉滴注，缓慢推入；10～40微克/（千克·分），静脉滴注，连续注入。

注意事项：严格控制用量。

【措施2】奎尼丁

6～20毫克/千克，肌内注射/口服，每日3～4次。

注意事项：对该药过敏或曾应用该药引起血小板减少性紫癜动物禁用。

【措施3】普鲁卡因胺

犬：10～20毫克/千克，肌内注射/口服，每日3～4次；6～20毫克/千克，缓慢静脉滴注。

猫：3～8毫克/千克，口服，每日3～4次；2毫克/千克，静脉滴注。

【措施4】心得安

犬：0.15～1.0毫克/千克，口服，每日3次；0.01～0.1毫克/千克，静脉滴注5～10分钟。

猫：2.5～5 毫克，口服，每日 2～3 次。

四、心房间隔损伤

1. 概念

心房间隔缺损为常见的心脏先天性畸形，约占先天性心脏病的 23％。因胚胎期构成心房间隔的有关组织发育不全所形成。常见于西摩犬，一般认为与近亲繁殖的遗传因素有关。

2. 临床诊断

（1）听诊在肺动脉瓣口有最强点的器质性杂音。可听到第二心音的分裂音。
（2）主要表现虚弱、不耐运动和呼吸急促、可视黏膜发绀、呼吸困难。
（3）体表静脉扩张、皮肤浮肿、肝脏肿大和腹腔积水等右心衰竭体征。

3. 用药指南

（1）用药原则　改善心功能不全，重症犬可进行房间隔修补术。
（2）用药方法（根据临床症状、实验室检查结果等临床实际病情的需要选择以下措施进行治疗）
【措施 1】洋地黄毒苷
犬：0.006～0.012 毫克/千克，全效量，静脉滴注，维持量为全效量的 1/10；0.11 毫克/千克，口服，每日 2 次，全效量，维持量为全效量的 1/10，每日 1 次。
注意事项：可能出现心律失常、恶心、呕吐（刺激延髓中枢）、无力等。
【措施 2】地高辛
犬：0.005～0.01 毫克/千克，口服，每日 2 次。
猫：0.005～0.008 毫克/千克，口服，隔天 1 次。
注意事项：导致所有类型的心律不齐和心力衰竭症状的恶化。罕见嗜睡、皮疹、荨麻疹（过敏反应）。

五、心室间隔缺损

1. 概念

室间隔缺损指室间隔在胚胎时期发育不全，形成异常交通，在心室水平产生左向右分流。室间隔缺损是最常见的先天性心脏病，约占先天性心脏病的 20％，可单独存在，也可与其他畸形并存。

2. 临床诊断

（1）全缩期杂音，生长迟滞、容易疲劳、不耐运动以及咳嗽、呼吸窘迫、肺充血、肺水肿等左心衰竭体征。
（2）黏膜发绀、静脉怒张、皮肤浮肿、肝肿大、胸腹腔积液等右心衰竭体征。
（3）听诊吹风样心内杂音。心电图无明显改变，但在肺动脉高压时，心电轴右偏，表明右心室增大。肺动脉、肺静脉以及肺阴影清晰。

（4）X 射线胸透影像显示，右心室、左心房、左心室增大。

3. 用药指南

（1）用药原则 改善心功能不全、防止继发感染。

（2）用药方法（根据临床症状、实验室检查结果等临床实际病情的需要选择以下措施进行治疗）

【措施1】洋地黄毒苷

犬：0.006～0.012毫克/千克，全效量，静脉滴注，维持量为全效量的1/10；0.11毫克/千克，口服，每日2次，全效量，维持量为全效量的1/10，每日1次。

注意事项：可能出现心律失常、恶心、呕吐（刺激延髓中枢）、无力等。

【措施2】速尿

1～5毫克/千克，肌内注射/静脉注射，每日3次。

注意事项：可诱发低钠、低钾、低钙血症与低血镁等电解质平衡紊乱，另外，在脱水动物易出现氮血症；大剂量静脉注射可能使犬听觉丧失；还可引起胃肠道功能紊乱、贫血、白细胞减少和衰弱等症状。

【措施3】氨苯喋啶

0.3～3毫克/千克，口服，每日1～3次，3～5天为1个疗程。

注意事项：对本品过敏，高钾血症，严重肝、肾功能不全动物禁用。

【措施4】氨苄西林

犬：20～30毫克/千克，口服，每日2～3次；10～20毫克/千克，静脉滴注/皮下注射/肌内注射，每日2～3次。

注意事项：本类药品可出现与剂量无关的过敏反应，表现为皮疹、发热、嗜酸性粒细胞增多、白细胞和血小板减少、贫血、淋巴结病或全身性过敏反应。对青霉素酶敏感，不宜用于耐青霉素的金黄色葡萄球菌感染。

【措施5】速诺（阿莫西林-克拉维酸钾混悬剂）

0.1毫升/千克，肌内注射/皮下注射，每日1次，连用3～5日。

注意事项：避光，密闭贮藏，摇匀使用。

【措施6】头孢羟氨苄

10～20毫克/千克，口服，每日1～2次，连用3～5天。

六、法乐四联症

1. 概念

指肺动脉狭窄、室间隔缺损、主动脉骑跨及右室肥厚四种畸形并存。犬的发病率占先天性心脏病的3％～10％。一般认为荷兰毛狮犬有本病的遗传基因，试验性交配其后代的70％发生本病。

2. 临床诊断

（1）发育迟缓、发绀、多血细胞血症等。

（2）漏斗部轻度狭窄时，有的发绀。重度狭窄或闭锁时，有阵发性气喘、严重发绀和活动能力很差。

（3）心室间隔缺损自然封闭时，可出现心功能不全。听诊第一心音正常，第二心音亢进，在肺动脉口处有特征性的器质性心杂音。

3. 用药指南

（1）用药原则　以低氧血症为重点，同时对症治疗。

（2）用药方法（根据临床症状、实验室检查结果等临床实际病情的需要选择以下措施进行治疗）

【措施1】心得安（室性心律失常）

犬：0.15～1.0毫克/千克，口服，每日3次；0.01～0.1毫克/千克，静脉滴注5～10分钟。

猫：2.5～5毫克，口服，每日2～3次。

【措施2】硫酸亚铁

犬：100～300毫克，口服，每日1次。

猫：50～100毫克，口服，每日1次。

注意事项：肝肾功能严重损害，尤其是伴有未经治疗的尿路感染动物禁用。

七、二尖瓣闭锁不全

1. 概念

本病是瓣膜增厚、腱索伸长等组织器官发生改变，使心缩期的左心室血流逆流入左心房的现象，主要表现为左心功能不全的变化。

2. 临床诊断

（1）运动时气喘，发展为安静时呼吸困难以及夜间发作性呼吸困难。

（2）夜间发作性呼吸困难主要发生于深夜11时到次日凌晨2时左右，早晨和傍晚发作少。

3. 用药指南

（1）用药原则　强心、利尿、减轻心负荷。可参照心力衰竭的治疗方法。

（2）用药方法（根据临床症状、实验室检查结果等临床实际病情的需要选择以下措施进行治疗）

【措施1】洋地黄毒苷

犬：0.006～0.012毫克/千克，全效量，静脉滴注，维持量为全效量的1/10；0.11毫克/千克，口服，每日2次，全效量，维持量为全效量的1/10，每日1次。

注意事项：可能出现心律失常、恶心、呕吐（刺激延髓中枢）、无力等。

【措施2】速尿

1～5毫克/千克，肌内注射/静脉注射，每日3次。

注意事项：可诱发低钠、低钾、低钙血症与低血镁等电解质平衡紊乱，另外，在脱水动物易出现氮血症；大剂量静脉注射可使犬听觉丧失；还可引起胃肠道功能紊乱、贫血、白细胞减少和衰弱等症状。

【措施3】开博通

犬：0.5~2毫克/千克，口服，每日2~3次。

注意事项：遮光，密封保存。肾功能不全，以及妊娠期与哺乳期动物慎用。

【措施4】匹莫苯丹注射液

0.2毫升/千克。匹莫苯丹咀嚼片和胶囊可以用于注射后12小时的继续治疗，建议剂量0.25毫克/千克，每日2次。

【措施5】勃欣定

饭前1小时服用，0.25毫克/千克，一日2次。

注意事项：6月龄以内的犬慎用；患有先天性心脏缺损、糖尿病及严重代谢性疾病的犬慎用；繁育期、妊娠期及哺乳期犬慎用。

八、犬扩张性心肌病

1. 概念

犬扩张性心肌病指以心室扩张为特征，并伴有心室收缩功能减退、充血性心力衰竭和心律失常的心肌病。

2. 临床诊断

（1）表现不同程度的左心或左、右心力衰竭的体征。

（2）咳嗽、呼吸困难、晕厥、食欲减退、体重下降、烦渴和腹水。

（3）心区触诊可感心搏动快速而节律失常，听诊可见奔马调，左房室瓣有微弱或中度的收缩期杂音。

（4）右心衰竭表现腹部扩张、厌食、体重下降、易疲劳。拳师犬和多伯曼犬常发生左心衰竭或晕厥。

3. 用药指南

（1）用药原则 减轻心脏负荷，矫正心律失常，增强心脏功能，增加血流灌注，解除充血性心力衰竭。根据心力衰竭的情况选择疗法。

（2）用药方法（根据临床症状、实验室检查结果等临床实际病情的需要选择以下措施进行治疗）

【措施1】洋地黄毒苷

犬：0.006~0.012毫克/千克，全效量，静脉滴注，维持量为全效量的1/10；0.11毫克/千克，口服，每日2次，全效量，维持量为全效量的1/10，每日1次。

注意事项：可能出现心律失常、恶心、呕吐（刺激延髓中枢）、无力等。

【措施2】地高辛

犬：0.005~0.01毫克/千克，口服，每日2次。

注意事项：导致所有类型的心律不齐和心力衰竭症状的恶化。罕见嗜睡、皮疹、荨麻疹（过敏反应）。

【措施3】速尿

1～5 毫克/千克，肌内注射/静脉注射，每日 3 次。

注意事项：可诱发低钠、低钾、低钙血症与低血镁等电解质平衡紊乱，另外，在脱水动物易出现氮血症；大剂量静脉注射可能使犬听觉丧失；还可引起胃肠道功能紊乱、贫血、白细胞减少和衰弱等症状。

【措施 4】多巴酚丁胺

犬：2～25 微克/（千克·分），静脉滴注。

【措施 5】络活喜

犬：0.05～0.25 毫克/千克，口服，每日 1 次。

注意事项：对氨氯地平过敏动物禁用本品。

九、犬肥厚性心肌病

1. 概念

犬肥厚性心肌病是一种以左心室中隔与左心室游离壁不相称肥大为特征的综合征，以左心室舒张障碍、充盈不足或血液流出通道受阻为病理生理学特征的一种慢性心肌病。

2. 临床诊断

（1）精神委顿、食欲废绝、胸壁触诊感有强盛的心搏动，心区听诊有心杂音、奔马律和心律失常。

（2）急性发作时呼吸困难。肺部听诊有广泛分布的捻发音或大小水泡音，叩诊呈浊鼓音，表明有肺淤血和肺水肿。

（3）过度疲劳、呼吸急促、咳嗽、晕厥或突然死亡。

3. 用药指南

（1）用药原则　改善舒张期充盈，减轻充血症状。减少或消除阻塞成分，控制心律失常和防止突然死亡。

（2）用药方法（根据临床症状、实验室检查结果等临床实际病情的需要选择以下措施进行治疗）

【措施 1】心得安

犬：0.15～1.0 毫克/千克，口服，每日 3 次；0.01～0.1 毫克/千克，静脉滴注 5～10 分钟。

【措施 2】维拉帕米

犬：0.05 毫克/千克，静脉滴注，每 10～30 分钟重复。

注意事项：静脉推注可致低血压，偶可致窦性心动过缓、窦性停搏。静脉推注速度不宜过快，否则有可致心搏骤停的危险。

十、猫肥厚性心肌病

1. 概念

现在认为猫发生本病是通过家族性常染色体显性遗传形式传递的，如缅因长毛蓬尾猫外显率达100%。

2. 临床诊断

（1）因肺水肿，出现严重呼吸困难和端坐呼吸。但此前1～2天动物有过厌食和呕吐症状。

（2）急性轻瘫为常见继发性临床症状。

（3）常因应激、急速活动、人工导尿或排粪而突然死亡。

3. 用药指南

（1）用药原则 呼吸困难时供氧，并给予低钠食物，日常用药控制症状。

（2）用药方法（根据临床症状、实验室检查结果等临床实际病情的需要选择以下措施进行治疗）

【措施1】心得安

猫：2.5～5毫克，口服，每日2～3次。

【措施2】地尔硫卓

猫：1.5～2.4毫克/千克，口服，每日2～3次。

注意事项：犬表现为心搏徐缓，猫以呕吐为主。

【措施2】酒石酸美托洛尔

25毫克/20千克，口服，每日2次。

十一、猫限制性心肌病

1. 概念

猫限制性心肌病是以抑制正常心脏收缩和扩张为基础的一种慢性心肌病，是猫第二常见的心肌病。常见的症状主要有呼吸困难、肺水肿、体力不支、衰弱、心律失常等。

2. 临床诊断

（1）常在成年后出现临床症状，发病年龄平均为6～8岁。

（2）呼吸道症状

① 呼吸困难、结膜发绀。

② 肺淤血、肺水肿、胸腔积液等心力衰竭体征。

（3）听诊 心内杂音、奔马调、节律失常等。

（4）心电图检查 可发现期前收缩、房颤、心动迟缓、传导阻滞等。

（5）胸部X射线和心血管造影 结果显示胸腔积液、肺水肿、左心房扩张增大、左心室腔窄小且充盈不足等。

3. 用药指南

（1）用药原则 目前猫限制性心肌病没有根治的办法，只能通过对症治疗来控制病情。减轻心脏负荷、平时良好的饲养管理是治疗关键。

（2）用药方法（根据临床症状、实验室检查结果等临床实际病情的需要选择以下措施进

行治疗）

【措施1】心得安

犬：0.15～1.0毫克/千克，口服，每日3次，或0.01～0.1毫克/千克，静脉滴注5～10分钟。

猫：2.5～5毫克，口服，每日2～3次。

注意事项：可能造成低血压和心动过缓，心力衰竭动物禁用；糖尿病动物可能出现血糖降低。

【措施2】氢氯噻嗪

犬：12.5～25毫克/只，肌内注射；0.5～4毫克/千克，口服，每日1～2次。

猫：12.5毫克/只，肌内注射；1～4毫克/千克，口服，每日1～2次。

注意事项：可能会出现胃肠道症状，患有肝肾功能不全及糖尿病、高尿酸血症、痛风、高钙血症、低钠血症以及红斑狼疮等病犬禁用。长期使用应同时补充钾盐，并同时限制饮食中盐的摄入。

【措施3】速尿

犬：2～4毫克/千克，静脉滴注/肌内注射/口服，每4～12小时1次。

猫：0.5～2毫克/千克，静脉滴注。

注意事项：本药品可能诱发低钠、低钾、低钙血症与低血镁等电解质平衡紊乱，大剂量静脉注射可能使犬听觉丧失。还可引起胃肠道功能紊乱、贫血、白细胞减少和衰弱等症状。

【措施四】酒石酸美托洛尔

25毫克/20千克，每日2次，口服。

注意事项：本药品可能诱发低钠、低钾、低钙血症与低血镁等电解质平衡紊乱，大剂量静脉注射可能使犬听觉丧失。还可引起胃肠道功能紊乱、贫血、白细胞减少和衰弱等症状。

十二、肺源性心肌病

1. 概念

肺源性心肌病又称肺心病，是由于肺组织、胸廓或肺动脉系统病变所引起的肺动脉压力增高、右心负荷增加，进而发生右心肥厚，最后可发展为右心衰竭的心脏病。特征是咳嗽、呼吸困难、腹式呼吸，呈头颈前伸、前肢开张姿势等。

2. 临床诊断

（1）呼吸道症状

① 咳嗽、呼吸困难。

② 腹式呼吸，呈头颈前伸、前肢开张姿势。

（2）听诊　第二心音亢进。

（3）四肢浮肿，有腹水、胸水及肝脏肿大。

3. 用药指南

（1）用药原则　以治疗肺脏疾病为主，去除原发病，同时保护心脏，镇静，调节代偿。

（2）用药方法（根据临床症状、实验室检查结果等临床实际病情的需要选择以下措施进

行治疗）

①　镇静安定药

【措施 1】安定

犬：0.2～0.6 毫克/千克，静脉滴注。

猫：0.1～0.2 毫克/千克，静脉滴注。

注意事项：妊娠动物禁用。

【措施 2】可待因

犬：15～60 毫克/次，口服/皮下注射，每日 3 次。

猫：5～30 毫克/次，口服/皮下注射，每日 3 次。

注意事项：可能引起过敏，重复使用可能产生耐药性，久用有成瘾性。

②　止咳祛痰药

【措施 1】氯化铵

0.2～1 克/次，口服，每日 2～3 次。

注意事项：长期或过量使用可造成酸中毒。

【措施 2】乙酰半胱氨酸

2～5 毫升/次，口腔喷雾，每日 2～3 次。

注意事项：开封后冷藏保存不超过 24 小时。

【措施 3】痰咳净

犬：0.2 克/次，口服，每日 2～3 次。

注意事项：妊娠动物禁用。

【措施 4】复方甘草片

1～2 片/次，口服，每日 3 次。

注意事项：妊娠动物禁用。

③　抗炎抗过敏

【措施 1】地塞米松

0.025～0.2 毫升，静脉注射/肌内注射。

注意事项：幼犬、猫禁用；心脏病动物禁用；使用此药时应适量补充钙、磷；若长时间使用此药，应逐步减少药物使用量；严禁与水杨酸钠同用。

【措施 2】氢化可的松

4 毫克/千克，口服，每日 1 次。

注意事项：患有肝功能不佳、肝脏疾病、免疫系统变弱或受损、糖尿病、心脏问题、系统性感染、高血压的犬、猫慎用，怀孕、哺乳期犬、猫慎用。

④　强心利尿药

【措施 1】洋地黄毒苷

犬：0.006～0.012 毫克/千克，全效量，静脉滴注，维持量为全效量的 1/10；0.11 毫克/千克，口服，每日 2 次，全效量，维持量为全效量的 1/10，每日 1 次。

注意事项：长期使用可造成药品在体内蓄积，引起中毒。不宜与酸、碱类药物配伍。

【措施 2】西地那非

犬：1～3 毫克/千克，口服，2～3 次/日。

猫：0.25～1.6 毫克/千克，口服，每 12 小时 1 次。

注意事项：胃肠道症状、腹股沟发红、缺血性心脏病、梗阻型肥厚性心肌病和室性心率失常慎用。

【措施3】氢氯噻嗪

犬：12.5～25毫克/只，肌内注射；0.5～4毫克/千克，口服，每日1～2次。

猫：12.5毫克/只，肌内注射；1～4毫克/千克，口服，每日1～2次。

注意事项：可能会出现胃肠道症状，患有肝肾功能不全及糖尿病、高尿酸血症、痛风、高钙血症、低钠血症以及红斑狼疮等病犬需要禁用。长期使用应同时补充钾盐，并同时限制饮食中盐的摄入。

十三、心肌炎

1. 概念

心肌炎指以心肌兴奋性增强和收缩机能减弱为特征的心肌炎症，是猫常见的心脏病。特征是全身衰竭、震颤、昏迷、突然死亡等。

2. 临床诊断

（1）急性心肌炎

① 心肌兴奋、脉搏增强、心悸亢进、心音高朗。

② 冠状循环障碍、心肌变性、第二心音减弱。

③ 有收缩期杂音、期前收缩、心律不齐。

（2）慢性心肌炎　呈周期性心脏衰竭。

（3）重症心肌炎

① 剧烈运动后，呼吸困难，黏膜发绀，脉搏加快，节律不齐。

② 体表浮肿。

③ 全身衰竭、震颤。动物昏迷或突然死亡。

3. 用药指南

（1）用药原则　去除病因，减轻心脏负担，增加心肌营养，抗感染，对症治疗。

（2）用药方法（根据临床症状、实验室检查结果等临床实际病情的需要选择以下措施进行治疗）

① 消炎，防止继发感染

【措施1】氨苄西林

犬：20～30毫克/千克，口服，每日2～3次。

猫：10～20毫克/千克，静脉滴注/皮下注射/肌内注射。

注意事项：本类药品可出现与剂量无关的过敏反应，表现为皮疹、发热、嗜酸性粒细胞增多、白细胞和血小板减少、贫血、淋巴结病或全身性过敏反应。对青霉素酶敏感，不宜用于耐青霉素的金黄色葡萄球菌感染。

【措施2】速诺（阿莫西林-克拉维酸钾混悬剂）

0.1毫升/千克，每天1次，连用3～5天，肌内注射/皮下注射。

注意事项：避光，密闭贮藏，摇匀使用。

【措施 3】头孢曲松

20～30 毫克/千克，肌内注射/皮下注射/静脉滴注，每日 2 次。

注意事项：对头孢类药物过敏的犬、猫禁用；肝肾功能不全、孕期或哺乳期犬、猫禁用。且应用此药时慎用其他药物，尤其是含乙醇类药物，尽量单独给药。

② 镇静安定

【措施】乙酰丙嗪

犬：0.025～0.2 毫克/千克，静脉滴注，最大 2.5 毫克，或 0.1～0.25 毫克/千克，肌内注射/皮下注射/口服。

猫：0.025～0.1 毫克/千克，静脉滴注，最大 1 毫克。

注意事项：拳师犬应降低剂量使用或避免使用，癫痫动物应避免使用。

③ 治疗心功能不全，充血性心力衰竭

【措施 1】心得安（室性心律失常）

犬：0.15～1.0 毫克/千克，口服，每日 3 次，或 0.01～0.1 毫克/千克，静脉滴注 5～10 分钟。

猫：2.5～5 毫克，口服，每日 2～3 次。

注意事项：可能造成低血压和心动过缓，心力衰竭动物禁用；糖尿病动物可能出现血糖降低。

【措施 2】盐酸多巴胺注射液

5～10 微克/千克/分钟，静脉滴注，每日 1 次。

注意事项：大剂量应用时可见呼吸加快及心律失常，停药后即迅速消失。本品使用前应补充血容量及纠正酸中毒。

【措施 3】地高辛

0.005～0.01 毫克/千克，口服，每 12 小时给药 1 次。

注意事项：导致所有类型的心律不齐和心力衰竭症状的恶化。罕见嗜睡、皮疹、荨麻疹（过敏反应）。

【措施 4】F5（盐酸贝那普利）

0.5 毫克/（千克·次），口服，每日 1 次。

注意事项：该药使用可能会引起小肠血管性水肿、过敏反应、高钾血症、粒细胞缺乏症、嗜中性粒细胞减少。

④ 利尿，减少渗出，缓解水肿

【措施 1】氢氯噻嗪

犬：12.5～25 毫克/只，肌内注射；0.5～4 毫克/千克，口服，每日 1～2 次。

猫：12.5 毫克/只，肌内注射；1～4 毫克/千克，口服，每日 1～2 次。

【措施 2】速尿

犬：2～4 毫克/千克，静脉滴注/肌内注射/口服，每 4～12 小时 1 次。

猫：0.5～2 毫克/千克，静脉滴注，每日 3 次。

注意事项：本药品可能诱发低钠、低钾、低钙血症与低血镁等电解质平衡紊乱，大剂量静脉注射可能使犬听觉丧失。还可引起胃肠道功能紊乱、贫血、白细胞减少和衰弱等症状。

⑤ 补液，改善心肌代谢，修复损伤心肌

【措施 1】门冬氨酸钾镁

常规用量为每次 1～2 片，每日 3 次；根据具体情况剂量可增加至每次 3 片、每日 3 次。

注意事项：餐后服用。

【措施 2】ATP 注射液

10～20 毫克/次，一日 10～40 毫克，肌内注射/静脉注射，生理盐水稀释。

注意事项：静注宜缓慢，以免引起头晕、头胀、胸闷及低血压等。心肌梗死和脑出血动物在发病期慎用。

【措施 3】辅酶 A

25～50 单位/次，5％葡萄糖溶解后静脉滴注；氯化钠溶解后肌内注射。

注意事项：注意补液速度和补液量，尤其是老年动物。

十四、心内膜炎

1. 概念

心内膜炎是指心内膜及心脏瓣膜的炎症。在犬、猫中，二尖瓣、三尖瓣和主动脉瓣是最常受侵害的部位。

2. 临床诊断

（1）呼吸道症状

① 持久性或周期性发热。

② 精神沉郁或嗜睡、食欲减退。

③ 运动后气喘、咳嗽。

④ 夜间咳嗽剧烈，间歇时间短。

（2）心内症状（主要是猫）

① 后肢运步困难。

② 左心室肥大、左心房扩张、心房肥大。

③ 主动脉和心房栓塞。

（3）听诊　缩期杂音及奔马律心杂音。

3. 用药指南

（1）用药原则　有效抗生素足够剂量和疗程，控制脓毒败血症，防止心力衰竭、肾衰竭和心律失常。

（2）用药方法（根据临床症状、实验室检查结果等临床实际病情的需要选择以下措施进行治疗）

① 消炎，防止继发感染

【措施 1】青霉素。

15～25 毫克/千克，肌内注射/静脉注射，每日 1 次。

注意事项：青霉素的安全范围广，主要不良反应是过敏，大多数动物均可发生；局部反应表现为注射部位水肿、疼痛，全身反应为荨麻疹、皮疹或虚脱，严重者可引起死亡；对某些动物，青霉素可诱导胃肠道的二重感染。用青霉素类药物治疗放线菌病剂量要大，时间要长，一般需 2～8 个月，直到无临床症状和 X 线检查正常为止。

【措施2】速诺（阿莫西林-克拉维酸钾混悬剂）

0.1 毫升/千克，每天 1 次，连用 3～5 天，肌内注射/皮下注射。

注意事项：避光，密闭贮藏，摇匀使用。

【措施3】拜有利

5 毫克/千克，每天 1 次，口服。

注意事项：勿用于 12 个月龄的犬或未发育成熟的犬及软骨损伤动物；禁用于妊娠期或哺乳期动物；癫痫动物慎用；肾功能不良动物慎用，易引发结晶尿。偶发胃肠道功能紊乱。

【措施4】头孢唑啉钠

15～30 毫克/千克，静脉滴注/肌内注射。

注意事项：应用可出现过敏反应（皮疹、荨麻疹、嗜伊红细胞增高、药热及其他过敏反应）；本品有肾脏毒性，应用时应警惕发生肾功能异常的可能性，对青霉素过敏动物慎用；对头孢类药物过敏的犬、猫禁用；肝肾功能不全、孕期或哺乳期犬、猫禁用。

【措施5】两性霉素 B

犬：0.25～0.5 毫克/千克，隔天 1 次，总剂量 8～10 毫克/千克或不使尿素氮和肌酸酐水平升高。

猫：0.25 毫克/千克，静脉滴注，隔天 1 次，总剂量 5～8 毫克/千克。

注意事项：药品对动物有肾毒性，肝肾衰竭动物禁用。

② 强心利尿药

【措施1】速尿

犬：2～4 毫克/千克，静脉滴注/肌内注射/口服。

猫：1～5 毫克/千克，静脉滴注。

注意事项：可诱发低钠、低钾、低钙血症与低血镁等电解质平衡紊乱，另外，在脱水动物易出现氮血症；大剂量静脉注射可能使犬听觉丧失；还可引起胃肠道功能紊乱、贫血、白细胞减少和衰弱等症状。

【措施2】安体舒通

犬：1～2 毫克/千克，口服，每日 2 次。

猫：12.5 毫克，口服，每日 1 次。

注意事项：可能引起高钾血症、低钠血症、过敏反应等。

【措施3】利多卡因

犬：1～4 毫克/千克，静脉滴注，最大剂量 8 毫克/千克。

猫：0.25～0.5 毫克/千克，静脉滴注，缓慢推入。

注意事项：可能引起动物呕吐、抽搐，使用时应密切监测心电图。

【措施4】勃欣定

0.25 毫克/千克，饭前 1 小时口服，每日 2 次。

注意事项：6 月龄以内的犬慎用；患有先天性心脏缺损、糖尿病及严重代谢性疾病的犬慎用；繁育期、妊娠期及哺乳期犬慎用。

【措施5】匹莫苯丹注射液

0.2 毫升/千克，匹莫苯丹咀嚼片和胶囊可以用于注射后 12 小时的继续治疗，建议剂量 0.25 毫克/千克，每日 2 次。

十五、腔静脉综合征

1. 概念

犬猫腔静脉综合征也称为后腔静脉栓塞、急性肝性综合征和肝不全综合征，特征是突发性血尿、黄疸、精神沉郁、食欲减退和虚脱等。

2. 临床诊断

（1）精神沉郁、食欲减退和虚脱。

（2）呼吸急促、四肢发凉、步态跟跄。

（3）突发性血尿，排泄黄褐色至红葡萄酒样或咖啡样尿液。

（4）可视黏膜苍白或黄染。

（5）腹围增大，腹部触诊呈鼓音。

3. 用药指南

（1）用药原则　清除心内虫体为根本治疗手段，同时对症治疗。

（2）用药方法（根据临床症状、实验室检查结果等临床实际病情的需要选择以下措施进行治疗）

【措施1】泼尼松龙

0.5～2毫克/千克，肌内注射/口服，每日2次。

注意事项：患有角膜性溃疡、糖尿病或肾功能不全的犬、猫禁用。

【措施2】盐酸多巴胺注射液

5～10微克/（千克·分），静脉滴注，每日1次。

注意事项：大剂量应用时可见呼吸加快及心律失常，停药后即迅速消失。本品使用前应补充血容量及纠正酸中毒。

【措施3】肝泰乐

50～200毫克/次，口服，每日1次；0.1毫升/千克，肌内注射/静脉滴注，每日1次。

注意事项：本药品不良反应较轻，长期或过量使用可能会引起动物胃肠不适。

【措施4】石淋通（七清败毒片）

<5千克/（1片·次），5～10千克/（2片·次），10～15千克/（3片·次），15～20千克/（4片·次），口服，每日2次。

注意事项：清热解毒，燥湿止痢，通淋排石，平衡酸碱，治疗血尿。

十六、心包炎

1. 概念

心包炎指心包的壁层和脏层（即心外膜）的炎症。特征是心区疼痛、听诊呈摩擦音或拍水音、叩诊心浊音区扩大。

2. 临床诊断

（1）体温升高，呼吸困难，心区疼痛。

（2）可视黏膜发绀，四肢水肿，易疲劳和有腹水。

（3）听诊呈摩擦音和拍水音，叩诊心浊音区扩大。

3. 用药指南

（1）用药原则　对症治疗，以抗生素治疗为主要治疗手段。

（2）用药方法（根据临床症状、实验室检查结果等临床实际病情的需要选择以下措施进行治疗）

【措施1】青霉素

15～25毫克/千克，肌内注射/静脉注射，每日1次。

注意事项：青霉素的安全范围广，主要不良反应是过敏，大多数动物均可发生；局部反应表现为注射部位水肿、疼痛，全身反应为荨麻疹、皮疹或虚脱，严重者可引起死亡；对某些动物，青霉素可诱导胃肠道的二重感染。用青霉素类药物治疗放线菌病剂量要大，时间要长，一般需2～8个月，直到无临床症状和X线检查正常为止。

【措施2】速诺（阿莫西林-克拉维酸钾混悬剂）

0.1毫升/千克，每天1次，连用3～5天，肌内注射/皮下注射。

注意事项：避光，密闭贮藏，摇匀使用。

【措施3】拜有利

5毫克/千克，每天1次，口服。

注意事项：勿用于12个月龄的犬或未发育成熟的犬及软骨损伤动物；禁用于妊娠期或哺乳期动物；癫痫动物慎用；肾功能不良动物慎用，易引发结晶尿。偶发胃肠道功能紊乱。

【措施4】头孢唑啉钠

15～30毫克/千克，静脉滴注/肌内注射。

注意事项：应用可出现过敏反应（皮疹、荨麻疹、嗜伊红细胞增多、药热及其他过敏反应）；本品有肾脏毒性，应用时应警惕发生肾功能异常的可能性，对青霉素过敏者慎用；对头孢类药物过敏的犬、猫禁用；肝肾功能不全、孕期或哺乳期犬、猫禁用。

【措施5】丁胺卡那霉素

犬：5～15毫克/千克，肌内注射/皮下注射，每日1～3次。

猫：10毫克/千克，肌内注射/皮下注射，每日3次，连用4～6周。

注意事项：主要不良反应是肾毒性，少数动物有过敏反应。

【措施6】曲马多

犬，2～5毫克/千克；猫，2～4毫克/千克，口服。

注意事项：肾、肝功能不全，心脏疾患动物酌情减量使用或慎用。不得与单胺氧化酶抑制剂同用。猫对该药相对敏感。该药与布托啡诺联合使用会拮抗其部分作用。

【措施7】氢氯噻嗪

犬：12.5～25毫克/只，肌内注射；0.5～4毫克/千克，口服，每日1～2次。

猫：12.5毫克/只，肌内注射；1～4毫克/千克，口服，每日1～2次。

注意事项：可能会出现胃肠道症状，患有肝肾功能不全及糖尿病、高尿酸血症、痛风、高钙血症、低钠血症以及红斑狼疮等病犬需要禁用。长期使用应同时补充钾盐。

【措施8】速尿

犬：2~4毫克/千克，静脉滴注/肌内注射/口服。

猫：1~5毫克/千克，静脉滴注。

注意事项：可诱发低钠、低钾、低钙血症与低血镁等电解质平衡紊乱，另外，在脱水动物易出现氮血症；大剂量静脉注射可能使犬听觉丧失；还可引起胃肠道功能紊乱、贫血、白细胞减少和衰弱等症状。

第二节　血液病

一、血小板减少性紫癜

1. 概念

血小板减少性紫癜，是一种以血小板减少为特征的出血性疾病，特征是皮肤及脏器的出血性倾向以及血小板显著减少。

2. 临床诊断

（1）全身皮肤和黏膜出现淤血斑。

（2）口腔黏膜和阴道黏膜有点状出血。

（3）皮下注射出血多见于腹部、股内侧、四肢等部位。

（4）齿龈、前眼房和眼底出血，有时会吐血、便血及尿血。

（5）受到外伤时，易出现淤血斑及出血不止。

（6）出血严重的犬、猫，发生贫血，可视黏膜苍白。

3. 用药指南

（1）用药原则　止血，抗过敏，抗出血。

（2）用药方法（根据临床症状、实验室检查结果等临床实际病情的需要选择以下措施进行治疗）

【措施1】地塞米松

抗炎：0.01~0.16毫克/千克，静脉注射/肌内注射/口服，每日1次，最多用药3~5天。

预防并治疗过敏症：0.5毫克/千克，静脉注射。

注意事项：幼犬、猫禁用；心脏病动物禁用；使用此药时应适量补充钙、磷；若长时间使用此药，应逐步减少药物使用量；严禁与水杨酸钠同用。

【措施2】泼尼松龙

0.5~2毫克/千克，肌内注射/口服，每日2次。

注意事项：患有角膜性溃疡、糖尿病或肾功能不全的犬、猫禁用。

【措施3】长春新碱

0.01～0.025毫克/千克，静脉滴注，间隔7～10天使用一次。

注意事项：增加循环血小板数量。输液时药液漏到血管外可能造成局部组织坏死。

二、先天性凝血功能障碍

1. 概念

本病是由内、外凝血径路中的某一凝血因子先天性缺乏而引起的出血性疾病。犬近亲繁殖较多，因而本病的发病率较高。特征是鼻子、消化道、黏膜等全身多处出血。

2. 临床诊断

（1）黏膜出血，消化道出血。

（2）血尿，鼻出血，齿龈出血，体表血肿。

（3）剪爪过短，断尾、断耳等手术时，因出血大量或不止而死亡。

3. 用药指南

（1）用药原则　止血，补血，防止外伤；禁喂骨头等硬质食物，防止消化道划伤；禁用妨碍止血药物。

（2）用药方法（根据临床症状、实验室检查结果等临床实际病情的需要选择以下措施进行治疗）

【措施1】硫酸亚铁

犬：100～300毫克，口服，每日1次。

猫：50～100毫克，口服，每日1次。

注意事项：不良反应较小，可能引起动物呕吐、恶心、食欲不振等消化道症状。

【措施2】富血力

0.1毫升/千克，肌内注射，每日1次。

注意事项：本品毒性较大，需严格控制肌内注射剂量。避光保存。

【措施3】叶酸

犬：1～5毫克/天，口服/皮下注射。猫：2.5毫克/天，口服。

注意事项：不良反应较小，长期或过量服用可能引起胃肠不适等。

【措施4】维生素K

2.5～5毫克/千克，皮下注射，每日2次，针对凝血系统紊乱。

注意事项：肌内注射疼痛感明显，可稀释后给药。

三、播散性血管内凝血

1. 概念

本病是发生机理和临床经过均比较复杂的一组出血症候群，是许多疾病发展过程中的一种病理状态。特征是皮肤、黏膜、呼吸道等部位的自发性出血。

2. 临床诊断

（1）全身播散性血管内纤维蛋白沉积和血小板凝集，形成播散性微血栓，消耗大量凝血因子和血小板。

（2）继发纤维蛋白溶解亢进，引起微循环障碍、出血、血栓和溶血等。

（3）皮肤、可视黏膜、消化道、呼吸道及尿道等出血，肺和肾脏易形成血栓。

3. 用药指南

（1）用药原则　消除病因和诱因，控制感染，缓解原发病。

（2）用药方法（根据临床症状、实验室检查结果等临床实际病情的需要选择以下措施进行治疗）

【措施1】肝素

犬，200～500单位/千克；猫，250～300单位/千克，皮下注射/肌内注射。

注意事项：药品需冷藏保存。

【措施2】保泰松

犬：2～20毫克/千克，口服/肌内注射/静脉注射，最高剂量800毫克。

猫：6～8毫克/千克，口服/肌内注射/静脉注射。

注意事项：药品需冷藏、密封保存。

【措施3】阿司匹林

犬：10～20毫克/千克，口服，每日2次。

猫：10～25毫克/千克，口服，每周3天给药。

注意事项：禁用于脱水、低血容量、低血压或有胃肠道疾病的动物。禁于怀孕动物或小于6周龄的动物。胃肠道溃疡和刺激是所有非甾体类抗炎药常见的不良反应。

四、贫血

1. 概念

贫血是临床上常见的一种疾病，是指单位体积循环血液中的血细胞数、血红蛋白含量、红细胞压积低于正常值，红细胞向组织中输送氧的能力降低的症状。特征是可视黏膜苍白、气喘、休克等。

2. 临床诊断

（1）精神沉郁，嗜睡，不耐运动，被毛粗乱。

（2）心跳和脉搏数明显增加，气喘，血压下降，严重者可休克。

（3）血色素尿或血尿。

（4）黄疸，肝肿大，可视黏膜苍白。

（5）感染性疾病则出现体温升高。

3. 用药指南

（1）用药原则　消除原发病，补血，对症治疗，防止继发感染。

（2）用药方法（根据临床症状、实验室检查结果等临床实际病情的需要选择以下措施进行治疗）

【措施1】重组人促红素注射液

1000～3000单位/次，皮下注射/静脉注射，每周给药2～3次。

注意事项：治疗肾功能不全所致贫血，2～8℃保存。

【措施2】阿法达贝泊汀（DPO）注射液

1微克/（千克·次），皮下注射，每周1次。PCV达目标值后延长至每2～3周注射1次。

注意事项：不良反应有产生抗促红素抗体并伴有纯红细胞发育不良、红细胞增多、高血压、抽搐以及铁缺乏。2～8℃保存。

【措施3】注射用腺苷钴胺

0.3～1毫克/次，肌内注射。

注意事项：避光，密闭保存。

【措施4】富血力

0.1毫升/千克，肌内注射，每日1次。

注意事项：本品毒性较大，需严格控制肌内注射剂量。避光保存。

【措施5】泼尼松龙

0.5～2毫克/千克，口服，每日2次。

注意事项：治疗免疫性溶血性贫血。患有角膜性溃疡、糖尿病或肾功能不全的犬、猫禁用。

【措施6】硫酸亚铁

犬：100～300毫克，口服，每日1次。

猫：50～100毫克，口服，每日1次。

注意事项：不良反应较小，可能引起动物呕吐、恶心、食欲不振等消化道症状。

【措施7】叶酸

犬：1～5毫克/天，口服/皮下注射。猫：2.5毫克/天，口服。

注意事项：不良反应较小，长期或过量服用可能引起胃肠道不适等。

【措施8】氨苄西林

犬：20～30毫克/千克，口服，每日2～3次。

猫：10～20毫克/千克，静脉滴注/皮下注射/肌内注射。

注意事项：本类药品可出现与剂量无关的过敏反应，表现为皮疹、发热、嗜酸性粒细胞增多、白细胞和血小板减少、贫血、淋巴结病或全身性过敏反应。对青霉素酶敏感，不宜用于耐青霉素的金黄色葡萄球菌感染。

【措施9】速诺（阿莫西林-克拉维酸钾混悬剂）

0.1毫升/千克，肌内注射/皮下注射，每日1次。

注意事项：避光，密闭，摇匀使用。

五、红细胞增多症

1. 概念

红细胞增多症指循环血液的红细胞压积、血红蛋白浓度和单位体积中红细胞数量高于正常水平。特征是缺氧、多饮多尿等。

2. 临床诊断

（1）心肌肥大，局部缺氧，可视黏膜发绀。

（2）口渴多饮，吐血，出血性肠炎。

（3）多尿，血尿。

（4）神经症状

① 癫痫样发作，运动失调。

② 闭眼或嗜睡。

③ 严重者脑循环损伤，出现运动失调、肌肉震颤等症状。

（5）因荐骨病及血栓而导致跛行。

3. 用药指南

（1）用药原则　治疗原发病，可静脉放血；及时补充体液，对症治疗。

（2）用药方法（根据临床症状、实验室检查结果等临床实际病情的需要选择以下措施进行治疗）

【措施1】环磷酰胺

犬：2毫克/千克，口服，每日1次，每周连用4天，或隔天1次，连用3～4周。

猫：2.5毫克/千克，口服，每日1次。

注意事项：不良反应包括食欲减退、恶心及呕吐，一般停药1～3天即可消失。

【措施2】安定

犬：0.2～0.6毫克/千克，静脉滴注。

猫：0.1～0.2毫克/千克，静脉滴注。

注意事项：妊娠动物禁用。

【措施3】匹莫苯丹注射液

0.2毫升/千克，匹莫苯丹咀嚼片和胶囊可以用于注射后12小时的继续治疗，建议剂量0.25毫克/千克，每日2次。

第七章 神经系统疾病

第一节 中枢神经系统疾病

一、脑震荡及脑挫伤

1. 概念

脑震荡及脑挫伤都是由于颅骨受到钝性暴力物直接或间接的作用，致使脑组织受到全面损伤的疾病。特征是昏迷、瞳孔散大、呼吸变慢、脉搏增快、呕吐、大小便失禁等。

2. 临床诊断

（1）脑震荡

① 一瞬间倒地昏迷，知觉和反射机能减退或消失，瞳孔散大。

② 呼吸变慢，有时发哮喘音，脉搏增快，脉律不齐。

③ 呕吐且伴有大小便失禁。

④ 转醒后，反射机能也逐渐恢复，表现异常兴奋。

⑤ 全身各部肌肉纤维收缩，引起抽搐和痉挛，眼球震颤。

⑥ 经过多次挣扎，终于站立。

（2）脑挫伤　一般脑症状和严重的脑震荡大致相似。但意识丧失时间较长，恢复较慢。脑组织破损形成瘢痕，常遗留灶性病变，发生癫痫等。

① 小脑、小脑脚、前庭、迷路受损害时，运动失调，有时头不自主地摆动。

② 大脑皮层颞、顶叶运动区受到损害时，病犬向患侧转圈，对侧眼睛失明。

③ 脑干受损时，体温、呼吸、循环等生命中枢受到影响，出现呼吸和运动障碍，反射消失，四肢痉挛，角弓反张，眼球震颤，瞳孔散大，视觉障碍等。

④ 脑皮层和脑膜损害时，意识丧失，呈现周期性癫痫发作。

⑤ 若硬脑膜出血形成血肿，出现偏瘫，出血侧瞳孔散大。

3. 用药指南

（1）用药原则　加强护理，镇静安神，保护大脑，防止脑出血，降低颅内压，促进脑细胞恢复。

（2）用药方法（根据临床症状、实验室检查结果等临床实际病情的需要选择以下措施进行治疗）

① 防止脑出血，血栓形成

【措施1】止血敏

犬，2～4毫升/次；猫，1～2毫升/次，肌内注射/静脉滴注。

注意事项：预防外科手术出血，应术前15～30分钟用药。

【措施2】维生素 K_3

犬，0.5～1.5毫克/次；猫，0.5～1.5毫克/次，肌内注射。

注意事项：肌内注射痛感明显，注意保定动物。

【措施3】安络血

1～2毫升/次，肌内注射，每日2次；2.5～5毫克/次，口服，每日2次。

注意事项：长期使用可产生水杨酸反应；抗组胺药能抑制本药品作用；对大出血、动脉出血疗效差。

② 利尿，加速体液循环

【措施1】甘露醇

0.5～1克/千克，缓慢静脉滴注，每日3～4次。

注意事项：药品需避光、密闭保存，打开后需尽快使用。

【措施2】速尿

犬：2～4毫克/千克，静脉滴注/肌内注射/口服，每4～12小时1次。

猫：0.5～2毫克/千克，静脉滴注。

注意事项：本药品可能诱发低钠、低钾、低钙血症与低血镁等电解质平衡紊乱，大剂量静脉注射可能使犬听觉丧失。还可引起胃肠道功能紊乱、贫血、白细胞减少和衰弱等症状。

③ 镇静安定

【措施1】苯巴比妥

犬：1～2.5毫克/千克，口服，每日2次。

猫：2.5毫克/千克，口服，每日1次。

注意事项：严重损害肝肾功能，怀孕动物慎用。

【措施2】氯丙嗪

3毫克/千克，口服，每日2次；1～2毫克/千克，肌内注射，每日1次；0.5～1毫克/千克，静脉滴注，每日1次。

注意事项：缓慢静脉滴注，用于犬猫镇静。

④ 补充能量，促进脑细胞恢复

【措施1】ATP注射液

10～20毫升/次，一日10～40毫升，肌内注射/静脉注射，生理盐水稀释。

注意事项：静注宜缓慢，以免引起头晕、头胀、胸闷及低血压等。心肌梗死和脑出血动物在发病期慎用。

【措施2】COA

25～50单位/次，5%葡萄糖溶解后静脉滴注；0.9%氯化钠溶解后肌内注射。

注意事项：注意补液速度和补液量，尤其是老年动物。

二、日射病和热射病

1. 概念

日射病是日光直接照射头部而引起脑和脑膜充血及脑实质的急性病变。热射病是由于过热过劳及热量散失障碍所致的疾病。日射病和热射病在临床上统称中暑，都能最终导致中枢神经系统机能严重障碍或紊乱。特征是体温升高、呕吐、昏迷等。

2. 临床诊断

（1）本病多见于大型、短头品种犬。

（2）体温急剧升高达 41～42℃，呼吸急促以至呼吸困难。

（3）心跳加快，末梢静脉怒张。

（4）站立不稳、兴奋不安、恶心、呕吐。

（5）黏膜初呈鲜红色，逐渐发绀。

（6）瞳孔散大，随病情改善而缩小。

（7）肾功能衰竭时，少尿或无尿。如治疗不及时，很快衰竭，表现痉挛、抽搐或昏睡以至急性死亡。

3. 用药指南

（1）用药原则　及时降温，消除病因和对症治疗。

（2）用药方法（根据临床症状、实验室检查结果等临床实际病情的需要选择以下措施进行治疗）

【措施 1】氯丙嗪

3 毫克/千克，口服，每日 2 次；1～2 毫克/千克，肌内注射，每日 1 次；0.5～1 毫克/千克，静脉滴注，每日 1 次。

注意事项：缓慢静脉滴注，用于犬猫镇静。

【措施 2】碳酸氢钠、林格液

5%碳酸氢钠和林格液静脉滴注补液。

注意事项：输液速度和输液量要依据动物体况确定。

【措施 3】地塞米松

0.025～0.2 毫升，静脉注射/肌内注射。

注意事项：幼犬、猫禁用；心脏病动物禁用；使用此药时应适量补充钙磷；若长时间使用此药，应逐步减少药物使用量；严禁与水杨酸钠同用。

【措施 4】洋地黄毒苷

0.006～0.012 毫克/千克（全效量），静脉滴注，维持量为全效量的 1/10；0.11 毫克/千克（全效量），口服，每日两次，维持量为全效量的 1/10，每日 1 次。

注意事项：长期使用可造成药品体内蓄积，引起中毒。不宜与酸、碱类药物配伍。

三、脑膜脑炎

1. 概念

脑膜脑炎是指脑膜和脑实质的一种炎症性疾病，特征是伴有一般脑症状、灶性脑症状和脑膜刺激症状等。

2. 临床诊断

（1）脑膜刺激症状

① 肌肉强直痉挛。

② 颈、背部敏感，轻微刺激或触摸该处，有强烈的疼痛反应。

（2）一般脑症状

① 兴奋、烦躁不安、惊恐。

② 意识障碍、不认识主人，捕捉时咬人，无目的地奔走，冲撞障碍物。

③ 有的以沉郁为主，头下垂，眼半闭，反应迟钝，肌肉无力，甚至嗜睡。

（3）灶性脑症状

① 大脑受损时表现行为和性情的改变，步态不稳，转圈，甚至口吐白沫，癫痫样痉挛。

② 脑干受损时，表现精神沉郁，头偏斜，共济失调，四肢无力，眼球震颤。

③ 炎症侵害小脑时，出现共济失调，肌肉颤抖，眼球震颤，姿势异常。

④ 炎症波及呼吸中枢时，出现呼吸困难。

⑤ 单纯性脑炎，体温升高不常见，但化脓性脑膜脑炎体温升高。

⑥ 犬瘟热脑炎的神经症状常见嘴角、头部、四肢、腹部单一肌群或多肌群出现阵发性有节奏的抽搐。

3. 用药指南

（1）用药原则　降低颅内压，抗菌消炎，对症治疗，加强饲养管理。

（2）用药方法（根据临床症状、实验室检查结果等临床实际病情的需要选择以下措施进行治疗）

① 降低颅内压

【措施】甘露醇

0.5～1克/千克，缓慢静脉滴注。

注意事项：药品需避光、密闭保存，打开后需尽快使用。

② 抗菌消炎

【措施1】头孢噻肟钠

20～40毫克/千克，静脉滴注/肌内注射/皮下注射，每日3～4次。

注意事项：对头孢菌素过敏动物禁用，对青霉素过敏动物慎用。

【措施2】氨苄西林

犬：20～30毫克/千克，口服，每日2～3次。

猫：10～20毫克/千克，静脉滴注/皮下注射/肌内注射。

注意事项：本类药品可出现与剂量无关的过敏反应，表现为皮疹、发热、嗜酸性粒细胞增多、白细胞和血小板减少、贫血、淋巴结病或全身性过敏反应。对青霉素酶敏感，不宜用于耐青霉素的金黄色葡萄球菌感染。

【措施3】速诺（阿莫西林-克拉维酸钾混悬剂）

0.1毫升/千克，每天1次，连用3～5天，肌内注射/皮下注射。

注意事项：避光，密闭贮藏；摇匀使用。

【措施4】复方新诺明

15～20毫克/千克，口服/肌内注射，每日2次。

注意事项：服用本药期间需多饮水，防止形成结晶尿。

③ 镇静安定

【措施1】苯巴比妥

犬：1～2.5毫克/千克，口服，每日2次。

猫：2.5毫克/千克，口服，每日1次。

注意事项：严重损害肝肾功能、怀孕动物慎用。

【措施2】氯丙嗪

3毫克/千克，口服，每日2次；1～2毫克/千克，肌内注射，每日1次；0.5～1毫克/千克，静脉滴注，每日1次。

注意事项：缓慢静脉滴注，用于犬猫镇静。

④ 补充能量，促进脑细胞恢复

【措施】ATP注射液

10～20毫克/次，一日10～40毫克，肌内注射/静脉注射，生理盐水稀释。

注意事项：静注宜缓慢，以免引起头晕、头胀、胸闷及低血压等。心肌梗死和脑出血动物在发病期慎用。

四、晕车症

1. 概念

晕车是由于受到持续颠簸振动，前庭器官的机能发生变化而引起的。晕车症是指犬在乘坐汽车、轮船等交通工具时，因摇晃表现为眩晕、呕吐、流涎等症状的病症。特征是流涎、恶心、呕吐。

2. 临床诊断

（1）病犬精神不振，食欲下降。

（2）流涎、恶心。

（3）站立不稳，眩晕。

3. 用药指南

（1）用药原则 让犬下车，将犬带到清静环境下休息症状即可减退，严重时镇静。

（2）用药方法（根据临床症状、实验室检查结果等临床实际病情的需要选择以下措施进行治疗）

【措施1】氯丙嗪

1～2毫克/千克，肌内注射。

注意事项：本药品不宜静脉推注。

【措施2】苯巴比妥

犬：1～2.5毫克/千克，口服，每日2次。

猫：2.5毫克/千克，口服，每日1次。

注意事项：严重损害肝肾功能、怀孕动物慎用。

【措施3】乙酰丙嗪

犬：2毫克/千克，口服，每日1次，上车前12小时。

猫：0.025～0.1毫克/千克，静脉滴注，最大1毫克。

注意事项：拳师犬应降低剂量使用或避免使用；癫痫动物应避免使用。

五、癫痫

1. 概念

癫痫是由于脑部兴奋性过高的某些神经元，突然或过度重复放电，所引起的突然性脑功能短暂异常。

2. 临床诊断

（1）大发作

① 先兆期表现不安、烦躁、点头或摇头、吠叫、躲藏于暗处等，仅持续数秒钟或数分钟，一般不被人所注意。

② 发作期意识丧失，突然倒地，角弓反张，先肌肉强直性痉挛，继之出现阵发性痉挛，四肢呈游泳样运动，常见咀嚼运动。此时瞳孔散大，流涎，大小便失禁，牙关紧闭，呼吸暂停，口吐白沫。一般持续数秒钟或数分钟。

③ 发作后期知觉恢复，但表现不同程度的视力障碍、共济失调、意识模糊、疲劳等，此期持续数秒钟或数天。

（2）小发作　通常无先兆症状，只发生短时间的晕厥或轻微的行为改变。

（3）局限性发作　肌肉痉挛仅限于身体的某一部分，如面部或四肢。

3. 用药指南

（1）用药原则　以消除原发病、镇静、抗癫为用药原则。

（2）用药方法（根据临床症状、实验室检查结果等临床实际病情的需要选择以下措施进行治疗）

【措施1】溴化钾

犬：20～40毫克/千克，口服，每日一次，或分成每日两次。

注意事项：本品不宜空腹食用，拌于食物中可避免胃部不适。

【措施2】苯妥英钠

犬：100～200毫克/次，口服，每日1～2次；5～10毫克/千克，静脉滴注。

注意事项：久用骤停会使癫痫加剧。

【措施 3】安定

犬：0.2～0.5 毫克/（千克·小时），静脉滴注。

猫：0.3 毫克/（千克·小时），静脉滴注。

注意事项：长期连续用药可产生依赖性和成瘾性，久用骤停可能导致癫痫加剧。

【措施 4】扑痫酮

犬：55 毫克/千克，口服，每日 1 次。

猫：20 毫克/千克，口服，每日 2 次。

注意事项：适用于癫痫大发作，不能用于严重肝肾功能不全病例。

【措施 5】抗癫灵

犬：60 毫克/千克，口服，每日 3 次。

注意事项：本品适用于癫痫小发作，如用本品代替其它抗癫痫药物治疗时，应逐步取代，不可突然换药，停用本药品时，应逐渐减量至停药，以免癫痫发作的频率增加。

【措施 6】苯巴比妥

犬：1～2.5 毫克/千克，口服，每日 2 次。

猫：2.5 毫克/千克，口服，每日 1 次。

【措施 7】癫安舒（苯巴比妥）

2～8 毫克/（千克·日）或同等剂量分为两次给药，每 12 小时 1 次。

注意事项：严重损害肝肾功能，怀孕动物慎用。

【措施 8】止癫痫（唑尼沙胺）

1 片/10～20 千克。

【措施 9】止癫宁（伊匹妥英）

0.5 片/2～5 千克；1 片/5.1～10 千克；1.5 片/10.1～15 千克，每日 2 次。

注意事项：肝、肾、心脏功能严重受损的病例禁用。

六、肝性脑病

1. 概念

肝性脑病是指严重肝病引起的、以代谢紊乱为基础的中枢神经系统功能失调的综合征，其主要临床表现是意识障碍、行为失常和昏迷。

2. 临床诊断

（1）发育不良，食欲不振，呕吐，腹泻。

（2）口臭，流涎，发热，流泪。

（3）多饮多尿，有泌尿系统结石的出现血尿。

（4）腹围膨满，有腹水。

（5）出现周期性神经症状。

① 精神沉郁，昏睡以至昏迷。

② 运动失调，步态踉跄，转圈，癫痫样发作。

③ 异常鸣叫，沿墙壁行走，震颤。

3. 用药指南

（1）用药原则　去除诱因，促进有毒物质代谢，抗感染。

（2）用药方法（根据临床症状、实验室检查结果等临床实际病情的需要选择以下措施进行治疗）

① 镇静

【措施 1】溴化钾

犬：20～40 毫克/千克，口服，每日 1 次。

注意事项：本品不宜空腹食用，拌于食物中可避免胃部不适。

【措施 2】扑痫酮

犬：55 毫克/千克，口服，每日 1 次。

猫：20 毫克/千克，口服，每日 2 次。

② 抗菌，抗感染

【措施】阿米卡星

犬：5～15 毫克/千克，肌内注射，每日 1～3 次。

猫：10 毫克/千克，肌内注射，每日 3 次。

注意事项：具不可逆耳毒性；长期用药可导致耐药菌过度生长，禁用于患有严重肾损伤的犬；未进行繁殖实验、繁殖期的犬禁用；慎用于需敏锐听觉的特种犬。

③ 排出肠道毒物

【措施】硫酸镁

犬：6％～8％溶液，10～20 克/次，口服。

猫：6％～8％溶液，2～5 克/次，口服。

注意事项：怀孕动物慎用。

④ 预防碱中毒

【措施】乳酸林格液

25～50 毫升/千克，静脉滴注。

注意事项：静脉滴注不宜过快。

七、脊髓炎和脊髓膜炎

1. 概念

脊髓炎为脊髓实质的炎症。脊髓膜炎则是脊髓软膜、蛛网膜和硬膜的炎症。临床上以感觉、运动机能和组织营养障碍为特征。脊髓炎和脊髓膜炎可单独发生，也可同时发生。

2. 临床诊断

（1）急性脊髓炎病初，表现发热、精神沉郁、四肢疼痛、尿闭，以后逐渐出现肌肉抽搐和痉挛、步态强拘、反射机能障碍、尿失禁。

（2）横断性脊髓炎，初期不全麻痹，数日后陷入全麻痹。

（3）颈部脊髓炎引起前后肢麻痹、腱反射亢进，伴有呼吸困难。

（4）胸部脊髓炎，引起后肢、膀胱和直肠括约肌麻痹，表现截瘫、不能站立。

（5）荐部脊髓炎表现尾部麻痹、大小便失禁。

3. 用药指南

（1）用药原则　消除原发病、对症治疗，抗菌防止继发感染、消炎。

（2）用药方法（根据临床症状、实验室检查结果等临床实际病情的需要选择以下措施进行治疗）

【措施1】氨苄西林

20～30毫克/千克，口服，每日2～3次；10～20毫克/千克，静脉注射/皮下注射/肌内注射，每日2～3次。

注意事项：本类药品可出现与剂量无关的过敏反应，表现为皮疹、发热、嗜酸性粒细胞增多、白细胞和血小板减少、贫血、淋巴结病或全身性过敏反应。对青霉素酶敏感，不宜用于耐青霉素的金黄色葡萄球菌感染。

【措施2】速诺（阿莫西林-克拉维酸钾混悬剂）

0.1毫升/千克，肌内注射/皮下注射，每日1次。

注意事项：本品和氨苄西林有完全交叉耐药性，与青霉素和头孢菌素类有交叉耐药性，本品含有半合成青霉素，会有产生过敏反应的潜在可能。

【措施3】头孢唑啉钠

15～30毫克/千克，静脉滴注/肌内注射，每日3～4次。

注意事项：可能发生皮疹、荨麻疹、嗜伊红细胞增多、药热及其他过敏反应。

【措施4】复方新诺明

15～20毫克/千克，口服/肌内注射，每日2次。

注意事项：过敏反应较为常见，可表现为药疹，严重者可发生渗出性多形红斑、剥脱性皮炎和大疱表皮松解萎缩性皮炎等。

【措施5】磺胺嘧啶

50～100毫克/千克，肌内注射/静脉滴注/口服，每日1～2次，连用3～5天。

【措施6】泼尼松龙

犬：4毫克/（千克·天），口服，连用7～14天，逐减到0.5毫克/千克，口服，隔天1次，连用6月。

注意事项：患有角膜性溃疡、糖尿病或肾功能不全的犬猫禁用。

八、舞蹈病

1. 概念

本病是头部或四肢躯干的某块肌肉或肌群剧烈地间歇性痉挛和较规律无目的地不随意运动。因痉挛发生于颈部和四肢，行走时呈舞蹈样步态，所以称为舞蹈病。

2. 临床诊断

（1）患病肌群多为颜面、颈部、躯干肌群等，严重的可波及全身各肌群。多伴以癫痫样发作、运动失调、麻痹或意识障碍，很快进入全身衰竭。

（2）头部抽搐发生于口唇、眼睑、颜面、咬肌、头顶及耳等。

（3）颈部抽搐时，颈部肌肉收缩或呈点头运动。

（4）横膈膜抽搐时可见沿肋骨弓的肌肉间歇性痉挛。

（5）四肢抽搐限于单肢或一侧的前后肢同时抽搐。

3. 用药指南

（1）用药原则　对症治疗，防止继发感染。

（2）用药方法（根据临床症状、实验室检查结果等临床实际病情的需要选择以下措施进行治疗）

① 抗病毒

【措施1】犬瘟单抗

0.5～1毫升/千克，皮下注射/肌内注射，每日1次，连用3天，严重者可加倍。

注意事项：本品为异种球蛋白，个别犬偶有过敏反应，应立即停用。

【措施2】抗病毒口服液

10毫升/次，每日2～3次。

【措施3】干扰素

10万～20万单位/次，皮下注射/肌内注射，隔2日1次。

注意事项：定期复查，所有猫均可能出现治疗反应不良、耐药、复发、死亡。

【措施4】维迪康

0.02～0.08克/千克，口服，每日2次，连用2～4天。

② 抗菌，对症治疗

【措施1】胃复安

犬：0.2～0.5毫克/千克，口服/皮下注射，每日3～4次；0.01～0.08毫克/（千克·小时），静脉滴注。

猫：0.1～0.2毫克/千克，口服，每日3次；0.01毫克/（千克·小时），静脉滴注。

【措施2】庆大霉素

3～5毫克/千克，皮下注射/肌内注射，每日2次，连用2～3天。

注意事项：耳毒性；偶见过敏；大剂量引起神经肌肉传导阻断；可逆性肾毒性。

九、寰、枢椎不稳症

1. 概念

本病又称寰、枢椎不全脱位和牙状突畸形。指第1、2颈椎不全脱位，先天性畸形及骨折等引起寰、枢椎不稳定，压迫颈部脊髓的现象。

2. 临床诊断

（1）捕捉时，动物颈部敏感、疼痛、伸颈、僵硬，触摸颈部可感到枢椎变位。

（2）前、后肢共济失调，轻瘫或瘫痪。

（3）严重者，因呼吸麻痹而死亡。

（4）先天性寰、枢关节异常的犬一般在1岁前出现临床症状，有的犬甚至到老年才表现症状。

3. 用药指南

（1）用药原则　以抗炎、固定以及手术为主要治疗手段。

（2）用药方法（根据临床症状、实验室检查结果等临床实际病情的需要选择以下措施进行治疗）

【措施1】泼尼松龙

犬：4毫克/（千克·天），口服，连用7～14天，逐减到0.5毫克/千克，隔天1次。

注意事项：患有角膜性溃疡、糖尿病或肾功能不全犬猫禁用。

【措施2】地塞米松

0.2～1毫克/千克，口服/肌内注射，每日3次。

注意事项：使用中应注意减量渐停，长时间使用要适当补充磷、钙，预防出现骨质疏松和新陈代谢紊乱。患有角膜性溃疡、糖尿病或肾功能不全犬猫禁用。

第二节　外周神经疾病

一、多发性神经根炎

1. 概念

本病主要发生于浣熊咬伤或搔抓后，以弛缓性麻痹为特征，也称急性多发性神经炎。本病病因尚不明确，可能与自身免疫有关。

2. 临床诊断

（1）犬被浣熊咬伤后7～14日发病，表现后肢无力、反射减弱，很快发展为麻痹状态。

（2）有的可出现呼吸肌麻痹、四肢厥冷、鸣叫声微弱。

（3）患病10日内症状严重，以后逐渐好转，病程3～6周，且易并发泌尿系统疾病和胃肠功能障碍。

3. 用药指南

（1）用药原则　主要是对症治疗，防止肌肉萎缩，抗菌消炎。

（2）用药方法（根据临床症状、实验室检查结果等临床实际病情的需要选择以下措施进行治疗）

① 抗菌消炎

【措施1】氨苄西林

20～30毫克/千克，每日2～3次，口服；10～20毫克/千克，每日2～3次，静脉滴注/皮下注射/肌内注射。

注意事项：本类药品可出现与剂量无关的过敏反应，表现为皮疹、发热、嗜酸性粒细胞增多、白细胞和血小板减少、贫血、淋巴结病或全身性过敏反应。

【措施 2】速诺（阿莫西林-克拉维酸钾混悬剂）

0.1 毫升/千克，肌内注射/皮下注射，每日 1 次。

注意事项：避光，密闭贮藏；摇匀使用。

【措施 3】地塞米松

0.2～1 毫克/千克，口服/肌内注射，每日 3 次。

注意事项：使用中应注意减量渐停，长时间使用要适当补充磷、钙，预防出现骨质疏松和新陈代谢紊乱。患有角膜性溃疡、糖尿病或肾功能不全的犬猫禁用。

② 防止肌肉萎缩

【措施 1】甲硫酸新斯的明

犬：0.25～1 毫克/次，皮下注射/肌内注射。

注意事项：心率失常、窦性心动过缓、血压下降、迷走神经张力升高时禁用；避光，密闭保存。

【措施 2】新斯的明

犬：0.05 毫克/次，肌内注射，每日 3～4 次。

注意事项：心率失常、窦性心动过缓、血压下降、迷走神经张力升高时禁用。避光贮藏，密闭保存。

二、外周神经损伤

1. 概念

本病是由于动物机体受到外界暴力挤压、冲撞或跌落于硬地等因素的作用而导致的，神经干周围或神经本身中的肿瘤也可引发此病。

2. 临床诊断

（1）开放性损伤　常伴随着软组织和硬组织的创伤而引起神经的部分断裂或完全断裂。

（2）非开放性损伤　常伴随着软、硬组织的挫伤而发生神经干的震荡、挫伤、压迫、牵张和断裂。

① 神经干的震荡，仅引起神经的暂时性麻痹，症状很快消失。

② 神经干的挫伤，表现为反射减弱，所支配的肌肉发生机能减退或丧失，或出现神经过敏。

③ 神经干受压，表现为神经组织的退行性变性，所支配的组织发生麻痹。

④ 神经牵张时，表现为部分麻痹症状。

⑤ 神经干断裂，可出现神经完全麻痹症状，神经机能完全丧失，时久会使所支配的肌肉发生萎缩；如为感觉神经断裂，则知觉完全丧失。

3. 用药指南

（1）用药原则　除去病因，防止感染，辅以温热疗法。

（2）用药方法（根据临床症状、实验室检查结果等临床实际病情的需要选择以下措施进行治疗）

【措施 1】氨苄西林

20～30毫克/千克，每日 2～3 次，口服；10～20毫克/千克，每日 2～3 次，静脉滴注/皮下注射/肌内注射。

注意事项：本类药品可出现与剂量无关的过敏反应，表现为皮疹、发热、嗜酸性粒细胞增多、白细胞和血小板减少、贫血、淋巴结病或全身性过敏反应。

【措施 2】速诺（阿莫西林-克拉维酸钾混悬剂）

0.1毫升/千克，肌内注射/皮下注射，每日 1 次。

注意事项：避光，密闭贮藏；摇匀使用。

【措施 3】地塞米松

0.2～1毫克/千克，口服/肌内注射，每日 3 次。

注意事项：使用中应注意减量渐停，长时间使用要适当补充磷、钙，预防出现骨质疏松和新陈代谢紊乱。患有角膜性溃疡、糖尿病或肾功能不全的犬猫禁用。

【措施 4】复方新诺明

15～20毫克/千克，口服/肌内注射，每日 2 次。

注意事项：过敏反应较为常见，可表现为药疹，严重者可发生渗出性多形红斑、剥脱性皮炎。

【措施 5】硝酸士的宁

犬：0.5～0.8毫克/次，皮下注射，每日 1 次，8 次为一个疗程。

猫：0.1～0.3毫克/次，皮下注射，每日 1 次，8 次为一个疗程。

注意事项：过量易产生惊厥。本品排泄缓慢，有蓄积作用，故使用时间不宜太长。

三、桡神经麻痹

1. 概念

本病多由外伤、感染、产伤、颈椎病、肿瘤、代谢障碍、各种中毒及肢体长时间放置的位置不当引起，其临床表现主要为运动障碍。

2. 临床诊断

（1）全麻痹

① 站立时，肩关节伸展过度，肘关节下沉，腕关节及指关节屈曲，掌部向后，爪尖着地，患肢变长。被动固定住腕、球关节，患肢能负重。

② 运步时，患肢提举伸扬不充分，爪尖拖地。

③ 着地负重时，除肩关节外，其余关节均过度屈曲。

④ 触诊臂三头肌及腕、指伸肌弛缓无力，其后逐渐萎缩。

⑤ 皮肤感觉通常无变化，麻痹区内间或感觉减退，或感觉过敏。

（2）不全麻痹

① 站立时，患肢尚能负重，有时肘肌发生震颤。

② 运步时，患肢关节伸展不充分，运步缓慢，呈现运跛。

③ 负重时，关节稍屈曲，软弱无力，常发生蹉跌，地面不平和快步运动时尤为明显。

（3）部分麻痹

① 站立时无明显异常，或由于指关节不能伸展而呈类似投球姿势。

② 运步时，患肢虽能提举，但腕、指关节伸展困难或不能伸展，以致患肢蹄迹与对侧蹄迹并列。

③ 快步运动时，常常蹉跌而以系部的背面触地。

（4）桡神经的臂三头肌肌支麻痹

① 肘关节下沉，前臂部伸向前方，腕关节屈曲，掌部与地面垂直，呈尺骨肘突全骨折的类似症状。

② 快步时，侧望患肢在垂直负重的瞬间，肩关节震颤，臂骨倾向前方。

3. 用药指南

（1）用药原则　抗菌消炎，加强营养。

（2）用药方法（根据临床症状、实验室检查结果等临床实际病情的需要选择以下措施进行治疗）

【措施1】氨苄西林

20～30毫克/千克，口服，每日2～3次；静脉滴注/皮下注射/肌内注射，10～20毫克/千克，每日2～3次。

注意事项：本类药品可出现与剂量无关的过敏反应，表现为皮疹、发热、嗜酸性粒细胞增多、白细胞和血小板减少、贫血、淋巴结病或全身性过敏反应。

【措施2】速诺（阿莫西林-克拉维酸钾混悬剂）

0.1毫升/千克，肌内注射/皮下注射，每日1次。

注意事项：避光，密闭贮藏；摇匀使用

【措施3】地塞米松

0.2～1毫克/千克，口服/肌内注射，每日3次。

注意事项：使用中应注意减量渐停，长时间使用要适当补充磷、钙，预防出现骨质疏松和新陈代谢紊乱。患有角膜性溃疡、糖尿病或肾功能不全犬猫禁用。

第八章 内分泌系统疾病

一、幼仔脑垂体功能不全

1. 概念

幼仔脑垂体功能不全又称垂体性侏儒症，是指因一种、几种或者全部垂体激素缺乏而导致的靶器官激素合成和分泌降低的一类疾病。

2. 临床诊断

（1）一般患犬、猫从出生到2月龄时与同窝其他仔生长无差异，以后发育明显迟缓。

（2）胎毛换毛不全和刚毛缺乏逐渐明显，体格矮小，但整个体形生长匀称。两侧对称性脱毛，色素沉着。

（3）皮肤变薄、没有弹性，脱屑。

（4）乳牙久不脱落，永久齿发育延迟或完全缺乏，骨骼钙化延迟。

（5）睾丸小和无精，阴茎亦较小，阴茎骨钙化延迟或不完全，阴茎鞘松弛。卵巢皮质发育不良，发情周期不规则或不发情。

（6）甲状腺和肾上腺皮质等内分泌功能均减退，患犬、猫保持像幼犬、猫一样的尖锐叫声，且寿命明显缩短。

3. 用药指南

（1）用药原则　治疗用药多以激素药为主。

（2）用药方法（根据临床症状、实验室检查结果等临床实际病情的需要选择以下措施进行治疗）

【措施1】生长激素（垂体性侏儒症）

犬：0.1单位/千克，皮下注射，每日1次，每周3日，连用4～6周。

注意事项：本品需冷藏，注射部位需轮换，每次间隔2厘米以上，避免短期重复注射引起皮下组织变性。

【措施2】甲状腺素（继发性甲状腺机能减退）

犬：22微克/千克，口服，每日2次。

猫：20～30微克/（千克·天），口服，每日1～2次。

注意事项：本品需冷藏密闭保存。

【措施3】可的松（继发性肾上腺皮质机能减退）

犬：0.5～1毫克/(千克·天)，口服，每日3～4次。

注意事项：长期使用可能会导致毛发脱落、肌肉衰弱、肝功能损害和行为改变。

二、脑下垂体功能减退症

1. 概念

脑下垂体功能减退症是由丘脑下部或垂体前叶功能障碍引起相应的靶腺和脏器功能下降的疾病。

2. 临床诊断

（1）生殖器官明显萎缩。

（2）智力发育迟缓。

（3）尿崩症样多饮、多尿。

（4）被毛脱落。

（5）皮肤易损伤且易继发感染。

3. 用药指南

（1）用药原则　治疗用药多以激素药为主，必要时可进行手术或放射疗法。

（2）用药方法（根据临床症状、实验室检查结果等临床实际病情的需要选择以下措施进行治疗）

【措施1】生长激素（垂体性侏儒症）

犬：0.1单位/千克，皮下注射，每日1次，每周3日，连用4～6周。

注意事项：本品需冷藏，注射部位需轮换，每次间隔2厘米以上，避免短期重复注射引起皮下组织变性。

【措施2】甲状腺素（继发性甲状腺机能减退）

犬：22微克/千克，口服，每日2次。

猫：20～30微克/(千克·天)，口服，每日1～2次。

注意事项：本品需冷藏、密闭保存。

【措施3】可的松（继发性肾上腺皮质机能减退）

犬：0.5～1毫克/(千克·天)，口服，每日3～4次。

注意事项：长期使用可能会导致毛发脱落、肌肉衰弱、肝功能损害和行为改变。

【措施4】丙酸睾丸酮（雄性激素缺乏）

犬：2毫克/千克，皮下注射/肌内注射，3次/周。

猫：5～10毫克，肌内注射，2～3次/周。

注意事项：长期使用可能会导致肝功能损害，应定期检查肝功能。

【措施5】苯甲酸雌醇制剂（雌性激素缺乏）

犬：0.1～1毫克，口服/肌内注射，每日1次，连用5天，然后每5～14天重复一个疗程。

猫：0.05～0.1毫克/次，口服/肌内注射，连用3～5天，然后每5～14天重复一个疗程。

注意事项：长期使用可能会导致肝功能损害，应定期检查肝功能。

三、甲状腺功能亢进症

1. 概念

甲状腺功能亢进症简称甲亢，是由于甲状腺激素分泌过多所引起的一种内分泌疾病，临床上以基础代谢增加、神经兴奋性增高、甲状腺肿为特征。

2. 临床诊断

（1）食欲增加，体重减轻，多饮多尿，体乏无力。

（2）腹泻，排便次数或大便量增加。

（3）易兴奋，运动活泼。

（4）出现程度不同的眼球突出。

（5）听诊可闻心动过速，心脏杂音。脉搏及呼吸数增加，心房颤动，血压升高。

（6）部分患猫表现厌食、嗜睡、抑郁及体重减轻症状。

（7）可在颈腹侧触摸到两侧对称的肿大的甲状腺体，腺体质软，触之有弹性。

（8）后期可出现下咽困难和呼吸困难。

（9）血液检查血清蛋白结合碘增高。

3. 用药指南

（1）用药原则　应用抑制甲状腺素合成药，对症治疗。

（2）用药方法（根据临床症状、实验室检查结果等临床实际病情的需要选择以下措施进行治疗）

【措施1】丙硫氧嘧啶

10毫克/千克，口服，每日2次。

注意事项：此药会导致外周血白细胞数偏低；对硫脲类药物过敏；肝功能异常动物慎用。如出现粒细胞缺乏或肝炎症状和体征，应停止用药。严重副作用为血液系统异常，因此，在治疗开始后应定期检查血象。

【措施2】他巴唑

猫：用量5毫克/次，每日3次，口服。

注意事项：较多见皮疹，脱毛，白细胞、粒细胞减少，对肝脏损害较大，应定期检查肝功能。

【措施3】甲亢平

5毫克/千克体重，口服，每日2次。

注意事项：较多见皮疹或皮肤瘙痒及白细胞减少，少见严重的粒细胞缺乏症；可能出现再生障碍性贫血；呕吐。

【措施4】心得安

犬：0.15～1.0毫克/千克，口服，每日3次；0.01～0.1毫克/千克，静脉滴注。

猫：2.5～5毫克/次，口服，每日2～3次。

注意事项：本品能减弱心肌收缩力，降低血压，故静脉注射必须缓慢。本品对支气管平滑肌受体也有阻断作用，可引起支气管痉挛，故禁用于支气管喘息患病动物。本品禁用于窦性心动徐缓、房室阻滞和充血性心力衰竭、心源性休克等患病动物。不宜与抑制心脏的药物如乙醚等合用。

四、甲状腺功能减退症

1. 概念

甲状腺功能减退症是由于甲状腺激素合成或分泌不足而导致全部细胞活性与功能降低的疾病。

2. 临床诊断

（1）先天性主要表现呆小、四肢短、皮肤干燥、体温降低。

（2）后天性表现为精神呆滞、嗜睡、畏寒、运动易疲劳。皮肤和被毛干枯，呈两侧对称性无瘙痒的脱毛，皮肤光滑干燥，有冷感。便秘或者腹泻，贫血。

（3）心率缓慢，虚弱，反射减弱，肌肉僵硬，共济失调，眼球震颤。

（4）重病犬猫发生黏液性水肿，面部和头部皮肤形成皱纹，触之有肥厚感和捻粉样，但无指压痕。

（5）雌犬猫无发情期延长、发情减退或停止。

（6）雄犬猫的性欲或精子活力降低。

3. 用药指南

（1）用药原则　补充左旋甲状腺素钠（T4）和三碘甲状腺氨酸钠（T3），对症治疗。

（2）用药方法（根据临床症状、实验室检查结果等临床实际病情的需要选择以下措施进行治疗）

① 调整甲状腺功能

【措施1】左旋甲状腺素钠（T4）

犬：22微克/千克，口服，每日1～2次。

猫：0.05～0.1毫克，口服，每日1～2次。

注意事项：过量可引起毒性反应，由于其吸收不规则，最好空腹时服用。

【措施2】三碘甲状腺氨酸钠（T3）

犬：4～6微克/千克，口服，每日2～3次。

猫：4微克/千克，口服，每日2次。

注意事项：大剂量可引起震颤、神经兴奋性增高、腹泻和体重减轻等，但停药后即消失。

② 对症治疗

【措施1】醋酸可的松

犬：0.5～1毫克/千克，口服，每日3～4次；或25～100毫克/次，肌内注射，每日1次。

注意事项：2～8℃下保存。

【措施2】维生素B_{12}

犬：0.5～1毫克，皮下注射，每日1次，连用7天。

猫：0.1～0.2 毫克，皮下注射，每日 1 次，连用 7 天。

【措施 3】硫酸亚铁

犬：100～300 毫克，口服，每日 1 次。

猫：50～100 毫克，口服，每日 1 次。

【措施 4】叶酸

犬：1～5 毫克/天，口服。

猫：2.5 毫克/天，口服。

五、甲状旁腺功能亢进症

1. 概念

甲状旁腺功能亢进症是由于甲状旁腺激素分泌过多而导致机体钙、磷代谢紊乱的疾病。

2. 临床诊断

（1）一般症状

① 病犬猫食欲不振，呕吐，便秘。

② 肌无力，走路摇晃，定向力丧失，反应迟钝，步态僵硬，颤抖。

③ 心律不齐。

④ 多饮，多尿，有时出现血尿和尿路结石，常伴有代谢性酸中毒。

（2）肿瘤引起，伴有病理性骨折以及恶性肿瘤等其他综合症状。

（3）营养缺乏的犬猫则主要表现骨质疏松、骨密度降低、多发性骨病和骨折，可见跛行和步态异常、颌骨明显脱钙、齿槽硬膜消失。

（4）肾功能不全引起的甲状旁腺功能亢进症犬猫除表现全身骨吸收外，常伴有尿毒症和肾衰竭症状。

（5）仔犬、猫的先天性肾功能异常，可见头部肿胀和乳齿异常。

3. 用药指南

（1）用药原则　治疗原发病，对症治疗。

（2）用药方法（根据临床症状、实验室检查结果等临床实际病情的需要选择以下措施进行治疗）

【措施 1】氨苄西林

10～20 毫克/千克，静脉滴注/皮下注射/肌内注射，每日 2～3 次。

注意事项：本类药品可出现与剂量无关的过敏反应，表现为皮疹、发热、嗜酸性粒细胞增多、白细胞和血小板减少、贫血、淋巴结病或全身性过敏反应。对青霉素酶敏感，不宜用于耐青霉素的金黄色葡萄球菌感染。

【措施 2】头孢噻肟钠

20～40 毫克/千克，静脉滴注/肌内注射/皮下注射，每日 3～4 次。

注意事项：过量可引起毒性反应，由于其吸收不规则，最好空腹时服用。

【措施 3】速尿

1～2 毫克/千克，静脉滴注/肌内注射/皮下注射/口服，每日 2～3 次。

注意事项：可诱发低钠、低钾、低钙血症与低血镁等电解质平衡紊乱，另外，在脱水动物易出现氮血症；大剂量静脉注射可能使犬听觉丧失；还可引起胃肠道功能紊乱、贫血、白细胞减少和衰弱等症状。

【措施4】降钙素（高钙血症）

4～6单位/千克，皮下注射/肌内注射，每2～12小时1次。

注意事项：可出现呕吐、腹泻、食欲不振、步态不稳、低钠血症、局部疼痛；偶见口渴、抽搐、多尿及寒战等，必要时可暂时性减少药物剂量。

【措施5】羟乙二磷酸二钠

按7.5毫克/千克，溶于250毫升生理盐水中静脉滴注，连用3天。

注意事项：治疗低血磷症，肾衰竭犬猫禁用。

【措施6】强的松龙

2毫克/千克体重，口服/皮下注射，每日2次。

注意事项：肾衰竭犬猫禁用。患有角膜性溃疡、糖尿病或肾功能不全的犬猫禁用，2～8℃保存。

【措施7】林格液

20～70毫升/千克，静脉滴注。

注意事项：静脉滴注不宜过快。

【措施8】碳酸氢钠

5%，1～2克/千克，静脉滴注。

注意事项：大量静脉注射时偶见代谢性碱中毒、低血钾症，易出现心律失常、肌肉痉挛；剂量过大或肾功能不全患病动物偶见水肿、肌肉疼痛等症状。

【措施9】葡萄糖酸钙

0.5～1毫升/千克，加入10%葡萄糖溶液中静脉滴注。

注意事项：静注时药液外渗可致注射部位皮肤发红、皮疹和疼痛，并可随后出现脱皮和皮肤坏死。

【措施10】生理盐水

每日按130～200毫升/千克，静脉滴注。

六、甲状旁腺功能减退症

1. 概念

甲状旁腺功能减退症是由于甲状旁腺激素分泌不足或不分泌，或者分泌的甲状旁腺激素不能与靶细胞正常作用或者靶器官对甲状旁腺激素反应降低引起的疾病。

2. 临床诊断

（1）主要表现为严重的低钙高磷血症、神经和肌肉兴奋性增加、全身性肌肉抽搐、共济失调、步态不稳、体温升高、极度气喘、多尿多饮、呕吐等。

（2）行为反常、神经质、有攻击行为、不安、兴奋、过度瘙痒、厌食、偶尔有流涎或咽下困难。

（3）心肌受损时表现心动过速。

（4）病程长时，常出现皮肤粗糙、色素沉着、被毛脱落、牙齿钙化不全。

3. 用药指南

（1）用药原则 提高血钙浓度，促进血磷的排泄，缓解抽搐症状。
（2）用药方法（根据临床症状、实验室检查结果等临床实际病情的需要选择以下措施进行治疗）
【措施1】葡萄糖酸钙，
0.5～1毫升/千克，2次/日。
注意事项：静注时药液外渗可致注射部位皮肤发红、皮疹和疼痛，并可随后出现脱皮和皮肤坏死。
【措施2】氯化钙
0.5～1.5克/次，加入10%葡萄糖溶液中静脉滴注，2次/日。
注意事项：密封保存，静脉注射可有全身发热，静注过快可产生呕吐、心律失常甚至心跳停止。
【措施3】维生素D_3
1500～3000单位/千克，1次/日，肌内注射。
【措施4】维生素D_2
2500～5000单位/次，皮下注射/肌内注射。
【措施5】双氢速固醇
0.02毫克/（千克·天），口服，连用3天，然后0.01～0.02毫克/（千克·天），口服，每日1次或隔天1次。
注意事项：过量可引起多尿、口渴、头晕、呕吐。
【措施6】鱼肝油
5～10毫升/次，口服。
【措施7】氢氧化铝
1～2片/次，口服，每日2～3次。
注意事项：长期大剂量服用本药，可致严重便秘、粪结块而引起肠梗阻。

七、肾上腺皮质功能亢进症

1. 概念

肾上腺皮质功能亢进症又称库兴氏综合征，是由于肾上腺皮质增生或因垂体分泌促肾上腺皮质激素过多而引起糖皮质激素（主要是皮质醇）分泌过量的一种病理现象。

2. 临床诊断

（1）病初多饮多尿，有时可出现尿频、血尿和尿急、尿痛。
（2）食欲增强，体重无明显变化或下降。
（3）肌肉肌蛋白异化加剧，肌肉萎缩无力。
（4）肝脏肿大、肚腹悬垂、胀大呈锅底肚或木桶状。
（5）运动耐受力下降、肌肉痉挛、共济失调，气喘、呼吸困难。

（6）可能出现皮肤变薄，表皮和真皮萎缩，身体两侧出现对称性脱毛，无瘙痒，大量沉着黑色素。

（7）雌性犬发情周期延长或不发情；雄性犬性欲减退，睾丸萎缩。

（8）少数病犬出现视力障碍，偶见骨质疏松症和骨折。

3. 用药指南

（1）用药原则　治疗原发病，对症治疗。

（2）用药方法（根据临床症状、实验室检查结果等临床实际病情的需要选择以下措施进行治疗）

【措施1】酮康唑

7.5～15毫克/（千克·天），口服，每日2次。

注意事项：犬妊娠期禁用；肝功能不全动物慎用；遮光，密闭保存。

【措施2】盐酸司来吉兰

1毫克/（千克·天），口服。

【措施3】米托坦

初始用量50毫克/（千克·天），分两次，饭后给药；一般1周左右明显恢复至正常，此时停药进行ACTH刺激试验，刺激后可的松浓度介于10～50纳克/毫升时米托坦改用维持剂量25～50毫克/（千克·天）。

注意事项：肝患病动物慎用，会出现肠道不良反应。

【措施4】曲洛斯坦

2.2～6.7毫克/千克，口服。

八、肾上腺皮质功能减退症

1. 概念

肾上腺皮质功能减退症是肾上腺皮质分泌的糖皮质激素和盐皮质激素不足所致的综合征，也称为阿狄森综合征。

2. 临床诊断

（1）急性型

① 精神沉郁，虚弱发热。

② 心律失常，血容量低。

③ 昏睡甚至休克，若治疗不及时则很快死亡。

（2）亚急性或慢性型

① 抑郁嗜睡，精神不振。

② 食欲减退，体重减轻，呕吐便秘，腹痛腹泻。

③ 皮肤和黏膜色素沉着，血压下降，低血糖症候。

3. 用药指南

（1）用药原则　以使用糖皮质激素为主，对症治疗，如缓解酸中毒、低血糖和高血钾症等。

（2）用药方法（根据临床症状、实验室检查结果等临床实际病情的需要选择以下措施进行治疗）

【措施1】磷酸钠地塞米松

0.5～2毫克/千克，静脉滴注，如果需要可在2～6小时内重复给药。

注意事项：使用中应注意减量渐停，长时间使用要适当补充磷、钙，预防出现骨质疏松和新陈代谢紊乱。患有角膜性溃疡、糖尿病或肾功能不全的犬猫禁用。

【措施2】生理盐水

40～80毫升/（千克·天），静脉滴注。

注意事项：1～2小时快速静脉滴注之后减慢输液速度。

【措施3】醋酸可的松

0.5～1毫升/（千克·天），口服。

注意事项：长期使用可导致兴奋、不安、定向力障碍、抑郁等精神症状。

【措施4】强的松龙

0.2～0.4毫克/（千克·天），口服。

注意事项：长期使用可能会导致胃溃疡。

【措施5】三甲醋酸去氧皮质酮

犬：1～2毫克/千克，肌内注射/皮下注射，每25～28天1次。

猫：12.5毫克，肌内注射，每21～28天1次。

注意事项：应用期应低钠饮食。

【措施6】氟氢可的松

0.02毫克/（千克·天），口服。

注意事项：钠潴留作用强，内服易出现水肿。

【措施7】碳酸氢钠

5％，1～2克/千克，静脉滴注。

注意事项：大量静脉注射时偶见代谢性碱中毒、低血钾症，易出现心律失常、肌肉痉挛；剂量过大或肾功能不全患病动物偶见水肿、肌肉疼痛等症状。

【措施8】葡萄糖酸钙

按0.5～1毫升/千克，加入5％葡萄糖溶液中静脉滴注。

注意事项：静注时药液外渗可致注射部位皮肤发红、皮疹和疼痛，并可随后出现脱皮和皮肤坏死。

九、胰岛素分泌过多症

1. 概念

胰岛素分泌过多症是胰腺的胰岛β细胞瘤使胰岛素分泌过多、血糖浓度降低而表现神经功能障碍的疾病。本病常由于胰岛的肥大细胞增生而引起，也多见于功能性胰岛细胞肿瘤引起。

2. 临床诊断

（1）轻症症状 轻症病犬猫表现不安，常常边走边叫，颜面肌肉痉挛，后肢无力，四处排粪、排尿。

（2）重症症状 重症病犬猫表现恶心、呕吐、心跳加快、全身间歇性或强直性痉挛、神志不清，视力障碍、昏睡等。

3. 用药指南

（1）用药原则 以加强饲养管理、治疗原发病、升血糖和对症治疗为原则。治疗原发病：如果是由胰腺腺体肿瘤引起的功能性亢进，可进行手术切除。

（2）用药方法（根据临床症状、实验室检查结果等临床实际病情的需要选择以下措施进行治疗）

① 营养补充剂

【措施1】葡萄糖注射液

犬：10％～20％葡萄糖0.5～1克/千克，快速静滴。重症者可用50％的葡萄糖。

注意事项：补液过快、过多，可致心悸、心律失常，甚至急性左心衰竭。

【措施2】葡他酸钾

200毫克/4.5千克体重，每日两次。

注意事项：肾脏和心脏疾病以及容易出现高钾血症的情况（尿闭或少尿）慎用。

【措施3】SOS葡萄糖口服凝胶

犬：＜10千克，10毫升；10～20千克，20毫升；＞20千克，30毫升。

猫：＜2千克，5毫升；＞2千克，10毫升。

直接喂食或从下颌后侧抵住舌下，缓慢推入口腔；每日2～3次。

注意事项：不得饲喂反刍动物，不能替代药物。

② 激素类药物

【措施1】泼尼松

0.25～2毫克/千克，口服，每日1～2次。

注意事项：本品较大剂量易引起消化道溃疡和类库欣综合征症状，对下丘脑-垂体-肾上腺轴抑制作用较强。

【措施2】地塞米松

0.5～2毫克/千克，肌内注射，每日1次。

注意事项：本品较大剂量易引起消化道溃疡和类库欣综合征症状，对下丘脑-垂体-肾上腺轴抑制作用较强。

③ 抗心律失常药物

【措施1】苯妥英钠

犬：10毫克/千克，口服，每日2次。

注意事项：对乙内酰脲类中一种药过敏者，认为对本品也过敏。禁用于心功能不全的病犬。

【措施2】心得安

犬：10～40毫克/千克，口服，每日3次。

注意事项：禁用于心源性休克、窦性心动过缓和重度或急性心力衰竭的病犬。

【措施3】阿替洛尔

0.2～1毫克/千克，口服，每日1～2次。

注意事项：嗜睡、低血压或腹泻。

十、雌性激素过多症

1. 概念

雌性激素过多症是犬、猫血清雌性激素水平明显高于健康犬、猫的一种病理现象。雌性犬、猫和雄性犬、猫均可发生，雌性犬猫表现为卵巢功能不均衡，雄性犬猫表现为雌性化综合征。

2. 临床诊断

（1）皮肤症状

① 皮肤左右对称性脱毛（常见于胁部、腹部、乳房和会阴部）。脱毛可波及全身，但头部和四肢末端多无变化。

② 色素沉着和脂溢性皮炎。

（2）生殖系统症状

① 雌性犬、猫表现与发情无关的异常子宫出血；子宫内膜增生和发情样征候，并表现为多饮多尿；雌性犬、猫外阴部肿胀，阴道流出分泌物，乳头变大。

② 雄性犬、猫表现为乳房乳头增大，性机能障碍。性格雌性化，似雌性犬、猫发情样引诱其他雄性犬、猫。

③ 当继发感染时，可引起子宫蓄脓。

3. 用药指南

（1）用药原则　以激素治疗和对症治疗为原则。

（2）用药方法（根据临床症状、实验室检查结果等临床实际病情的需要选择以下措施进行治疗）

① 激素类药物

【措施1】甲状腺素

犬：22微克/千克，口服，每日2次。

猫：20~30微克/千克，口服，每日1~2次。

注意事项：用于继发性甲状腺机能减退、对称性脱毛犬。

【措施2】孕酮

犬：2毫克/千克，肌内注射，每3天1次。

注意事项：用于诱导黄体退化、子宫内膜增生。

【措施3】人绒毛膜促性腺激素

100~150单位/天，口服/肌内注射。

注意事项：用于卵巢机能不全、卵巢囊肿、子宫内膜增生、雄性性机能不全。

② 手术治疗。摘除卵巢、子宫是根治本病最可靠的办法。

注意事项：良好的营养状况能促进术后机体康复。在康复期应注意补充营养，需要注意循序渐进、持续补充，并注意卫生，防止术后感染。

十一、雌性激素缺乏症

1. 概念

雌性激素缺乏症是卵巢或子宫切除后造成雌激素分泌障碍的疾病,多是做过避孕手术的雌性犬、猫引起尿频、尿少的症状。

2. 临床诊断

雌激素具有增加尿道括约肌紧张性的作用,雌激素严重缺乏时,病犬、猫在膀胱还未充满尿液时仍会不自主地排尿或每次排少量尿液。

3. 用药指南

(1)用药原则 以激素治疗为原则。

(2)用药方法(根据临床症状、实验室检查结果等临床实际病情的需要选择以下措施进行治疗)

【措施1】雌二醇

犬:0.2~1毫克/次,肌内注射。

注意事项:全身用药可能导致胎儿畸形。猫禁用。

【措施2】己烯雌酚二磷酸酯

犬:0.1~1毫克/次,口服/肌内注射,每日1次,连用5天,然后每5~14天重复。

猫:0.05~0.1毫克/次,口服/肌内注射。

注意事项:妊娠期间禁用,有血栓性静脉炎和肺栓塞性病史禁用。

【措施3】苯甲酸雌二醇

犬:0.5~1毫克/次,肌内注射,2~3日1次。

注意事项:妊娠期间禁用,有血栓性静脉炎和肺栓塞性病史禁用。患雌激素有关的肿瘤(如乳腺癌、阴道癌、子宫颈癌)禁用。

十二、雄性激素过少症

1. 概念

雄性激素过少症是犬猫由于各种原因使睾丸分泌睾酮不足或精子生成障碍的疾病。

2. 临床诊断

(1)精神萎靡,体弱多病,免疫力下降。

(2)情绪波动大,脾气暴躁。

(3)患病犬猫性欲低下,发育障碍,繁殖力弱或无繁殖力。

3. 用药指南

(1)用药原则 补充雄性激素,对隐睾犬猫实行睾丸摘除术。

(2)用药方法(根据临床症状、实验室检查结果等临床实际病情的需要选择以下措施进

行治疗）

【措施 1】睾酮

犬：2.5～10 毫克/千克，肌内注射/皮下注射，每月 1 次。

猫：2.5～5 毫克/千克，肌内注射/皮下注射，每月 1 次。

注意事项：肾炎、肝肾功能障碍、糖尿病、心脏和冠状动脉功能不全等病犬禁用。

【措施 2】泼尼松

犬：1 毫克/千克，隔日口服 1 次。

注意事项：适用于甲状腺机能减退引起的雄激素过少症。

十三、雄性犬雌性化综合征

1. 概念

雄性犬雌性化是由睾丸曲细精管上皮细胞瘤（支持细胞瘤）所引起的雌激素分泌过多或医源性雌激素投予过量所致的一种综合征。一般是睾丸肿瘤和雌激素投予过量所致。

2. 临床诊断

（1）公犬精神萎靡、无性欲。

（2）皮肤症状

① 皮肤角化，色素过度沉着，左右对称性苔藓化。

② 慢性病犬发生脂溢性皮炎和脱屑。

（3）前列腺肥大犬可出现血尿和脓尿。

（4）阴茎和非肿瘤侧睾丸萎缩。

（5）公犬乳房和乳头肿大，有的分泌乳汁。

（6）重症犬似发情母犬样，引诱其他公犬。

（7）个别病犬会发生耳垢性外耳炎。

3. 用药指南

（1）用药原则　以激素疗法、对症治疗和手术治疗为原则。

（2）用药方法（根据临床症状、实验室检查结果等临床实际病情的需要选择以下措施进行治疗）

① 激素类药物

【措施 1】睾酮

犬：2.5～10 毫克/千克，肌内注射/皮下注射，每月 1 次。

猫：2.5～5 毫克/千克，肌内注射/皮下注射，每月 1 次。

注意事项：肾炎、肝肾功能障碍、糖尿病、心脏和冠状动脉功能不全等病犬禁用。

【措施 2】地塞米松

0.5～1 毫克/次，肌内注射，连用 3～5 日。

注意事项：本品较大剂量易引起消化道溃疡和类库欣综合征症状，对下丘脑-垂体-肾上腺轴抑制作用较强。

【措施 3】水杨酸

犬：皮肤苔藓化，局部外用。取适量本品涂于患处，一日2次。

注意事项：大面积使用吸收后可出现水杨酸全身中毒症状，如头晕、神志模糊、精神错乱、呼吸急促、持续耳鸣、剧烈或持续头痛、刺痛。

【措施4】新霉素滴耳液

外耳炎，滴耳。一次1～2滴，一日2～3次。

注意事项：对新霉素过敏者禁用。

② 对症治疗

【措施】对症治疗

停喂雌性激素，前列腺肥大的犬和猫投喂前列康、止血药和消炎药。

注意事项：对症治疗主要在于缓解症状，配合营养饲料更有利于机体恢复。

十四、尿崩症

1. 概念

尿崩症是由于下丘脑神经垂体机能减退所引起的抗利尿激素分泌不足或缺乏，或肾小管对抗利尿激素反应性降低的一种疾病，表现为严重的失控性多饮、多尿和尿比重降低。

2. 临床诊断

（1）排尿异常

① 大量饮水，多尿，尿频和夜间排尿。

② 由肿瘤引起的尿崩症呈渐进性多尿。

③ 由外伤或髓膜炎引起的为突发性多尿。

④ 排尿量可达80～300毫升/千克体重以上，尿比重明显降低，多为1.010以下。

⑤ 限制饮水，尿量不减。

⑥ 尿呈水样清亮透明，含蛋白质。

（2）饮水异常

① 日饮水大于每千克体重100毫升以上。

② 患病犬、猫，尽管渴感强烈，大量饮水，但仍表现轻度到中度脱水。

（3）体重下降、消瘦

3. 用药指南

（1）用药原则　以治疗原发病和抗利尿激素替代疗法为治疗原则。

（2）用药方法（根据临床症状、实验室检查结果等临床实际病情的需要选择以下措施进行治疗）

① 激素类药物

【措施】去氨加压素

犬：0.05～0.2毫升/只，滴鼻或滴于结膜，每日3次。剂量和给药频率可根据药物反应增加或减少。

猫：0.05毫升（1～2滴），滴鼻或滴于结膜，每日1～2次。

注意事项：诊断和治疗中枢性尿崩症，此药对肾性尿崩症无效。禁止用于患有肾病、脱水症或高血钙症的动物进行改良式禁水试验。

② 利尿药

【措施】氢氯噻嗪

犬：12.5～25 毫克/只，肌内注射；0.5～4 毫克/千克，口服，每日 1～2 次。

猫：12.5 毫克/只，肌内注射；1～4 毫克/千克，口服，每日 1～2 次。

注意事项：可能会出现胃肠道症状，患有肝肾功能不全及糖尿病、高尿酸血症、痛风、高钙血症、低钠血症以及红斑狼疮等病犬需要禁用。长期使用应同时补充钾盐，并同时限制饮食中盐的摄入。

③ 降糖药

【措施】氯磺丙脲

犬：125～250 毫克/天，口服，每日 1 次。

注意事项：一般不建议猫用此药。适用于肾性尿崩症，注意用药后的低血糖副作用。

④ 补钾药

【措施】门冬氨酸钾镁

常规用量为每次 1～2 片，每日 3 次；根据具体情况剂量可增加至每次 3 片、每日 3 次。

注意事项：用于纠正低血钾症。餐后服用。

第九章　免疫性疾病

一、新生犬黄疸症

1. 概念

本病是因母犬和父犬的血型不同，胎犬具有某一特定血型的显性抗原，通过妊娠和分娩而侵入母体，刺激母体产生免疫抗体，当仔犬出生后，通过吸吮初乳获得移行抗体，使红细胞发生破坏产生的黄疸症。

2. 临床诊断

（1）一般症状

① 患犬精神沉郁、吸吮力减弱，出生后 2 天口腔和眼结膜出现明显的贫血症状。

② 超急性重度患犬，未出现本病的特征症状，就可在短时间内衰竭死亡。

（2）泌尿系统症状

① 多见血色素血症和血色素尿症。

② 尿液肉眼观察呈红色，潜血反应阳性。

（3）皮肤症状　黄疸症状从第 3 天开始明显。

（4）尿胆红素　出生 2～3 日后尿胆红素为阳性。

3. 用药指南

（1）用药原则　以对症治疗为原则。及时隔离母畜与幼犬以及断乳可以避免此疾病发生。

（2）用药方法（根据临床症状、实验室检查结果等临床实际病情的需要选择以下措施进行治疗）

① 激素类药物

【措施 1】泼尼松龙

犬：1～2 毫克/千克，口服，每日 2 次。

注意事项：患有角膜性溃疡、糖尿病或肾功能不全的犬猫禁用。

【措施 2】地塞米松

0.2～1 毫克/千克，口服/肌内注射，每日 3 次。

注意事项：本品较大剂量易引起消化道溃疡和类库欣综合征症状，对下丘脑-垂体-肾上腺轴抑制作用较强。

② 营养补充剂

【措施 1】葡萄糖液

犬：2%～3%葡萄糖液，适量口服。用于稀释和排泄血红素。

注意事项：重症贫血时可腹腔输血。

【措施 2】至宠维补液

口服，可饮水或拌入食物，每日 2 次。根据犬猫每日饮水或进食量，每毫升兑水 100 毫升或拌入 100 克食物。

二、血小板减少症

1. 概念

本病以血小板减少、皮肤和黏膜的淤血点和淤血斑及鼻出血为特征。

2. 临床诊断

（1）皮肤黏膜症状

① 在皮肤或黏膜上出现淤血斑和淤血点。

② 严重病犬、猫黏膜苍白。

③ 鼻出血。

（2）粪便尿液变化

① 大便呈深褐色。

② 血尿。

3. 用药指南

（1）用药原则　本病以激素、输血等方法治疗为原则。

（2）用药方法（根据临床症状、实验室检查结果等临床实际病情的需要选择以下措施进行治疗）

① 激素类药物

【措施 1】泼尼松龙

犬：2～3 毫克/千克，口服/肌内注射，每日 2 次，逐渐减到 0.5～1 毫克/千克，口服，每 2～3 天 1 次。

注意事项：患有角膜性溃疡、糖尿病或肾功能不全的犬猫禁用。

【措施 2】长春新碱

犬：0.02 毫克/千克，静脉滴注，间隔 7～10 天 1 次。

注意事项：剂量限制性毒性是神经系统毒性，主要引起外周神经症状，与累积量有关。

② 化疗类药物

【措施】环磷酰胺

犬：2 毫克/千克，口服，每日 1 次，每周连用 4 天，或隔天 1 次，连用 3～4 周。

猫：2.5 毫克/千克，口服，每日 1 次。

注意事项：不良反应包括食欲减退、恶心及呕吐，一般停药 1～3 天即可消失。

③ 输血治疗

【措施】输新鲜全血或静脉输注血小板。

注意事项：紧急情况首次输血可以不进行交叉配血试验，其余情况输血必须进行交叉配血试验。

三、食物性变态反应

1. 概念

本病是由某些特异性食物抗原刺激机体引起的过敏反应，以犬、猫皮肤瘙痒及胃肠炎为特征。

2. 临床诊断

（1）皮肤症状

① 犬、猫表现剧烈而持久的皮肤瘙痒。

② 猫的皮肤损伤主要发生在头部和颈部，出现红斑、脱毛、粟粒状皮炎、耳炎和耳郭皮炎、表皮脱落。

③ 犬的皮肤病变表现脱毛、苔藓化、色素沉着过多。

（2）粪便及尿液变化

① 粪便被覆新鲜血液及带血点。

② 频频地间歇性排出稀软恶臭并附有黏膜和血液的粪便。

3. 用药指南

（1）用药原则　治疗关键是找出过敏原，抗炎和抗过敏。

（2）用药方法（根据临床症状、实验室检查结果等临床实际病情的需要选择以下措施进行治疗）

① 激素类药物

【措施】泼尼松龙

0.5毫克/千克，口服，每日1～2次。

注意事项：患有角膜性溃疡、糖尿病或肾功能不全的犬猫禁用。

② 抗过敏类药物

【措施1】苯海拉明

犬：2毫克/千克，口服/肌内注射，每日2～3次。

猫：0.5毫克/千克，口服/肌内注射，每日2次。

注意事项：重症肌无力病犬、新生儿、早产儿禁用。

【措施2】扑尔敏注射液

犬：0.5毫克/千克，肌内注射。

猫：0.25毫克/千克，肌内注射。

注意事项：不良反应为嗜睡、疲劳、乏力、口鼻咽喉干燥、痰液黏稠。

【措施3】吡咯醇胺

犬：0.05～0.1毫克/千克，口服，每日2次。

猫：0.67 毫克/猫，口服，每日 2 次。

注意事项：偶有轻度嗜睡、食欲不振、恶心、呕吐等不良反应。

四、寻常性天疱疮

1. 概念

寻常性天疱疮是由免疫机制异常而引起的典型的自身免疫性皮肤病，病变多发于皮肤和黏膜交界部。

2. 临床诊断

（1）初期病犬表现溃疡性口炎、齿龈炎及舌炎。

（2）黏膜和皮肤交界部，及指（趾）内侧出现水疱。

（3）爪角质部分因严重的爪沟炎而脱落。

3. 用药指南

（1）用药原则　以抗炎、抗菌、免疫抑制为治疗原则。

（2）用药方法（根据临床症状、实验室检查结果等临床实际病情的需要选择以下措施进行治疗）

① 激素类药物

【措施 1】曲安西龙

犬：0.05 毫克/千克，口服/肌内注射，每日 2～3 次。

猫：0.4～0.8 毫克/（千克·天），口服/肌内注射。

注意事项：长期应用可诱发内分泌异常、胃肠道反应、类库欣综合征、肌无力等症状。

【措施 2】泼尼松龙

犬：0.5 毫克/千克，口服，每日 2 次，连用 5～10 天，后逐减。

猫：1～2 毫克/千克，口服，每日 1 次，连用 5～10 天，后逐减。

注意事项：患有角膜性溃疡、糖尿病或肾功能不全的犬猫禁用。

② 抗生素治疗

【措施】土霉素

犬：20～40 毫克/千克，口服，每日 3 次，连用 3 天。

猫：15～30 毫克/千克，口服，每日 2～3 次，连用 3 天；或 5～10 毫克/千克，静脉滴注，连用 2～3 天。

注意事项：本品有肾毒性、肝毒性，长期使用会使动物产生过敏反应，恶心、呕吐、腹泻等胃肠道症状。

③ 化疗类药物

【措施】环磷酰胺

犬：2 毫克/千克，口服，每日 1 次，连用 4 天/周，或隔天 1 次，连用 3～4 周。

猫：2.5 毫克/千克，口服，每日 1 次。

注意事项：不良反应包括食欲减退、恶心及呕吐，一般停药 1～3 天即可消失。

④ 免疫抑制剂

【措施】依木兰

犬：2.2毫克/千克，口服，每日1次或隔天1次。

注意事项：不良反应主要表现为全身不适、头晕、恶心、呕吐、腹泻等。接受免疫抑制的患病动物，患肿瘤风险升高。患病动物还可能对病毒、真菌、细菌等微生物的易感性增加。

⑤ 干扰素

【措施】注射用重组犬 γ 干扰素

犬：50万单位/千克，每日1次，2～4周为一疗程，皮下注射。

注意事项：本品对妊娠母犬、哺乳母犬及幼犬使用安全，无毒副作用。

五、落叶性天疱疮

1. 概念

落叶型天疱疮是一种在动物身上出现的皮肤病，与人类的红斑狼疮近似，亦是一种自体免疫力问题引起的皮肤病。

2. 临床诊断

（1）皮肤与黏膜处突然形成水疱，短时间内破溃形成痂皮，取慢性经过。

（2）病变多发生于面部，尤其是鼻、眼周围及耳部，病变范围扩大时，见于趾周围、腹股沟部，甚至波及全身。

（3）病变呈水疱性、溃疡性、脓疱性变化。

（4）患部脱毛、发红、渗出，形成广范围痂皮。

3. 用药指南

（1）用药原则　使用激素来控制炎症。

（2）用药方法（根据临床症状、实验室检查结果等临床实际病情的需要选择以下措施进行治疗）

① 激素类药物

【措施】泼尼松龙

犬：2～6毫克/千克，口服，每日2次。连用5～10天，后逐减。

猫：1～2毫克/千克，口服，每日1次，连用5～10天，后逐减。

注意事项：患有角膜性溃疡、糖尿病或肾功能不全的犬猫禁用。

② 化疗类药物

【措施1】环磷酰胺

犬：2毫克/千克，口服，每日1次，每周连用4天，或隔天1次，连用3～4周。

猫：2.5毫克/千克，口服，每日1次。

注意事项：不良反应包括食欲减退、恶心及呕吐，一般停药1～3天即可消失。

【措施2】苯丁酸氮芥

0.1～0.2毫克/千克，口服，每日1次，直到临床症状明显改善，隔天给药。

注意事项：不良反应为厌食、恶心、呕吐、白细胞减少症、血小板减少症、贫血、神经毒性。本品与皮质类激素联合使用。

六、类天疱疮

1. 概念

类天疱疮是自身免疫性疾病，以皮肤黏膜形成水泡、溃疡为主要特征。

2. 临床诊断

（1）急性型患犬精神沉郁，食欲降低，发热。

（2）皮肤黏膜症状

① 慢性型患犬下腹部和腹股沟部出现短时间灶性水泡，并形成溃疡，若病灶局部无刺激，则病灶不会扩散。

② 皮肤黏膜交界部、口腔黏膜、头部及耳郭突然出现不易破溃的水泡。

3. 用药指南

（1）用药原则　消炎、抗菌，防止继发感染。

（2）用药方法（根据临床症状、实验室检查结果等临床实际病情的需要选择以下措施进行治疗）

① 激素类药物

【措施】泼尼松龙

犬：2～6毫克/千克，口服，每日2次，连用5～10天，后逐减。

猫：1～2毫克/千克，口服，每日1次，连用5～10天后逐减。

注意事项：患有角膜性溃疡、糖尿病或肾功能不全的犬猫禁用。

② 抗生素治疗

【措施】氨苄西林

犬：20～30毫克/千克，口服，每日2～3次。

猫：10～20毫克/千克，静脉滴注/皮下注射/肌内注射。

注意事项：用药前仔细询问是否对青霉素过敏。肝肾功能不全的患病动物慎用。应用过程中一旦发生过敏性休克，应立即停药并就地抢救。

七、自身免疫性溶血性贫血

1. 概念

本病是某种原因产生的红细胞自身抗体加速红细胞的破坏而引起的溶血性贫血。溶血可发生在血管内，也可发生在血管外。

2. 临床诊断

（1）一般症状

① 患犬精神沉郁，不愿活动，心悸和呼吸加速。

② 患犬发病初期体温升高。

（2）皮肤症状

① 皮肤四肢出现浅在性皮炎、发绀。

② 尾、趾、阴囊和耳的尖端部坏死。

（3）由于致敏的红细胞在脾脏内淤滞和崩解加快，造成脾肿大，出现溶血、血色素血症和血色素尿症。

3. 用药指南

（1）用药原则　治疗以消除原发病、防治急性贫血等为治疗原则。

（2）用药方法（根据临床症状、实验室检查结果等临床实际病情的需要选择以下措施进行治疗）

① 激素类药物

【措施】泼尼松龙

1～2毫克/千克，口服，每日2次，连用5～10天后逐减。

注意事项：患有角膜性溃疡、糖尿病或肾功能不全的犬猫禁用。

② 化疗类药物

【措施】环磷酰胺

犬：2毫克/千克，口服，每日1次，连用4天/周，或隔天1次，连用3～4周。

猫：2.5毫克/千克，口服，每日1次。

注意事项：不良反应包括食欲减退、恶心及呕吐，一般停药1～3天即可消失。

③ 免疫抑制剂

【措施】环孢霉素A

犬：10毫克/千克，口服，每日1～2次。

注意事项：长时间服用大剂量可导致肾毒性、肝毒性。导致神经系统紊乱，以及厌食、呕吐等胃肠道症状。

④ 治疗贫血药

【措施】重组人促红素注射液

1000～3000单位/次，每周给药2～3次，皮下或静脉注射。

注意事项：冷藏，2～8℃。

八、全身性红斑狼疮

1. 概念

本病是一种由于对自身组织不能识别而引起的全身性非化脓性慢性炎症的自身免疫性疾病。主要侵害关节、皮肤、造血系统、肾脏、肌肉、胸膜和心肌等，多见于雌犬。

2. 临床诊断

（1）关节病变　发生多发性关节炎，尤其跗关节和腕关节，表现红、肿、热、痛、站立困难，咀嚼肌和四肢肌肉进行性萎缩。

（2）皮肤黏膜症状

① 少数出现皮肤病变和肾、心、肺及中枢神经系统的功能障碍。

② 皮肤对称性脱毛、丘疹、大疱红斑性损伤。

③ 口腔黏膜糜烂和溃疡。

（3）内脏器官病变

① 半数呈出血性素质和脾脏肿大。

② 出现溶血性贫血、水肿、淋巴结肿大、肾小球肾炎等症状。

3. 用药指南

（1）用药原则　使用激素来控制炎症。

（2）用药方法（根据临床症状、实验室检查结果等临床实际病情的需要选择以下措施进行治疗）

① 激素类药物

【措施 1】泼尼松龙

1～2 毫克/千克，口服，每日 1～2 次，连用 10 天，逐渐减到 1 毫克/千克，隔天 1 次。

注意事项：患有角膜性溃疡、糖尿病或肾功能不全的犬猫禁用。

【措施 2】甲强龙注射液

推荐剂量为 30 毫克/千克，静脉注射。

注意事项：静脉注射应至少用 30 分钟。

② 免疫抑制剂

【措施】硫唑嘌呤

犬：2 毫克/千克，口服，每日 1 次，连用 7～10 天，然后 1 毫克/千克，口服，每日 1 次或隔天 1 次。

注意事项：主要表现为全身不适、头晕、恶心、呕吐腹泻等过敏反应。常采用大剂量时有可能导致骨髓抑制、白细胞减少或血小板减少，还可能导致对病毒、真菌、细菌等微生物的易感性增加。

③ 化疗，抗肿瘤药物

【措施 1】环磷酰胺

犬：2 毫克/千克，口服，每日 1 次，连用 4 天/周，或隔天 1 次，连用 3～4 周；

猫：2.5 毫克/千克，口服，每日 1 次。

注意事项：不良反应包括食欲减退、恶心及呕吐，一般停药 1～3 天即可消失。

【措施 2】长春新碱

犬：0.02 毫克/千克，静脉滴注，每周 1 次。

注意事项：剂量限制性毒性是神经系统毒性，主要引起外周神经症状。骨髓抑制和消化道反应较轻。有局部组织刺激作用，药液不能外漏，否则可引起局部坏死。

④ 干扰素

【措施】注射用重组犬 γ 干扰素

犬：50 万单位/千克，每日 1 次，2～4 周为一疗程，皮下注射。

注意事项：本品对妊娠母犬、哺乳母犬及幼犬使用安全，无毒副作用。

九、重症肌无力

1. 概念

重症肌无力是一种由神经-肌肉接头处传递功能障碍所引起的自身免疫性疾病，临床主要表现为部分或全身骨骼肌无力和易疲劳，活动后症状加重，经休息后症状减轻。本病累及功能活跃的骨骼肌，严重者全身肌肉均可波及。

2. 临床诊断

（1）眼皮下垂、视力模糊、眼球转动不灵活。
（2）特征表现为全身性肌无力，稍加活动病情加重。
（3）患犬常有食管扩张、咀嚼无力、饮水呛咳、吞咽困难等症状。
（4）颈软、抬头困难。
（5）晚期表现为肌肉萎缩及结缔组织替代性增生。

3. 用药指南

（1）用药原则　使用抗胆碱酯酶以消除症状，使用免疫抑制剂消除原发病。
（2）用药方法（根据临床症状、实验室检查结果等临床实际病情的需要选择以下措施进行治疗）
① 抗胆碱酯酶药
【措施1】新斯的明
0.01～0.1毫克/千克，肌内注射/静脉注射/皮下注射，根据药效持续的时间确定用药间隔。长期使用方案为0.1～0.25毫克，口服，每日总剂量不超过2毫克/千克。
注意事项：心率失常、窦性心动过缓、血压下降、迷走神经张力升高时禁用。
【措施2】溴吡斯的明
犬：0.2～2毫克/千克，口服，每日2～3次。
注意事项：常见有腹泻、恶心、呕吐、胃痉挛等。接受大剂量治疗的重症肌无力患病动物，常出现精神异常。
② 免疫抑制剂
【措施】硫唑嘌呤
犬：2毫克/千克，口服，每日1次，连用7～10天，然后1毫克/千克，口服，每日1次或隔天1次。
注意事项：主要表现为全身不适、头晕、恶心、呕吐、腹泻等过敏反应。常采用大剂量时有可能导致骨髓抑制、白细胞减少或血小板减少，还可能导致对病毒、真菌、细菌等微生物的易感性增加。
③ 化疗类药物
【措施】环磷酰胺
犬：2毫克/千克，口服，每日1次，连用4天/周，或隔天1次，连用3～4周。
猫：2.5毫克/千克，口服，每日1次。
注意事项：不良反应包括食欲减退、恶心及呕吐，一般停药1～3天即可消失。

十、丙球蛋白病

1. 概念

本病是一类血清免疫球蛋白水平过量增高的疾病，可分为多克隆性和单克隆性，多克隆丙球蛋白病涉及所有主要免疫球蛋白的增高。单克隆丙球蛋白病以血清中存在一种均质免疫球蛋白和无关免疫球蛋白降低为特征。

2. 临床诊断

（1）头颅、肋骨、骨盆和脊椎的平滑骨髓腔发生浆细胞骨髓瘤。

（2）病理性骨折可导致中枢神经系统或脊柱疾病而引起疼痛和跛行。

（3）实质器官出现淋巴肉瘤。

3. 用药指南

（1）用药原则　治疗以抗肿瘤、对症治疗为原则。

（2）用药方法（根据临床症状、实验室检查结果等临床实际病情的需要选择以下措施进行治疗）

① 激素类药物

【措施1】泼尼松龙

犬：1～2毫克/（千克·天），口服，每日2次。

猫：1毫克/千克，口服，缓慢减至0.5毫克/千克。

注意事项：患有角膜性溃疡、糖尿病或肾功能不全的犬猫禁用。

【措施2】地塞米松

0.2～1毫克/千克，口服/肌内注射。

注意事项：本品较大剂量易引起消化道溃疡和类库欣综合征症状，对下丘脑-垂体-肾上腺轴抑制作用较强。

② 化疗药物

【措施1】博来霉素

犬：0.25毫克/千克，静脉滴注/皮下注射，每日1次，连用4天，每周最大剂量5毫克/千克。

注意事项：常见的有恶心、呕吐、口腔炎、皮肤反应、食欲减退、脱发、色素沉着等。

【措施2】白消安

犬：0.1毫克/千克，口服，每日1次。

注意事项：可产生骨髓抑制，常见为粒细胞减少、血小板减少。长期用药或用药量过大可导致肺纤维化。

第十章　营养及代谢性疾病

第一节　代谢性疾病

一、母犬低血糖症

1. 概念

母犬低血糖症是指妊娠母犬分娩前后，血糖降低到一定程度而发生的一系列综合征。

2. 临床诊断

（1）发病一般较突然，体温升高达 41～42℃，呼吸和心搏加快。

（2）神经症状

① 全身呈强直性或间歇性颤抖或抽搐，四肢肌肉痉挛，共济失调。

② 虚脱，甚至昏迷。

（3）酮体升高，严重的低血糖母犬其尿液有酮臭味。

3. 用药指南

（1）用药原则　提高血糖，缓解酮血症，加强营养，尤其在分娩前后注意增强营养，喂饲高碳水化合物食物。

（2）用药方法（根据临床症状、实验室检查结果等临床实际病情的需要选择以下措施进行治疗）

【措施 1】葡萄糖

20％溶液，1.5 毫升/千克，静脉滴注。

【措施 2】葡萄糖粉

250 毫克/千克，口服。

【措施 3】地塞米松

1～4 毫克/千克，缓慢静注。

注意事项：有严重高血压、糖尿病、十二指肠溃疡的情况时慎用。

【措施 4】胰高血糖素

0.03 毫克/千克，静脉滴注/肌内注射/皮下注射。

二、幼犬一过性低血糖症

1. 概念

幼犬一过性低血糖症是指幼犬发生的低血糖现象，多见于 3 月龄左右的小型玩赏犬。幼年犬糖原储备不足，或葡萄糖生成酶不足，所以常常发生低血糖症。

2. 临床诊断

（1）病初精神沉郁，虚弱，不愿活动，嘶叫。
（2）心跳缓慢，反应迟钝，对危险的反应降低。
（3）可视黏膜苍白。
（4）轻者表现四肢无力，运动耐力差，步态不稳，共济失调。
（5）重者惊厥，全身肌肉呈现间歇性痉挛或强直性痉挛，全身癫痫样发作，很快陷入昏迷状态。

3. 用药指南

（1）用药原则　补充血糖，适当应用糖皮质激素，加强饲养管理。
（2）用药方法（根据临床症状、实验室检查结果等临床实际病情的需要选择以下措施进行治疗）
【措施 1】葡萄糖
10％溶液，5～10 毫升/千克，缓慢静脉滴注至维持血糖到正常范围。
【措施 2】氢化泼尼松
0.5 毫克/千克，皮下注射，每日 1～2 次。
注意事项：动物有心脏病或急性心力衰竭、糖尿病、高血压、肝肾功能损害等情况时应慎用。
【措施 3】氢化可的松
1～2 毫克/千克，肌内注射，每日 1～2 次。
注意事项：静脉迅速给予大剂量可能发生全身性过敏反应；为了避免肾上腺皮质功能减退的发生及原来疾病症状的复发，在长程激素治疗后应缓慢地逐渐减量；药物需密封保存。

三、猎犬功能性低血糖症

1. 概念

猎犬功能性低血糖症是指神经敏感型的猎犬在狩猎 1～2 小时后发生的低血糖现象。神经敏感型猎犬进入狩猎活动后，神经高度兴奋，处于应激状态，机体代谢特别是糖代谢发生障碍，突然发生血糖降低。

2. 临床诊断

（1）一般突然发病，但绝大多数发病犬可在数分钟后自行恢复。

（2）不辨方向，步态不稳，共济失调，癫痫样抽搐。

3. 用药指南

（1）用药原则　在捕猎前提供适当训练，给予高蛋白食物，补充血糖，加强营养。

（2）用药方法（根据临床症状、实验室检查结果等临床实际病情的需要选择以下措施进行治疗）

【措施】葡萄糖

10%～20%溶液，5～10毫升/千克，静脉注射。

四、糖尿病

1. 概念

糖尿病是由各种原因造成胰岛素相对或绝对缺乏以及不同程度的胰岛素抵抗，造成机体内碳水化合物代谢紊乱的疾病。根据病因分Ⅰ型（原发型）和Ⅱ型（继发型）糖尿病。Ⅰ型即为胰岛素依赖型糖尿病，Ⅱ型为非胰岛素依赖型糖尿病。

2. 临床诊断

（1）"三多一少"：多饮、多食、多尿和体重减轻。

（2）排尿增加，且尿液带有特殊气味

① 白天尿频，夜间也排尿，病情严重时，尿量增加3～5倍，尿比重增高达1.060～1.068。

② 出现代偿性多饮。

③ 尿液和呼出气带有特殊的芳香甜味（类似烂苹果味、酮臭味）。

（3）病犬猫体重逐渐减轻，日趋消瘦，倦怠、喜卧、不耐运动。

（4）机体代谢性酸中毒，神经系统受损

① 顽固性呕吐和黏液带血性腹泻，脱水。

② 最后极度虚弱而陷入糖尿病性昏迷或酮酸中毒性昏迷。

（5）视力障碍　约有半数患犬早期即开始出现白内障、角膜溃疡、晶体混浊、视网膜脱落，最终导致双目失明。

（6）部分雌性患犬猫会发生尿路感染。

（7）有些病例尾尖发生坏死。

3. 用药指南

（1）用药原则　改善饮食，运用降糖药进行药物治疗，对症治疗。

（2）用药方法（根据临床症状、实验室检查结果等临床实际病情的需要选择以下措施进行治疗）

① 运用降糖药，降低血糖

【措施1】鱼精蛋白锌胰岛素（PZI）

犬：0.5～1单位/千克，皮下注射，每日1次。

猫：3～5单位/次，皮下注射，每日1次。

注意事项：本品不能用于静脉注射；静置后可能分层，使用前必须摇匀；注射器消毒时不要用碱性物质；出现低血糖较迟，约在注射 12 小时以后；因作用缓慢，不能用于抢救糖尿病昏迷病人；冷藏（2～10℃）贮存。

【措施 2】中性鱼精蛋白锌胰岛素（NPH）

犬：0.5～1 单位/千克，皮下注射，每日 1 次。

猫：3～5 单位/次，皮下注射，每日 1 次。

注意事项：冷藏（2～10℃）贮存。

【措施 3】氯磺丙脲

2～5 毫克/千克，口服，每日 1 次。

【措施 4】降糖灵

降低血糖，20～30 毫克/日，口服。

注意事项：使用降糖药时要进行清晨尿糖的监测，药物用量可由少到多逐渐加量至控制尿糖为阴性。

② 对症治疗，防止用胰岛素后继发低血糖，补充体液，缓解酸中毒和低血钾症。

【措施 1】生理盐水、林格液

根据尿量多少静脉补充体液。

【措施 2】碳酸氢钠

5％溶液，一般用量为 0.5～1.5 毫升/千克，静脉滴注。

注意事项：大量静脉注射时偶见代谢性碱中毒、低血钾症，易出现心律失常、肌肉痉挛；剂量过大或肾功能不全患病动物偶见水肿、肌肉疼痛等症状。

【措施 3】氯化钾

根据血钾的测定情况在输液中适当添加 10％氯化钾溶液，以维持正常血钾水平。

五、糖元蓄积症

1. 概念

糖元蓄积病是由于肝糖原分解酶先天性缺乏，而使肝、肾，以及肌肉、网状内皮系统和中枢神经系统内的糖原发生异常蓄积的代谢性疾病。多见于小型品种犬。

2. 临床诊断

（1）神经症状

① 患犬突然精神沉郁，呆滞，间或不安、呻吟、嚎叫。

② 运动共济失调，四肢呈蛙泳状。

③ 有时癫痫样发作、大小便失禁，抽搐缓解后又能正常饮水。

（2）消化道症状

① 有时出现呕吐、流涎。

② 稀便呈煤焦油样。

（3）病犬长期低血糖，可导致不可逆的脑损伤。

（4）体温降低或正常，食欲稍减或正常。

3. 用药指南

（1）用药原则　加强饲养管理，增加饲喂次数，少食多餐，以高碳水化合物为主。同时注意保温和避免应激刺激。

（2）用药方法（根据临床症状、实验室检查结果等临床实际病情的需要选择以下措施进行治疗）

【措施1】葡萄糖

5%～20%溶液，5～10毫升/千克，静脉滴注，连用数日。

注意事项：给予大剂量高渗葡萄糖而血糖仍持续在较低水平者，多系先天性葡萄糖-6-磷酸酶缺乏所致，这种患犬多无治疗价值。

【措施2】氢化泼尼松

0.25～2毫克/千克，口服，每日1～2次。

注意事项：动物有心脏病或急性心力衰竭、糖尿病、高血压、肝肾功能损害等情况时应慎用。

第二节　维生素代谢障碍病

一、维生素A缺乏症

1. 概念

维生素A缺乏症是由于维生素A长期摄入不足或吸收障碍所引起的一种慢性营养缺乏病。犬猫主要表现为视觉障碍、神经症状和发育受阻。

2. 临床诊断

（1）视觉障碍

① 成年犬猫角膜干燥，视敏度降低，夜盲，干眼病，怕光羞明。

② 严重者，角膜软化、混浊、溃疡和穿孔，虹膜脱出以致失明。

（2）皮肤干燥，毛囊角化，皮屑增多

（3）贫血和体力衰弱

（4）生殖障碍

① 公犬猫睾丸萎缩，精液中精子少或无。

② 母犬猫不发情或易发生流产或死胎。

（5）幼龄犬猫，骨骼畸形，颅骨和椎骨发育异常。

（6）运动共济失调，震颤，反复发作性痉挛，严重者瘫痪，最后多死于继发性呼吸道疾病。

3. 用药指南

（1）用药原则　补充维生素 A，加强饲养管理，及时治疗胃肠道疾病，饲喂富含维生素 A 的食物，如鱼肝油、鸡蛋、肝脏等。

（2）用药方法（根据临床症状、实验室检查结果等临床实际病情的需要选择以下措施进行治疗）

【措施 1】维生素 A 制剂

犬：10000 单位/（千克·日），口服，连用 7 日后，改为 400 单位/（千克·日），口服，连用 1 个月。

猫：400 单位/（千克·日），口服，连用 10 天为一疗程。

注意事项：长期大剂量应用可引起维生素 A 过多症。

【措施 2】维生素 AD 注射液

犬：0.2～2 毫升/次，肌内注射。

猫：0.5 毫升/次，肌内注射。

注意事项：本品为长效制剂，药效可持续 15 天；每个生长阶段只需用药 1 次，不要加大药量；不能与水或水溶性药物混合后使用。

【措施 3】鱼肝油

5～10 毫升/次，口服。

注意事项：不应与含大量镁、钙的药物合用，以免引起高镁、高钙血症。

二、维生素 A 过多症

1. 概念

维生素 A 过多症是长期喂饲含大量维生素 A 的食物（如动物肝脏），引起的犬猫维生素 A 中毒的现象。维生素 A 在犬、猫体内蓄积，会抑制成骨细胞的功能，使韧带和肌腱附着处的骨膜发生增殖性病变。

2. 临床诊断

（1）中毒犬猫食欲减退、体重减轻、感觉过敏。

（2）骨骼发育受损

① 骨质疏松，四肢关节周围生成外生性骨疣，关节骨骼融合。

② 疼痛，行走困难，跛行，甚至不能行走。

（3）有的病犬、猫出现齿龈炎和牙齿脱落。

3. 用药指南

（1）用药原则　使病犬猫保持安静，避免长期大量喂饲动物肝脏和鱼肝油，立即停止给予维生素 A 以及含维生素 A 的食物，对症治疗。

（2）用药方法（根据临床症状、实验室检查结果等临床实际病情的需要选择以下措施进行治疗）

【措施】地塞米松

0.5～1.0毫克/千克，肌内注射，每日1次，连用3～5日。

注意事项：有严重高血压、糖尿病、十二指肠溃疡等情况时慎用。

三、维生素 B_1 缺乏症

1. 概念

维生素 B_1 又称为硫胺素，维生素 B_1 缺乏症是由于饲料中硫胺素不足或含有分解、拮抗硫胺素的物质所引起的一种营养缺乏病，引起以神经病变为主的一系列症状。

2. 临床诊断

（1）发育受阻　食欲减退、消瘦、生长缓慢。

（2）神经症状　严重时伴有多发性神经炎，心脏机能障碍，后躯无力，共济失调，不能站立，甚至麻痹，阵发性抽搐。

（3）有些犬猫感觉过敏、角弓反张、呕吐、昏迷等，最后心力衰竭死亡。

3. 用药指南

（1）用药原则　补充维生素 B_1，加强饲养管理，及时治疗胃肠道疾病，忌喂生鱼等含有硫胺酶的食物。

（2）用药方法（根据临床症状、实验室检查结果等临床实际病情的需要选择以下措施进行治疗）

【措施1】维生素 B_1

犬：10～25毫克/千克，静脉滴注/皮下直射/肌内注射，每日1次，连用3～4天。症状减轻后，可改为口服，每日用量25～50毫克，每日1次。

猫：5～15毫克/次，肌内注射/皮下注射，每日1次，到症状减轻，减为10毫克/次，口服，每日1次，连用21天。

注意事项：静脉给药时可能出现过敏，应该缓慢给药或用液体稀释。同时使用含有脂溶性维生素（维生素A、维生素D、维生素E、维生素K）的药品可能会引起中毒。注意避光，密闭保存。

【措施2】呋喃硫胺

10～25毫克/次，肌内注射。

注意事项：在碱性溶液中易分解，与碳酸氢钠、枸橼酸钠等碱性药物配伍容易发生变质。

四、维生素 B_2 缺乏症

1. 概念

维生素 B_2 缺乏症是由于犬猫体内维生素 B_2 不足所引起的机体一系列物质和能量代谢紊乱的现象。

2. 临床诊断

(1) 表现厌食，生长停滞，消瘦。
(2) 皮肤干燥有皮屑，出现红斑、皮炎、脱毛。
(3) 口炎、眼炎、结膜炎、角膜混浊甚至白内障。
(4) 贫血、痉挛和虚脱，后腿肌肉萎缩。
(5) 睾丸发育不全，繁殖力下降，有的出现阴囊炎。

3. 用药指南

(1) 用药原则　加强营养，及时治疗胃肠道疾病，补充核黄素，加强日粮的营养平衡。
(2) 用药方法（根据临床症状、实验室检查结果等临床实际病情的需要选择以下措施进行治疗）
【措施 1】核黄素
犬：10～20 毫克/次，口服/肌内注射/皮下注射。
猫：5～10 毫克/次，口服/肌内注射/皮下注射，连用 10 天。
【措施 2】复合维生素 B
犬：片剂，1～2 片/次，口服，每日 3 次，针剂，0.5～2 毫升/次，肌内注射。
猫：片剂，0.5～1 片/次，口服，每日 3 次，针剂，0.5～1 毫升/次，肌内注射。
注意事项：静脉给药时可能出现过敏，应该缓慢给药或用液体稀释。同时使用含有脂溶性维生素（维生素 A、维生素 D、维生素 E、维生素 K）的药品时可能会引起中毒。注意避光，密闭保存。

五、维生素 B_6 缺乏症

1. 概念

维生素 B_6 缺乏症是指犬猫体内由于维生素 B_6 缺乏而引起的各种代谢障碍，临床表现以贫血、神经症状和皮炎为主要特征。

2. 临床诊断

(1) 幼犬猫发育不良，成年犬猫体重减轻。
(2) 小红细胞性低色素性贫血，食欲不振，消瘦，胃肠功能障碍。
(3) 神经退行性病变，可出现癫痫样发作，共济失调，甚至昏迷。
(4) 皮炎症状
① 反应过敏，眼睑、鼻、口唇、耳根后部、面部发生痛痒性红斑样皮炎或脂溢性皮炎。
② 有时舌、口角发炎。

3. 用药指南

(1) 用药原则　补充核黄素、对症治疗、加强日粮的营养平衡，对慢性腹泻等疾病要及时治疗原发病。
(2) 用药方法（根据临床症状、实验室检查结果等临床实际病情的需要选择以下措施进

行治疗）

【措施】维生素 B_6

用量 20～80 毫克/次，口服/皮下注射/肌内注射/静脉注射。

注意事项：静脉给药时可能出现过敏，应该缓慢给药或用液体稀释。同时使用含有脂溶性维生素（维生素 A、维生素 D、维生素 E、维生素 K）的药品时可能会引起中毒。注意避光，密闭保存。

六、维生素 C 缺乏症

1. 概念

维生素 C 缺乏症也称坏血病，是由于维生素 C（抗坏血酸）缺乏而使毛细血管壁通透性增大，引起皮下、黏膜、肌肉出血的一种疾病。

2. 临床诊断

(1) 延缓疾病痊愈，增加了机体对疾病的易感性。

(2) 生长缓慢，体重下降。

(3) 病犬、猫齿龈肿胀、紫红、光滑而脆弱、易出血，常继发感染形成溃疡。

(4) 心动过速，黏膜和皮肤易出血、发炎。

(5) 大量皮屑脱落，发生蜡样痂皮、脱毛和皮炎。

(6) 有的病犬、猫四肢长骨骨骺端肿胀，疼痛，表现为跛行。

3. 用药指南

(1) 用药原则　补充维生素 C，对症治疗和增加日粮中维生素 C 含量。适当喂饲富含维生素 C 的水果、蔬菜等青绿饲料。

(2) 用药方法（根据临床症状、实验室检查结果等临床实际病情的需要选择以下措施进行治疗）

① 补充维生素 C

【措施】维生素 C

100～500 毫克/次，口服/肌内注射，每日 3 次，连用 2 周。必要时可静脉注射 100～200 毫克/次，每日 1 次。

注意事项：静脉注射可能引起过敏，补充维生素 C 可能会通过增加铁的蓄积而增加肝脏损伤。给予高剂量时，尿酸盐、草酸盐或胱氨酸结晶形成的风险增加。

② 治疗贫血

【措施】硫酸亚铁

犬：100～300 毫克，口服，每日 1 次。

猫：50～100 毫克，口服，每日 1 次。

注意事项：与维生素 C 同服有利于吸收，非缺铁性贫血禁用。

③ 治疗关节炎、全骨炎

【措施】泼尼松

0.1～0.2 毫克/千克体重，口服。

注意事项：动物有心脏病或急性心力衰竭、糖尿病、高血压、肝肾功能损害等情况时应慎用。

④ 治疗发热、风湿、神经、肌肉、关节痛

【措施】阿司匹林

犬：0.2～1克/次，口服。

注意事项：猫慎用。

七、维生素 D 缺乏症

1. 概念

维生素 D 缺乏症是动物饲料中维生素 D 缺乏或光照不足，使动物体内维生素 D 原转变为维生素 D 减少所引发的一种营养性疾病。当缺乏维生素 D，钙、磷的吸收和再吸收减少，血钙、血磷含量下降，骨中钙和磷沉积不足，乃至骨盐溶解，最后导致成骨作用障碍。

2. 临床诊断

（1）骨骼发育异常

① 幼犬猫主要表现为佝偻病，发育停滞，消瘦，下颌骨增厚和变软，出牙期延长，齿形不规则，齿质钙化不足，齿面易磨损，不平整。

② 成年犬猫主要表现为骨软化症，上颌骨肿胀，口腔变狭窄，咀嚼障碍，易发生龋齿和骨折。

③ 肋骨与肋软骨结合部肿胀，呈串珠状，胸骨下沉，脊柱骨弯曲。

④ 关节疼痛，步态强拘、跛行，患犬往往呈膝弯曲姿势、O 形腿、X 形腿，可见有骨变形，关节肿胀。

（2）消化道症状

① 食欲减退，消化不良。

② 可能有异嗜癖，如啃吃墙土、泥沙、污物等。

3. 用药指南

（1）用药原则　补充维生素 D，加强怀孕犬猫和幼犬猫的营养管理。

（2）用药方法（根据临床症状、实验室检查结果等临床实际病情的需要选择以下措施进行治疗）

【措施1】维生素 AD 制剂

5～10 毫升/次，口服。

注意事项：不应与含大量镁、钙的药物合用，以免引起高镁、高钙血症。

【措施2】维生素 D_3 注射液

1500～3000 单位/千克，肌内注射。

【措施3】维生素 D_2 注射液

2500～5000 单位/次，皮下注射/肌内注射。

【措施4】维生素 AD 注射液

犬：0.2～2 毫升/次，肌内注射。猫：0.5 毫升/次，肌内注射。

注意事项：本品为长效制剂，药效可持续 15 天；每个生长阶段只需用药 1 次，不要加大药量；不能与水或水溶性药物混合后使用。

八、维生素 E 缺乏症

1. 概念

维生素 E 缺乏症是维生素 E 摄取不足引起的代谢病。维生素 E 又叫生育酚、抗不孕维生素，是一种天然抗氧化剂，保护食物和动物机体中脂肪，保护并维持肌肉及外周血管系统结构的完整性和生理功能，同时还与提高免疫功能、生殖和神经有关。

2. 临床诊断

（1）食欲不振，精神差，发热，嗜睡。
（2）生殖障碍
① 母犬的受精卵发育不全，造成胎儿被吸收而不孕。
② 公犬的精母细胞变性，发生睾丸萎缩。
（3）猫维生素 E 缺乏时，发生小脑软化症，出现运动失调。
（4）脂肪变性
① 体内脂肪变性，硬度变硬，发生脂肪组织炎，又称黄脂病。
② 触摸可感知皮下结节状脂肪或纤维素性沉积物且有疼痛感。
（5）骨骼肌变性萎缩。

3. 用药指南

（1）用药原则　补充维生素 E，投喂富含维生素 E 的食物。
（2）用药方法（根据临床症状、实验室检查结果等临床实际病情的需要选择以下措施进行治疗）
① 补充维生素 E
【措施1】醋酸维生素 E 注射液
30～100 毫克/千克，隔天肌内注射/皮下注射。
注意事项：对维生素 K 缺乏而引起的低凝血酶原血症及缺铁性贫血犬，应谨慎用药，以免病情加重。避免香豆素及其衍生物与大量本品同用，以防止低凝血酶原血症发生。
【措施2】维生素 E 片剂
犬：200～400 单位，口服，每日 2 次。猫：10～20 单位/千克，口服，每日 2 次。
② 对症治疗。对有肠道疾病的犬猫要治疗消化道原发病，当硒缺乏时要及时补充硒元素。
【措施】亚硒酸钠
0.5～3 毫升/次，肌内注射，隔 15 天给药 1 次。

九、维生素 K 缺乏症

1. 概念

维生素 K 缺乏症是由于犬猫体内维生素 K 不足而引起的营养代谢性疾病。

2. 临床诊断

（1）凝血时间延长和具有出血性素质，各种动物都会表现出程度不同的贫血、厌食、衰弱等。

（2）各部位皮下组织甚至腹腔、胸腔内发生出血，严重者发生贫血，眼结膜苍白，皮肤苍白而干燥。

（3）出现全身代谢紊乱。

3. 用药指南

（1）用药原则 补充维生素K、投喂富含维生素K的日粮，及时治疗胃肠道和肝脏疾病等原发病，加强营养管理，合理应用抗生素。

（2）用药方法（根据临床症状、实验室检查结果等临床实际病情的需要选择以下措施进行治疗）

【措施1】维生素 K_3 注射液

犬：10～30毫克/日，肌内注射。猫：1～5毫克/日，肌内注射。

【措施2】维生素 K_1 注射液

0.5～2毫克/千克，肌内注射/静脉滴注/皮下注射。

注意事项：遮光，密闭，防冻保存。如有油滴析出或分层，则不宜使用，但可在遮光条件下加热至70～80℃，振摇使其自然冷却，如澄明度正常仍可继续使用。

十、生物素缺乏症

1. 概念

生物素缺乏症是由于犬猫体内生物素不足而引起的营养代谢性疾病。

2. 临床诊断

（1）皮肤炎症

① 鳞屑样皮炎，脱毛，厌食。

② 口和眼周围有干性分泌物，身上有臭气。

（2）生长发育受阻，贫血，消瘦，发育不良。

（3）后期虚弱、腹泻，可能发生进行性痉挛和后肢麻痹。

3. 用药指南

（1）用药原则 合理营养，治疗原发病，补充生物素。禁用生蛋清。

（2）用药方法（根据临床症状、实验室检查结果等临床实际病情的需要选择以下措施进行治疗）

① 补充生物素

【措施1】合成生物素

每千克饲料中添加生物素350～500毫克。

【措施2】干酵母

犬：8～12克/次，口服，每日2次。猫：2～4克/次，口服，每日2次。

注意事项：过量服用可导致腹泻。

② 及时治疗胃肠道疾病，合理应用抗生素

【措施】氨苄西林钠

犬：50毫克/千克，2次/日，连用2～3日，肌内或静脉注射。

注意事项：本类药品可出现与剂量无关的过敏反应，表现为皮疹、发热、嗜酸性细胞增多、白细胞和血小板减少、贫血、淋巴结病或全身性过敏反应。对青霉素酶敏感，不宜用于耐青霉素的金黄色葡萄球菌感染。

十一、叶酸缺乏症

1. 概念

叶酸缺乏症是由于犬猫体内叶酸不足而引起的营养代谢性疾病。

2. 临床诊断

(1) 食欲不振，消化不良，腹泻，消瘦，生长缓慢。

(2) 繁殖力下降。

(3) 皮肤发疹，口炎。

(4) 巨幼红细胞性贫血和白细胞总数减少。

3. 用药指南

(1) 用药原则　加强营养管理，注意饲料的合理加工，适当投喂富含叶酸的食物。

(2) 用药方法（根据临床症状、实验室检查结果等临床实际病情的需要选择以下措施进行治疗）

① 补充叶酸

【措施】叶酸制剂

0.1～0.2毫克/千克，口服/肌内注射，连用5～10天。

注意事项：维生素C与叶酸同服，可抑制叶酸在胃肠中吸收。叶酸属于水溶性维生素，一般不会引起中毒。但服用大剂量叶酸可能产生的毒性作用有：干扰抗惊厥药物的作用，诱发动物惊厥发作；可能影响锌的吸收而导致锌缺乏，使胎儿发育迟缓，低出生体重儿增加；掩盖维生素B_{12}缺乏的早期表现，导致神经系统受损害。

② 及时治疗胃肠道疾病，合理应用抗生素。

【措施】氨苄西林钠

犬：50毫克/千克，2次/日，连用2～3日，肌内或静脉注射。

注意事项：本类药品可出现与剂量无关的过敏反应，表现为皮疹、发热、嗜酸性粒细胞增多、白细胞和血小板减少、贫血、淋巴结病或全身性过敏反应。对青霉素酶敏感，不宜用于耐青霉素的金黄色葡萄球菌感染。

十二、烟酸缺乏症

1. 概念

烟酸缺乏症是由于犬猫长期饲喂缺乏烟酸的食物而引起的营养代谢性疾病。其特征为发生糙皮病、黑舌病。

2. 临床诊断

（1）皮肤粗糙，癞皮症，对称性皮炎，皮炎多见于肘、颈及会阴部。

（2）口腔和食管上皮发炎，并有溃疡，舌和口腔黏膜发黑，唾液黏稠，呼出气恶臭。

（3）发生腹泻、新生仔死亡。

（4）食欲减退、贫血、体重减轻。

3. 用药指南

（1）用药原则　对症治疗，补充烟酸，及时治疗胃肠道疾病。加强营养管理，防止日粮单一，给予丰富的动物性蛋白食物，保证全价日粮。

（2）用药方法（根据临床症状、实验室检查结果等临床实际病情的需要选择以下措施进行治疗）

① 治疗烟酸缺乏症

【措施1】烟酰胺片

犬：0.2～0.6毫克/（千克·次），口服。猫：2.6～4.0毫克/次，口服。

注意事项：本类药品会引起皮肤潮红和瘙痒，偶见头晕、恶心、食欲不振。

【措施2】烟酸注射液

犬：0.2～0.6毫克/（千克·次），皮下注射/肌内注射。

猫：2.6～4.0毫克/次，皮下注射/肌内注射。

注意事项：本类药品会引起皮肤潮红和瘙痒，有的出现恶心、呕吐、腹泻等胃肠道症状，并加重溃疡。

② 预防烟酸缺乏

【措施】干酵母片

犬：8～12克/次，口服，每日2次。

猫：2～4克/次，口服，每日2次。

注意事项：本品不能与碱性药物合用，否则维生素可被破坏；过量服用可导致腹泻。

十三、胆碱缺乏症

1. 概念

胆碱缺乏症是由于犬猫体内胆碱缺乏而引起的营养代谢性疾病。临床特征为生长发育受阻、骨短粗。

2. 临床诊断

（1）犬猫生长发育受阻，消化不良。

（2）肾脂肪变性，脂肪肝，肝功能降低。

（3）低白蛋白血症，肾脏、眼球及其他器官出血。

（4）繁殖力下降，运动障碍。

（5）步态不稳，肝脂肪变性。

（6）幼犬和幼猫关节、韧带和肌腱往往发育不全。

3. 用药指南

（1）用药原则　对症治疗，调整日粮组成，提供胆碱含量丰富的全价饲料。

（2）用药方法（根据临床症状、实验室检查结果等临床实际病情的需要选择以下措施进行治疗）

① 补充日粮中的胆碱

【措施】氯化胆碱粉剂

0.2～0.5克/次，口服。每千克饲料中添加1克，长期食用。

注意事项：在贮存和使用氯化胆碱时，必须注意两个特点：一个是它的吸湿性强；另一个是它本身虽很稳定，但对其他添加剂活性成分的破坏性很大，它对维生素A、维生素D_3、维生素K_3、泛酸钙等都有破坏作用。在复合饲料添加剂中，也可另外包装，现用现加。

② 治疗胆碱缺乏症

【措施】复方胆碱注射液

4～6毫克/次，肌内注射。

第三节　矿物质及微量元素代谢病

一、佝偻病

1. 概念

佝偻病是快速生长的幼龄犬、猫由于机体内维生素D缺乏或钙磷比例失调所致软骨骨化障碍、骨钙化不全、骨基质钙盐沉积不足的一种慢性病。临床特征为骨骼病变。

2. 临床诊断

（1）早期症状是食欲减退，消化不良，精神沉郁，异嗜癖，经常卧地，不愿站立和运动，运步时步样强拘。

（2）发育停滞，消瘦，头骨、鼻骨肿胀，下颌骨增厚和变软，出牙期延长，齿形不规则，齿质钙化不足，齿面不整齐且易磨损，严重的硬腭肿胀突出，口腔常闭合不全，舌突出，流涎，吃食困难。

（3）最后躯干和四肢骨骼变形，肋骨和肋软骨结合部肿胀呈捻珠状，肋骨扁平，胸廓狭窄。胸骨舟状突起而呈鸡胸状。四肢关节肿胀，四肢骨骼弯曲，内弧呈"O"形或外弧呈"X"形的肢势。脊柱弯曲变形。

（4）有的出现腹泻和咳嗽，严重的可发生贫血。

3. 用药指南

（1）用药原则　治疗以补充钙剂和维生素 D 剂，调整日粮中钙磷比例，加强营养管理为原则。多晒太阳，及时驱虫，对妊娠母犬猫要经常补钙，积极防治胃肠道疾病。

（2）用药方法（根据临床症状、实验室检查结果等临床实际病情的需要选择以下措施进行治疗）

【措施 1】鱼肝油

5～10 毫升/次，口服，一日 3 次。

注意事项：应按推荐量使用，不可超量服用。长期或过量服用可产生慢性中毒，早期表现为关节疼痛、肿胀、皮肤瘙痒、口唇干裂、软弱、发热、头痛、呕吐、便秘等。

【措施 2】维生素 D_3 注射液

1500～3000 单位/千克，肌内注射。

注意事项：避免同时应用钙、磷和维生素 D 制剂。

【措施 3】维生素 D_2 胶性钙注射液

2500～5000 单位/次，皮下注射/肌内注射。

注意事项：维生素 D 过多会减少骨的钙化作用，软组织出现异位钙化，且易出现心律失常和神经功能紊乱等症状。用维生素 D 时应注意补充钙剂，中毒时应立即停用本品和钙剂。

【措施 4】碳酸钙

100～150 毫克/千克，每日 2～3 次或 1～3 克/天，口服。

注意事项：心肾功能不全动物慎用；对本品过敏动物禁用，过敏体质动物慎用；本品性状发生改变时禁止使用。

【措施 5】乳酸钙

130～200 毫克/千克，口服，每日 3 次。

注意事项：对本品过敏动物禁用；本品性状发生改变时禁止使用；心功能不全动物慎用。

【措施 6】葡萄糖酸钙

20 毫克/千克，加入 5% 葡萄糖溶液中静脉滴注；或 150～250 毫克/千克，口服。每日 2～3 次。

注意事项：应密闭保存。

【措施 7】伊可新（维生素 A 2000 单位、维生素 D_3 700 单位）

一次一粒，每日 1～2 次。

注意事项：避光，不超过 20℃。

二、骨软病

1. 概念

骨软病是指成年犬猫由于体内缺钙而引起的骨质进行性脱钙，未钙化的骨基质过剩，而使骨质疏松的一种慢性骨营养不良性疾病，临床特征为骨骼变形。

2. 临床诊断

（1）病初发生消化机能紊乱，喜食泥土、破布、塑料等，有的甚至因异嗜而发生胃肠阻塞。

（2）随后出现运动障碍，运步强拘，腰腿僵硬，拱背，跛行，喜卧，不愿起立。

（3）继之则出现骨骼肿胀变形，四肢关节肿大，易发生骨折和肌腱附着部的撕脱。

3. 用药指南

（1）用药原则　以预防为主，注意补充钙制剂和维生素 D 制剂。加强营养，调整日粮中的钙磷比例，给予全价饲料，饮料中要补充钙制剂和优质蛋白质，经常带犬到户外活动。积极治疗犬猫的慢性消化道疾病，及时驱虫。

（2）用药方法（根据临床症状、实验室检查结果等临床实际病情的需要选择以下措施进行治疗）

【措施1】磷酸氢钙

0.6克/次，口服。

注意事项：心肾功能不全动物慎用；对本品过敏动物禁用，过敏体质动物慎用；本品性状发生改变时禁止使用；偶见便秘。

【措施2】鱼肝油

5～10毫升/次，口服。

注意事项：对本品过敏动物禁用，过敏体质动物慎用；本品性状发生改变时禁止使用；长期或过量服用，可产生慢性中毒。

【措施3】碳酸钙

100～150毫克/千克，每日 2～3 次或 1～3 克/天，口服。

注意事项：心肾功能不全动物慎用；对本品过敏动物禁用，过敏体质动物慎用；本品性状发生改变时禁止使用。

【措施4】乳酸钙

130～200毫克/千克，口服，每日 3 次。

注意事项：对本品过敏动物禁用；本品性状发生改变时禁止使用；心功能不全动物慎用。

三、产后癫痫

1. 概念

产后癫痫又称产后抽搐症、产后子痫，是指母犬猫分娩后发生的低钙血症。临床特征为癫痫样痉挛、低血钙症和意识障碍。

2. 临床诊断

（1）病初表现烦躁不安、气喘、缓慢走动、流涎。

（2）继而出现运步蹒跚、后躯僵硬、运步失调。

（3）然后突然倒地，四肢伸直，肌肉战栗性痉挛，病犬张口呼吸并流出泡沫状唾液，呼吸急迫，脉搏细而快，眼球向上翻动，可见黏膜充血，体温升高达40℃左右。

（4）痉挛呈现间歇性发作，症状逐渐加重，如不及时治疗，患犬通常在癫痫样痉挛发作中死亡，少数是在昏迷状态中死亡。

3. 用药指南

（1）用药原则　及时补充血钙、进行对症治疗和减少泌乳。加强营养，给予全价日粮，最好是专门用于泌乳和生长期犬的犬粮。

（2）用药方法（根据临床症状、实验室检查结果等临床实际病情的需要选择以下措施进行治疗）

① 治疗癫痫样痉挛

【措施1】安定

犬：0.5毫克/千克，静脉滴注。猫：0.2～0.6毫克/千克，静脉滴注。

注意事项：肝肾功能损害动物能延长本药清除半衰期；避免长期大量使用而成瘾，如长期使用应逐渐减量，不宜骤停。

【措施2】止癫宁（伊匹妥英）

0.5片/2～5千克；1片/5.1～10千克；1.5片/10.1～15千克，每日2次。

注意事项：肝、肾、心脏功能严重受损的病例禁用。

② 缓解低血钙时继发的低血糖

【措施】葡萄糖

10％，5～10毫升/千克，静脉滴注。

注意事项：使用前请仔细检查，若发现药液浑浊或有异物、瓶身有裂痕、颈部接口与密封盖焊接不牢等切勿使用。本品开启后不得贮藏再用。

③ 钙制剂

【措施1】葡萄糖酸钙

0.5～1毫升/千克，加入10毫升5％葡萄糖溶液中静滴。

注意事项：静脉给药时可能出现全身发热感，静脉速度过快时，可产生心律失常、恶心和呕吐。

【措施2】乳酸钙、碳酸钙、葡萄糖酸钙

补钙，口服。

④ 促进钙的吸收

【措施】维生素D制剂

0.2万～0.5万单位/次，口服。

注意事项：避免同时应用钙、磷和维生素D制剂。

四、镁代谢病

1. 概念

镁代谢病包括镁缺乏症和镁中毒。临床特征为骨质疏松、神经症状。当投给犬猫过多的镁制剂时会引起镁中毒。临床特征为腹泻、泌尿系统综合征。

2. 临床诊断

（1）镁缺乏症

① 发育迟缓，肌肉无力。

② 指间缝隙增大，爪外展，腕关节和跗关节过度伸展，软组织钙化，长骨的骨端肥大。

③ 对外界反应过于敏感，耳竖起，头颈高抬，行走时肌肉抽动。

④ 最后宠物表现出惊厥，并可能迅速死于抽搐之中。

（2）镁中毒

① 腹泻呕吐，采食量减少。

② 生长速度下降，昏睡。

③ 排尿困难、血尿、膀胱炎，甚至尿石性尿道阻塞。

3. 用药指南

（1）用药原则　对症治疗，积极治疗胃肠道疾病，防止食物单一，保证日粮中镁的合适含量。镁中毒者，应立即停止投喂镁制剂，增加犬猫饮水量，并给予利尿剂，促进镁从尿中排出。

（2）用药方法（根据临床症状、实验室检查结果等临床实际病情的需要选择以下措施进行治疗）

【措施1】硫酸镁注射液

1～2克/次，用5％葡萄糖液稀释成1％的浓度，缓慢静注。

注意事项：对本品过敏动物禁用；静脉注射硫酸镁常引起潮红、出汗、口干等症状，快速静脉注射时可引起恶心、呕吐、心慌、头晕，个别出现眼球震颤，减慢注射速度症状可消失；连续使用硫酸镁可引起便秘。

【措施2】氧化镁

0.1～0.5克/次，口服，每月3次。

注意事项：对氧化镁过敏动物禁用；肾功能不全动物使用本品时，应注意观察动物是否有嗜睡、疲乏、昏迷等现象。

五、铜代谢病

1. 概念

铜代谢病包括急性和慢性铜中毒，原发性和继发性铜缺乏。

2. 临床诊断

（1）铜中毒

① 呼吸困难，昏睡，可视黏膜苍白或黄染，肝脏萎缩，体重下降，腹水增多。

② 严重时出现呕吐，粪及呕吐物中含银色或蓝色黏液，呼吸加快，脉搏频数，后期体温下降、虚脱、休克，严重者在数小时内死亡。

（2）铜缺乏症

① 贫血。

② 骨骼弯曲，关节肿大，跛行，四肢易骨折。

③ 深色被毛的宠物毛色变淡、变白，尤以眼睛周围为甚，状似戴白边眼镜。

3. 用药指南

（1）用药原则 调整日粮中铜的比例，对症治疗。合理配制犬猫日粮，防止铜过高或过低，保证日粮中其他金属元素的正常含量，避免长期饲喂动物肝脏。

（2）用药方法（根据临床症状、实验室检查结果等临床实际病情的需要选择以下措施进行治疗）

① 铜缺乏症

【措施】硫酸铜

按1％的比例混入食盐中，再将此盐按正常量混入食物中饲喂犬猫。

注意事项：对硫酸铜过敏动物禁用，肝功能受损动物慎用。

② 铜中毒

【措施】硫代硫酸钠

20％，0.2毫升/千克，肌内注射。

注意事项：药物过量可引起头晕、恶心、乏力等。

六、铁代谢病

1. 概念

犬、猫的铁缺乏症较为常见，临床特征为小红细胞低色素性贫血、红细胞大小不同、异形性红细胞增多等。铁过多症多因偶食过多铁剂或饲料被铁剂污染而引发，临床特征为厌食、胃肠炎。

2. 临床诊断

（1）犬猫缺铁时，表现为无力和易疲劳，发懒，稍运动后则喘息不止，可视黏膜色淡以至微黄染，饮食欲下降。幼犬猫则生长停滞，对传染病抵抗力下降，易感染、易死亡。

（2）急性铁中毒时表现为厌食，体重减轻，低蛋白血症，少尿，胃肠炎，体温下降，代谢性酸中毒，最终死亡。

（3）慢性铁过多症则表现为食欲下降、生长缓慢，有的发生慢性胃肠炎。

3. 用药指南

（1）用药原则　调整日粮中铁的比例，对症治疗。

（2）用药方法（根据临床症状、实验室检查结果等临床实际病情的需要选择以下措施进行治疗）

① 缺铁性贫血补铁

【措施1】硫酸亚铁

犬：100～300毫克。猫：50～100毫克，口服，每日1次。

注意事项：用于日常补铁时，应采用预防量。治疗剂量不得长期使用，且治疗期间应定期检查血象和血清铁水平。服用硫酸亚铁片后，部分会出现恶心、腹胀、不适等消化道刺激症状，同时，也会出现大便发黑的情况，饭中或者饭后服用可以减轻不良反应。

【措施2】乳酸亚铁

犬：100～300毫克。猫：50～100毫克，口服，每日1次。

注意事项：常见不良反应，可致恶心、呕吐、上腹痛、便秘、黑便等。大量口服可致急性中毒，出现胃肠道出血、坏死，严重时可引起休克。

【措施3】枸橼酸铁

犬：100～300毫克。猫：50～100毫克，口服，每日1次。

注意事项：腹泻动物慎用；由于本品遇光易变质，故宜用棕色瓶子，并避光放阴暗处。

【措施4】葡聚糖铁

10～20毫克/千克，口服/皮下注射/肌内注射。

注意事项：严重肝、肾功能减退动物忌用，肌注可有局部疼痛。

② 治疗铁中毒

【措施】去铁胺/去铁敏

40毫克/千克，肌内注射，每日4次，或15毫克/（千克·小时），静脉滴注，连用1～2天。

注意事项：急性铁中毒者，口服后需继续注射本品。静注速度过快可产生过敏反应。用药期间需监测尿铁排出量及血清铁蛋白。肾功能不全动物慎用。不良反应可有头痛、视力模糊、荨麻疹、腿肌震颤、腹泻、腹部不适等。偶见低血压、心悸、惊厥、休克等。肌注部位疼痛。

七、锰代谢病

1. 概念

犬猫锰缺乏症时有发生，临床特征为生长停滞、生殖机能紊乱、骨骼畸形。锰中毒极罕见，临床特征为生殖力降低和局部皮肤白化病。

2. 临床诊断

（1）锰缺乏时

① 骨骼畸形，运动失调，跛行，腿短而弯曲，关节肿大，站立困难，不愿行走。

② 生长停滞，生殖机能紊乱，母犬猫发情延迟甚至不发情，不易受孕；公犬猫性欲下

降，精子形成困难。

（2）锰中毒

① 生殖力降低和局部皮肤白化病。

② 与铁竞争吸收，使铁吸收减少，影响血红蛋白的形成，出现贫血。

3. 用药指南

（1）用药原则　补充锰元素，调整日粮中的锰含量。

（2）用药方法（根据临床症状、实验室检查结果等临床实际病情的需要选择以下措施进行治疗）

【措施 1】硫酸锰

混于饲料中，不低于 40 毫克/千克日粮。

注意事项：五水硫酸锰和硫酸锰含锰量分别为 22.7％和 32.5％，按需要量折算后混在饲料中饲喂。

【措施 2】高锰酸钾

配成万分之一的高锰酸钾溶液，饮水数日。

八、锌代谢病

1. 概念

锌缺乏症的主要原因是饲料中锌含量不足，长期以谷物类饲料喂饲宠物易患本病。食物中锌含量过多时，犬猫会造成锌中毒。

2. 临床诊断

（1）锌缺乏症

① 幼龄动物食欲减退、腹泻、消化紊乱、消瘦、发育停滞。

② 皮肤角化不全，脱毛，被毛粗糙，眼、口、耳、下颌、肢端、阴囊、包皮和阴门周围出现厚的痂片，趾（指）垫增厚龟裂。

③ 身体上有色素沉着。

④ 生殖能力下降，公犬和公猫睾丸变小萎缩，母犬、猫性周期紊乱，屡配不孕，有的发生骨骼变形。

（2）食物中锌含量过高　嗜睡、呕吐、腹痛、虚脱、贫血、发育迟缓，胃炎、肠炎及肠系膜充血。

3. 用药指南

（1）用药原则　对症治疗，调整食物中锌元素含量。饲喂全价日粮，调整日粮中锌、钙等微量元素的比例，尤其对生长期幼犬、猫和种公犬、猫要保持日粮中足够的锌含量。

（2）用药方法（根据临床症状、实验室检查结果等临床实际病情的需要选择以下措施进行治疗）

① 治疗锌缺乏症

【措施】硫酸锌

10 毫克/（千克·天），口服，连用 2 周。

注意事项：本品有胃肠道刺激性，口服可有轻度恶心、呕吐、便秘。超量服用中毒反应表现有急性胃肠炎、恶心、呕吐、腹痛、腹泻等。偶见皮疹、胃肠道出血，罕见肠穿孔。

② 治疗锌中毒

【措施 1】依地酸钙钠

100 毫克/（千克·天），连用 5 天。

注意事项：本品与乙二胺有交叉过敏反应。可络合体内锌、铁、铜等微量元素，但无实际临床意义。

【措施 2】葡萄糖酸钙

犬：10％，0.5～1.5 毫升/千克，静脉注射。

猫：10％，1～1.5 毫升/千克，静脉注射。

注意事项：应密闭保存。

九、碘代谢病

1. 概念

碘缺乏引起甲状腺肿。碘剂给予量过大时可引起碘中毒。

2. 临床诊断

（1）碘缺乏

① 发生甲状腺肿，腹侧隆起，吞咽困难，叫声异常，还伴有颈部血管受压的症状。

② 长时间碘缺乏，犬、猫发生呆小病。成年犬、猫出现黏液水肿，被毛短而稀疏，皮肤硬厚脱屑，精神委顿，呆板，嗜睡，钙代谢也发生异常。

③ 成年母犬猫不易妊娠或胎儿被吸收。

（2）碘剂给予量过大　犬猫呕吐、肌肉痉挛、体温下降、心脏抑制、呼吸和脉搏增快、厌食和消瘦。

3. 用药指南

（1）用药原则　对症治疗，保证日粮中合适的碘含量。

（2）用药方法（根据临床症状、实验室检查结果等临床实际病情的需要选择以下措施进行治疗）

① 治疗碘缺乏症

【措施 1】碘化钾/碘化钠

犬：4.4 毫克/千克，口服，每日 1 次。

注意事项：应遮光密封保存。

【措施 2】复方碘液

含碘 5％、碘化钾 10％，每日 10～12 滴，20 天为一疗程，间隔 2～3 个月再用药一个疗程。

注意事项：可能引起血管神经性水肿，黏膜刺激症状；嗜酸性粒细胞增加，齿龈肿胀，咽有烧灼感，胃不适或吐泻。

② 碘中毒

【措施】碘中毒的对症治疗，口服淀粉浆保护胃肠黏膜，对抗碘的刺激作用，呼吸抑制时应用尼可刹米等。

十、硒代谢病

1. 概念

硒缺乏症的临床特征为白肌病。硒的毒性比较大，犬、猫摄入过量硒可引起中毒。

2. 临床诊断

（1）硒缺乏

① 引起白肌病，主要发生骨骼肌、心肌、胃肠平滑肌等各种肌组织的变性，因而动物表现不爱运动、跛行，甚至不能站立。

② 心率快、脉搏无力、心性水肿等。

③ 有的出现消化功能紊乱、生长停滞。

④ 有的表现为生殖功能下降等。

⑤ 有的病例在剧烈运动、受到惊吓、过度兴奋、互相追逐中猝死。

（2）硒中毒

① 急性中毒：呼吸困难、臌气、腹痛、发绀等。

② 慢性中毒：视力障碍、神经肌肉麻痹、肝坏死或硬变、肾炎、肠道炎等。

3. 用药指南

（1）用药原则　保证日粮中合适的硒含量，对症治疗。给予全价日粮，在缺硒地区要注意测定饲料中的硒含量，尤其要防止幼犬、猫的硒缺乏。

（2）用药方法（根据临床症状、实验室检查结果等临床实际病情的需要选择以下措施进行治疗）

① 治疗硒缺乏症

【措施】亚硒酸钠

1％，0.5～3毫升/次，肌注，隔15天给药1次，和维生素E合用。

注意事项：皮下或肌内注射有局部刺激性。硒毒性较大，超量肌注易致动物中毒，中毒时表现为呕吐、呼吸抑制、虚弱、中枢抑制、昏迷等症状，严重时可致死亡。补硒的同时添加维生素E，则防治效果更好。

② 治疗硒中毒

【措施1】二巯基丙醇

2.5～5毫克/千克体重，肌注，但此药对肾脏有增加毒性的作用。

注意事项：本品为竞争性解毒剂，应及早足量使用；当重金属中毒严重或解救过迟时疗效不佳；本品仅供肌内注射，由于注射后会引起剧烈疼痛，务必作深部肌内注射；肝、肾功能不良动物慎用。

【措施2】氨基苯砷酸溶液

50～2000毫克/升，饮水。

注意事项：有严重高血压、心力衰竭和肾功能衰竭动物应禁用。应用本品前后应测量血压和心率。治疗过程中要检查尿常规和肾功能。大剂量长期应用时还要检查血浆蛋白。

第四节　其他代谢病

一、肥胖症

1. 概念

肥胖症是一种脂肪代谢障碍性疾病，是指体内脂肪组织过剩的状态，是由于机体摄入的总能量超过消耗，过多部分以脂肪形式在体内蓄积的一种疾病。临床特征为体内脂肪过度蓄积，体重超重。

2. 临床诊断

（1）特征是皮下和腹膜下积聚大量过剩的脂肪，致使体重增加、体形改变，并影响运动和其他生理功能。

（2）患犬、猫食欲亢进或减退，易疲劳，不耐热。

（3）体形丰满，浑圆，皮下脂肪丰富，腹、肩、颈、股部常形成柔软而富有弹性的皱褶。

（4）稍加运动即喘息不止，易患心脏病、糖尿病、生殖功能下降、消化不良等，呈现呼吸困难，心搏强劲，脉搏增数，有时发生肝、肾功能障碍，并出现相应症状，生命缩短。

（5）内分泌异常引起的肥胖还会引起特征性皮肤病变和脱毛等。

（6）患肥胖症的犬、猫血液胆固醇和血脂升高。

3. 用药指南

（1）用药原则　肥胖症应以预防为重点，有继发性肥胖者要治疗原发病。改变饮食习惯，限制饮食，定时定量饲喂，少食多餐，饲喂高蛋白、低碳水化合物和低脂肪的食物，并逐渐增加运动量，注意补给矿物质和维生素类。

（2）用药方法（根据临床症状、实验室检查结果等临床实际病情的需要选择以下措施进行治疗）

① 治疗甲状腺素机能减退性肥胖

【措施】甲状腺素

犬：22微克/千克，口服，每日2次。

猫：20～30微克/千克，口服，每日1～2次。

注意事项：剂量过量可出现甲状腺功能亢进症状、体重减轻等。神经兴奋性增高、失眠、呕吐、腹泻、发热。

② 提高机体代谢率，治疗脑垂体病

【措施】生长激素

0.1单位/千克，皮下注射，每日1次，每周3天，连用4~6次。

注意事项：使用本品前，应有准确的诊断。长期连续使用本品，可诱发产生生长激素抗体，应停药进行适当治疗。

二、高脂血症

1. 概念

高脂血症是指血液中脂类含量升高的一种代谢性疾病。临床特征为肝脏脂肪浸润、血脂升高、血液外观异常。

2. 临床诊断

（1）犬、猫高脂血症表现为体躯肥胖，皮下脂肪丰富，不愿活动，容易疲劳，消化不良，有易患糖尿病的倾向。

（2）血液如奶茶状，血清呈牛奶样。

3. 用药指南

（1）用药原则 饲喂低脂肪或无脂肪的食物，治疗内分泌性和代谢性疾病。

（2）用药方法（根据临床症状、实验室检查结果等临床实际病情的需要选择以下措施进行治疗）

【措施1】烟酸

0.2~0.6毫克/千克，口服，每日3次。

注意事项：本类药品会引起皮肤潮红和瘙痒，有的出现恶心、呕吐、腹泻等胃肠道症状，并加重溃疡。

【措施2】甘糖脂片

1片/日，口服，连用1周。

注意事项：有出血性疾病和出血倾向动物禁用。

【措施3】巯酰甘氨酸

100~200毫克/日，静脉滴注/口服，连用2周。

注意事项：定期检查肝功能。

三、黏液水肿

1. 概念

黏液水肿是指因甲状腺机能减退而引起的黏液蛋白样物质积于黏膜、皮下等部位的一种内分泌疾病。临床特征为水肿部位在受到按压时并没有明显凹痕。

2. 临床诊断

（1）黏液水肿时病犬猫头部、眼睑皮肤增厚，四肢浮肿，肥胖，脱毛，被毛无光泽、脆弱，皮肤干燥、落屑、瘙痒，皮肤色素过度沉着。

（2）精神沉郁，嗜睡，怕冷，耐力下降。

（3）有的发生流产、不育、性欲减退，发情不正常。

3. 用药指南

（1）用药原则　应用激素治疗，但当病犬、猫已出现不可逆性病理变化时预后不良。

（2）用药方法（根据临床症状、实验室检查结果等临床实际病情的需要选择以下措施进行治疗）

【措施1】左旋甲状腺素钠（T4）甲状腺素

犬：22微克/千克，口服，每日1～2次。

猫：0.05～0.1毫克，口服，每日1～2次。

注意事项：剂量过大可出现甲状腺功能亢进症状、体重减轻等。神经兴奋性增高、失眠、呕吐、腹泻、发热。糖尿病、高血压、冠心病及快速型心律失常的动物禁用。

【措施2】三碘甲状腺氨酸钠（T3）甲状腺素

犬：4～6微克/千克，口服，每日2次。

猫：4微克/千克，口服，每日2次。

注意事项：剂量过大可出现甲状腺功能亢进症状、体重减轻等。神经兴奋性增高、失眠、呕吐、腹泻、发热。糖尿病、高血压、冠心病及快速型心律失常的动物禁用。

四、吸收不良综合征

1. 概念

吸收不良综合征是小肠黏膜功能障碍引起的各种营养物质吸收不良，导致营养异常低下的病理状态的统称，它包括引起消化不良和吸收不良的多种疾病。临床特征为腹胀、腹泻、贫血。

2. 临床诊断

（1）原发性吸收不良

① 一般食欲较好，但体重逐渐减轻，多有呕吐。

② 顽固性消化不良的犬猫长期排酸性恶臭的脂肪便或灰白色便，每天排便4～6次。

③ 病犬猫呈低蛋白血症、低钠血症，有的呈低血糖症。

（2）继发性吸收不良　精神沉郁，但食欲较旺盛，排大量脂肪便，腹部胀满，渐进性消瘦，贫血。

（3）消化障碍性吸收不良的特征是食欲增加，体重却减轻，消瘦，腹泻，有轻度或重度的脂肪便，排便次数增加。

3. 用药指南

（1）用药原则　查明病因，对症治疗。改善食物结构，依据不同病因治疗。加强饲养管理，停止喂饲含有麸质的饲料，改喂高蛋白、低脂肪的食物。

（2）用药方法（根据临床症状、实验室检查结果等临床实际病情的需要选择以下措施进行治疗）

① 治疗食欲不振、消化不良

【措施1】淀粉酶

0.2～0.4克/次，口服，每日2次。

注意事项：放置日久或与酸、碱共存时，其糖化力逐渐消失，宜用新鲜制剂；整片吞服，勿嚼碎。

【措施2】西沙必利

0.1～0.5毫克/千克，口服，每日3次。

② 治疗消化不良，食欲不振及肝、胰腺疾病所致消化障碍

【措施1】胰酶

一次量0.2～0.5克，口服。

【措施2】利派斯

<10千克，1粒；>10千克，2粒；将整日用量平均分成数份，随餐使用。

注意事项：避免阳光直射保存。

③ 促进蛋白分解，助消化

【措施】胃蛋白酶

犬：80～800单位，口服。猫：80～240单位，口服。

注意事项：当胃液分泌不足引起消化不良时，胃内盐酸也常分泌不足。因此使用本品时应同服稀盐酸。忌与碱性药物、鞣酸、重金属盐等配合使用。温度超过70℃时迅速失效；剧烈搅拌可破坏其活性。

④ 维生素 B_{12} 吸收不良、胰腺外分泌机能不全、贫血

【措施1】维生素 B_{12}

犬：0.5～1毫克，肌内注射，每日1次，连用7天。

猫：0.1～0.2毫克，皮下注射，每周1次。

注意事项：本品与叶酸配合应用可取得更好的效果。本品不得作静脉注射。

【措施2】叶酸

犬：1～5毫克/天，口服/皮下注射。猫：2.5毫克/天，口服。

注意事项：对维生素 B_{12} 缺乏所致"恶性贫血"，大剂量叶酸治疗可纠正血象，但不能改善神经症状。

⑤ 肠黏膜保护剂

【措施1】碱式硝酸铋

犬：一次量0.3～2克，口服。猫：一次量0.4～0.8克，口服。

注意事项：对由病原菌引起的腹泻，应先用抗菌药控制其感染后再用本品。碱式硝酸铋在肠内溶解后，可形成亚硝酸盐，量大时能被吸收引起中毒。

【措施2】肠胃健

犬：5克/10千克/天，口服。猫：2.5克/天，口服。

注意事项：中和胃酸，保护胃肠，便秘、腹泻双调节。

第十一章　犬、猫中毒性疾病

一、有机磷农药中毒

1. 概念

有机磷农药中毒指敌敌畏、敌百虫与氧化乐果等有机磷农药在短时间内大量进入机体，并损害神经系统而引发的危急重症。患病动物临床主要表现为恶心呕吐、头晕头痛与腹痛等症状，严重者甚至发生肺水肿。

2. 临床诊断

（1）唾液分泌增多，流涎。

（2）呕吐，腹泻。

（3）尿频、尿失禁。

（4）中枢神经系统症状

① 极度沉郁或兴奋不安。

② 瞳孔缩小。

③ 运动失调、惊恐、抽搐样症状。

（5）支气管分泌增多，呼吸困难。

（6）肌肉症状

① 肌肉无力或自发性收缩。

② 面部肌肉、舌肌抽搐，进而扩散至全身肌肉组织，麻痹。

3. 用药指南

（1）用药原则　以切断毒源、阻止或延缓机体对毒物的吸收、排出毒物、应用特效解毒药和对症治疗为主。

（2）用药方法（根据临床症状、实验室检查结果等临床实际病情的需要选择以下措施进行治疗）

① 催吐

【措施1】硫酸铜

犬：0.2%～0.5%，0.1～0.5克/次，口服。

猫：0.2%～0.5%，0.05～0.1克/次，口服。

注意事项：偶见发热、寒战、过敏等。冰冻后严禁使用，严重酸碱代谢紊乱的病犬和孕犬慎用。

【措施2】硫酸锌

1%，0.2～0.4克/次，口服。

② 洗胃

【措施】高锰酸钾

0.1%～0.2%，20～50毫升灌肠洗胃。

③ 吸附

【措施】活性炭

3～6克/千克，口服。

④ 乙酰胆碱阻断

【措施】硫酸阿托品

0.2～0.5毫克/千克，1/4静脉滴注，剩下的皮下注射/肌内注射。

注意事项：其毒性作用往往是使用过大剂量所致，在麻醉前给药或治疗消化道疾病时，易致肠臌胀和便秘等；所有动物的中毒症状基本类似，即表现为口干、瞳孔扩大、脉搏快而弱、兴奋不安和肌肉震颤等，严重时则出现昏迷、呼吸浅表、运动麻痹等，最终可因惊厥、呼吸抑制和窒息而死亡。

⑤ 解毒

【措施1】氯解磷定

20毫克/千克，静脉滴注/肌内注射，每日2次。

注意事项：本品在碱性溶液中易分解，禁与碱性药物配伍。

【措施2】碘解磷定

20毫克/千克，静脉滴注，每日2次，至症状减轻。

注意事项：本品在碱性溶液中易分解，禁与碱性药物配伍。

【措施3】双复磷

15～30毫克/千克，静脉滴注，每日2次，至症状减轻。

注意事项：对急性内吸磷、对硫磷、甲拌磷等中毒的疗效良好，但对慢性中毒效果不佳。

【措施4】双解磷

15～30毫克/千克，静脉滴注，每日2次，至症状减轻。

注意事项：可引起肝损害。

二、毒鼠磷中毒

1. 概念

毒鼠磷中毒是犬猫直接误食毒鼠磷毒饵、被毒鼠磷污染的食物以及食入因毒鼠磷而死亡的动物尸体后所发生的一种中毒病。中毒动物多死于呼吸道出血和心血管麻痹。

2. 临床诊断

（1）急性中毒

① 呼吸系统症状

a. 呼吸困难。

b. 可视黏膜发绀。

c. 鼻流细泡沫状液体。

d. 肺区可听到湿性啰音、支气管呼吸音和肺泡呼吸音减弱或消失。

② 消化道症状

a. 食欲废绝。

b. 恶心、呕吐。

c. 肠音先高朗后低沉。

③ 神经系统症状

a. 出汗。

b. 瞳孔缩小。

c. 眩晕、嗜睡、昏迷、抽搐、瘫痪。

d. 肌肉震颤、步态蹒跚、共济失调。

（2）慢性中毒

① 心悸、恶心、呕吐、呼吸困难。

② 神经系统症状

a. 出汗。

b. 瞳孔缩小。

c. 眩晕、精神沉郁、四肢无力、喜卧或蹲伏。

d. 肌肉震颤。

3. 用药指南

（1）用药原则　以切断毒源、阻止或延缓机体对毒物的吸收、排出毒物、应用特效解毒药和对症治疗为主。

（2）用药方法（根据临床症状、实验室检查结果等临床实际病情的需要选择以下措施进行治疗）

① 催吐

【措施1】硫酸铜

犬：0.2%～0.5%，0.1～0.5克/次，口服。

猫：0.2%～0.5%，0.05～0.1克/次，口服。

注意事项：偶见发热、寒战、过敏等。冰冻后严禁使用，严重酸碱代谢紊乱的病犬和孕犬慎用。

【措施2】硫酸锌

1%，0.2～0.4克/次，口服。

② 洗胃

【措施】高锰酸钾

0.1%～0.2%，20～50毫升灌肠洗胃。

③ 吸附

【措施】活性炭

3～6克/千克，口服。

④ 乙酰胆碱阻断

【措施】硫酸阿托品

0.2～0.5毫克/千克，1/4静脉滴注，剩下的皮下注射/肌内注射。

注意事项：其毒性作用往往是使用过大剂量所致，在麻醉前给药或治疗消化道疾病时，易致肠臌胀和便秘等；所有动物的中毒症状基本类似，即表现为口干、瞳孔扩大、脉搏快而弱、兴奋不安和肌肉震颤等，严重时则出现昏迷、呼吸浅表、运动麻痹等，最终可因惊厥、呼吸抑制及窒息而死亡。

⑤ 解毒

【措施1】氯解磷定

20毫克/千克，静脉滴注/肌内注射，每日2次。

注意事项：本品在碱性溶液中易分解，禁与碱性药物配伍。

【措施2】碘解磷定

20毫克/千克，静脉滴注，每日2次，至症状减轻。

注意事项：本品在碱性溶液中易分解，禁与碱性药物配伍。

【措施3】双复磷

15～30毫克/千克，静脉滴注，每日2次，至症状减轻。

注意事项：对急性内吸磷、对硫磷、甲拌磷等中毒的疗效良好，但对慢性中毒效果不佳。

【措施4】双解磷

15～30毫克/千克，静脉滴注，每日2次，至症状减轻。

注意事项：可引起肝损害。

三、磷化锌中毒

1. 概念

磷化锌中毒是犬、猫直接误食磷化锌毒饵、被磷化锌污染的食物以及食入因磷化锌而死亡的动物尸体后发生的以中枢神经系统和消化系统紊乱为主要特征的中毒性疾病。

2. 临床诊断

（1）烦躁不安、心律不齐。

（2）呼吸困难，呼气发出乙炔气味或蒜臭味。

（3）消化道症状

① 食欲减退。

② 呕吐，呕吐物发蒜臭味，在暗处发磷光。

③ 腹痛、腹泻、粪便中混有血液，粪便在暗处也发磷光。

（4）神经系统症状

① 痉挛、共济失调甚至强直性惊厥。

② 后期可能处于昏迷状态。

3. 用药指南

（1）用药原则　磷化锌中毒时无特效解毒药，促进毒物排出，对症治疗。

（2）用药方法（根据临床症状、实验室检查结果等临床实际病情的需要选择以下措施进行治疗）

① 催吐

【措施】硫酸铜

犬：0.2％～0.5％，0.1～0.5克/次，口服。

猫：0.2％～0.5％，0.05～0.1克/次，口服。

注意事项：偶见发热、寒战、过敏等。冰冻后严禁使用，严重酸碱代谢紊乱的病犬和孕犬慎用。

② 镇静

【措施1】苯巴比妥

2～4毫克/千克，静脉滴注，重复到见效。

注意事项：肝肾功能严重损伤、怀孕动物慎用。

【措施2】安定

犬：0.5毫克/千克，静脉滴注。猫：0.2～0.6毫克/千克，静脉滴注。

四、敌鼠钠中毒

1. 概念

敌鼠钠中毒是指犬、猫误食含敌鼠钠的毒饵或被其毒死的老鼠而引起的中毒。

2. 临床诊断

（1）精神不振、不愿活动、厌食、体温下降。

（2）出血现象

① 黏膜苍白、贫血、有出血点、皮肤紫斑。

② 继续发展表现为持续呕血、血便、血尿、眼内出血。

（3）共济失调，最后痉挛、昏迷而死亡。

（4）妊娠母犬、猫流产。

（5）病程较长的犬、猫可见体温升高和黄疸。

3. 用药指南

（1）用药原则　排出毒物、运用特效解毒药和对症治疗。

（2）用药方法（根据临床症状、实验室检查结果等临床实际病情的需要选择以下措施进行治疗）

① 催吐、洗胃、导泻，促进毒物排出

【措施】硫酸镁

犬：6％～8％溶液，10～20克/次，口服。

猫：6％～8％溶液，2～5克/次，口服。

注意事项：导泻时如服用大量浓度过高的溶液，可能自组织中吸收大量水分而导致脱水。

② 解毒

【措施】维生素 K_1、维生素 K_3

维生素 K_1，按 0.5～1.5 毫克/千克剂量加入葡萄糖或生理盐水静脉注射，每 12 小时注射 1 次，或每日 2～3 次，连用 1 周左右。可同时肌内注射维生素 K_3，2～4 毫克/次，每日 2 次，连用 1 周左右。

注意事项：维生素 K_1、维生素 K_3 联合给予可提高疗效。

③ 血液疗法

【措施】安络血

1～2 毫升/次，肌内注射，每日 2 次；2.5～5 毫克/次，口服，每日 2 次。

注意事项：本品如变为棕红色，则不能再用。

④ 护肝

【措施1】促肝细胞生长素

5～20 毫克/次，肌内注射，每日 2 次，或 10～20 毫克/次，用 5％葡萄糖溶液溶解缓慢静脉滴注，每日 1 次。

注意事项：4℃ 以下密闭保存。

【措施2】肌苷

25～50 毫克/次，静脉输液或肌内注射。

注意事项：静脉注射偶有恶心，颜面潮红。

【措施3】肝泰乐

100～200 毫克/次，肌内注射/静脉滴注，每日 1 次。

【措施4】恩托尼（S-腺苷甲硫氨酸）

0.1 克/5.5 千克，0.2 克/6～16 千克，口服，每日 1 次。

⑤ 抗休克、抗毒素、保护心血管系统

【措施】地塞米松

1～4 毫克/千克，缓慢静脉滴注。

注意事项：有严重高血压、糖尿病、十二指肠溃疡的情况时慎用。

五、氟乙酰胺中毒

1. 概念

氟乙酰胺中毒是犬、猫由于误食含本药的毒饵或被氟乙酰胺污染的食物或被氟乙酰胺毒死的老鼠而引起的中毒。

2. 临床诊断

（1）急性中毒　精神不振，喘息，呕吐，大小便失禁。

（2）严重中毒　兴奋，嚎叫，黏膜发绀，突然倒地，全身震颤，四肢划动，抽搐，角弓反张。

（3）心搏快而弱，节律失常，安静片刻后又重复发作，如此 3～4 次后，往往强直后死亡。

3. 用药指南

（1）用药原则　本病预后不良，应尽早抢救，以促进毒物排出，应用特效解毒药对症治疗。

（2）用药方法（根据临床症状、实验室检查结果等临床实际病情的需要选择以下措施进行治疗）

① 解毒

【措施1】解氟灵

犬：50～100毫克/千克，肌内注射，每日2次，连续5～7天。

猫：30～50毫克/千克，肌内注射，每日2次，连续5～7天。

注意事项：解氟灵效果可靠，不良作用小，还有预防发病的作用，应及早用药。

【措施2】单乙酸甘油酯

0.55毫克/千克，肌内注射，每小时1次，总量达2～4毫克/千克。

② 镇静

【措施】氯丙嗪

3毫克/千克，口服，每日2次；1～2毫克/千克，肌内注射，每日1次；0.5～1毫克/千克，静脉滴注，每日1次。

注意事项：不宜静脉推注。

③ 解除呼吸抑制

【措施】尼克刹米

7.8～31.2毫克/千克，皮下注射或肌内注射，必要时2小时后重复1次。

注意事项：作用时间短暂，应视病情间隔给药。

④ 解除肌肉痉挛

【措施】葡萄糖酸钙

犬：0.5～1.5毫升/千克，静脉注射。

猫：1～1.5毫升/千克，静脉注射。

注意事项：贮藏时应密闭保存。

⑤ 控制脑水肿

【措施】甘露醇

20%溶液，静脉注射。

六、氟乙酸钠中毒

1. 概念

氟乙酸钠中毒是犬、猫由于误食含本药的毒饵或被氟乙酸钠污染的食物或被氟乙酸钠毒死的老鼠而引起的中毒。

2. 临床诊断

（1）发热、可视黏膜发绀、心律失常。

（2）呕吐、腹痛、腹泻、频排粪尿、粪尿失禁。

（3）神经系统症状

① 骚动不安、感觉过敏。

② 盲目奔跑、转圈运动。

③ 抽搐痉挛，昏迷。

3. 用药指南

（1）用药原则　本病预后不良，尽早抢救，促进毒物排出，应用特效解毒药对症治疗。

（2）用药方法（根据临床症状、实验室检查结果等临床实际病情的需要选择以下措施进行治疗）

① 解毒

【措施 1】解氟灵

犬：50～100 毫克/千克，肌内注射，每日 2 次，连续 5～7 天。

猫：30～50 毫克/千克，肌内注射，每日 2 次，连续 5～7 天。

注意事项：解氟灵效果可靠，不良作用小，还有预防发病的作用，应及早用药。

【措施 2】单乙酸甘油酯

0.55 毫克/千克，肌内注射，每小时 1 次，总量达 2～4 毫克/千克。

② 镇静

【措施】氯丙嗪

3 毫克/千克，口服，每日 2 次；1～2 毫克/千克，肌内注射，每日 1 次；0.5～1 毫克/千克，静脉滴注，每日 1 次。

注意事项：不宜静脉推注。

③ 解除呼吸抑制

【措施】尼克刹米

7.8～31.2 毫克/千克，皮下注射或肌内注射，必要时 2 小时后重复 1 次。

注意事项：作用时间短暂，应视病情间隔给药。

④ 解除肌肉痉挛

【措施】葡萄糖酸钙

犬：0.5～1.5 毫升/千克，静脉注射。

猫：1～1.5 毫升/千克，静脉注射。

注意事项：贮藏时应密闭保存。

⑤ 控制脑水肿

【措施】甘露醇

20％溶液，静脉注射。

七、砷中毒

1. 概念

砷中毒常称砒霜中毒，多因误食含砷的灭鼠药而导致，或因含砷药剂治疗犬、猫疾病时剂量过大或用法不当而引起。

2. 临床诊断

（1）急性中毒

① 流涎、呕吐、腹痛、腹泻，粪便混有血液和脱落黏膜，且带腥臭气味。

② 口腔黏膜潮红、肿胀。

③ 重症病例黏膜出血、脱落或溃烂，齿龈呈黑褐色，有蒜臭味。

④ 兴奋不安、反应敏感，随后转为沉郁，低头闭眼，伫立不动，衰弱乏力，皮肤感觉减退。肌肉震颤，共济失调。瞳孔散大。

⑤ 呼吸迫促，体温下降。一般经数小时至 1～2 天，终因呼吸或循环衰竭而死亡。

⑥ 实质器官受损而引起少尿、血尿或蛋白尿以及机能障碍和呼吸困难，最终死亡。

（2）慢性中毒

① 营养不良，逐渐消瘦。脱毛，脱爪甲。黄疸。

② 腹痛、腹泻，粪便呈暗黑色。

③ 不孕，流产。

④ 精神沉郁，麻痹，瘫痪，痛觉和触觉减退。

3. 用药指南

（1）用药原则　促进毒物排出、应用特效解毒药对症治疗。

（2）用药方法（根据临床症状、实验室检查结果等临床实际病情的需要选择以下措施进行治疗）

① 解毒

【措施】二硫基丙醇

3～5 毫克/千克，肌内注射，每日 4 次，连用 5 天。

② 导泻药

【措施】硫代硫酸钠

20％，40～50 毫克/千克，静脉滴注。

③ 解除内脏平滑肌痉挛

【措施】氢溴酸山莨菪碱

犬：3～10 毫克/次，肌内注射/静脉滴注。

注意事项：急腹症诊断未明确时，不宜使用；夏季用药可使体温升高。

④ 镇静

【措施】安定

犬：0.5 毫克/千克，静脉滴注。

猫：0.2～0.6 毫克/千克，静脉滴注。

⑤ 兴奋呼吸中枢

【措施】尼克刹米

7.8～31.2 毫克/千克，皮下注射/肌内注射，必要时 2 小时后重复 1 次。

注意事项：作用时间短暂，应视病情间隔给药。

⑥ 对症治疗

【措施】铋制剂

犬：0.25～2克/次，每日3～4次，口服。

猫：0.3～0.9克/次，每日3～4次，口服。

八、灭鼠灵中毒

1. 概念

灭鼠灵中毒多因接触其毒饵而导致，也可因食入被毒饵污染的食物或被毒死的鼠类而致。

2. 临床诊断

（1）中毒犬、猫贫血、虚弱。

（2）多处出血

① 结膜、巩膜、眼内、口舌黏膜、齿龈等部出血。

② 鼻出血、呕血、尿血、便血。

（3）内出血并发症

① 呼吸困难。

② 神经症状，步态蹒跚，共济失调。

③ 关节肿胀，有压痛，跛行。

④ 体表大面积血肿，稍有外伤即出现皮下血肿、淤血。

（4）病犬、猫后期心率不齐、心搏微弱、全身虚脱、抽搐痉挛，以至麻痹而亡。

3. 用药指南

（1）用药原则　精心护理，避免受伤；应用止血剂维生素 K_1 对症治疗。

（2）用药方法（根据临床症状、实验室检查结果等临床实际病情的需要选择以下措施进行治疗）

【措施】维生素 K_1

按0.5～1.5毫克/千克剂量加入葡萄糖或生理盐水静脉注射，每12小时注射1次，或每日2～3次，连用1周左右。可同时肌内注射维生素 K_3，2～4毫克/次，每日2次，连用1周左右。维生素 K_1 和维生素 K_3 联合给予可提高疗效。

注意事项：遮光，密闭，防冻保存（如有油滴析出或分层，则不宜使用，但可在遮光条件下加热至70～80℃，振摇使其自然冷却，如澄明度正常仍可继续使用）。

九、铅中毒

1. 概念

铅中毒主要因犬、猫误食过多含铅物质而引起，是世界范围内一种常见的重金属中毒病，以慢性中毒多见。

2. 临床诊断

（1）急性中毒　贫血，厌食、呕吐，腹痛、腹泻。神经过敏，神志不清，发抖，痉挛，麻痹，歇斯底里，狂叫，咬牙，狂奔乱跑，运动失调。

（2）慢性中毒　贫血，好动，好斗，易被激怒。反复呼吸道和泌尿系统损伤。

3. 用药指南

（1）用药原则　加速毒物排出、应用特效解毒药对症治疗。

（2）用药方法（根据临床症状、实验室检查结果等临床实际病情的需要选择以下措施进行治疗）

① 解毒

【措施1】依地酸钙钠注射液

每天用量100毫克/千克，分4等份，加入100毫升生理盐水或5％葡萄糖溶液中，静脉滴注，连用5天。

注意事项：少尿、无尿和肾功能不全动物禁用。

【措施2】D-青霉胺

35～50毫克/（千克·天），口服，每日4次，连用1～2周。

【措施3】二硫基丙醇

3～5毫克/千克，肌内注射，每日4次，连用5天。

② 镇静

【措施】安定

犬：0.5毫克/千克，静脉滴注。

猫：0.2～0.6毫克/千克，静脉滴注。

十、洋葱中毒

1. 概念

洋葱中毒是当犬采食洋葱或混有洋葱汁的熟食后发生的贫血现象。

2. 临床诊断

（1）急性中毒　出现明显的红尿，尿的颜色深浅不一，从浅红色、深红色、咖啡色至酱油色。食欲下降、精神沉郁、心悸亢进。呕吐、腹泻。

（2）慢性中毒　轻度贫血，黄疸。

3. 用药指南

（1）用药原则　立即停喂洋葱、促进毒物排出、对症治疗。

（2）用药方法（根据临床症状、实验室检查结果等临床实际病情的需要选择以下措施进行治疗）

【措施1】呋噻咪

犬：2～4毫克/千克，肌内注射，每日2～3次。

猫：1～3毫克/千克，肌内注射，每日2～3次。

【措施2】地塞米松

1～2毫克/千克，静脉滴注/肌内注射。

注意事项：有严重高血压、糖尿病、十二指肠溃疡的情况时慎用。

【措施3】维生素 E

犬：200～400 单位，口服，每日 2 次。

【措施4】恩托尼（S-腺苷甲硫氨酸）

0.1 克/5.5 千克，0.2 克/6～16 千克，口服，每日 1 次。

十一、食物中毒

1. 概念

食物中毒是犬、猫食入腐败变质食物而引起的中毒现象。

2. 临床诊断

（1）精神沉郁，食欲降低或废绝，口渴。

（2）消化道症状

① 呕吐。

② 腹泻，粪便腐臭并含有黏液或血凝块。

③ 腹壁紧张，触压疼痛。

④ 肠蠕动变弱，肠内充气，肚腹胀大。

（3）有的体温升高。

（4）病重犬、猫，可见呼吸困难、心搏动加快、抽搐、后躯麻痹，终至虚脱而致死。

3. 用药指南

（1）用药原则 停止饲喂腐败变质食物，催吐，抗菌消炎和其他对症治疗。

（2）用药方法（根据临床症状、实验室检查结果等临床实际病情的需要选择以下措施进行治疗）

① 抗菌消炎

【措施1】庆大霉素

10～15 毫克/千克，口服；3～5 毫克/千克，肌内注射/静脉滴注，每日 2 次，连用 3～5 天。

注意事项：耳毒性，偶见过敏，大剂量引起神经肌肉传导阻断，可逆性肾毒性。

【措施2】阿莫西林

10～20 毫克/千克，口服；5～10 毫克/千克，皮下注射/静脉滴注/肌内注射。均每日 2～3 次，连用 5 天。

注意事项：青霉素过敏动物禁用。

【措施3】环丙沙星

5～10 毫克/千克，口服；2～2.5 毫克/千克，肌内注射，均每日 2 次。

注意事项：对中枢系统有潜在兴奋作用。

② 对症治疗

【措施1】硫酸阿托品

犬：0.3～1 毫克/次，皮下注射/肌内注射。

猫：0.05毫克/千克，皮下注射/肌内注射。

注意事项：其毒性作用往往是使用过大剂量所致，在麻醉前给药或治疗消化道疾病时，易致肠臌胀和便秘等；所有动物的中毒症状基本类似，即表现为口干、瞳孔扩大、脉搏快而弱、兴奋不安和肌肉震颤等，严重时则出现昏迷、呼吸浅表、运动麻痹等，最终可因惊厥、呼吸抑制及窒息而死亡。

【措施2】氢溴酸东莨菪碱

犬：3～10毫克/次，肌内注射/静脉注射。

注意事项：如需反复注射，不要在同一部位，应左右交替注射，静注时速度不宜过快。

【措施3】白陶土

1～2毫克/千克，口服，每日2～4次。

【措施4】地塞米松

1～4毫克/千克，缓慢静脉滴注。

注意事项：有严重高血压、糖尿病、十二指肠溃疡的情况时慎用。

十二、食盐中毒

1. 概念

食盐中毒是因犬、猫过量采食过咸的食物、咸鱼、咸肉等而引起的。

2. 临床诊断

（1）一般突然发生。

（2）口流涎水，口渴喜饮，少尿。

（3）脉搏快而弱，呼吸浅表。

（4）厌食，呕吐，腹泻，脱水。

（5）烦躁不安，转圈。运动失调，四肢麻痹，最后心力衰竭而死。

3. 用药指南

（1）用药原则　停止喂食过咸食物并对症治疗。

（2）用药方法（根据临床症状、实验室检查结果等临床实际病情的需要选择以下措施进行治疗）

【措施1】山梨醇

25%，1～2克/千克，缓慢静脉滴注，每日3～4次。

【措施2】速尿

犬：2～4毫克/千克，静脉滴注/肌内注射/口服。

猫：0.5～2毫克/千克，静脉滴注，每日3次。

注意事项：可诱发低钠、低钾、低钙血症与低血镁等电解质平衡紊乱，另外，在脱水动物易出现氮血症；大剂量静脉注射可能使犬听觉丧失；还可引起胃肠道功能紊乱、贫血、白细胞减少和衰弱等症状。

【措施3】安定

犬：0.2～0.6毫克/千克，静脉滴注。

猫：0.1～0.2毫克/千克，静脉滴注。

【措施4】安钠咖

犬：0.2～0.5克/次，口服；0.1～0.3克/次，皮下注射/肌内注射/静脉滴注，每日1～2次。

猫：0.1～0.2克/次，口服；0.05～0.1克/次，皮下注射/肌内注射/静脉滴注，每日1～2次。

注意事项：警惕因用药过量而引起中毒。

【措施5】氨苄西林

20～30毫克/千克，口服，每日2～3次；10～20毫克/千克，静脉滴注/皮下注射/肌内注射，每日2～3次。

注意事项：对青霉素耐药的革兰氏阳性菌感染不宜应用。

十三、黄曲霉素中毒

1. 概念

黄曲霉素中毒是犬、猫采食了被黄曲霉或寄生曲霉污染并产生毒素的食物后所引起的一种急性或慢性中毒。

2. 临床诊断

（1）初期患病犬、猫食欲减退、逐渐消瘦、萎靡不振、贫血。

（2）进一步出现视觉、消化道以及神经症状

① 盲视、可视黏膜以及皮肤黄染。

② 排稀水便或血便。

③ 肌肉震颤，烦躁不安，转圈运动，不久后转为昏睡、昏迷，甚至死亡。

3. 用药指南

（1）用药原则 主要在于预防，一旦出现中毒，应停止饲喂被黄曲霉污染的饲料，促进毒素排出，对症治疗。

（2）用药方法（根据临床症状、实验室检查结果等临床实际病情的需要选择以下措施进行治疗）

【措施1】强力宁

5～20毫升/次，静脉滴注。

注意事项：严重低钾血症、高钠血症、高血压、心衰、肾功能衰竭动物禁用。密闭贮藏，避光不超过20℃保存。

【措施2】肌苷

25～50毫克/次，口服/肌内注射。

注意事项：静脉注射偶有恶心，颜面潮红。

【措施3】恩托尼（S-腺苷甲硫氨酸）

0.1克/5.5千克，0.2克/6～16千克，口服，每日1次。

【措施4】安络血

1～2 毫升/次，肌内注射，每日 2 次。

注意事项：本品如变为棕红色，则不能再用。

【措施 5】氨苄西林

20～30 毫克/千克，口服，每日 2～3 次；10～20 毫克/千克，静脉滴注/皮下注射/肌内注射，每日 2～3 次。

注意事项：对青霉素耐药的革兰氏阳性菌感染不宜应用。

十四、亚硝酸盐中毒

1. 概念

亚硝酸盐中毒是指当犬、猫过量食入或饮用含有硝酸盐或亚硝酸盐的食物和水后所引起的中毒现象。

2. 临床诊断

（1）采食后不久突然发病。

（2）流涎、呕吐、呼吸加快、心搏增速。

（3）严重中毒的犬、猫，可见张口伸舌，呼吸困难，全身发绀，体温偏低，瞳孔散大。

（4）不安、尖叫，全身震颤、抽搐，共济失调，卧地不起。

3. 用药指南

（1）用药原则　立即停止喂食含有亚硝酸盐的食物和饮水，促进毒物排出，应用特效解毒药和对症治疗。

（2）用药方法（根据临床症状、实验室检查结果等临床实际病情的需要选择以下措施进行治疗）

① 解毒

【措施 1】美蓝溶液

1%，1～2 毫克/千克，静脉滴注。

注意事项：本品刺激性强，禁止皮下或肌内注射。

【措施 2】甲苯胺蓝

5%，5 毫克/千克，静脉滴注。

② 刺激呼吸中枢

【措施】尼克刹米

7.8～31.2 毫克/千克，皮下注射/肌内注射，必要时 2 小时后重复 1 次。

注意事项：作用时间短暂，应视病情间隔给药。

③ 中枢兴奋

【措施】安钠咖

犬：0.2～0.5 克/次，口服；0.1～0.3 克/次，皮下注射/肌内注射/静脉滴注，每日 1～2 次。

猫：0.1～0.2 克/次，口服；0.05～0.1 克/次，皮下注射/肌内注射/静脉滴注，每日 1～2 次。

注意事项：警惕因用药过量而引起中毒。

十五、阿托品类药物中毒

1. 概念

阿托品类药物中毒一般是治疗时应用本类药物剂量过大或连续多次给药而引起的中毒。

2. 临床诊断

（1）初期犬、猫口干舌燥，吞咽困难，肠音减弱。

（2）随后视觉、消化道症状加重

① 兴奋不安。

② 结膜潮红，瞳孔散大，视物不清。

③ 肠音消失，腹胀、腹痛，不见排便，少尿或排尿困难，尿液浑浊。

（3）后期出现呼吸、神经等症状

① 体温升高，脉搏急速，呼吸数增加。

② 狂暴不安，阵发性痉挛。

③ 严重时体温下降、昏迷、运动麻痹、括约肌松弛、四肢厥冷，因呼吸麻痹窒息而死亡。

3. 用药指南

（1）用药原则　立即停用阿托品类药物，应用阿托品类药拮抗剂和对症治疗。

（2）用药方法（根据临床症状、实验室检查结果等临床实际病情的需要选择以下措施进行治疗）

【措施1】毛果芸香碱

3～20毫克/次，皮下注射，每6小时1次。

注意事项：避光，密闭保存，不超过20℃。

【措施2】甲基硫酸新斯的明

0.25～1毫克/次，皮下/肌内注射。

注意事项：避光，密闭保存。

【措施3】毒扁豆碱

0.02毫克/千克体重，肌内注射。

【措施4】尼克刹米

7.8～31.2毫克/千克，皮下注射/肌内注射，必要时2小时后重复1次。

注意事项：作用时间短暂，应视病情间隔给药。

【措施5】安定

犬：0.2～0.6毫克/千克，静脉滴注。

猫：0.1～0.2毫克/千克，静脉滴注。

【措施6】安钠咖

犬：0.2～0.5克/次，口服；0.1～0.3克/次，皮下注射/肌内注射/静脉滴注，每日1～2次。

猫：0.1～0.2克/次，口服；0.05～0.1克/次，皮下注射/肌内注射/静脉滴注，每日
1～2次。

注意事项：警惕因用药过量而引起中毒。

十六、巴比妥类药物中毒

1. 概念

巴比妥类药物中毒多因犬、猫主人滥用本类药物或临床治疗上用药剂量过大、疗程过长
而使犬猫发生的中毒现象。

2. 临床诊断

（1）犬、猫精神沉郁，四肢倦怠无力，瞳孔散大。
（2）呼吸浅表或喘息，血压下降。
（3）严重中毒的犬、猫可见神经症状
① 昏睡、意识及反射消失
② 昏迷、休克。
③ 因呼吸抑制而衰竭致死。

3. 用药指南

（1）用药原则　促进毒物排出，给予解毒药和中枢兴奋剂，对症治疗。
（2）用药方法（根据临床症状、实验室检查结果等临床实际病情的需要选择以下措施进
行治疗）
【措施1】尼可刹米
犬：0.125～0.5克/次，皮下注射/肌内注射/静脉滴注。
猫：7～30毫克/千克，皮下注射/肌内注射/静脉滴注。
注意事项：作用时间短暂，应视病情间隔给药。
【措施2】美解眠
15～20毫克/千克，溶于5％葡萄糖溶液中静脉滴注。
注意事项：静滴时不可太快，以免惊厥，注射量大、速度过快可引起恶心和呕吐、反射
运动增强、肌肉震颤及惊厥等。
【措施3】速尿
犬：2～4毫克/千克，静脉滴注/肌内注射/皮下注射，每日2～4次，然后减量到1～2
毫克/千克，口服，每日1～2次。
猫：1～3毫克/千克，静脉滴注/肌内注射/皮下注射，每日2～3次，然后减量。
注意事项：可诱发低钠、低钾、低钙血症与低血镁等电解质平衡紊乱，另外，在脱水动
物易出现氮血症；大剂量静脉注射可能使犬听觉丧失；还可引起胃肠道功能紊乱、贫血、白
细胞减少和衰弱等症状。
【措施4】甘露醇
0.5～1克/千克，缓慢静脉滴注，每日3～4次。

十七、氨基糖苷类抗生素中毒

1. 概念

氨基糖苷类抗生素中毒是氨基糖苷类药物的毒性反应，其特征表现为耳毒性、肾毒性、神经肌肉传导阻滞，以及休克等其他不良反应。

2. 临床诊断

（1）耳毒性

① 前庭功能障碍，主要表现为头晕、视力减退、眼球震颤、眩晕、恶心呕吐和共济失调。

② 耳蜗听神经损伤，主要表现为听力减退和永久性耳聋。

（2）肾毒性

① 蛋白尿、管型尿、血尿。

② 严重时可发生氮质血症和肾功能减退，肾功能减退可使氨基糖苷类的血浆浓度升高，进一步加重肾功能减退和耳毒性。

（3）神经肌肉传导阻滞　引起心肌抑制、血压下降、肢体瘫痪和呼吸衰竭。

（4）其他　中性粒细胞、血小板下降，贫血，血清转氨酶升高，皮疹，发热，血管神经性水肿，偶尔可见严重的过敏性休克。

3. 用药指南

（1）用药原则　无特异性解毒，立即停药，对症治疗。

（2）用药方法（根据临床症状、实验室检查结果等临床实际病情的需要选择以下措施进行治疗）

【措施1】盐酸肾上腺素

犬：0.1～0.5毫克/千克。猫：0.05～0.5毫克/千克，皮下注射。

注意事项：本品可诱发兴奋、不安、颤抖、呕吐、高血压、心律失常等。局部重复注射可引起注射部位组织坏死。

【措施2】葡萄糖酸钙

10%溶液，犬0.5～1.5毫克/千克，猫1～1.5毫克/千克，加入5%葡萄糖溶液中静脉滴注。

注意事项：密闭保存。

【措施3】地塞米松

抗炎：0.01～0.16毫克/千克，静脉注射/肌内注射/口服，每日1次，最多用药3～5天。

预防并治疗过敏症：0.5毫克/千克，静脉注射。

注意事项：幼犬、猫禁用；心脏病动物禁用；使用此药时应适量补充钙、磷；若长时间使用此药，应逐步减少药物使用量；严禁与水杨酸钠同用。

【措施4】甲硫酸新斯的明注射液

犬：<5千克，0.25毫克；5～25千克，0.25～0.5毫克；>25千克，0.5～0.75毫克，

4次/日，皮下或肌内注射。

注意事项：心率失常、窦性心动过缓、血压下降、迷走神经张力升高时禁用。避光密封保存。

【措施5】胞磷胆碱钠注射液

25毫克/千克，肌内注射/静脉注射/静脉滴注。

注意事项：避光密封保存。

【措施6】维生素B$_1$注射液

犬：0.2～0.5毫升/千克。猫：0.1～0.3毫升/千克。皮下注射/肌内注射，每天1次。

注意事项：按规定剂量使用。

十八、磺胺类药物中毒

1. 概念

磺胺类药物中毒是一次大剂量或长期连续应用本类药物、静脉滴注速度过快，以及对本类药物过敏导致犬、猫发生的药物过敏或中毒现象。

2. 临床诊断

（1）急性中毒

① 多见于静脉注射磺胺类钠盐速度过快或剂量过大。

② 主要表现为神经症状，兴奋、感觉过敏、共济失调、肌无力、痉挛、麻痹、食欲降低、呕吐、腹泻、昏迷等，严重者迅速死亡。

（2）慢性中毒

① 见于剂量较大或连续用药超过1周以上。

② 主要表现为少尿、尿闭、结晶尿、蛋白尿、血尿。

③ 食欲减退、便秘、呕吐、腹泻、间歇性腹痛。

④ 可视黏膜出血、贫血、血凝时间明显延长、红细胞和粒性白细胞减少、血红蛋白降低。

⑤ 注射药物部位发生炎症、肿胀、化脓、坏死等症状。

3. 用药指南

（1）用药原则　立即停用磺胺类药，促进毒物排出，对症治疗。

（2）用药方法（根据临床症状、实验室检查结果等临床实际病情的需要选择以下措施进行治疗）

【措施1】碳酸氢钠注射液

犬：0.5～1.5克，静脉注射。促进药物从尿液中排出，可静脉滴注5%碳酸氢钠，或口服碳酸氢钠。

注意事项：大量静脉注射时偶见代谢性碱中毒、低血钾症，易出现心律失常、肌肉痉挛；剂量过大或肾功能不全患病动物偶见水肿、肌肉疼痛等症状。

【措施2】维生素C注射液

0.1～0.5克/次，皮下注射/肌内注射/静脉注射。

注意事项：静脉注射可能引起过敏，补充维生素 C 可能会通过增加铁的蓄积而增加肝脏损伤。给予高剂量时，尿酸盐、草酸盐或胱氨酸结晶形成的风险增加。

【措施 3】甲强龙注射液

30 毫克/千克，静脉注射。

注意事项：中毒性休克的急救，应至少用 30 分钟静脉注射。

十九、氯丙嗪中毒

1. 概念

氯丙嗪中毒是指临床上应用氯丙嗪作为治疗药时，由于用药不当而引起的犬、猫中毒的现象。

2. 临床诊断

（1）轻度中毒　骚动不安，频繁起卧，瞳孔缩小，体温降低，肌肉松弛，倦怠无力，嗜睡，偶尔便秘。

（2）重度中毒　四肢厥冷，肌肉震颤或强直，共济失调，瞳孔缩小，反射消失，体温明显降低，呼吸浅表，心动急速，心律不齐，肝脏肿大，黄疸，昏迷，皮疹，皮炎，贫血，白细胞减少，时见尿潴留或尿失禁。

3. 用药指南

（1）用药原则　立即停药，经口服用的可进行催吐或洗胃和导泻；应用中枢兴奋剂；对症治疗。

（2）用药方法（根据临床症状、实验室检查结果等临床实际病情的需要选择以下措施进行治疗）

【措施 1】尼可刹米注射液

犬：0.125～0.5 克/次。猫：7～30 毫克/千克。皮下注射/肌内注射/静脉滴注。

注意事项：常见面部刺激症、烦躁不安、抽搐、恶心呕吐等。大剂量时可出现血压升高、心悸、出汗、面部潮红、呕吐、震颤、心律失常、惊厥，甚至昏迷。作用时间短暂，应视病情间隔给药。

【措施 2】安钠咖

口服用量，犬：0.2～0.5 克/次。猫：0.1～0.2 克/次。

皮下注射/肌内注射/静脉滴注，犬：0.1～0.3 克/次。猫：0.05～0.1 克/次。每日 1～2 次。

【措施 3】重酒石酸去甲肾上腺素注射液

0.4～2 毫升/次，肌内注射或加入 5％葡萄糖溶液中静脉滴注。

注意事项：药液外漏可引起局部组织坏死。

【措施 4】速尿注射液

1～5 毫克/千克，肌内注射/静脉注射。

注意事项：可诱发低钠、低钾、低钙血症与低血镁等电解质平衡紊乱，另外，在脱水动物易出现氮血症；大剂量静脉注射可使犬听觉丧失；还可引起胃肠道功能紊乱、贫血、白细胞减少和衰弱等症状。

二十、马钱子中毒

1. 概念

马钱子中毒是犬、猫多因误食本品毒饵或采食本品的死鼠而引起的中毒现象。马钱子的安全范围较小，毒性甚强，用药过量或使用不当，常引起急性中毒。

2. 临床诊断

（1）骚动不安，感觉过敏，对声音、光线等外界刺激反应性增强，肌肉抽搐，眼球震颤，瞳孔散大，可视黏膜发绀，呼吸困难，脉搏细弱，体温升高。

（2）继之出现牙关紧闭，角弓反张，惊厥，肌红蛋白尿，因呼吸肌痉挛麻痹，导致窒息而死亡。

3. 用药指南

（1）用药原则　以催吐、洗胃、导泻、利尿，对症治疗和加强护理为原则。

（2）用药方法（根据临床症状、实验室检查结果等临床实际病情的需要选择以下措施进行治疗）

【措施1】癫安舒

犬：2～8毫克/（千克·日），或同等剂量分为两次给药，每12小时1次。

注意事项：肝肾功能严重损失、怀孕动物慎用。

【措施2】朗必妥

6～12毫克/千克，口服。

注意事项：肝肾功能严重损失、严重贫血、心脏疾患、怀孕动物慎用。

【措施3】氢氯噻嗪

犬：12.5～25毫克/只，肌内注射；0.5～4毫克/千克，口服，每日1～2次。

猫：12.5毫克/只，肌内注射；1～4毫克/千克，口服，每日1～2次。

注意事项：可能会出现胃肠道症状，患有肝肾功能不全及糖尿病、高尿酸血症、痛风、高钙血症、低钠血症以及红斑狼疮等病犬禁用。长期使用应同时补充钾盐，并同时限制饮食中盐的摄入。

【措施4】速尿

犬：2～4毫克/千克，静脉滴注/肌内注射/口服，每4～12小时1次。

猫：0.5～2毫克/千克，静脉滴注。

注意事项：本药品可能诱发低钠、低钾、低钙血症与低血镁等电解质平衡紊乱，大剂量静脉注射可能使犬听觉丧失。还可引起胃肠道功能紊乱、贫血、白细胞减少和衰弱等症状。

【措施5】阿扑吗啡

犬：20～40微克/千克，静脉注射。

注意事项：不推荐猫使用。如果摄入强酸或强碱性物质，不能催吐，容易进一步损伤食管。如果患犬无意识、昏厥、咳嗽反射降低，摄入毒物超过2小时，摄入石蜡、石油制品或其他油类挥发性有机物质，均不能催吐，因有误吸的风险。阿扑吗啡可能引起过度呕吐、呼吸抑制和镇静。

二十一、蟾蜍中毒

1. 概念

犬、猫蟾蜍中毒是指犬、猫由于捕食蟾蜍或舔食大量蟾卵、黏膜或伤口黏附大量蟾蜍毒液引发的中毒。犬、猫蟾蜍中毒后会出现流口水、恶心呕吐、呼吸困难等症状。

2. 临床诊断

（1）大量流涎，损伤部疼痛、红肿、糜烂、坏死。

（2）毒液进入眼内可致眼部红肿、视觉迟钝，严重时失明。

（3）恶心，呕吐，腹痛，腹泻。

（4）兴奋，尖叫。

（5）口腔黏膜发绀，呼吸困难。心律失常，心跳先缓后过速。抽搐、虚脱，终因循环衰竭而死。

3. 用药指南

（1）用药原则　立即催吐、洗胃、导泻；以解毒和对症治疗为原则。

（2）用药方法（根据临床症状、实验室检查结果等临床实际病情的需要选择以下措施进行治疗）

【措施1】硫酸阿托品注射液

0.02～0.05毫克/千克，肌内注射/皮下注射/静脉注射。

注意事项：本品的毒性作用往往是使用过大剂量所致，在麻醉前给药或治疗消化道疾病时，易致肠臌胀和便秘等；所有动物的中毒症状基本类似，即表现为口干、瞳孔扩大、脉搏快而弱、兴奋不安和肌肉震颤等，严重时则出现昏迷、呼吸浅表、运动麻痹等，最终可因惊厥、呼吸抑制及窒息而死亡。

【措施2】异丙肾上腺素

0.2～0.5毫克，加入250毫升5％葡萄糖溶液中静脉滴注。

注意事项：本品可诱发兴奋、不安、颤抖、呕吐、高血压、心律失常等。局部重复注射可引起注射部位组织坏死。

【措施3】心得安

0.01～0.10毫克/千克，静脉滴注；0.2～1毫克/千克，口服，每日2～3次。

注意事项：有过敏史、充血性心力衰竭、糖尿病、肺气肿或非过敏性支气管炎动物禁用。

【措施4】氯丙嗪

3毫克/千克，口服，每日2次；1～2毫克/千克，肌内注射，每日1次；0.5～1毫克/千克，静脉滴注，每日1次。

注意事项：缓慢静脉滴注，用于犬、猫镇静。

【措施5】阿扑吗啡

犬：20～40微克/千克，静脉注射。

注意事项：不推荐猫使用。如果摄入强酸或强碱性物质，不能催吐，容易进一步损伤食管。阿扑吗啡可能引起过度呕吐、呼吸抑制和镇静。

二十二、麻黄碱中毒

1. 概念

麻黄碱类药物服用过量会引起犬猫出现中毒现象。一般麻黄碱中毒后，犬猫会出现狂躁不安、颤抖、流口水、呕吐、呼吸困难等症状。

2. 临床诊断

兴奋不安、烦躁、肌肉震颤、鼻端出汗、流涎、呕吐、体温升高、脉搏加快、心音增强、血压升高、呼吸促迫、惊厥，终至循环和呼吸功能衰竭而死。

3. 用药指南

（1）用药原则　催吐、洗胃及导泻，运用镇静剂，对症治疗。

（2）用药方法（根据临床症状、实验室检查结果等临床实际病情的需要选择以下措施进行治疗）

【措施1】盐酸氯丙嗪注射液

25～50毫克，肌内注射，每日2次；25～50毫克稀释于500毫升葡萄糖氯化钠中缓慢静脉滴注，每日1次，每隔1～2日缓慢增加25～50毫克，治疗剂量一日100～200毫克。

注意事项：不宜静脉推注。

【措施2】其他对症治疗参见马钱子中毒；及时补充体液、吸氧等。

二十三、一氧化碳中毒

1. 概念

家里如果出现煤气泄漏，宠物也会出现一氧化碳中毒现象。犬猫一氧化碳中毒后会出现恶心呕吐、精神不振，严重时会抽搐、昏迷等。

2. 临床诊断

（1）轻度中毒　恶心、呕吐、感觉迟钝、全身无力、嗜睡、呼吸心搏加快。

（2）中度中毒

① 症状加重，呕吐物呈黄绿色。

② 肌无力，共济失调。

③ 瞳孔缩小，视物不清。

④ 皮肤和可视黏膜呈樱桃红色。

⑤ 脉细弱，心跳加快，心律不齐，血压降低。

⑥ 呼吸急促、肺区可听到干性啰音，抽搐、昏迷、虚脱。

（3）重度中毒

① 可视黏膜发绀或苍白，常见红斑或疱疹。

② 眼球震颤，双侧瞳孔缩小或散大。

③ 视、听觉及肌反射明显减弱或消失。

④ 频繁呕吐，呕吐物呈咖啡色或呕血；肠音减弱或消失，粪尿失禁，排褐色便。

⑤ 鼻流含细泡沫的黏液；潮式呼吸，肺区可听到湿性啰音；脉搏细弱，心音混浊，血压下降。

⑥ 肌红蛋白尿；虚脱，昏迷，间歇性抽搐，因呼吸和循环衰竭而死。

3. 用药指南

（1）用药原则　迅速将犬、猫移离发病场所，并进行对症治疗。

（2）用药方法（根据临床症状、实验室检查结果等临床实际病情的需要选择以下措施进行治疗）

【措施1】尼可刹米注射液

犬：0.125～0.5克/次。猫：7～30毫克/千克体重。皮下注射/肌内注射/静脉滴注。

注意事项：大剂量时可出现血压升高、心悸、出汗、面部潮红、呕吐、震颤、心律失常、惊厥，甚至昏迷。此药作用时间短暂，应视病情间隔给药。

【措施2】甘露醇

20％甘露醇，0.5～1克/千克，缓慢静脉滴注。

【措施3】碳酸氢钠注射液

犬：0.5～1.5克，静脉注射。促进药物从尿液中排出，可静脉滴注5％碳酸氢钠，或口服碳酸氢钠。

注意事项：大量静脉注射时偶见代谢性碱中毒、低血钾症，易出现心律失常、肌肉痉挛；剂量过大或肾功能不全患病动物偶见水肿、肌肉疼痛等症状。

【措施4】地塞米松注射液

0.025～0.2毫升/千克，肌内注射/静脉注射。

注意事项：幼犬、猫禁用；心脏病动物禁用；使用此药时应适量补充钙、磷；若长时间使用此药，应逐步减少药物使用量；严禁与水杨酸钠同用。

【措施5】富血力

0.1毫升/千克，肌内注射。

注意事项：本品毒性较大，需严格控制肌内注射剂量。避光保存。

第十二章 损伤和外科感染

第一节　损伤

一、创伤

1. 概念

创伤类型包括擦伤、刺伤、咬伤等，不及时处理可能会导致伤口感染，严重的会影响到身体各项机能和器官。

2. 临床诊断

犬猫创伤如擦伤、刺伤、砍伤、切割伤、裂伤、挤压创、咬伤等。

3. 用药指南

（1）用药原则

① 新鲜创的用药原则：首先止血，然后再做创围及创口处理。

② 化脓创用药原则：促进局部坏死组织的清除。

③ 肉芽创的用药原则：保护肉芽肉组织和促进上皮生长。

（2）用药方法（根据临床症状、实验室检查结果等临床实际病情的需要选择以下措施进行治疗）

① 新鲜创的治疗

【措施1】止血敏

犬：2～4毫升/次。猫：1～2毫升/次。肌内注射/静脉滴注。

注意事项：切勿过量应用。

【措施2】碘酊、新洁尔灭液

5％碘酊或0.1％新洁尔灭液，创围消毒。

【措施3】生理盐水、新洁尔灭液

生理盐水或0.1％新洁尔灭液，清洗创腔。

【措施4】速诺（阿莫西林-克拉维酸钾混悬剂）

0.1毫升/千克，肌内注射/皮下注射，每日1次。

注意事项：本品和氨苄西林有完全交叉耐药性，与青霉素和头孢菌素类有交叉耐药性。本品含有半合成青霉素，会有产生过敏反应的潜在可能。

② 化脓创治疗

【措施1】过氧化氢溶液、新洁尔灭液

3%过氧化氢溶液或0.1%新洁尔灭液，冲洗创腔，清除脓汁，剪除坏死而没有脱落的组织。

【措施2】魏氏流膏

用于排脓，每日1次。

【措施3】雷佛努尔

0.1%～0.5%雷佛努尔溶液用于冲洗创内。

【措施4】氨苄西林

犬：20～30毫克/千克，口服，每日2～3次。

猫：10～20毫克/千克，静脉滴注/皮下注射/肌内注射。

注意事项：氨苄西林与阿莫西林-克拉维酸钾（速诺）有完全交叉耐药性；服用时不宜同时服用益生菌。

【措施5】速诺（阿莫西林-克拉维酸钾混悬剂）

0.1毫升/千克，每天1次，连用3～5天，肌内注射/皮下注射。

注意事项：避光，密闭，摇匀使用。

【措施6】拜有利

5毫克/千克，每天1次，口服。

注意事项：勿用于12月龄的犬或未发育成熟的犬及软骨损伤动物；禁用于妊娠期或哺乳期动物；癫痫动物慎用；肾功能不良动物慎用，易引发结晶尿。偶发胃肠道功能紊乱。

③ 肉芽创的治疗

【措施1】可立净

取适量本品，以覆盖住伤口为标准，每周数次，或遵医嘱。

【措施2】安倍宁

外用涂抹。

注意事项：本品为抗生素类外用药。

【措施3】德玛水凝胶

每天使用温水或生理盐水清洗伤口，以保护上皮细胞免受刺激，将本品涂抹在伤口，根据需要每天使用2～3次，另可根据需要适当扩大涂抹范围。

注意事项：不在伤口上使用抗生素，如需要可用口服抗生素或针剂抗生素。本品不含有毒或禁止使用的成分，赛期、孕期、哺乳期均可安全使用。

二、挫伤

1. 概念

犬猫挫伤指由于钝物打击或宠物冲撞、跌倒等引起的软组织损伤。犬、猫挫伤发生在不同部位时导致的结果可能大不相同，如果在腰部或者头部一般比较严重，可能会出现瘫痪、意识错乱等结果。

2. 临床诊断

（1）挫伤局部出现被毛逆乱、皮肤损伤、血斑、血肿，严重时出现皮肤变色或坏死。

（2）肿胀局部坚实感，有弹性，受伤部位疼痛。

（3）肌肉、骨及关节受到挫伤后，影响运动机能；发生于头部，则出现意识障碍；发生在胸部，影响呼吸机能；发生在腹部，形成腹壁疝、内出血；腰、荐部挫伤，发生后躯瘫痪。

（4）伤部感染可形成脓肿和蜂窝织炎。

3. 用药指南

（1）用药原则　减少渗出和促进吸收，消炎镇痛，防止感染。

（2）用药方法（根据临床症状、实验室检查结果等临床实际病情的需要选择以下措施进行治疗）

【措施1】氨苄西林

犬：20～30毫克/千克，口服，每日2～3次。

猫：10～20毫克/千克，静脉滴注/皮下注射/肌内注射。

注意事项：氨苄西林与阿莫西林-克拉维酸钾（速诺）有完全交叉耐药性，另服用时不宜服用益生菌。

【措施2】速诺（阿莫西林-克拉维酸钾混悬剂）

0.1毫升/千克，每天1次，连用3～5天，肌内注射/皮下注射。

注意事项：避光，密闭；摇匀使用。

【措施3】拜有利

5毫克/千克，每天1次，口服。

注意事项：勿用于12个月龄的犬或未发育成熟的犬及软骨损伤动物；禁用于妊娠期或哺乳期动物；癫痫动物慎用；肾功能不良动物慎用，易引发结晶尿。偶发胃肠道功能紊乱。

【措施4】三七伤药片

一次3片，一日3次。

【措施5】云南白药粉

取药粉，用酒调匀，敷患处，其他内出血各症可内服。

注意事项：孕畜忌用；过敏体质及有用药过敏史的动物慎用。

【措施6】可立净

取适量本品，以覆盖住伤口为标准，每周数次，或遵医嘱。

三、血肿

1. 概念

犬、猫血肿的出现一般是由于钝物的外力撞击，导致皮下血管破裂所致。宠物受伤出现血肿一般表现为局部的快速肿胀，痛感不强烈，但可能会导致感染引起体内炎症。

2. 临床诊断

（1）血管破裂，但皮肤完整性没有受到破坏，血液在皮下或肌肉间隙贮留。非开放性骨折也能出现血肿。

（2）血肿的特点　受伤后迅速肿胀，肿胀呈局限性波动或胀满感，局部不痛、无热。穿刺时有血液流出。时间稍久出现感染，可能引起淋巴结肿大和体温升高等全身症状。

3. 用药指南

（1）用药原则　制止溢血，消炎抗菌，防止继发感染，排出积血。

（2）用药方法（根据临床症状、实验室检查结果等临床实际病情的需要选择以下措施进行治疗）

【措施1】速诺（阿莫西林-克拉维酸钾混悬剂）

0.1毫升/千克，每天1次，连用3～5天，肌内注射/皮下注射。

注意事项：避光，密闭；摇匀使用。

【措施2】拜有利

5毫克/千克，每天1次，口服。

注意事项：勿用于12月龄的犬或未发育成熟的犬及软骨损伤动物；禁用于妊娠期或哺乳期动物；癫痫动物慎用；肾功能不良动物慎用，易引发结晶尿。偶发胃肠道功能紊乱。

【措施3】止血敏

犬：2～4毫升/次。猫：1～2毫升/次。肌内注射/静脉滴注。

四、烧伤

1. 概念

犬猫烧伤是高温（如失火、蒸气、开水等）作用于动物体所引起的损伤。一度烧伤7天愈合不留疤，二度烧伤需要20～30天愈合，轻度留疤，三度烧伤则更为严重，处理不当容易感染化脓。

2. 临床诊断

（1）一度烧伤　主要皮肤表皮层被损伤，伤部被毛烧焦，留有短毛，动脉充血，毛细血管扩张，局部轻度红、肿、热、痛。一般7天左右自行愈合，不留疤痕。

（2）二度烧伤

① 烧伤皮肤的表皮层及真皮层一部分或大部分被损伤。

② 被毛被烧光或烧焦，伤部血管通透性显著增加，血浆大量渗出，积聚在表皮与真皮层之间。

③ 局部出现水泡、红、肿、痛等。

④ 真皮损伤较浅的一般经7～20天可愈合，不留疤痕。真皮损伤较深的一般经20～30天可愈合，痂皮脱落，遗留轻度疤痕。

（3）三度烧伤

① 烧伤的为皮肤全层及皮下深层组织，包括筋膜、肌肉和骨。

② 血管栓塞，形成焦痂。

③ 局部表现干性坏死，创面不痛、干硬、温度下降，组织溃烂、脱落，露出红色创面。常伴发不同程度的全身机能紊乱。

（4）严重的烧伤，发生原发性休克、继发性休克或中毒性休克。烧伤面易引起感染化脓，特别是铜绿假单胞菌的感染尤为严重，常并发败血症。

3. 用药指南

（1）用药原则　尽快脱离烧伤现场，清除烧伤物质，止痛，处理伤口，抗菌消炎。

（2）用药方法（根据临床症状、实验室检查结果等临床实际病情的需要选择以下措施进行治疗）

【措施1】氯丙嗪

3毫克/千克，口服，每日2次；1~2毫克/千克，肌内注射，每日1次；0.5~1毫克/千克，静脉滴注，每日1次。

注意事项：缓慢静脉滴注，用于犬、猫镇静。

【措施2】羟吗啡酮

犬：0.05~0.1毫克/千克，静脉滴注，或0.1~0.2毫克/千克，肌内注射/皮下注射。

猫：0.02毫克/千克，静脉滴注。

注意事项：镇痛作用10倍于吗啡，但成瘾性较吗啡更高。

【措施3】地塞米松

0.025~0.2毫升/千克，肌内注射/静脉注射。

注意事项：幼犬、猫禁用；心脏病动物禁用；使用此药时应适量补充钙、磷；若长时间使用此药，应逐步减少药物使用量；严禁与水杨酸钠同用。

【措施4】云南白药粉

取药粉，用酒调匀，敷患处，其他内出血各症可内服。

注意事项：孕畜忌用；过敏体质及有用药过敏史动物慎用。

【措施5】可立净

取适量本品，以覆盖住伤口为标准，每周数次，或遵医嘱。

五、冻伤

1. 概念

犬、猫冻伤是因为环境温度过低导致的犬、猫身体组织损伤。一般冻伤严重的是尾部、耳朵、四肢及阴茎等。犬、猫冻伤会出现皮肤通红甚至泛紫色，水肿，严重时甚至出现皮肤坏死、骨头冻伤的症状。

2. 临床诊断

（1）一度冻伤　皮肤浅层冻伤，皮肤红，皮下水肿，呈蓝紫色，有微痛。

（2）二度冻伤　皮肤全层冻伤，皮肤和皮下组织呈弥漫性水肿，有时出现带血样的水泡。12~24天逐渐枯干坏死，形成黑色干痂，并有剧痛。水泡自溃后，形成愈合迟缓的溃疡。

（3）三度冻伤　组织干性坏死。患部冷而缺乏感觉，皮肤、皮下组织均发生坏死，甚至骨坏死。多因静脉血栓形成、周围组织水肿、继发感染而出现湿性坏疽。

3. 用药指南

（1）用药原则　以对症治疗、预防感染为原则。

（2）用药方法（根据临床症状、实验室检查结果等临床实际病情的需要选择以下措施进行治疗）

【措施1】碘酊

2%碘酊（表面消毒剂），每日1～2次，外用。

【措施2】红霉素软膏

每日1～2次，外用。

【措施3】聚维酮碘软膏

外用，取适量涂抹于患处。

注意事项：孕畜禁用；避免接触眼睛和其他黏膜。

【措施4】麦卢卡

外用。

【措施5】德玛水凝胶

每天使用温水或生理盐水清洗伤口，以保护上皮细胞免受刺激，将本品涂抹在伤口，根据需要每天使用2～3次，另可根据需要适当扩大涂抹范围。

注意事项：不在伤口上使用抗生素，如需要可用口服或针剂。本品不含有毒或禁止使用的成分，赛期、孕期、哺乳期均可安全使用。

【措施6】康复新液

口服，一次10毫升，一日3次，或遵医嘱。

外用，用医用纱布浸透药液后敷患处，感染创面先清创再用本品冲洗，并用浸透本品的纱布填塞或敷用。

注意事项：密封，置阴凉处。

【措施7】低分子量肝素钠注射液

75～100单位/千克，每日3～4次，静脉注射。

注意事项：遮光，密封，在阴凉处（不超过20℃）保存。

【措施8】猫血白蛋白

用5%葡萄糖注射液或氯化钠注射液稀释后，静脉滴注：<5千克，5毫升/日；5～10千克，10毫升/日；10千克，20～40毫升/日。

注意事项：用于严重烧伤。避光，2～8℃保存。

六、化学性烧伤

1. 概念

犬、猫化学性烧伤是指强酸、强碱及磷等化学物品作用在皮肤上导致的损伤。主要会导致局部皮肤坏死。

2. 临床诊断

（1）酸类烧伤 局部呈现有厚痂、致密的干性坏死，常局限于皮肤。黄色焦痂为硝酸烧伤，黑色或棕褐色焦痂为硫酸烧伤，白色或淡黄色焦痂为盐酸或碳酸烧伤。

（2）碱类烧伤 碱对组织破坏力和渗透性强，还能皂化脂肪，吸出细胞水分，溶解组织蛋白。烧伤深度和程度比酸性烧伤重。

（3）磷烧伤 皮肤腐蚀、烧灼、疼痛。磷烧伤在夜间或暗室能看到绿色荧光。

3. 用药指南

（1）用药原则 清理伤口，促进伤口愈合，防腐生肌。

（2）用药方法（根据临床症状、实验室检查结果等临床实际病情的需要选择以下措施进行治疗）

【措施1】碳酸氢钠

酸性烧伤：大量清水冲洗，然后用5％碳酸氢钠或弱性碱性溶液冲洗，以达到中和作用。

【措施2】食醋、醋酸溶液

碱性烧伤：清除剩余碱性物质，用大量清水冲洗后，用食醋或6％醋酸溶液中和。

【措施3】硫酸铜溶液

磷烧伤：严禁用水冲洗，可用镊子或胶布黏性面除去磷颗粒或用1％硫酸铜溶液涂于患部，使磷变成黑色的磷化铜，然后用镊子仔细除去，待表面残余磷清除干净后用大量水冲洗。

【措施4】红霉素软膏

抗炎、保护伤口，每日1～2次，外用。

七、蜂蜇伤

1. 概念

蜜蜂在蜇宠物时会将尾巴留在宠物的皮肤上，并将毒液注入到宠物的身体里，导致宠物中毒。一般的蜂毒只会引起局部的水肿、淤血和疼痛，比较厉害的蜂毒会导致犬、猫出现呼吸麻痹，甚至死亡。

2. 临床诊断

（1）蜇伤后局部迅速出现肿胀、热痛。

（2）严重者出现全身症状，如血红蛋白尿、血压降低、心律不齐、呼吸困难、神经症状等，往往由于呼吸麻痹而死亡。

3. 用药指南

（1）用药原则 若犬、猫是被蜜蜂蜇伤，需要使用弱碱性液体；若犬猫是被黄蜂蜇伤，则需要先使用弱酸性液体。

（2）用药方法（根据临床症状、实验室检查结果等临床实际病情的需要选择以下措施进

行治疗）

【措施 1】氨水、肥皂水、碳酸氢钠

3％氨水、肥皂水和 5％碳酸氢钠溶液，涂抹或冲洗伤口，消化、氧化蜂毒，每日 3～4 次。

【措施 2】氢化可的松

0.5 毫克/千克，口服，每日 2 次。

注意事项：怀孕动物禁用。肾病和糖尿病动物禁用。可能出现呕吐、腹泻或胃肠溃疡。长期使用糖皮质激素会抑制下丘脑-垂体轴，造成肾上腺萎缩、伤口愈合能力减弱和感染恢复延迟。

八、毒蛇咬伤

1. 概念

毒蛇咬伤犬、猫时，会将毒液注入它们的体内。犬和猫被毒蛇咬后可能会出现骨骼肌麻痹、呼吸衰竭、流涎、呕吐、声音嘶哑等中毒症状。如果是眼镜蛇等剧毒蛇类咬伤，会导致犬、猫快速心力衰竭后死亡。

2. 临床诊断

（1）蛇毒分为神经毒、血液毒及神经和血液毒三种。

（2）神经毒主要引起骨骼肌麻痹，甚至全身瘫痪；缺氧和呼吸衰竭。

（3）神经和血液毒

① 局部无明显反应。

② 流涎，呕吐，声音嘶哑，牙关紧闭，吞咽困难，呼吸急迫，四肢无力，共济失调，全身震颤或痉挛等。

③ 惊厥后昏迷，心力衰竭，呼吸中枢麻痹而死亡。

（4）血液毒

① 局部红、肿、热和剧痛，并不扩大，组织溃烂坏死。

② 呕吐、腹泻、黏膜和皮肤出血。

③ 少尿或无尿、蛋白尿或血尿、呼吸急、心率失常。

④ 严重时，犬、猫出现休克而死亡。

3. 用药指南

（1）用药原则　用药原则是防止毒素扩散、排毒和解毒，对症治疗。

（2）用药方法（根据临床症状、实验室检查结果等临床实际病情的需要选择以下措施进行治疗）

【措施 1】双氧水、0.1％高锰酸钾溶液

双氧水或 0.1％高锰酸钾溶液，氧化消除毒素，冲洗。

【措施 2】抗蛇毒血清

每只动物使用 10 毫升浓缩抗蛇毒血清，每千克体重用 5 毫升 0.9％氯化钠溶液稀释。静脉滴注/静脉推注。如果症状持续，1～2 小时后重复给药。

注意事项：可能发生过敏反应。

【措施3】氢化可的松

0.5毫克/千克，口服，每日2次。

注意事项：怀孕动物禁用。肾病和糖尿病动物禁用。可能出现呕吐、腹泻或胃肠溃疡。长期使用糖皮质激素会抑制下丘脑-垂体轴，造成肾上腺萎缩、伤口愈合能力减弱和感染恢复延迟。

【措施4】氢化可的松

0.5毫克/千克，口服，每日2次。

注意事项：怀孕动物禁用。肾病和糖尿病动物禁用。可能出现呕吐、腹泻或胃肠溃疡。长期使用糖皮质激素会抑制下丘脑-垂体轴，造成肾上腺萎缩、伤口愈合能力减弱和感染恢复延迟。

【措施5】地塞米松

1～4毫克/千克，静脉滴注。

注意事项：幼犬、猫禁用；心脏病动物禁用；使用此药时应适量补充钙、磷；若长时间使用此药，应逐步减少药物使用量；严禁与水杨酸钠同用。

【措施6】速尿

犬：2～4毫克/千克，静脉滴注/肌内注射/口服，每4～12小时1次。

猫：0.5～2毫克/千克，静脉滴注。

注意事项：本药品可能诱发低钠、低钾、低钙血症与低血镁等电解质平衡紊乱，大剂量静脉注射可能使犬听觉丧失。还可引起胃肠道功能紊乱、贫血、白细胞减少和衰弱等症状。

九、休克

1. 概念

犬猫可能会因为多种原因出现休克现象，患犬、猫出现体温降低、口微张、舌头垂于口外、瘫倒在地等症状，不及时治疗会导致死亡。

2. 临床诊断

(1) 病犬、猫精神状态变化明显，对周围环境无反应，烈性犬、猫变得温顺。

(2) 脉搏细弱，耳、鼻、唇端和四肢下部发凉。

(3) 可视黏膜突然变得苍白。

(4) 皮温和体温下降。

(5) 舌垂于口外，舌色苍白，唇下垂，不能站立，出现生命垂危征象。

3. 用药指南

(1) 用药原则　消除病因，根据引起休克的原因采取相应的处理。

(2) 用药方法（根据临床症状、实验室检查结果等临床实际病情的需要选择以下措施进行治疗）

【措施1】林格液

60～90毫升/千克，静脉滴注。

注意事项：扩充血容量。

【措施2】止血敏

犬：2～4 毫升/次。猫：1～2 毫升/次。肌内注射/静脉滴注。

注意事项：主要用于内出血、鼻出血及手术出血的预防和止血。

【措施3】氯丙嗪

3 毫克/千克，口服，每日 2 次；1～2 毫克/千克，肌内注射，每日 1 次；0.5～1 毫克/千克，静脉滴注，每日 1 次。

注意事项：缓慢静脉滴注，用于犬、猫镇静。

【措施4】盐酸苯海拉明注射液

2～4 毫升/千克，深部肌内注射。

注意事项：幽门十二指肠梗阻、消化性溃疡所致幽门狭窄、膀胱颈狭窄、甲状腺功能亢进、心血管病、高血压以及下呼吸道感染（包括哮喘）动物不宜用本药。常见的不良反应有中枢神经抑制、共济失调、恶心、呕吐、食欲不振等。

【措施5】地塞米松

1～4 毫克/千克，静脉滴注。

注意事项：幼犬、猫禁用；心脏病动物禁用；使用此药时应适量补充钙、磷；若长时间使用此药，应逐步减少药物使用量；严禁与水杨酸钠同用。

【措施6】甲强龙注射液

30 毫克/千克，静脉注射。

注意事项：休克的急救，应至少用 30 分钟静脉注射。

【措施7】碳酸氢钠溶液

5％碳酸氢钠溶液，5～15 毫升/千克，静脉滴注。

注意事项：纠正酸中毒。

【措施8】肾上腺素

0.1～0.5 毫升/次，皮下注射/静脉滴注/肌内注射/心室注射。

注意事项：本品可诱发兴奋、不安、颤抖、呕吐、高血压、心律失常等。局部重复注射可引起注射部位组织坏死。避光，密闭，在阴凉处（不超过 20℃）保存。

第二节　外科感染

一、毛囊炎

1. 概念

毛囊炎是由致病微生物侵入皮肤毛囊引起的炎性反应。如果单个性散在性毛囊炎治疗不及时，炎症扩散会造成疖、痈和脓皮病。

2. 临床诊断

（1）出现红色充实性丘疹或由毛囊性脓疱疮开始，发展演变成丘疹性脓疱，中间贯穿毛发，四周红晕有炎症，继而干燥结痂，约经1周痂脱而愈。

（2）反复发作，多年不愈，有的也可发展为深在的感染，形成疖、痈等，一般不留瘢痕。

（3）皮疹数目较多，孤立散在，轻度疼痛。其皮疹有时可互相融合，愈后可留有小片状秃发斑。

3. 用药指南

（1）用药原则　治疗前刮取皮肤样品，做实验室检查、药敏实验，根据诊断结果用药。

（2）用药方法（根据临床症状、实验室检查结果等临床实际病情的需要选择以下措施进行治疗）

① 抗菌，防止继发感染

【措施1】红霉素软膏

本品应局部涂于患处，并缓和地摩擦，每日2～3次，外用。

注意事项：请勿接触眼、鼻、口。怀孕及哺乳期内犬、猫用前需遵从医生建议。

【措施2】夫西地酸软膏

本品应局部涂于患处，并缓和地摩擦；必要时可用多孔绷带包扎患处，每日2～3次，7天为一疗程，必要时可重复1个疗程。

注意事项：尽量避免在眼睛周围使用，不宜长时间、大面积使用。

② 抗炎、抗过敏

【措施】皮炎平

本品应局部涂于患处，并缓和地摩擦，每日2～3次，外用。

注意事项：长期大量使用可继发细菌、真菌感染。

③ 抗寄生虫感染

【措施1】净灭

0.1毫升/千克，每周1次，肌内注射。

注意事项：本品不能用于静脉注射。对伊维菌素过敏动物禁用，柯利犬禁用。

【措施2】大宠爱

6～12毫克/千克，外用，每2～4周，连用1～3疗程。

注意事项：常用于6周龄和6周龄以上的犬和猫。怀孕及哺乳期内犬、猫用前需遵从医生建议。

二、疖及疖病

1. 概念

疖是毛囊、皮脂腺及其周围皮肤和皮下蜂窝组织内发生的局部化脓性炎症过程；多数疖同时散在出现或者反复发生而经久不愈，称为疖病。

2. 临床诊断

（1）病初局部有小而较硬的结节，逐渐成片出现，可能有小脓疱。

（2）病患部周围出现肿、痛症状，触诊时动物敏感。

（3）局部化脓可以向周围或者深部组织蔓延，形成小脓肿。

（4）破溃后出现小溃疡面，痂皮出现后，逐渐形成小的瘢痕。

（5）当疖病失去控制时，可能出现脓皮病、蜂窝织炎、化脓性血栓性静脉炎甚至败血症。

3. 用药指南

（1）用药原则　局部用药配合全身治疗。

（2）用药方法（根据临床症状、实验室检查结果等临床实际病情的需要选择以下措施进行治疗）

① 局部抗菌，防止继发感染

【措施1】可鲁喷剂

皮肤创面感染：3～4 次/日。

注意事项：本品勿与碘制剂、双氧水、重金属离子、含氯消毒剂等合用。

【措施2】夫西地酸软膏

本品应局部涂于患处，并缓和地摩擦；必要时可用多孔绷带包扎患处，每日 2～3 次，7 天为 1 疗程，必要时可重复 1 个疗程。

注意事项：尽量避免在眼睛周围使用，不宜长时间、大面积使用。

② 消炎、防腐

【措施1】双氧水

清除局部化脓，2～3 次，外用。

注意事项：不得口服，避免与碱性及还原性物质混合。避光、避热，置于常温下保存。

【措施2】鱼石脂软膏

外用，一日 2～3 次，涂患处。

注意事项：不得用于皮肤破溃处。避免接触眼睛和其他黏膜。连续使用一般不超过 7 日，如症状不缓解，需遵从医生建议。

【措施3】魏氏流膏

局部化脓切开后引流，每日 1～2 次，外用。

注意事项：湿疹、起疮或糜烂的急性炎症禁用。

③ 全身性抗感染

【措施1】氨苄西林

20～30 毫克/千克，口服，每日 2～3 次；10～20 毫克/千克，静脉滴注/皮下注射/肌内注射，每日 2～3 次。

注意事项：对青霉素酶敏感，不宜用于耐青霉素的金黄色葡萄球菌感染。遮光，密封保存。

【措施2】速诺注射液（阿莫西林-克拉维酸钾混悬剂）

0.1 毫升/千克，1 次/日，连 3～5 日，肌内或皮下注射。

注意事项：避光，密闭贮藏；摇匀使用。

【措施3】拜有利注射液（恩诺沙星）

0.2毫升/千克，1次/日，连用3～5日，肌内或皮下注射。

注意事项：勿用于12月龄前的犬或未发育成熟的犬及软骨损伤动物；禁用于妊娠期或哺乳期动物。偶发胃肠道功能紊乱。

【措施4】马波沙星

犬、猫2毫克/千克/（次·日），犬皮肤和软组织感染，至少持续用药5日，可根据病程最长延至40日；犬尿路感染，至少持续用药10日，可根据病程最长延至28日。猫皮肤和软组织感染，给药期为3～5日。

注意事项：推荐剂量使用时，未见不良反应；偶有呕吐、粪便变软、饮水变化或暂时性的活动增加，这些症状在治疗结束后会自行消失，无需刻意停止治疗；氟喹诺酮类药物可能会对幼犬的关节软骨造成侵蚀，给幼犬用药时应准确剂量并小心看护；氟喹诺酮类药物具有潜在的神经副作用，对患有癫痫的犬、猫慎用。不可用于小于12月龄的犬或小于18月龄的大型犬；不推荐用于小于16周龄的猫。

三、蜂窝织炎

1. 概念

蜂窝织炎是疏松结缔组织内发生的急性弥漫性化脓性炎症。犬、猫常见的发病部位在臀部、大腿等部位的皮下、筋膜下及肌肉间疏松结缔组织内，常用的静脉注射部位。

2. 临床诊断

（1）病初，局部出现弥漫性水样肿胀，触诊局部增温、疼痛明显，有坚实感。

（2）动物出现体温升高、精神沉郁、食欲减退等症状。

（3）由于细菌及细菌毒素的作用使局部组织坏死，溶解液化，形成脓肿，皮肤破溃，流出较臭的脓性分泌物。

（4）蜂窝织炎如果不及时治疗易发生败血症而死亡。

3. 用药指南

（1）用药原则　局部治疗结合全身用药控制感染，消肿排脓，防止出现败血症。

（2）用药方法（根据临床症状、实验室检查结果等临床实际病情的需要选择以下措施进行治疗）

① 体表消炎

【措施1】醋酸铅明矾

局部冷敷，每日2～3次，外敷。

注意事项：有小毒，不宜大面积使用或长时间使用，具体使用需按照医生的建议。

【措施2】鱼石脂软膏

外用，每日2～3次，涂患处。

注意事项：偶见皮肤刺激和过敏反应。

【措施3】金黄散

外用，每日 2～3 次，涂患处。

注意事项：不可内服，切勿接触眼睛、口腔等黏膜处，皮肤破溃处禁用，不宜长期或大面积使用。

② 止痛、消炎

【措施】盐酸普鲁卡因青霉素溶液

1～1.3 毫升，肌内注射，一日 1 次，连用 2～3 日。

注意事项：该品为青霉素长效品种，不耐酸，不能口服，只能肌内注射，禁止静脉给药。

四、脓肿

1. 概念

任何组织或器官内形成外有脓肿膜包裹、内有脓汁蓄积的局限性脓腔称为脓肿。

2. 临床诊断

（1）浅在性脓肿

① 初期局部出现无明显界限的肿胀，触诊时局部增温、坚实和疼痛。

② 以后肿胀的界限逐渐清晰，四周较硬，肿胀中心波动。

③ 脓肿自溃流出。

（2）深在性脓肿

① 常发生于深层肌肉、肌间等组织内。

② 局部肿胀不明显，但局部增温、疼痛。

③ 皮下注射出现炎性水肿，手压有指压痕。

④ 在急性炎症时有全身症状，如体温升高、食欲下降等。

⑤ 如果脓肿膜破裂，会引起败血症或转移性脓肿。

3. 用药指南

（1）用药原则　治疗前通过穿刺区分脓肿、血肿、淋巴外渗、挫伤、疝、肿瘤、蜂窝织炎等。病初局部冷敷，以消炎、止痛和促进炎症渗出物吸收为主。

（2）用药方法（根据临床症状、实验室检查结果等临床实际病情的需要选择以下措施进行治疗）

① 体表消炎

【措施】鱼石脂软膏

外用，每日 2～3 次，涂患处。

注意事项：偶见皮肤刺激和过敏反应。

② 止痛、消炎

【措施】盐酸普鲁卡因青霉素溶液

1～1.3 毫升，肌内注射，一日 1 次，连用 2～3 日。

注意事项：该品为青霉素长效品种，不耐酸，不能口服，只能肌内注射，禁止静脉给药。

③ 全身性抗感染

【措施1】氨苄西林

20~30毫克/千克，口服，每日2~3次；10~20毫克/千克，静脉滴注/皮下注射/肌内注射，每日2~3次。

注意事项：对青霉素酶敏感，不宜用于耐青霉素的金黄色葡萄球菌感染。遮光，密封保存。

【措施2】速诺注射液（阿莫西林-克拉维酸钾混悬剂）

0.1毫升/千克，1次/日，连3~5日，肌内或皮下注射。

注意事项：避光，密闭贮藏；摇匀使用。

【措施3】拜有利注射液（恩诺沙星）

0.2毫升/千克，1次/日，连用3~5日，肌内或皮下注射。

注意事项：勿用于12月龄前的犬或未发育成熟的犬及软骨损伤动物；禁用于妊娠期或哺乳期动物。

五、败血症

1. 概念

败血症是全身化脓性感染，即有机体从局部感染病灶吸收致病菌及其生活活动中产物和组织分解产物而引起的全身性病理过程。临床上分为毒血症和脓血症。毒血症是由于致病菌所产生的毒素或组织的病理分解产物被机体吸收到血液循环中所致。脓血症是由于细菌栓子或感染的血栓进入血液循环中所致。

2. 临床诊断

（1）毒血症

① 精神极度沉郁，运步蹒跚，躺卧。

② 持续体温升高，仅死前体温才下降。

③ 食欲废绝，呼吸困难，心跳快而弱。

④ 有时有出血点，结膜黄染。

（2）脓血症

① 细菌栓子或被感染的血栓进入血液循环和各组织及器官，在条件适宜时，细菌即生长繁殖，产生大量毒素。

② 在这些组织和器官内形成转移性脓肿，破坏局部组织或器官功能，并且出现全身症状。

3. 用药指南

（1）用药原则　全身性感染必须及早采取局部和全身性综合治疗措施，否则预后不良。

（2）用药方法（根据临床症状、实验室检查结果等临床实际病情的需要选择以下措施进行治疗）

① 全身性抗感染

【措施1】氨苄西林

20～30毫克/千克，口服，每日2～3次；10～20毫克/千克，静脉滴注/皮下注射/肌内注射，每日2～3次。

注意事项：对青霉素酶敏感，不宜用于耐青霉素的金黄色葡萄球菌感染。遮光，密封保存。

【措施2】头孢西丁钠

犬：15～30毫克/千克，皮下注射/肌内注射/静脉滴注，每日3～4次。

猫：22毫克/千克，静脉滴注，每日3～4次，连用4～6周，或至炎症消失后1～2周。

注意事项：偶见呕吐、食欲下降、腹泻等胃肠道反应。避光，严封，在冷处保存。

【措施3】速诺注射液（阿莫西林-克拉维酸钾混悬剂）

0.1毫升/千克，1次/日，连用3～5日，肌内注射/皮下注射。

注意事项：避光，密闭贮藏；摇匀使用。

【措施4】拜有利注射液（恩诺沙星）

0.2毫升/千克，1次/日，连用3～5日，肌内注射/皮下注射。

注意事项：勿用于12月龄前的犬或未发育成熟的犬及软骨损伤动物；禁用于妊娠期或哺乳期动物。

② 酸碱平衡调节

【措施】碳酸氢钠溶液

5%，5～15毫升/千克，静脉注射。

注意事项：大量静脉注射时偶见代谢性碱中毒、低血钾症，易出现心律失常、肌肉痉挛；剂量过大或肾功能不全患病动物偶见水肿、肌肉疼痛等症状。

③ 缓解严重败血症状

【措施1】速尿注射液

1～5毫克/千克，肌内注射/静脉注射。

注意事项：可诱发低钠、低钾、低钙血症与低血镁等电解质平衡紊乱，大剂量静脉注射可能使犬听觉丧失。

【措施2】盐酸肾上腺素注射液

皮下注射：犬0.1～0.5毫升/千克，猫0.05～0.5毫升/千克。

注意事项：本品可诱发兴奋、不安、颤抖、呕吐、高血压、心律失常等。局部重复注射可引起注射部位组织坏死。避光，密闭，在阴凉处（不超过20℃）保存。

六、厌氧性感染

1. 概念

由厌氧性致病菌感染所致，如产气荚膜梭菌、恶性水肿梭菌、溶组织梭菌和水肿梭菌，也常与化脓性细菌混合感染。

2. 临床诊断

（1）水肿和气肿，触诊气性捻发音。

（2）组织（肌肉组织）坏死及腐败性分解，呈煮肉样，切割无弹性，几乎不出血。

（3）初热、疼，后变凉，痛觉消失，神经坏死。

（4）厌氧性感染晚期出现严重毒血症、溶血性贫血和脱水。

3. 用药指南

（1）用药原则　开放伤口，使无氧环境为有氧环境。尽可能大地开放创口，及时清除创内容物，伤口不必缝合。

（2）用药方法（根据临床症状、实验室检查结果等临床实际病情的需要选择以下措施进行治疗）

① 创腔消毒，防止继发感染

【措施1】过氧化氢溶液

3%，用原液喷洒，清除局部化脓，2～3次，外用。

注意事项：不得口服，避免与碱性及还原性物质混合。避光、避热，置于常温下保存。

【措施2】高锰酸钾溶液

0.25%～1%，消毒创腔、促进伤口愈合，每日1～2次，外用。

注意事项：只能外用，不能口服。易变质，使用前需用温水配制，立即使用。

【措施3】碘仿磺胺粉

创内消炎，每日1～2次，外用。

注意事项：遇碱类、氧化剂、醋酸铅、银盐与汞盐即分解。大面积长时间应用，可吸收中毒。

② 全身性抗感染

【措施1】氨苄西林

20～30毫克/千克，口服，每日2～3次；10～20毫克/千克，静脉滴注/皮下注射/肌内注射，每日2～3次。

注意事项：对青霉素酶敏感，不宜用于耐青霉素的金黄色葡萄球菌感染。遮光，密封保存。

【措施2】速诺注射液（阿莫西林-克拉维酸钾混悬剂）

0.1毫升/千克，1次/日，连3～5日，肌内注射/皮下注射。

注意事项：避光，密闭贮藏；摇匀使用。

【措施3】拜有利注射液（恩诺沙星）

0.2毫升/千克，1次/日，连用3～5日，肌内注射/皮下注射。

注意事项：勿用于12月龄前的犬或未发育成熟的犬及软骨损伤动物；禁用于妊娠期或哺乳期动物。

【措施4】四环素

15～25毫克/千克，口服，每日3次。

注意事项：犬、猫易出现恶心和呕吐、腹胀腹泻等胃肠道症状。宜空腹服用此类药物。

③ 酸碱平衡调节

【措施】碳酸氢钠溶液

5%，5～15毫升/千克，静脉注射。

注意事项：大量静脉注射时偶见代谢性碱中毒、低血钾症，易出现心律失常、肌肉痉挛；剂量过大或肾功能不全动物偶见水肿、肌肉疼痛等症状。

④ 缓解严重败血症状

【措施1】速尿注射液

1～5毫克/千克，肌内注射/静脉注射。

注意事项：可诱发低钠、低钾、低钙血症与低血镁等电解质平衡紊乱，大剂量静脉注射可能使犬听觉丧失。

【措施2】盐酸肾上腺素注射液

皮下注射：犬，0.1～0.5毫克/千克；猫，0.05～0.5毫克/千克。

注意事项：本品可诱发兴奋、不安、颤抖、呕吐、高血压、心律失常等。局部重复注射可引起注射部位组织坏死。避光，密闭，在阴凉处（不超过20℃）保存。

七、腐败性感染

1. 概念

腐败性感染是以局部坏死、发生腐败性分解、组织变成黏泥样无构造的恶臭物为特征的一类感染。

2. 临床诊断

（1）局部症状

① 初期，水肿和剧痛。

② 表面呈红褐色，恶臭，有时混有气泡。

③ 创内组织变为灰绿色或黑褐色，肉芽组织发绀且不平整。

（2）全身症状　体温显著升高，并出现严重的全身性功能紊乱。

3. 用药指南

（1）用药原则　彻底清创，全身性综合治疗。

（2）用药方法（根据临床症状、实验室检查结果等临床实际病情的需要选择以下措施进行治疗）

① 创腔消毒，防止继发感染

【措施1】过氧化氢溶液

3%，用原液喷洒，清除局部化脓，2～3次，外用。

注意事项：不得口服，避免与碱性及还原性物质混合。避光、避热，置于常温下保存。

【措施2】高锰酸钾溶液

0.25%～1%，消毒创腔、促进伤口愈合，每日1～2次，外用。

注意事项：只能外用，不能口服。易变质，使用前需用温水配制，立即使用。

【措施3】碘仿磺胺粉

创内消炎，每日1～2次，外用。

注意事项：遇碱类、氧化剂、醋酸铅、银盐与汞盐即分解。大面积长时间应用，可吸收中毒。

② 全身性抗感染

【措施1】氨苄西林

20～30毫克/千克，口服，每日2～3次；10～20毫克/千克，静脉滴注/皮下注射/肌内注射，每日 2～3 次。

注意事项：对青霉素酶敏感，不宜用于耐青霉素的金黄色葡萄球菌感染。遮光，密封保存。

【措施2】速诺注射液（阿莫西林-克拉维酸钾混悬剂）

0.1 毫升/千克，1 次/日，连 3～5 日，肌内注射/皮下注射。

注意事项：避光，密闭贮藏；摇匀使用。

【措施3】拜有利注射液（恩诺沙星）

0.2 毫升/千克，1 次/日，连用 3～5 日，肌内注射/皮下注射。

注意事项：勿用于 12 月龄前的犬或未发育成熟的犬及软骨损伤动物；禁用于妊娠期或哺乳期动物。

【措施4】四环素

15～25 毫克/千克，口服，每日 3 次。

注意事项：犬猫易出现恶心和呕吐、腹胀腹泻等胃肠道症状。宜空腹服用此类药物。

③ 酸碱平衡调节

【措施】碳酸氢钠溶液

5%，5～15 毫升/千克，静脉注射。

注意事项：大量静脉注射时偶见代谢性碱中毒、低血钾症，易出现心律失常、肌肉痉挛；剂量过大或肾功能不全患病动物偶见水肿、肌肉疼痛等症状。

④ 缓解严重败血症状

【措施1】速尿注射液

1～5 毫克/千克，肌内注射/静脉注射。

注意事项：可诱发低钠、低钾、低钙血症与低血镁等电解质平衡紊乱，大剂量静脉注射可能使犬听觉丧失。

【措施2】盐酸肾上腺素注射液

皮下注射：犬，0.1～0.5 毫克/千克；猫，0.05～0.5 毫克/千克。

注意事项：本品可诱发兴奋、不安、颤抖、呕吐、高血压、心律失常等。局部重复注射可引起注射部位组织坏死。避光，密闭，在阴凉处（不超过 20℃）保存。

第十三章　运动系统疾病

一、骨髓炎

1. 概念

骨髓炎是骨及骨髓炎症的总称。

2. 临床诊断

（1）体温突然升高，精神沉郁，食欲降低或废绝。

（2）局部迅速出现灼热、疼痛性肿胀，压迫患部疼痛显著，出现严重机能障碍。

（3）四肢的骨髓炎呈现重度跛行，局部淋巴结肿大，触诊疼痛，如不及时治疗通常发生败血症而死亡。

（4）用探针进入骨髓腔或用手指探查，可感到粗糙的骨质面，脓汁中常混有碎骨屑或渣。

（5）慢性疾病患部形成一个或多个脓性窦道，并伴有淋巴结病、肌萎缩、纤维变性和机体消瘦。

3. 用药指南

（1）用药原则　及早控制炎症的发展，防止骨坏死和败血症。

（2）用药方法（根据临床症状、实验室检查结果等临床实际病情的需要选择以下措施进行治疗）　全身性抗感染。

【措施1】头孢唑啉钠

20毫克/千克，静脉滴注/肌内注射/皮下注射，每日3～4次。连用4～6周，或至炎症消失后1～2周。

注意事项：本品应警惕发生肾功能异常的可能性。

【措施2】速诺注射液（阿莫西林-克拉维酸钾混悬剂）

0.1毫升/千克，1次/日，连3～5日，肌内注射/皮下注射。

注意事项：避光，密闭贮藏；摇匀使用。

【措施3】拜有利注射液（恩诺沙星）

0.2毫升/千克，1次/日，连用3～5日，肌内注射/皮下注射。

注意事项：勿用于12月龄前的犬或未发育成熟的犬及软骨损伤动物；禁用于妊娠期或哺乳期动物。

【措施4】头孢西丁钠

犬：15～30毫克/千克，皮下注射/肌内注射/静脉滴注，每日3～4次。

猫：22毫克/千克，静脉滴注，每日3～4次，连用4～6周，或至炎症消失后1～2周。

注意事项：偶见呕吐、食欲下降、腹泻等胃肠道反应。避光，严封，在冷处保存。

【措施5】阿米卡星

犬：5～15毫克/千克，肌内注射/皮下注射，每日1～3次。

猫：10毫克/千克，肌内注射/皮下注射，每日3次。

注意事项：长期用药可导致耐药菌过度生长。禁用于患有严重肾损伤的犬；未进行繁殖实验、繁殖期的犬禁用；慎用于需敏锐听觉的特种犬。

【措施6】恩诺沙星

犬：2.5～5毫克/千克，口服/皮下注射/静脉滴注，每日2次。

注意事项：勿用于12月龄前的犬或未发育成熟的犬及软骨损伤动物；禁用于妊娠期或哺乳期动物。

【措施7】乳糖酸红霉素

10～15毫克/千克，口服，每日2～4次；5～10毫克/千克，静脉滴注，每日1次。

注意事项：对红霉素类药物过敏动物禁用。溶血性链球菌感染用本品治疗时，至少需持续10日，以防止急性风湿热的发生。

【措施8】克林霉素

11毫克/千克，口服/肌内注射/静脉滴注，每2～3次。

注意事项：林可霉素与克林霉素有交叉耐药性，对克林霉素或林可霉素有过敏史动物禁用。与青霉素、头孢菌素类抗生素无交叉过敏反应，可用于对青霉素过敏动物。

二、特发性多发性肌炎

1. 概念

特发性多发性肌炎是一种弥散性骨骼肌炎症，是犬较常见的肌肉疾病，病因至今仍未搞清楚，可能与自身免疫反应有关。

2. 临床诊断

（1）肌肉无力，其程度不一。运动时病情加重，行走时出现跛行，步幅僵硬、高跷，很易疲劳，可见肌肉颤抖。休息后步伐可改善。

（2）猫因肌肉无力而不能跳高，多呈坐或卧式。

（3）犬无力吠叫，有时出现吞咽困难和流涎，因食管扩张、反胃而易造成异物性肺炎。

（4）急性发作病例有发热、厌食、嗜睡、沉郁等症状。

（5）慢性病例长期出现反胃而造成营养不良、全身肌肉萎缩等症状。

3. 用药指南

（1）用药原则　以激素抗炎、免疫抑制及对症治疗为原则。

（2）用药方法（根据临床症状、实验室检查结果等临床实际病情的需要选择以下措施进行治疗）

① 激素抗炎

【措施1】泼尼松龙

1～2毫克/千克，口服/肌内注射，每日1～2次，连用3～4周，后逐减。

注意事项：患有角膜性溃疡、糖尿病或肾功能不全犬、猫禁用。

【措施2】醋酸泼尼松

1～2毫克/千克，肌内注射，每日2次，连用2周，以后每2日1次，连用2周，一般用药后24～72小时疼痛明显减轻，疗效显著。

注意事项：长期服药后，停药时应逐渐减量。对有细菌、真菌、病毒感染者，应在应用足量敏感抗生素的同时谨慎使用。

【措施3】氢化泼尼松

1～4毫克/千克，口服，隔日1次。

注意事项：在短期用药后，即应迅速减量、停药。

② 免疫抑制

【措施1】环磷酰胺

犬：2毫克/千克，口服，每日1次，连用4天/周，或隔天1次，连用3～4周。

注意事项：环磷酰胺大量给药时应注意膀胱炎，有痛风病史、泌尿系统结石史或肾功能损害动物应慎用。

【措施2】硫唑嘌呤

犬：2毫克/千克，口服，每日1次，连用7～10天，然后1毫克/千克，口服，每日1次或隔天1次。

注意事项：本品可致骨髓抑制、肝功能损害、畸胎等。肾功能不全动物应适当减量，或遵医嘱。

③ 全身性抗感染

【措施1】氨苄西林

20～30毫克/千克，口服，每日2～3次。

10～20毫克/千克，静脉滴注/皮下注射/肌内注射，每日2～3次。

注意事项：对青霉素酶敏感，不宜用于耐青霉素的金黄色葡萄球菌感染。遮光，密封保存。

【措施2】头孢他啶

25～50毫克/千克，静脉滴注/肌内注射，每日2次。

注意事项：对头孢菌素类过敏动物禁用，有青霉素过敏史动物慎用。与肾毒性抗生素或强效利尿剂联合应用可能加重肾损害，应予注意。禁用于妊娠期或哺乳期动物。

【措施3】速诺注射液（阿莫西林-克拉维酸钾混悬剂）

0.1毫升/千克，1次/日，连用3～5日，肌内/皮下注射。

注意事项：避光，密闭贮藏；摇匀使用。

【措施4】拜有利注射液（恩诺沙星）

0.2毫升/千克，1次/日，连用3～5日，肌内/皮下注射。

注意事项：勿用于12月龄前的犬或未发育成熟的犬及软骨损伤动物；禁用于妊娠期或哺乳期动物。

三、犬嗜酸细胞性肌炎

1. 概念

犬嗜酸细胞性肌炎为多发生于青年牧羊犬咀嚼肌，以嗜酸性粒细胞增多为特征的急性复发性炎症，故称嗜酸细胞性肌炎。

2. 临床诊断

（1）突然急剧发病，其特征是咀嚼肌群肿胀疼痛、翼状肌肿胀明显。

（2）患犬不安，体温微高，眼睑紧张，闭合不全，眼球突出，结膜水肿，瞬膜垂脱，口常呈半开状，采食困难。

（3）病程数日或数周，反复多次发作后，咀嚼肌明显萎缩。

（4）扁桃体发炎，下颌淋巴结肿胀。

（5）除咀嚼肌外，其他肌肉也有肿胀僵硬感，因而出现运动失调或轻度跛行。

（6）脊髓反射正常，但姿势性反射有改变。

3. 用药指南

（1）用药原则　治疗以抗过敏、抗炎、防止继发感染以及加强护理为主要原则。

（2）用药方法（根据临床症状、实验室检查结果等临床实际病情的需要选择以下措施进行治疗）

① 抗炎、抗过敏

【措施1】扑尔敏

犬：0.5毫克/千克，口服，每日2～3次。

猫：0.25毫克/千克，口服，每日2次。

注意事项：嗜睡、疲劳、乏力、口鼻咽喉干燥、痰液黏稠。

【措施2】苯海拉明

犬：2～4毫克/千克，口服，每日3次。

注意事项：重症肌无力、闭角型青光眼、前列腺肥大动物禁用，新生、早产动物禁用。

【措施3】地塞米松

犬，0.05～0.1毫克/千克；猫，0.125毫克/千克，每日一次。

注意事项：避免长期大量使用，妊娠期或哺乳期动物慎用。

② 全身性抗感染

【措施1】头孢唑啉钠

20毫克/千克，静脉滴注/肌内注射/皮下注射，每日3～4次，连用4～6周，或至炎症消失后1～2周。

注意事项：本品应警惕发生肾功能异常的可能性。

【措施2】氨苄西林

20～30毫克/千克，口服，每日2～3次。

10～20毫克/千克，静脉滴注/皮下注射/肌内注射，每日2～3次。

注意事项：对青霉素酶敏感，不宜用于耐青霉素的金黄色葡萄球菌感染。遮光，密封保存。

【措施3】速诺注射液（阿莫西林-克拉维酸钾混悬剂）

0.1毫升/千克，1次/日，连3～5日，肌内/皮下注射。

注意事项：避光，密闭贮藏；摇匀使用。

【措施4】拜有利注射液（恩诺沙星）

0.2毫升/千克，1次/日，连用3～5日，肌内/皮下注射。

注意事项：勿用于12月龄前的犬或未发育成熟的犬及软骨损伤动物；禁用于妊娠期或哺乳期动物。

【措施5】头孢他啶

25～50毫克/千克，静脉滴注/肌内注射，每日2次。

注意事项：对头孢菌素类过敏动物禁用，有青霉素过敏史动物慎用。与肾毒性抗生素或强效利尿剂联合应用可能加重肾损害，应予注意。禁用于妊娠期或哺乳期动物。

四、风湿病

1. 概念

风湿病是常反复发作的急性或慢性非化脓性炎症。其特征是胶原结缔组织发生纤维蛋白变性以及骨骼肌、心肌和关节囊中的结缔组织出现非化脓性局限性炎症。

2. 临床诊断

（1）患病肌肉疼痛，运动不协调，步态强拘不灵活，跛行明显。跛行能随运动量增加和时间延长而减轻。

（2）触诊患病肌肉疼痛明显，肌肉紧张，犬主拥抱时犬有惊叫。

（3）精神沉郁、食欲下降、体温升高、心跳加快、血沉稍快、白细胞稍增。

（4）病肌弹性降低、僵硬、萎缩，跛行程度虽能减轻，但运步仍出现强拘，病犬容易疲劳。

3. 用药指南

（1）用药原则　治疗以消除病因、解热镇痛、消除炎症、祛风除湿和加强饲养管理为原则。

（2）用药方法（根据临床症状、实验室检查结果等临床实际病情的需要选择以下措施进行治疗）

① 消炎抗风湿药

【措施1】水杨酸钠

犬，0.2～2克/次，口服；猫，0.1～0.2克/次，口服。

注意事项：对眼睛、皮肤、黏膜、呼吸道有刺激作用。大量口服可致死。该品可燃，具刺激性。

【措施2】阿司匹林

犬，0.2～1克/次，口服；猫，40毫克/千克，每日1次，口服。

注意事项：有恶心、呕吐、上腹部不适或疼痛，较少或很少见有胃肠道出血或诱发溃疡、支气管痉挛过敏、皮肤过敏及肝、肾损害等。

【措施3】保泰松

8～10毫克/千克，口服，每日3次，连用2天，然后逐渐到最低有效剂量，最大800

毫克/天

注意事项：对胃肠刺激性较大，可出现恶心、呕吐、腹痛、便秘等，如用时过长、剂量过大可致消化道溃疡。可抑制骨髓机能，引起粒细胞减少，甚至再生障碍性贫血，但如及时停药可避免。

② 解热镇痛药

【措施1】双氯芬酸

犬：1片/次，每日2次。

注意事项：避免与其他非甾体抗炎药，包括选择性COX-2抑制剂合并用药。

【措施2】骨宁注射液

犬：2毫升/次，肌内注射，每日1次，连用15～30天。

注意事项：避光，密闭；摇匀使用。

【措施3】扑湿痛

犬：0.1～0.25克/次，首次剂量加倍，每日3～4次，连用5天。

注意事项：偶有胃部不适、腹泻、皮疹。可加重哮喘，哮喘动物慎用。

③ 激素抗炎

【措施1】醋酸泼尼松

1～2毫克/千克，肌内注射，每日2次，连用2周，以后每2日1次，连用2周，一般用药后24～72小时疼痛明显减轻，疗效显著。

注意事项：长期服药后，停药过程应逐渐减量。对有细菌、真菌、病毒感染动物，应在应用足量敏感抗生素的同时谨慎使用。

【措施2】氢化泼尼松

1～4毫克/千克，口服，隔日1次。

注意事项：在短期用药后，即应迅速减量、停药。

④ 抗炎、抗过敏

【措施】地塞米松

犬，0.05～0.1毫克/千克；猫，0.125毫克/千克，每日1次。

注意事项：避免长期大量使用。妊娠期或哺乳期动物慎用。

⑤ 全身性抗感染

【措施1】苯唑西林

15～20毫克/千克，口服/静脉滴注/肌内注射，每日3～4次，连用2～3天。

注意事项：对青霉素过敏动物禁用。幼犬、猫慎用。可出现药疹、药物热、胃肠道反应等。

【措施2】氨苄西林

20～30毫克/千克，口服，每日2～3次。

10～20毫克/千克，静脉滴注/皮下注射/肌内注射，每日2～3次。

注意事项：对青霉素酶敏感，不宜用于耐青霉素的金黄色葡萄球菌感染。遮光，密封保存。

五、多发性嗜酸细胞性骨炎

1. 概念

本病又称为嗜酸细胞性全骨炎或内生骨疣。全骨炎是一种自发性、自限性骨质硬化病。病变部位集中在长骨的骨干和干骺端，以骨髓内脂肪变性、骨质增生、骨膜下新骨形成为特征。

2. 临床诊断

（1）突然出现跛行，无创伤和外伤病史，一般发生某一肢出现跛行，前肢比后肢多发。

（2）多肢同时发病，跛行数天后消退，但2～3周转移到其他肢上。一般约3个月循环1次，18～20月龄后逐渐痊愈。

（3）多数无发热等全身症状，局部温度不高，肌肉不萎缩，但触诊患部有压痛感。

3. 用药指南

（1）用药原则　以消炎镇痛、对症治疗为基本原则。

（2）用药方法（根据临床症状、实验室检查结果等临床实际病情的需要选择以下措施进行治疗）

【措施1】阿司匹林

犬，0.2～1克/次，口服；猫，40毫克/千克，每日1次，口服。

注意事项：有恶心、呕吐、上腹部不适或疼痛，较少或很少见有胃肠道出血或诱发溃疡、支气管痉挛、皮肤过敏及肝、肾损害等。

【措施2】地塞米松

犬，0.05～0.1毫克/千克；猫，0.125毫克/千克，每日1次。

注意事项：避免长期大量使用。妊娠期或哺乳期动物慎用。

【措施3】泼尼松龙

犬：0.25～0.5毫克/千克，口服，每日1次。

注意事项：患有角膜性溃疡、糖尿病或肾功能不全的犬、猫禁用。

六、骨膜炎

1. 概念

骨膜的炎症称骨膜炎。临床上根据病理变化分为化脓性骨膜炎和非化脓性骨膜炎。

2. 临床诊断

（1）化脓性骨膜炎

① 病初期患部出现弥漫性、热性肿胀，有剧痛，皮肤紧张。

② 随着皮下组织脓肿形成和破溃，流出混有骨屑的黄色稀脓。此时全身症状和局部疼痛症状减轻。

（2）非化脓性骨膜炎　患部充血、渗出，出现局限性、硬固的热痛性扁平肿胀，皮下组织出现不同程度的水肿。

（3）四肢发生骨膜炎时可出现明显跛行，随运动加大跛行更明显，如不及时治疗则转入慢性骨膜炎，有时导致骨膜增厚或形成小骨赘。

3. 用药指南

（1）用药原则　以禁止运动、局部封闭、对症治疗为原则。

（2）用药方法（根据临床症状、实验室检查结果等临床实际病情的需要选择以下措施进行治疗）

① 局部封闭药

【措施】混合注射液

2％普鲁卡因 2 毫升，氨苄西林 0.5 克，地塞米松 5 毫克，注射用水 2 毫升，局部封闭注射。

注意事项：对青霉素酶敏感，不宜用于耐青霉素的金黄色葡萄球菌感染，注意应该避免长期大量使用。妊娠期或哺乳期动物慎用。遮光，密封保存。

② 全身性抗感染

【措施 1】氨苄西林

20～30 毫克/千克，口服，每日 2～3 次。

10～20 毫克/千克，静脉滴注/皮下注射/肌内注射，每日 2～3 次。

注意事项：对青霉素酶敏感，不宜用于耐青霉素的金黄色葡萄球菌感染。遮光，密封保存。

【措施 2】速诺注射液（阿莫西林-克拉维酸钾混悬剂）

0.1 毫升/千克，肌内注射/皮下注射，每日 1 次。

注意事项：避光，密闭贮藏；摇匀使用。

【措施 3】拜有利注射液（恩诺沙星）

1 毫升/千克，皮下注射/肌内注射，每日 1 次。

注意事项：勿用于 12 月龄前的犬或未发育成熟的犬及软骨损伤动物；禁用于妊娠期或哺乳期动物。

七、肥大性骨营养不良

1. 概念

肥大性骨营养不良是以骨生长最活跃的长骨骨干骺区坏死、骨沉积物缺乏、骨小梁急性炎症为特征的一种疾病，又称干骺端骨病。

2. 临床诊断

（1）跛行、不愿站立。两肢对称性发病。

（2）触诊长骨骨骺部有肿大、增温和疼痛。

（3）体温升高、精神沉郁、厌食及体重减轻等。

（4）X 射线检查有明显的骨骺硬化，严重者骨骺肥大，骨外膜出现许多骨性沉积物，并呈串珠样，可见病肢变形。

3. 用药指南

（1）用药原则　以解热镇痛、防止继发感染、加强营养管理为治疗原则。

（2）用药方法（根据临床症状、实验室检查结果等临床实际病情的需要选择以下措施进行治疗）

① 解热镇痛

【措施 1】阿司匹林

犬，0.2～1克/次，口服；猫，40毫克/千克，每日1次，口服。

注意事项：有恶心、呕吐、上腹部不适或疼痛，较少或很少见有胃肠道出血或诱发溃疡、支气管痉挛、皮肤过敏及肝、肾损害等。

【措施2】保泰松

8～10毫克/千克，口服，每日3次，连用2天，然后逐减到最低有效剂量，最大800毫克/天。

注意事项：对胃肠刺激性较大，可出现恶心、呕吐、腹痛、便秘等，如用时过长、剂量过大可致消化道溃疡。可抑制骨髓，引起粒细胞减少，甚至再生障碍性贫血，但如及时停药可避免。

② 防止继发感染

【措施】氨苄西林

20～30毫克/千克，口服，每日2～3次；10～20毫克/千克，静脉滴注/皮下注射/肌内注射，每日2～3次。

注意事项：对青霉素酶敏感，不宜用于耐青霉素的金黄色葡萄球菌感染。遮光，密封保存。

八、腱炎

1. 概念

因过度活动、使用，或其他原因引起肌腱、肌腱周围组织发生的无菌性炎症反应就叫腱炎。

2. 临床诊断

（1）急性无菌性腱炎　突然发生不同程度的跛行，局部增温、肿胀、疼痛，特别伸展屈肌腱时疼痛明显。

（2）慢性腱炎　腱疼痛和增温虽有好转，但腱变粗而硬，弹性降低或消失，结果出现机能障碍，有时造成腱萎缩，限制关节活动。

（3）化脓性腱炎　局限性蜂窝织炎，最终引起腱的坏死。

3. 用药指南

（1）用药原则　治疗原则是控制炎性渗出，促进吸收，消除疼痛，防止腱萎缩。

（2）用药方法（根据临床症状、实验室检查结果等临床实际病情的需要选择以下措施进行治疗）

① 局部封闭药

【措施】混合注射液

2%普鲁卡因2毫升，氨苄西林0.5克，地塞米松5毫克，注射用水2毫升，局部封闭注射。

注意事项：对青霉素酶敏感，不宜用于耐青霉素的金黄色葡萄球菌感染，避免长期大量使用。妊娠期或哺乳期动物慎用。遮光，密封保存。

② 消炎抗菌药

【措施1】红碘化汞软膏

含量5％～20％软膏局部涂抹。

注意事项：偶有轻微刺激，皮肤破溃者禁用。

【措施2】松节油擦剂

局部涂抹，热敷。

注意事项：避免接触眼睛和其他黏膜。本品易燃，避免接触明火。对本品过敏动物禁用，过敏体质动物慎用。用后应将瓶塞塞紧。

九、腱鞘炎

1. 概念

腱鞘是近关节处的半圆形结构，环形包绕肌腱组织，起到固定肌腱的作用。当关节活动时，肌腱与腱鞘之间会产生相互摩擦，如果两者摩擦过度就会引起炎症，导致腱鞘炎。

2. 临床诊断

（1）腱鞘肿胀、增温、疼痛，有明显的波动感，运步时有跛行。

（2）伴有疼痛的关节僵硬，限制了受累关节的运动。

（3）偶尔关节轻微肿胀。

（4）疼痛很严重并伴有肿胀，可能有肌腱断裂，需立即进行治疗。

3. 用药指南

（1）用药原则　治疗原则是控制炎性渗出，促进吸收，消除疼痛，防止腱萎缩。

（2）用药方法（根据临床症状、实验室检查结果等临床实际病情的需要选择以下措施进行治疗）

① 局部封闭药

【措施】混合注射液

2％普鲁卡因2毫升，氨苄西林0.5克，地塞米松5毫克，注射用水2毫升，局部封闭注射。

注意事项：对青霉素酶敏感，不宜用于耐青霉素的金黄色葡萄球菌感染，避免长期大量使用。妊娠期或哺乳期动物慎用。遮光，密封保存。

② 消炎抗菌药

【措施1】红碘化汞软膏

含量5％～20％软膏局部涂抹。

注意事项：偶有轻微刺激，皮肤破溃者禁用。

【措施2】松节油擦剂

局部涂抹，热敷。

注意事项：避免接触眼睛和其他黏膜。本品易燃，避免接触明火。对本品过敏动物禁用，过敏体质动物慎用。用后应将瓶塞塞紧。

十、软骨骨病

1. 概念

骨软骨病是指处于生长发育阶段的幼龄犬，以发生骨坏死和骨发育不良为特征的一种疾病。如肩关节分离性骨软骨病、肘关节骨软骨病、膝关节分离性软骨病。

2. 临床诊断

（1）常发生在大型犬种，4～9月龄雄性犬高发。

（2）无外伤史，以跛行、疼痛为特征。

（3）典型X射线影像　软骨下硬骨表面变平或凹陷，软骨下硬骨硬化，关节间隙不均匀性增大，软骨下硬骨缺陷，或在软骨下缺陷中出现软骨瓣影像（提示软骨瓣钙化）。

3. 用药指南

（1）用药原则　解热镇痛，配合静养与适量运动，严重者应尽早手术。

（2）用药方法（根据临床症状、实验室检查结果等临床实际病情的需要选择以下措施进行治疗）

【措施1】阿司匹林

犬：10～20毫克/千克，口服，每日2次。

猫：10～25毫克/千克，口服，每周3天给药。

注意事项：禁用于脱水、低血容量、低血压或有胃肠道疾病的动物。禁用于怀孕动物或小于6周龄的动物。胃肠道溃疡和刺激是所有非甾体类抗炎药常见的不良反应。

【措施2】保泰松

犬：2～20毫克/千克，口服/肌内注射/静脉注射，最高剂量800毫克。

猫：6～8毫克/千克，口服/肌内注射/静脉注射。

注意事项：阿司匹林和保泰松等药物可引发犬胃部不适与溃疡，若发现呕吐物带血、粪便带血，或没有食欲，应立刻停止用药，并给予胃肠黏膜保护剂和止血剂。

【措施3】瑞莫迪咀嚼片

犬：4.4毫克/千克，口服，每日1次。

注意事项：仅用于犬，不能用于猫。禁用于妊娠、配种或哺乳期的犬；禁用于有出血性疾病（如血友病等）的犬。禁用于脱水，肾功能、心血管和肝功能不全的犬，与利尿药合用，可能增加肾脏毒性，与具有潜在肾脏毒性药物合用时应慎用并进行监测。禁止与其他抗炎药（如其他非甾体类抗炎药或皮质类固醇药）合用，合用有可能增加胃肠道溃疡和/或穿孔等风险。

【措施4】曲马多注射液

犬，2～5毫克/千克；猫，2～4毫克/千克，皮下注射/肌内注射/静脉注射。

注意事项：肾、肝功能不全，心脏疾患动物酌情减量使用或慎用。不得与单胺氧化酶抑制剂同用。猫相对敏感，与布托啡诺联合使用会拮抗其部分作用。

【措施5】犬/猫用关节保护剂

犬，规格：15g/袋，与食物混合，中小型犬1袋/天，大型犬2袋/天。

猫，规格：15g/袋，与食物混合，每日1袋。

注意事项：肾、肝功能不全，心脏疾患动物酌情减量使用或慎用。不得与单胺氧化酶抑制剂同用。猫相对敏感，与布托啡诺联合使用会拮抗其部分作用。

十一、脊硬膜骨化症

1. 概念

脊硬膜骨化症是脊髓硬膜发生骨化的状态，以脊硬膜内骨片样增生为特征，多发生在脊柱活动性最大的部位。动物常因脊硬膜硬化而引起神经根与脊髓的病变或受压。

2. 临床诊断

（1）骨样增生较小时，无明显症状。

（2）骨样增生较大时，表现为无原因疼痛，抚摸有吠叫或呻吟声。

（3）头颈运动受限，步态僵硬，易疲劳。

（4）疾病后期，肌肉僵硬、麻痹，若神经根发炎，肌肉僵硬则变为肌肉松弛。

（5）严重者大小便失禁，可因肾衰竭或毒血症而死亡。

3. 用药指南

（1）用药原则　消炎镇痛，防止继发感染。

（2）用药方法（根据临床症状、实验室检查结果等临床实际病情的需要选择以下措施进行治疗）

① 止痛镇痛

【措施1】阿司匹林

犬：10～20毫克/千克，口服，每日2次。

猫：10～25毫克/千克，口服，每周3天给药。

注意事项：禁用于脱水、低血容量、低血压或有胃肠道疾病的动物。禁用于怀孕或小于6周龄的动物。胃肠道溃疡和刺激是所有非甾体类抗炎药常见的不良反应。

【措施2】保泰松

犬：2～20毫克/千克，口服/肌内注射/静脉注射，最高剂量800毫克。

猫：6～8毫克/千克，口服/肌内注射/静脉注射。

注意事项：阿司匹林和保泰松等药物可引发犬胃部不适与溃疡，若发现呕吐物带血、粪便带血，或没有食欲，应立刻停止用药，并给予胃肠黏膜保护剂和止血剂。

【措施3】瑞莫迪咀嚼片

犬：4.4毫克/千克，口服，每日1次。

注意事项：仅用于犬，不能用于猫。禁用于妊娠、配种或哺乳期犬；禁用于有出血性疾病（如血友病等）的犬。禁用于脱水，肾功能、心血管和肝功能不全的犬，与利尿药合用，可能增加肾脏毒性，与具有潜在肾脏毒性药物合用时应慎用并进行监测。禁止与其他抗炎药（如其他非甾体类抗炎药或皮质类固醇药）合用，否则有可能增加胃肠道溃疡和/或穿孔等风险。

【措施4】曲马多注射液

犬，2～5毫克/千克；猫，2～4毫克/千克，皮下注射/肌内注射/静脉注射。

注意事项：肾、肝功能不全，心脏疾患动物酌情减量使用或慎用。不得与单胺氧化酶抑制剂同用。猫相对敏感，与布托啡诺联合使用会拮抗其部分作用。

② 抗菌，防止继发感染

【措施1】氨苄西林

犬：20～30毫克/千克，口服，每日2～3次。

猫：10～20毫克/千克，静脉滴注/皮下注射/肌内注射。

注意事项：氨苄西林与阿莫西林-克拉维酸钾（速诺）有完全交叉耐药性，另外服用时不宜服用益生菌。

【措施2】地塞米松

抗炎：0.01～0.16毫克/千克，静脉注射/肌内注射/口服，每日1次，最多用药3～5天。

注意事项：幼犬、猫禁用；心脏病动物禁用；使用此药时应适量补充钙、磷；若长时间使用此药，应逐步减少药物使用量；严禁与水杨酸钠同用。

【措施3】泼尼松龙

0.5～2毫克/千克，肌内注射/口服，每日2次。

注意事项：患有角膜性溃疡、糖尿病或肾功能不全的犬、猫禁用。

十二、腰扭伤

1. 概念

腰扭伤是由于外伤或腰部肌肉强烈收缩，而引起的腰椎椎间关节及脊髓的损伤，以腰部运动和知觉机能障碍为特征。

2. 临床诊断

（1）常见于小型犬，或患有佝偻病和纤维素性骨营养不良的犬、猫。

（2）多由冲撞、跳跃、坠落等因素引起。

（3）叩诊腰部棘突有疼痛反应，多数表现为神经不全麻痹、后躯麻痹等症状，卧倒时小心谨慎，运步时后躯摇晃，站立不稳。

（4）严重者后肢瘫痪、大小便失禁。

3. 用药指南

（1）用药原则　消炎止痛，营养神经，限制运动。

（2）用药方法（根据临床症状、实验室检查结果等临床实际病情的需要选择以下措施进行治疗）

【措施1】松节油擦剂

热敷、局部涂擦。

【措施2】氨苄西林

犬：20～30毫克/千克，口服，每日2～3次。

猫：10～20毫克/千克，静脉滴注/皮下注射/肌内注射。

注意事项：本类药品可出现与剂量无关的过敏反应，表现为皮疹、发热、嗜酸性粒细胞增多、白细胞和血小板减少、贫血、淋巴结病或全身性过敏反应。对青霉素酶敏感，不宜用于耐青霉素的金黄色葡萄球菌感染。

【措施 3】速诺（阿莫西林-克拉维酸钾混悬剂）

0.1 毫升/千克，每天 1 次，连用 3～5 天，肌内注射/皮下注射。

注意事项：避光，密闭；摇匀使用。

【措施 4】拜有利

5 毫克/千克，每天 1 次，口服。

注意事项：勿用于 12 个月龄的犬或未发育成熟的犬及软骨损伤动物；禁用于妊娠期或哺乳期动物；癫痫动物慎用；肾功能不良动物慎用，易引发结晶尿。偶发胃肠道功能紊乱。

【措施 5】痛立定

0.1 毫升/千克，皮下注射，每日 1 次。

注意事项：必要时可在 48 小时后重复给药。

【措施 6】创围封闭疗法

将 20 毫升 2%～3%盐酸普鲁卡因与稀释的青霉素混合，对创围封闭注射，每日 1 次，连续 5～7 日。

【措施 7】维生素 B_1、维生素 B_{12}

维生素 B_1 与维生素 B_{12} 各 100 毫克肌内注射，每日 1 次，5 天为一疗程。

注意事项：维生素 B_{12} 肌内注射，偶可引起皮疹、瘙痒、腹泻，以及过敏性哮喘。

十三、髋关节发育异常

1. 概念

髋关节发育异常是一种髋关节发育或生长异常的疾病。其特点是关节周围软组织呈现不同程度的松弛、关节不全脱位、股骨头与髋臼变形和退行性病变。

2. 临床诊断

（1）精神沉郁，不愿活动。

（2）后肢步幅异常，出现跛行、起立困难等症状，触诊时有异响，髋关节周围组织萎缩，被毛粗乱。

（3）X 射线检查可以确诊。

3. 用药指南

（1）用药原则　以限制运动、镇痛消炎、控制体重等保守疗法为主，手术能否恢复功能值得研究。

（2）用药方法（根据临床症状、实验室检查结果等临床实际病情的需要选择以下措施进行治疗）

【措施 1】保泰松

犬：2～20 毫克/千克，口服/肌内注射/静脉注射，最高剂量 800 毫克。

猫：6～8 毫克/千克，口服/肌内注射/静脉注射。

注意事项：药品需冷藏、密封保存。

【措施2】阿司匹林

犬：10～20毫克/千克，口服，每日2次。

猫：10～25毫克/千克，口服，每周3天给药。

注意事项：禁用于脱水、低血容量、低血压或有胃肠道疾病的动物。禁用于怀孕或小于6周龄的动物。胃肠道溃疡和刺激是所有非甾体类抗炎药常见的不良反应。

【措施3】美昔口服液

犬：用前充分摇匀，首次量0.133毫升/千克，维持量0.067毫升/千克，每日1次。猫剂量减半。连用7日。因存在个体差异，请遵医嘱。

注意事项：不推荐用于妊娠期、泌乳期或不足6周龄的犬和猫。不良反应主要是食欲不振、呕吐、腹泻，通常是暂时性的，极少数引起死亡。

十四、椎间盘突出

1. 概念

犬、猫椎间盘突出是指因椎间盘变性、纤维环破坏、髓核向背侧突出而压迫脊髓，所引起的以运动障碍为主要特征的脊柱疾病。

2. 临床诊断

（1）颈部椎间盘突出

① 颈部、前肢过度敏感，颈部肌内注射伴有疼痛性痉挛。

② 腰背弓起，头颈不能伸展与抬起，行走小心，耳竖起。

③ 触诊患部可引起剧烈疼痛或肌肉极度紧张。

④ 重者颈部、前肢麻木，共济失调或四肢瘫痪。

（2）胸腰部椎间盘突出

① 病初疼痛明显、呻吟、不愿挪步或行走困难。

② 严重者，两前肢正常，两后肢在剧烈疼痛后出现运动障碍、感觉消失症状，表现为尿失禁、肛门反射迟钝。

（3）X射线、核磁检查等可以确诊。

3. 用药指南

（1）用药原则 采用强制休息、限制活动、镇痛消炎等保守疗法。防止尿中毒应及时排尿。

（2）用药方法（根据临床症状、实验室检查结果等临床实际病情的需要选择以下措施进行治疗）

① 镇痛消炎

【措施1】保泰松

犬：2～20毫克/千克，口服/肌内注射/静脉注射，最高剂量800毫克。

猫：6～8毫克/千克，口服/肌内注射/静脉注射。

注意事项：药品需冷藏、密封保存。

【措施2】阿司匹林

犬：10～20毫克/千克，口服，每日2次。

猫：10～25毫克/千克，口服，每周3天给药。

注意事项：禁用于脱水、低血容量、低血压或有胃肠道疾病的动物。禁用于怀孕或小于6周龄的动物。胃肠道溃疡和刺激是所有非甾体类抗炎药常见的不良反应。

【措施3】地塞米松

0.01～0.16毫克/千克，静脉注射/肌内注射/口服，每日1次，最多用药3～5天。

注意事项：幼犬、猫禁用；心脏病动物禁用；使用此药时应适量补充钙、磷；若长时间使用此药，应逐步减少药物使用量；严禁与水杨酸钠同用。

【措施4】泼尼松龙

0.5～2毫克/千克，肌内注射/口服，每日2次。

注意事项：患有角膜性溃疡、糖尿病或肾功能不全的犬、猫禁用。

② 防止尿中毒

【措施1】氢氯噻嗪

犬：12.5～25毫克/只，肌内注射；0.5～4毫克/千克，口服，每日1～2次。

猫：12.5毫克/只，肌内注射；1～4毫克/千克，口服，每日1～2次。

注意事项：可能会出现胃肠道症状，患有肝肾功能不全及糖尿病、高尿酸血症、痛风、高钙血症、低钠血症以及红斑狼疮等病犬禁用。长期使用应同时补充钾盐，并且同时限制饮食中盐的摄入。

【措施2】速尿

犬：2～4毫克/千克，静脉滴注/肌内注射/口服，每4～12小时1次。

猫：0.5～2毫克/千克，静脉滴注。

注意事项：本药品可能诱发低钠、低钾、低钙血症与低血镁等电解质平衡紊乱，大剂量静脉注射可能使犬听觉丧失。还可引起胃肠道功能紊乱、贫血、白细胞减少和衰弱等症状。

十五、关节扭伤

1. 概念

关节扭伤是因动物跳跃扭闪、跌倒、急转弯、失足登空、嵌入穴洞急速拔腿、跳跃障碍等，在瞬时间过度伸展、屈曲或扭转，而使关节超过生理范围发生的损伤。

2. 临床诊断

（1）病初，关节触诊或他动运动疼痛明显，关节囊肿胀，关节温度升高，触诊有波动感。

（2）病程后期，疼痛、肿胀、增温、跛行症状减轻，关节囊结缔组织和骨质增生，关节囊由软变硬。

3. 用药指南

（1）用药原则　促进吸收、消炎镇痛、恢复关节机能。48小时内进行冷敷，同时限制活动。

（2）用药方法（根据临床症状、实验室检查结果等临床实际病情的需要选择以下措施进行治疗）

【措施1】普鲁卡因、氨苄西林、地塞米松

2%普鲁卡因2毫升，氨苄西林0.5克，地塞米松5毫克，注射用水2毫升，局部封闭注射。

注意事项：氨苄西林与阿莫西林-克拉维酸钾（速诺）有完全交叉耐药性，另服用时不宜服用益生菌。

【措施2】速诺（阿莫西林-克拉维酸钾混悬剂）

0.1毫升/千克，每天1次，连用3～5天，肌内注射/皮下注射。

注意事项：避光，密闭；摇匀使用。

【措施3】拜有利

5毫克/千克，每天1次，口服。

注意事项：勿用于12月龄的犬或未发育成熟的犬及软骨损伤动物；禁用于妊娠期或哺乳期动物；癫痫动物慎用；肾功能不良动物慎用，易引发结晶尿。偶发胃肠道功能紊乱。

【措施4】瑞莫迪咀嚼片

犬：4.4毫克/千克，口服，每日1次。

注意事项：仅用于犬，不能用于猫。禁用于妊娠、配种或哺乳期犬；禁用于有出血性疾病（如血友病等）的犬。禁用于脱水，肾功能、心血管和/或肝功能不全的犬，与利尿药合用，可能增加肾脏毒性，与具有潜在肾脏毒性药物合用时应慎用并进行监测。禁止与其他抗炎药（如其他非甾体类抗炎药或皮质类固醇药）合用，否则有可能增加胃肠道溃疡和/或穿孔等风险。

十六、关节挫伤

1. 概念

犬猫关节挫伤是由于宠物在跌倒、遭受钝物打击、冲撞或碾压等情况时，出现的关节损伤症状。

2. 临床诊断

（1）皮下或皮外溢血。

（2）受伤部位肿胀，触诊疼痛。

（3）不愿走动或跛行。

3. 用药指南

（1）用药原则　镇痛消炎，恢复关节机能，控制继发感染。

（2）用药方法（根据临床症状、实验室检查结果等临床实际病情的需要选择以下措施进行治疗）　可借鉴关节扭伤的用药方法。

【措施1】碘酊

擦伤时，10%以上碘酊，局部涂抹。

【措施2】冰敷＋热敷

皮下挫伤溢血时可用先冰敷后热敷的方式，减少溢血、缓解肿胀症状。

十七、类风湿性关节炎

1. 概念

类风湿性关节炎是慢性进行性、侵蚀性和免疫介导的多发性关节病。临床上以游走性跛行和关节肿胀为特征。

2. 临床诊断

（1）发热、沉郁、厌食、不愿运动，多关节疼痛、发热，步态僵硬。

（2）关节肿胀或正常，常发生于腕关节、跗关节、肘关节、肩关节和膝关节。

（3）早期 X 线片检查，显示关节周围肿胀，不见骨性变化；随病程发展，关节呈捻发音、松弛、脱位或畸形。

（4）多为成年小型品种犬。

（5）症状可间歇发生或贯穿于整个病程，具有游走性。

3. 用药指南

（1）用药原则　控制炎症、缓解疼痛，对症治疗。

（2）用药方法（根据临床症状、实验室检查结果等临床实际病情的需要选择以下措施进行治疗）

【措施1】阿司匹林

犬：10～20毫克/千克，口服，每日2次。

猫：10～25毫克/千克，口服，每周3天给药。

注意事项：禁用于脱水、低血容量、低血压或有胃肠道疾病的动物。禁用于怀孕或小于6周龄的动物。胃肠道溃疡和刺激是所有非甾体类抗炎药常见的不良反应。

【措施2】保泰松

犬：2～20毫克/千克，口服/肌内注射/静脉注射，最高剂量800毫克。

猫：6～8毫克/千克，口服/肌内注射/静脉注射。

注意事项：阿司匹林和保泰松等药物可引发犬胃部不适与溃疡，若发现呕吐物带血、粪便带血，或没有食欲，应立刻停止用药，并给予胃肠黏膜保护剂和止血剂。

【措施3】地塞米松

抗炎：0.01～0.16毫克/千克，静脉注射/肌内注射/口服，每日1次，最多用药3～5天。

预防并治疗过敏症：0.5毫克/千克，静脉注射。

注意事项：幼犬、猫禁用；心脏病动物禁用；使用此药时应适量补充钙、磷；若长时间使用此药，应逐步减少药物使用量；严禁与水杨酸钠同用。

【措施4】泼尼松龙

0.5～2毫克/千克，肌内注射/口服，每日2次。

注意事项：患有角膜性溃疡、糖尿病或肾功能不全的犬、猫禁用。

【措施5】环磷酰胺

犬：2毫克/千克，口服，每日1次，每周连用4天，或隔天1次，连用3～4周。

猫：2.5 毫克/千克，口服，每日 1 次。

注意事项：不良反应包括食欲减退、恶心及呕吐，一般停药 1～3 天即可消失。

【措施 6】非罗考昔

5 毫克/千克，1 次/日，只用于犬。

注意事项：偶见呕吐和腹泻，一般停止治疗后可恢复正常。如出现严重不良反应，应立即停止治疗并咨询兽医。禁用于怀孕、哺乳期母犬，以及 10 周龄以下、体重 3 千克以下的犬；禁用于患有胃肠出血、血液恶液质或者出血性疾病的犬。禁止与皮质激素类或其他非甾体类抗炎药联合使用。

十八、化脓性关节炎

1. 概念

化脓性关节炎可分血源性化脓性关节炎和外源性化脓性关节炎。血源性化脓性关节炎多是病原菌经血液循环感染关节引起。外源性多因关节透创，使关节囊破坏，关节周围组织发生化脓性感染直接蔓延所致。

2. 临床诊断

（1）体温升高，甚至抽搐，运步时跛行，局部有红、肿、热、痛等反应。
（2）关节穿刺可能有黄色脓性分泌物或血性混浊液。镜检可见化脓菌、脓细胞和白细胞。
（3）继发肺炎、败血症等。

3. 用药指南

（1）用药原则　控制炎症，预防继发感染。必要时进行关节穿刺，排脓引流。
（2）用药方法（根据临床症状、实验室检查结果等临床实际病情的需要选择以下措施进行治疗）

【措施 1】氨苄西林

犬：20～30 毫克/千克，口服，每日 2～3 次。
猫：10～20 毫克/千克，静脉滴注/皮下注射/肌内注射。

注意事项：本类药品可出现与剂量无关的过敏反应，表现为皮疹、发热、嗜酸性粒细胞增多、白细胞和血小板减少、贫血、淋巴结病或全身性过敏反应。对青霉素酶敏感，不宜用于耐青霉素的金黄色葡萄球菌感染。

【措施 2】沃瑞特

5～10 毫克/千克，静脉注射/皮下注射，每日 1 次，连用 5～7 日。

注意事项：现配现用，对肾功能不全动物应调整剂量。避光，严封，在冷处保存。

【措施 3】普维康

犬：5 毫克/千克，口服，每日 1 次。

注意事项：偶见呕吐和腹泻，一般停止治疗后可恢复正常。禁用于怀孕、哺乳期母犬，以及 10 周龄以下、体重 3 千克以下的犬；禁用于患有胃肠出血、血液恶液质或者出血性疾病的犬。禁止与皮质激素类或其他非甾体类抗炎药联合使用。

【措施 4】赛福魁

0.1毫克/千克，皮下注射，每日1次，连用5～7日。

注意事项：对β-内酰胺类抗生素过敏的动物易对本品过敏。密闭、遮光，冷处保存（10℃以下，不可冷冻），用前摇匀。

十九、退行性关节炎

1. 概念

主要为关节软骨发生退行性病变。肉眼观察可见关节软骨破坏、软骨下骨硬化、关节腔狭小、关节缘及其周围软组织形成骨赘等。犬多发生在髋关节、膝关节、肩关节、肘关节、胸椎间关节和颞颌关节。

2. 临床诊断

（1）运步一瘸一拐，关节疼痛、肿胀和摩擦，肌肉萎缩，关节运动时发出干裂声。

（2）典型特征为受累关节的缓慢起病和逐渐变软。

（3）应用X射线、计算机断层扫描（CT）、磁共振成像（MRI）或骨扫描（闪烁成像）可帮助鉴别诊断。

3. 用药指南

（1）用药原则　保证足够休息时间，患肢避免过度活动，若动物肥胖则需减重，并给予适当运动；使用镇痛消炎药和进行手术，缓解疼痛，矫正畸形或不稳定性，恢复活动。

（2）用药方法（根据临床症状、实验室检查结果等临床实际病情的需要选择以下措施进行治疗）

【措施1】保泰松

犬：2～20毫克/千克，口服/肌内注射/静脉注射，最高剂量800毫克。

猫：6～8毫克/千克，口服/肌内注射/静脉注射。

注意事项：药品需冷藏、密封保存。

【措施2】阿司匹林

犬：10～20毫克/千克，口服，每日2次。

猫：10～25毫克/千克，口服，每周3天给药。

注意事项：禁用于脱水、低血容量、低血压或有胃肠道疾病的动物。禁用于怀孕或小于6周龄的动物。胃肠道溃疡和刺激是所有非甾体类抗炎药常见的不良反应。

【措施3】卡洛芬

犬剂量为2毫克/千克，口服，每日2次，连用7天。

注意事项：只能用于犬，禁用于猫；仅供皮下注射，禁止肌内注射；妊娠及哺乳期犬禁用；有出血性疾病（如血友病等），脱水，肾功能、心血管和/或肝功能不全的犬禁用；与具有潜在肾脏毒性的药物合用时，应慎用并进行监测；禁止与其他抗炎药（如其他非甾体类抗炎药或皮质类固醇药）合用。2～8℃保存。

【措施4】地塞米松

抗炎：0.01～0.16毫克/千克，静脉注射/肌内注射/口服，每日1次，最多用药3～5天。

预防并治疗过敏症：0.5毫克/千克，静脉注射。

注意事项：幼犬、猫禁用；心脏病动物禁用；使用此药时应适量补充钙、磷；若长时间使用此药，应逐步减少药物使用量；严禁与水杨酸钠同用。

【措施5】泼尼松龙

0.5～2毫克/千克，肌内注射/口服，每日2次。

注意事项：患有角膜性溃疡、糖尿病或肾功能不全的犬、猫禁用。

二十、犬指（趾）间囊肿

1. 概念

趾间囊肿是犬脚趾间的大肿物或结节，又称趾间疖病、足疖病、毛囊炎。

2. 临床诊断

（1）爪间有单个或多个充满血液或脓液的红色结节，触诊疼痛，挤压可破溃。

（2）跛行，频繁舔咬患脚。

3. 用药指南

（1）用药原则　抗菌消炎，控制继发感染。

（2）用药方法（根据临床症状、实验室检查结果等临床实际病情的需要选择以下措施进行治疗）

【措施1】氨苄西林

10～20毫克/千克，静脉滴注/皮下注射/肌内注射。

注意事项：对青霉素酶敏感，不宜用于耐青霉素的金黄色葡萄球菌感染。

【措施2】头孢噻肟钠

20～40毫克/千克，静脉滴注/肌内注射/皮下注射。

注意事项：对青霉素类药过敏的动物慎用。

【措施3】速诺（阿莫西林-克拉维酸钾混悬剂）

0.1毫升/千克，肌内注射/皮下注射，每日1次。

注意事项：本品和氨苄西林有完全交叉耐药性，与青霉素和头孢菌素类有交叉耐药性。本品含有半合成青霉素，有产生过敏反应的潜在可能。

【措施4】溃疡净（碘甘油）

创面消毒，涂擦溃疡面。

注意事项：避光保存。

【措施5】可立净

取适量本品，以覆盖住伤口为标准，每周数次，或遵医嘱。

【措施6】夫西地酸软膏

本品应局部涂于患处，并缓和地摩擦；必要时可用多孔绷带包扎患处，每日2～3次，7天为1疗程，必要时可重复1个疗程。

【措施7】可鲁凝胶

皮肤创面感染：3～4次/日。

注意事项：本品勿与碘制剂、双氧水、重金属离子等物质接触。

第十四章 皮肤病

一、过敏性皮炎

1. 概念

过敏性皮炎是由 IgE 参与的皮肤过敏反应，也叫特异性皮炎。临床上主要为药物、食物、细菌、跳蚤等引起的过敏性皮肤病。

2. 临床诊断

（1）皮肤有剧烈瘙痒、红斑、肿胀、丘疹、鳞屑及脱毛症状。
（2）较轻者不接触过敏原后可自愈，严重者需用药治疗。

3. 用药指南

（1）用药原则　消除病因，抗过敏，对皮肤进行局部处理。
（2）用药方法（根据临床症状、实验室检查结果等临床实际病情的需要选择以下措施进行治疗）
① 局部用药，缓解瘙痒红肿
【措施 1】复方康纳乐霜
复方康纳乐霜外搽。
注意事项：含有激素，不能长期使用。
【措施 2】爱波克
犬：0.4～0.6 毫克/千克，口服，每日 2 次，连用 14 天，然后每日 1 次维持治疗，可拌食或直接喂食。
注意事项：12 周龄以下犬禁用，严重感染的犬只禁用。本品可能会增加对传染病的易感性；繁殖用种公犬及妊娠期、哺乳期的母犬禁用。本品与糖皮质激素、环孢菌素或其他免疫抑制剂的联用未经评估。
【措施 3】迈微舒/迈可舒
0.5～1 毫克/千克，每天 2 次，连用 5～7 天，然后 2 毫克/千克，每 2 天 1 次，再然后同等剂量每周 1 次，直至减至最低维持量。
注意事项：患有角膜性溃疡、糖尿病或肾功能不全的犬、猫禁用。
② 抗过敏药物
【措施 1】地塞米松

抗炎：0.01～0.16 毫克/千克，静脉注射/肌内注射/口服，每日 1 次，最多用药 3～5 天。

预防并治疗过敏症：0.5 毫克/千克，静脉注射。

注意事项：幼犬、猫禁用；心脏病动物禁用；使用此药时应适量补充钙、磷；若长时间使用此药，应逐步减少药物使用量；严禁与水杨酸钠同用。

【措施 2】苯海拉明

2～4 毫克/千克，口服/静脉滴注/肌内注射，缓慢。

注意事项：幽门十二指肠梗阻、消化性溃疡所致幽门狭窄、膀胱颈狭窄、甲状腺功能亢进、心血管病、高血压以及下呼吸道感染（包括哮喘）的犬、猫不宜用本药。

【措施 3】扑尔敏

犬：0.5 毫克/千克，口服，每日 2～3 次。

猫：2～4 毫克，口服，每日 2 次。

注意事项：注射部位可引起局部刺激和犬、猫的一过性低血压，少见皮肤瘀斑、出血倾向。

【措施 4】己酮可可碱肠溶片

犬：10 毫克/千克，口服，每日 2～3 次。

注意事项：己酮可可碱在兽医上的使用有限，动物的不良反应也可能有所区别。皮肌炎、血管炎、多形性红斑、表皮血管炎、过敏性接触性皮炎：10～30 毫克/千克，每 12 小时 1 次。遗传性犬皮肌炎：25 毫克/千克，12 小时 1 次。遗传性过敏症性皮炎：10～15 毫克/千克，每 8～12 小时 1 次，需用 6～8 周。

【措施 5】异丙嗪

0.2～0.4 毫克/千克，口服，每日 3～4 次。

注意事项：对吩噻嗪类药高度过敏者禁用；急性哮喘、膀胱颈部梗阻、骨髓抑制、心血管疾病、昏迷、肝功能不全、高血压、胃溃疡、幽门或十二指肠梗阻、癫痫者慎用。

【措施 6】维生素 C

100～1000 毫克/次，口服/肌内注射，每日 1 次，连用 5～7 天。

注意事项：静脉注射可能引起过敏反应；高剂量时，尿酸盐、草酸盐或胱氨酸结晶形成风险增加。

【措施 7】葡萄糖酸钙

10％葡萄糖酸钙 10～30 毫升稀释后缓慢静脉滴注，每日或隔日 1 次。

注意事项：密闭保存，有絮状物后不宜使用。

二、脂溢性皮炎

1. 概念

犬、猫脂溢性皮炎是由皮肤脂肪代谢功能紊乱引起的皮肤病，分为原发性和继发性两种。常见症状为皮肤、毛发上存有大量黄色油脂，散发异味。

2. 临床诊断

（1）被毛干燥、无光泽，起鳞屑或结有硬痂的皮脂溢碎屑，皮肤油腻，带恶臭。

（2）常见于趾间、会阴、脸部、腋下、颈腹侧、腹下、皮褶处。

（3）动物呈轻度至重度瘙痒。

（4）皮肤、耳朵常继发细菌、马拉色菌感染。

3. 用药指南

（1）用药原则　抗炎为主，对症治疗，补充相对缺乏物质。

（2）用药方法（根据临床症状、实验室检查结果等临床实际病情的需要选择以下措施进行治疗）

【措施1】地塞米松

抗炎：0.01～0.16毫克/千克，静脉注射/肌内注射/口服，每日1次，最多用药3～5天。

预防并治疗过敏症：0.5毫克/千克，静脉注射。

注意事项：幼犬、猫禁用；心脏病动物禁用；使用此药时应适量补充钙、磷；若长时间使用此药，应逐步减少药物使用量；严禁与水杨酸钠同用。

【措施2】泼尼松龙

0.5～2毫克/千克，肌内注射/口服，每日2次。

注意事项：患有角膜性溃疡、糖尿病或肾功能不全的犬、猫禁用。

【措施3】舒肤喷剂

外用喷雾，直接喷于所需部位，每天使用1～2次，若喷雾面积较大，可酌情加量，连续使用1周左右。

注意事项：本品外用，禁止口服，置于儿童不易触及处。不可与阴离子表面活性剂混用。避免犬、猫舔食。

【措施4】甲状腺素

犬：22微克/千克，口服，每日2次。

猫：0.05～1毫克，每日1次，直至T4值正常为止。

注意事项：连续用药6周后，皮肤如仍无好转，要停止用药。

【措施5】维生素B_6片

20～80毫克/次，每日1～3次。

三、荨麻疹

1. 概念

荨麻疹又称风疹，是由多种原因引起的皮肤血管神经障碍性皮肤病，以真皮上层局限性扁平丘疹、速发性过敏反应为特征。

2. 临床诊断

（1）瘙痒，红斑，出现局限性扁平丘疹。

（2）没有皮屑或脱毛等损伤。

（3）面部或身体可出现黏膜充血或大面积水肿。

（4）可引发全身性过敏症状，如呕吐、腹泻、呼吸困难、昏迷等。

3. 用药指南

（1）用药原则　消除病原，抗过敏。

（2）用药方法（根据临床症状、实验室检查结果等临床实际病情的需要选择以下措施进行治疗）

【措施 1】苯海拉明

2～4 毫克/千克，口服/静脉滴注/肌内注射，速度缓慢。

注意事项：幽门十二指肠梗阻、消化性溃疡所致幽门狭窄、膀胱颈狭窄、甲状腺功能亢进、心血管病、高血压以及下呼吸道感染（包括哮喘）的犬、猫不宜用本药。

【措施 2】扑尔敏

犬，0.5 毫克/千克，口服，每日 2～3 次；猫，2～4 毫克，口服，每日 2 次。

注意事项：注射部位可引起局部刺激和犬、猫的一过性低血压，少见皮肤瘀斑、出血倾向。

【措施 3】息斯敏

犬：3～10 毫克/次，口服。

注意事项：肝功能障碍、低血钾症者慎用。

【措施 4】泼尼松龙

1～2 毫克/千克，口服/肌内注射，每日 1～2 次。

注意事项：患有角膜性溃疡、糖尿病或肾功能不全的犬、猫禁用。

【措施 5】羟嗪

2.2 毫克/千克，口服，犬每日 2～3 次，猫每日 2 次。

注意事项：对羟嗪成分过敏或敏感者禁止使用羟嗪，卟啉症患者禁止使用羟嗪。

【措施 6】地塞米松

0.2～1 毫克/千克，口服/皮下注射/静脉滴注，每日 1～2 次。

注意事项：突然停用会引起严重的副作用，应逐步减少剂量。

【措施 7】葡萄糖酸钙

10%葡萄糖酸钙 10～30 毫升稀释后缓慢静脉滴注，每日 1 次。

注意事项：密闭保存，有絮状物后不宜使用。

四、皮肤瘙痒症

1. 概念

皮肤瘙痒症是一种神经性皮炎，临床特征为皮肤瘙痒。皮肤瘙痒仅是一种症状，其潜在性疾病有重度黄疸、尿毒症、糖尿病、内分泌失调、胃肠功能紊乱、维生素 A 和维生素 B 族及维生素 C 缺乏等。

2. 临床诊断

（1）由局部波及到全身，多为潜在性疾病所致。

（2）局部瘙痒常见于肛门周围和外耳道等，可因瘙痒啃伤皮肤，继发皮炎。

3．用药指南

（1）用药原则　消除潜在病因，止痒、抗炎。

（2）用药方法（根据临床症状、实验室检查结果等临床实际病情的需要选择以下措施进行治疗）

【措施1】苯海拉明

2～4毫克/千克，口服/静脉滴注/肌内注射，速度缓慢。

注意事项：幽门十二指肠梗阻、消化性溃疡所致幽门狭窄、膀胱颈狭窄、甲状腺功能亢进、心血管病、高血压以及下呼吸道感染（包括哮喘）的犬、猫不宜用本药。

【措施2】扑尔敏

犬，0.5毫克/千克，口服，每日2～3次；猫，2～4毫克，口服，每日2次。

注意事项：注射部位可引起局部刺激和犬、猫的一过性低血压，少见皮肤瘀斑、出血倾向。

【措施3】息斯敏

犬：3～10毫克/次，口服。

注意事项：肝功能障碍、低血钾症的犬、猫慎用。

【措施4】地塞米松

抗炎：0.01～0.16毫克/千克，静脉注射/肌内注射/口服，每日1次，最多用药3～5天。

预防并治疗过敏症：0.5毫克/千克，静脉注射。

注意事项：幼犬、猫禁用；心脏病动物禁用；使用此药时应适量补充钙、磷；若长时间使用此药，应逐步减少药物使用量；严禁与水杨酸钠同用。

【措施5】泼尼松龙

0.5～2毫克/千克，肌内注射/口服，每日2次。

注意事项：患有角膜性溃疡、糖尿病或肾功能不全的犬、猫禁用。

【措施6】葡萄糖酸钙

10％葡萄糖酸钙10～30毫升稀释后缓慢静脉滴注，每日1次。

注意事项：密闭保存，有絮状物后不宜使用。

五、趾间脓皮症

1．概念

犬、猫趾间脓皮症是指犬、猫趾间皮肤感染葡萄球菌、链球菌等化脓菌引起的趾间发炎、肿胀等症状。

2．临床诊断

（1）单发或多个脚趾发病，常发生于脚趾中间或脚掌的任何部位。

（2）逐渐变大，可破溃流脓或流血。

（3）犬、猫因伤口疼痛呈跛行。

（4）可通过显微镜检查确诊。

（5）不及时治疗可使伤口感染恶化，导致败血症。

3. 用药指南

（1）用药原则　清除脓液，去除病因，防止继发感染。
（2）用药方法（根据临床症状、实验室检查结果等临床实际病情的需要选择以下措施进行治疗）

【措施1】可立净

取适量本品，以覆盖住伤口为标准，每周数次，或遵医嘱。

【措施2】夫西地酸软膏

本品应局部涂于患处，并缓和地摩擦；必要时可用多孔绷带包扎患处，每日2~3次，7天为一疗程，必要时可重复一个疗程。

【措施3】可鲁凝胶

皮肤创面感染：3~4次/日。

注意事项：本品勿与碘制剂、双氧水、重金属离子等物质接触。

【措施4】伊维菌素

犬：0.2~0.3毫克/千克，口服/皮下注射。

猫：0.2~0.4毫克/千克，皮下注射。2周后重复。

注意事项：过量伊维菌素会导致药物性中毒，注射可引起局部皮肤肿胀。

【措施5】氨苄西林

犬：20~30毫克/千克，口服，每日2~3次。

猫：10~20毫克/千克，静脉滴注/皮下注射/肌内注射。

注意事项：氨苄西林与阿莫西林-克拉维酸钾（速诺）有完全交叉耐药性，另服用时不宜服用益生菌。

【措施6】头孢唑啉钠

15~30毫克/千克，静脉滴注/肌内注射，每日3~4次。

注意事项：对头孢菌素过敏的犬、猫，及有青霉素过敏性休克或即刻反应史的犬、猫禁用。

【措施7】速诺（阿莫西林-克拉维酸钾混悬剂）

0.1毫升/千克，每天1次，连用3~5天，肌内注射/皮下注射。

注意事项：避光，密闭；摇匀使用。

【措施8】拜有利

5毫克/千克，每天1次，口服。

注意事项：勿用于12个月龄的犬或未发育成熟的犬及软骨损伤动物；禁用于妊娠期或哺乳期动物；癫痫动物慎用；肾功能不良动物慎用，易引发结晶尿。偶发胃肠道功能紊乱。

【措施9】马波沙星

犬、猫2毫克/千克，1次/日，犬皮肤和软组织感染，至少持续用药5日，可根据病程最长延至40日；犬尿路感染，至少持续用药10日，可根据病程最长延至28日。猫皮肤和软组织感染，给药期为3~5日。

注意事项：推荐剂量使用时，未见不良反应；偶有呕吐、粪便变软、饮水变化或出现短暂的兴奋，这些症状在治疗结束后会自行消失，无需刻意停止治疗；氟喹诺酮类药物可能会对幼犬的关节软骨造成侵蚀，给幼犬用药时应准确剂量并小心看护；氟喹诺酮类药物具有潜在的神经副作用，对患有癫痫的犬、猫慎用。不可用于小于 12 月龄的犬或小于 18 月龄的大型犬；不推荐用于小于 16 周龄的猫。

六、黏蛋白病

1. 概念

黏蛋白病是由特殊的纤维细胞（黏液细胞）使结缔组织黏蛋白产生过多而形成的局限性无炎性肿胀的疾病。其特征为丘疹、结节、脱毛斑，并于病灶部挤出黏蛋白物质。该病仅发生于沙皮犬，无性别差异，无传染性。

2. 临床诊断

（1）全身凹陷水肿，产生丘疹或产生大小不等的水泡。
（2）肿胀处皮肤呈半透明状。
（3）被毛稀少、脱落。
（4）头颈、躯干、尾部或肢端出现丘疹或结节。

3. 用药指南

（1）用药原则　局部对症治疗，全身抗炎防止继发感染。
（2）用药方法（根据临床症状、实验室检查结果等临床实际病情的需要选择以下措施进行治疗）
【措施 1】泼尼松龙
1～2 毫克/千克口服/肌内注射，每日 1～2 次。
注意事项：患有角膜性溃疡、糖尿病或肾功能不全的犬禁用。
【措施 2】地塞米松
0.2～1.0 毫克/千克，静脉滴注/皮下注射/口服，每日 1～2 次。
注意事项：妊娠早期后期和新生幼龄动物禁用；疫苗接种期禁用；不能长期用于抗感染。
【措施 3】氢化可的松
2 毫克/千克，口服，每日 2 次，连用 3～5 天。
注意事项：用于犬过敏性和瘙痒性皮肤病的对症治疗。患有肝脏疾病、糖尿病、心脏病、高血压的犬避免使用。
【措施 4】可立净
取适量本品，覆盖住伤口为标准，每周数次，或遵医嘱。

七、犬自咬症

1. 概念

犬自咬症是犬自咬身体的某一部位（多是咬尾巴），造成皮肤破损为特征，自咬程度严重的可继发感染死亡的一种疾病。该病无明显的季节性但春秋季发病略高。

2. 临床诊断

（1）自咬尾尖而原地转圈。
（2）尾尖处脱毛、破溃、出血、结痂。
（3）咬尾根、臀部或腹侧面而使被毛残缺不全。
（4）个别病犬将全身毛咬断。

3. 用药指南

（1）用药原则　治疗以镇静、抗过敏、消炎、防止继发感染为原则。
（2）用药方法（根据临床症状、实验室检查结果等临床实际病情的需要选择以下措施进行治疗）

① 镇静，抗过敏

【措施1】氯丙嗪

3毫克/千克，口服，每日2次；1毫克/千克，肌内注射，每日1次；0.5毫克/千克，静脉滴注，每日1次。

注意事项：对兴奋躁动、幻觉妄想、思维障碍及行为紊乱等阳性症状有较好的疗效。使用时注意用量，防止中毒。

【措施2】异戊巴比妥钠

5毫克/千克，口服；2.5毫克/千克，静脉滴注。

注意事项：用量过大或静注过快时易发生呼吸抑制等不良反应。

【措施3】苯海拉明

2毫克/千克，口服/肌内注射/静脉滴注，缓慢。

注意事项：使用时注意用量。

【措施4】扑尔敏

犬：0.5毫克/千克，口服，每日2～3次。

猫：2毫克/千克，口服，每日2次。

注意事项：在尿潴留、闭角型青光眼和幽门十二指肠阻塞时慎用。

② 抗菌，防止继发感染

【措施1】氨苄西林

20毫克/千克，口服，每日2～3次；10毫克/千克，静脉滴注/皮下注射/肌内注射，每日2～3次。

注意事项：对青霉素酶敏感，不宜用于耐青霉素的金黄色葡萄球菌感染。

【措施2】头孢噻呋钠

15毫克/千克，静脉滴注/肌内注射，每日3～4次。

注意事项：现配现用，对肾功能不全动物应调整剂量。

【措施3】速诺（阿莫西林-克拉维酸钾混悬剂）

0.1毫升/千克，肌内注射/皮下注射，每日1次。

注意事项：本品为青霉素类药物，有的动物可能会出现过敏。

【措施4】拜有利（恩诺沙星）注射液

1毫升/千克，皮下注射/肌内注射，每日1次。

注意事项：勿用于 12 个月龄前的犬或未发育成熟的犬及软骨损伤动物，禁用于妊娠期或哺乳期动物。

八、嗜酸性肉芽肿综合征

1. 概念

嗜酸性肉芽肿综合征是一种主要出现在猫和犬身上的疾病。患犬、猫的主要症状是嘴唇或大腿、口腔等位置出现凸起、溃疡、瘙痒等症状。

2. 临床诊断

（1）猫上唇出现不痛、不痒、界限明显的红斑性溃疡。
（2）猫大腿的中间部位出现界限明显的红斑性凸起，瘙痒。
（3）猫后肢的尾侧面，出现界限清楚、线状结构的凸起。
（4）犬口腔出现溃疡或者增生性团块，偶见斑块或结节。
（5）犬唇及身体的其他部位出现丘疹。

3. 用药指南

（1）用药原则　消炎抗菌，抗过敏，防止继发感染。
（2）用药方法（根据临床症状、实验室检查结果等临床实际病情的需要选择以下措施进行治疗）
【措施1】甲基醋酸泼尼松
外用，每日 2 次。
注意事项：妊娠早期及后期怀孕动物禁用；禁用于骨质疏松症和疫苗接种期；严重肝功能不良、骨折治疗期、创伤修复期动物禁用；急性细菌性感染时应与抗菌药物配伍使用；长期用药不能突然停药，应逐渐减量，直至停药。

【措施2】醋酸氟轻可的松
外用，每日 2 次。
注意事项：在妊娠期、肝病、黏液性水肿，因本品的半衰期长，作用时间延长，故剂量可适当减少。

【措施3】地塞米松
0.2 毫克/千克，皮下注射/口服，每日 1～2 次。
注意事项：严重肝功能不良、骨软症、骨折治疗期、创伤修复期、疫苗接种期、怀孕母畜以及缺乏有效抗微生物治疗的感染性疾病等均禁止使用。

【措施4】氢化可的松
4 毫克/千克，口服，每日 1 次。
注意事项：患有肝脏疾病、糖尿病、心脏病、高血压的犬避免使用。

【措施5】阿莫西林
10 毫克/千克，口服，每日 2～3 次。
注意事项：本品和氨苄西林有完全交叉耐药性，与青霉素和头孢菌素类有交叉耐药性。口服阿莫西林后可能会腹泻或痢疾。

【措施6】头孢他啶

25毫克/千克，静脉滴注，每日2次。

注意事项：肾功能异常时不推荐使用。

九、猫的种马尾病

1. 概念

猫的种马尾病是一种由于毛发尾根部位的皮脂腺数量增多，皮脂腺在雄性激素的刺激下肥大增生的疾病。其特征为皮脂腺分泌的过多油脂堵塞毛孔，造成毛囊炎、尾部变油掉毛。

2. 临床诊断

（1）初期猫咪的尾根部会出现一些黑色的颗粒。

（2）尾巴部位有黑色或者褐色的分泌物，毛发出现粘连情况。

（3）肛门附近、尾巴背部肿胀脱毛。

（4）常发生于公猫繁殖期，尾部出现痤疮。

3. 用药指南

（1）用药原则　消毒、抗菌、节育是最好的治疗原则。

（2）用药方法（根据临床症状、实验室检查结果等临床实际病情的需要选择以下措施进行治疗）

【措施1】局部涂布抗生素

尾部剪毛后，用70％的酒精涂擦黑头粉刺发生的部位，将黑头粉刺挤出，涂布抗生素软膏，尾部用绷带包扎或者不包扎。

注意事项：治疗期间避免舔舐患处。

【措施2】涂布抗生素

如果出现皮下蜂窝织炎，先用3％的双氧水溶液清洗患部，再用生理盐水冲洗干净，然后局部涂布抗生素软膏，全身应用抗生素。

注意事项：治疗期间避免舔舐患处。

【措施3】氨苄西林

20毫克/千克，口服，每日2～3次；10毫克/千克，静脉滴注/皮下注射/肌内注射，每日2～3次。

注意事项：对青霉素酶敏感，不宜用于耐青霉素的金黄色葡萄球菌感染。

【措施4】头孢唑啉钠

15毫克/千克，静脉滴注/肌内注射，每日3～4次。

注意事项：本品无特效拮抗药，药物过量时主要给予对症治疗和大量饮水及补液等。本品性状发生改变时禁止使用。

【措施5】速诺（阿莫西林-克拉维酸钾混悬剂）

0.1毫升/千克，肌内注射/皮下注射，每日1次。

注意事项：本品为青霉素类药物，有的动物可能会出现过敏。

【措施6】拜有利（恩诺沙星）注射液

1毫升/千克，皮下注射/肌内注射，每日1次。

注意事项：勿用于12个月龄前的犬或未发育成熟的犬及软骨损伤动物；禁用于妊娠期或哺乳期动物。

【措施7】红霉素软膏

局部涂抹

注意事项：外用药，不能口服，避免犬猫舔食。

十、犬脓皮病

1. 概念

犬的脓皮病是由化脓菌感染引起的皮肤化脓性疾病。临床上发病率高，以出现脓疱为特征。

2. 临床诊断

(1) 多发于前后肢内侧的无毛处。

(2) 皮肤上出现脓疱疹、小脓疱和脓性分泌物。

3. 用药指南

(1) 用药原则　根据药敏试验，选择有效抗生素进行全身和局部抗菌。

(2) 用药方法（根据临床症状、实验室检查结果等临床实际病情的需要选择以下措施进行治疗）

【措施1】红霉素

10毫克/千克，口服，每日3次，连用3～5天。

注意事项：肝病和严重肾功能损害动物适当减少剂量。

【措施2】林可霉素

15毫克/千克，口服，每日3次，连用21天。

注意事项：孕畜和哺乳期幼猫禁用，哺乳期的母猫慎用。

【措施3】硫酸阿米卡星注射液（宠物用）

犬：11毫克/千克，肌内注射/皮下注射，每日2次。

注意事项：具不可逆的耳毒性；长期用药可导致耐药菌过度生长。患有严重肾损伤的犬禁用；未进行繁殖实验、繁殖期的犬禁用；需敏锐听觉的特种犬慎用。

【措施4】头孢唑啉钠

15～30毫克/千克，静脉滴注/肌内注射，每日3～4次，连用6～7周。

注意事项：本品无特效拮抗药，药物过量时主要给予对症治疗和大量饮水及补液等。本品性状发生改变时禁止使用。

【措施5】速诺（阿莫西林-克拉维酸钾混悬剂）

0.1毫升/千克，肌内注射/皮下注射，每日1次。

注意事项：本品为青霉素类药物，有的动物可能会出现过敏。

【措施6】拜有利（恩诺沙星）注射液

1毫升/千克，皮下注射/肌内注射，每日1次。

注意事项：勿用于 12 月龄前的犬或未发育成熟的犬及软骨损伤动物；禁用于妊娠期或哺乳期动物。

【措施 7】替卡西林钠-克拉维酸钾

犬：40～50 毫克/千克，静脉滴注，每日 3～4 次。

注意事项：妊娠期或哺乳期动物慎用。

【措施 8】甲硝唑

犬：10～30 毫克/千克，口服，每日 1～2 次，连用 5～7 天。

猫：10～25 毫克/千克，口服，每日 1～2 次，连用 5 天。

注意事项：本品毒性较小，其代谢物常使尿液呈红棕色；当剂量过大，易出现舌炎、胃炎、恶心、呕吐、白细胞减少甚至神经症状，但均能耐过。哺乳期及妊娠早期动物不用为宜。

【措施 9】阿莫西林-克拉维酸钾

12～22 毫克/千克，口服，每日 2～3 次。

注意事项：本品为青霉素类药物，有的动物可能会出现过敏。

【措施 10】头孢菌素 I

22 毫克/千克，口服，每日 3 次。

注意事项：现配现用，对肾功能不全动物应调整剂量。

【措施 11】利福平

10～20 毫克/千克，口服，每日 2～3 次。

注意事项：禁用于妊娠期动物或幼龄动物。

【措施 12】环丙沙星

5～10 毫克/千克，口服，每日 2 次；2～2.5 毫克/千克，肌内注射，每日 2 次。

注意事项：禁用于妊娠期或哺乳期动物。

【措施 13】马波沙星

犬、猫 2 毫克/千克，每日一次，犬皮肤和软组织感染，至少持续用药 5 日，可根据病程最长延至 40 日；犬尿路感染，至少持续用药 10 日，可根据病程最长延至 28 日。猫皮肤和软组织感染，给药期为 3～5 日。

注意事项：推荐剂量使用时，未见不良反应；偶有呕吐、粪便变软、饮水变化或出现短暂的兴奋，这些症状在治疗结束后会自行消失，无需刻意停止治疗；氟喹诺酮类药物可能会对幼犬的关节软骨造成侵蚀，给幼犬用药时应准确剂量并小心看护；氟喹诺酮类药物具有潜在的神经副作用，对患有癫痫的犬、猫慎用。不可用于小于 12 月龄的犬或小于 18 月龄的大型犬；不推荐用于小于 16 周龄的猫。

十一、湿疹

1. 概念

湿疹是一种皮肤的表皮细胞对致敏物质产生的炎症反应，发病时出现丘疹、红斑、痂皮、水疱、糜烂等皮肤伤，并有热、痛、痒症状的疾病。

2. 临床诊断

（1）皮肤上出现红疹或者丘疹。

（2）形成小水疱，水疱破溃后，局部糜烂。

（3）皮肤增厚、苔藓化，有皮屑，瘙痒。

（4）病犬的鼻部等处发生狼疮，患部结痂，鼻镜部出现脱色素和溃疡。

3. 用药指南

（1）用药原则　治疗以止痒、消炎、脱敏、加强营养并且保持环境的洁净为原则。

（2）用药方法（根据临床症状、实验室检查结果等临床实际病情的需要选择以下措施进行治疗）

【措施1】苯海拉明

2毫克/千克，口服/肌内注射/静脉滴注，速度缓慢。

注意事项：禁止过量使用。

【措施2】扑尔敏

犬：0.5毫克/千克，口服，每日2～3次。

猫：2～4毫克，口服，每日2次。

注意事项：幼龄动物和怀孕母畜禁用。

【措施3】醋酸氟轻松

外用，每日2次。

注意事项：治疗期间避免舔舐患处。

【措施4】地塞米松

抗炎：0.01～0.16毫克/千克，静脉注射/肌内注射/口服，每日1次，最多用药3～5天。

预防并治疗过敏症：0.5毫克/千克，静脉注射。

注意事项：幼犬、猫禁用；心脏病动物禁用；使用此药时应适量补充钙、磷；若长时间使用此药，应逐步减少药物使用量；严禁与水杨酸钠同用。

【措施5】泼尼松龙

1～2毫克/千克，口服/肌内注射，每日1～2次。

注意事项：糖皮质激素，用于过敏性及自身免疫性炎症。治疗期间避免舔舐患处。

【措施6】氢化可的松

4毫克/千克，口服，每日1次。

注意事项：用于犬过敏性和瘙痒性皮肤病的对症治疗。治疗期间避免舔舐患处。

【措施7】维生素 B_1、维生素 C

口服/肌内注射。

注意事项：维生素 B_1 在碱性溶液中易分解，与碱性药物如碳酸氢钠、枸橼酸钠配伍，易引起变质。

【措施8】可立净

取适量本品，以覆盖住伤口为标准，每周数次，或遵医嘱。

【措施9】夫西地酸软膏

本品应局部涂于患处，并缓和地摩擦；必要时可用多孔绷带包扎患处，每日2～3次，7天为一疗程，必要时可重复一个疗程。

【措施10】可鲁凝胶

皮肤创面感染：每日 3～4 次。

注意事项：本品勿与碘制剂、双氧水、重金属离子等物质接触。

【措施 11】皮炎平

患部涂抹，每日 2～3 次，皮肤破溃禁用。

注意事项：治疗期间避免舔舐患处。

十二、皮炎

1. 概念

皮炎是指皮肤真皮和表皮的炎症。引起皮炎的因素很多，涉及外界刺激剂、烧灼、外伤、过敏原、细菌、真菌、外寄生虫等病因。

2. 临床诊断

（1）皮肤瘙痒。

（2）皮肤水肿、丘疹、水疱、渗出或者结痂、鳞屑等。

（3）慢性皮炎以皮肤裂开和红疹、丘疹减少为主。

3. 用药指南

（1）用药原则　以消除病因、局部和全身抗炎、对症治疗为原则。

（2）用药方法（根据临床症状、实验室检查结果等临床实际病情的需要选择以下措施进行治疗）

【措施 1】醋酸氟轻松

外用，每日 2 次。

注意事项：不能长期、大面积应用。如伴有皮肤感染，必须同时使用抗感染药物。如同时使用后，感染的症状没有及时改善，应停用本药直至感染得到控制。

【措施 2】地塞米松

抗炎：0.01～0.16 毫克/千克，静脉注射/肌内注射/口服，每日 1 次，最多用药 3～5 天。

预防并治疗过敏症：0.5 毫克/千克，静脉注射。

注意事项：用于过敏性与自身免疫性炎症性疾病。治疗期间避免舔舐患处。

【措施 3】泼尼松龙

1 毫克/千克，口服/肌内注射，每日 1～2 次。

【措施 4】甲基醋酸泼尼松

外用，每日 2 次。

注意事项：治疗期间避免舔舐患处。限制动物四肢搔抓，带伊丽莎白圈，防止动物啃咬。

【措施 5】舒肤喷剂

外用喷雾，直接喷于所需部位，每天使用 1～2 次，若喷雾面积较大，可酌情加量，连续使用 1 周左右。

注意事项：本品外用，禁止口服，置于儿童不易触及处。不可与阴离子表面活性剂混用。避免犬、猫舔食。

十三、黑色棘皮症

1. 概念

黑色棘皮症是多种病因导致皮肤中色素沉着和棘细胞层增厚的临床综合征。主要见于犬，尤其是德国猎犬。

2. 临床诊断

（1）皮肤瘙痒和苔藓化。
（2）皮肤有红斑、脱毛、皮肤增厚和色素沉着。
（3）皮肤表面常见油脂多或者出现蜡样物质。
（4）主要病患部位是背部、腹部、前后肢内侧和股后部。

3. 用药指南

（1）用药原则　治疗以调节内分泌、调整饮食营养为原则。
（2）用药方法（根据临床症状、实验室检查结果等临床实际病情的需要选择以下措施进行治疗）

【措施1】褪黑激素

3～6毫克，口服，每日2～3次，连用4～6周。

注意事项：服用褪黑激素不能同时服用阿司匹林。

【措施2】维生素E

200单位，口服，每日2次，连用1～2月。

注意事项：摄入大剂量维生素E可妨碍其他脂溶性维生素的吸收和功能。

【措施3】泼尼松龙

0.5毫克/千克，口服，每日2次，连用5～10天，后逐减。

注意事项：糖皮质激素，用于过敏性及自身免疫性炎症疾病。泼尼松龙过量服用会导致瘙痒、癫痫、听力丧失、虚弱、焦虑、抑郁、高血压或心脏病。

第十五章 眼和耳疾病

第一节 眼病

一、睫毛生长异常

1. 概念

睫毛生长异常是一种眼睫毛生长的位置或者方向不正常的现象，一般分为先天性的和后天因为受伤或者眼部疾病引起的睫毛生长异常。

2. 临床诊断

（1）睫毛生长异常包括倒睫、双行睫、双生睫和睫毛异位。

（2）多发生于可卡、西施、圣伯纳、金毛等。

（3）患眼流泪、眼睑痉挛、结膜充血、角膜炎、角膜混浊，甚至角膜溃疡等。

3. 用药指南

（1）用药原则　无临床症状的睫毛异常生长，无需治疗。

发生慢性角膜炎或角膜溃疡时，进行滴眼抗菌，必要时手术治疗。

（2）用药方法（根据临床症状、实验室检查结果等临床实际病情的需要选择以下措施进行治疗）

【措施1】泰利必妥滴眼液

每日 20 次以上，点眼。

注意事项：既往有中枢神经系统损伤、易诱发痉挛动物不宜使用。治疗期间避免动物抓挠眼睛。

【措施2】托百士

每日 20 次以上，点眼。

注意事项：不能用于眼内注射。如果出现过敏，应停止用药。治疗期间避免动物抓挠眼睛。

【措施3】辉瑞眼膏

把适量辉瑞眼膏涂抹于犬、猫眼球表面或眼睑，每天 2～4 次。

注意事项：治疗期间避免动物抓挠眼睛。避免管嘴与感染部位直接接触。

【措施4】红霉素眼膏

每日2～3次，眼用。

注意事项：治疗期间避免动物抓挠眼睛。

【措施5】贝复舒

每次1～2滴，每日4～6次，点眼。

注意事项：治疗期间避免动物抓挠眼睛。

【措施6】硫酸新霉素滴眼液

点眼，谨遵医嘱。

【措施7】双氯芬酸钠滴眼液

每日4～6次，点眼。

注意事项：避免与其他非甾体抗炎药，包括选择性COX-2抑制剂合并用药。避光，密封，在阴凉处保存。

【措施8】眼净（清洁舒缓洗眼液）

冲洗眼部：轻压瓶身将液体倒出覆盖眼部，用清洁的布擦拭脏污和多余液体。如有必要，可多次使用。

清洁眼周：将液体倒于干净的布上，轻轻擦拭眼周直至清洁。

二、眼睑内翻

1. 概念

眼睑内翻是指眼睑缘向眼球方向内卷。可能一边或两边眼睑内翻，也可能一侧或两侧眼发病，引起流泪与结膜炎，甚至引起角膜炎和角膜溃疡。

2. 临床诊断

（1）一侧或两侧睑内翻。
（2）可出现眼睑痉挛、流泪、结膜充血。
（3）可出现角膜血管增生、色素沉着及角膜溃疡。

3. 用药指南

（1）用药原则　确定内翻病因，出现角膜损伤立即手术。使用滴眼液缓解眼部症状。
（2）用药方法（根据临床症状、实验室检查结果等临床实际病情的需要选择以下措施进行治疗）

【措施1】泰利必妥滴眼液

每日20次以上，点眼。

注意事项：既往有中枢神经系统损伤、易诱发痉挛动物不宜使用。治疗期间避免动物抓挠眼睛。

【措施2】托百士

每日20次以上，点眼。

注意事项：不能用于眼内注射。如果出现过敏，应停止用药。治疗期间避免动物抓挠眼睛。

【措施3】辉瑞眼膏

把适量辉瑞眼膏涂抹于犬、猫眼球表面或眼睑，每天2～4次。

注意事项：治疗期间避免动物抓挠眼睛。避免管嘴与感染部位直接接触。

【措施4】红霉素眼膏

每日2～3次，眼用。

注意事项：治疗期间避免动物抓挠眼睛。

【措施5】贝复舒

每次1～2滴，每日4～6次，点眼。

注意事项：治疗期间避免动物抓挠眼睛。

【措施6】硫酸新霉素滴眼液

点眼，谨遵医嘱。

【措施7】双氯芬酸钠滴眼液

每日4～6次，点眼。

注意事项：避免与其他非甾体抗炎药，包括选择性COX-2抑制剂合并用药。避光，密封，在阴凉处保存。

【措施8】氟米龙滴眼液

用时充分摇匀，一般1次1～2滴，1日滴眼2～4次。可根据年龄、症状适当增减。

注意事项：密封容器，1～30℃保存。本品可因保管方式不当导致摇混时粒子不易分散，因此需要向上直立保管。

三、眼睑外翻

1. 概念

眼睑外翻是一种眼睑向外发生不同程度的翻转现象，一般会出现这种情况的是下眼睑。眼睑外翻如果不及时治疗，会导致患犬、猫的眼睛容易出现结膜炎、角膜炎等。

2. 临床诊断

（1）眼睑缘离开眼球表面，呈不同程度的向外翻转。

（2）结膜因暴露而充血、潮红、肿胀、流泪，结膜内有渗出液积聚。

（3）病程长的结膜变粗糙及肥厚，也可因眼睑闭合不全而发生色素性结膜炎、角膜炎。

（4）角膜干燥、粗糙，影响视力。

3. 用药指南

（1）用药原则　滴眼，缓解眼部症状，手术治疗是根本的治疗方法。

（2）用药方法（根据临床症状、实验室检查结果等临床实际病情的需要选择以下措施进行治疗）

【措施1】泰利必妥滴眼液

每日20次以上，点眼。

注意事项：既往有中枢神经系统损伤、易诱发痉挛动物不宜使用。治疗期间避免动物抓挠眼睛。

【措施2】托百士

每日20次以上，点眼。

注意事项：不能用于眼内注射。如果出现过敏，应停止用药。治疗期间避免动物抓挠眼睛。

【措施3】辉瑞眼膏

把适量辉瑞眼膏涂抹于犬猫眼球表面或眼睑，每天2～4次。

注意事项：治疗期间避免动物抓挠眼睛。避免管嘴与感染部位直接接触。

【措施4】红霉素眼膏

每日2～3次，眼用。

注意事项：治疗期间避免动物抓挠眼睛。

【措施5】贝复舒

每次1～2滴，每日4～6次，点眼。

注意事项：治疗期间避免动物抓挠眼睛。

【措施6】硫酸新霉素滴眼液

点眼，谨遵医嘱。

【措施7】双氯芬酸钠滴眼液

每日4～6次，点眼。

注意事项：避免与其他非甾体抗炎药，包括选择性COX-2抑制剂合并用药。避光，密封，在阴凉处保存。

四、眼睑炎

1. 概念

眼睑炎是一种在睑板腺分泌过多的情况下，出现细菌感染，导致眼睑出现急性或慢性炎症的反应。眼睑炎一般会伴随着结膜炎和睑板腺炎的症状。

2. 临床诊断

（1）急性眼睑炎眼睑缘及周围眼睑充血、肿胀、有黄色痂皮形成，剥掉痂皮后暴露出睫毛根部的小脓疱。

（2）眼睑结膜充血、水肿，在睑缘结膜面可能有小米粒大小的灰黄色脓点，从内眼角流出脓性分泌物。

（3）炎症转为慢性后，睑缘糜烂或溃疡，睫毛脱落，睑缘增厚变形，外翻或外旋，睫毛乱生，泪溢。

3. 用药指南

（1）用药原则　清洗眼睛及眼周，使用抗生素滴眼液缓解症状。

（2）用药方法（根据临床症状、实验室检查结果等临床实际病情的需要选择以下措施进行治疗）

【措施1】生理盐水

洗涤眼睑缘，清除睑缘的痂皮和鳞屑，每日2～3次。

注意事项：用药部位如有烧灼感、瘙痒、红肿等情况应停药，并将局部药物洗净。

【措施 2】眼净（清洁舒缓洗眼液）

冲洗眼部：轻压瓶身将液体倒出覆盖眼部，用清洁的布擦拭脏污和多余液体。如有必要，可多次使用。

清洁眼周：将液体倒于干净的布上，轻轻擦拭眼周直至清洁。

【措施 3】辉瑞眼膏

把适量辉瑞眼膏涂抹于犬、猫眼球表面或眼睑，每天 2～4 次。

注意事项：治疗期间避免动物抓挠眼睛。避免管嘴与感染部位直接接触

【措施 4】红霉素眼膏

每日 2～3 次，眼用。

注意事项：治疗期间避免动物抓挠眼睛。

【措施 5】硫酸新霉素滴眼液

点眼，谨遵医嘱。

【措施 6】双氯芬酸钠滴眼液

每日 4～6 次，点眼。

注意事项：避免与其他非甾体抗炎药，包括选择性 COX-2 抑制剂合并用药。避光，密封，在阴凉处保存。

【措施 7】速诺（阿莫西林-克拉维酸钾混悬剂）

0.1 毫升/千克，每天 1 次，连用 3～5 天，肌内注射/皮下注射。

注意事项：避光，密闭；摇匀使用。

五、睑腺炎

1. 概念

睑腺炎是一种在睑板腺分泌过多的情况下，出现细菌感染，导致眼睑出现急性或慢性炎症的反应。睑腺炎一般会伴随着结膜炎和睑腺炎的症状。需要及时治疗，避免继发感染。

2. 临床诊断

（1）睑缘的皮肤或睑结膜呈局限性红肿，触之有硬结及压痛。

（2）外麦粒肿时，外睑缘有隆起疼痛性脓疱，内麦粒肿隆起比较小。

（3）严重者可引起眼睑蜂窝织炎。

3. 用药指南

（1）用药原则　抗生素治疗或手术治疗。脓肿尚未形成之前不可过早切开或任意用力挤压，以免感染扩散导致眶蜂窝织炎或败血症。

（2）用药方法（根据临床症状、实验室检查结果等临床实际病情的需要选择以下措施进行治疗）

【措施 1】泰利必妥滴眼液

每日 20 次以上，点眼。

注意事项：既往有中枢神经系统损伤、易诱发痉挛动物不宜使用。治疗期间避免动物抓

挠眼睛。

【措施2】托百士

每日 20 次以上，点眼。

注意事项：不能用于眼内注射。如果出现过敏，应停止用药。治疗期间避免动物抓挠眼睛。

【措施3】辉瑞眼膏

把适量辉瑞眼膏涂抹于犬、猫眼球表面或眼睑，每天 2～4 次。

注意事项：治疗期间避免动物抓挠眼睛。避免管嘴与感染部位直接接触。

【措施4】红霉素眼膏

每日 2～3 次，眼用。

注意事项：治疗期间避免动物抓挠眼睛。

【措施5】贝复舒

每次 1～2 滴，每日 4～6 次，点眼。

注意事项：治疗期间避免动物抓挠眼睛。

【措施6】硫酸新霉素滴眼液

点眼，谨遵医嘱。

【措施7】双氯芬酸钠滴眼液

每日 4～6 次，点眼。

注意事项：避免与其他非甾体抗炎药，包括选择性 COX-2 抑制剂合并用药。避光，密封，在阴凉处保存。

六、第三眼睑腺脱出

1. 概念

第三眼睑腺脱出也叫做犬、猫樱桃眼，是一种由于腺体过于肥大，生长体积越过第三眼睑缘，然后突出在眼球表面的症状。

2. 临床诊断

（1）眼内出现小块粉红色椭圆形软组织。

（2）脱出物呈暗红色、破溃。

3. 用药指南

（1）用药原则　由于炎性反应而发生的脱出，治疗时抗生素眼药水点眼 2～3 天即可治愈，不需进行手术治疗。

（2）用药方法（根据临床症状、实验室检查结果等临床实际病情的需要选择以下措施进行治疗）

【措施1】泰利必妥滴眼液

每日 20 次以上，点眼。

注意事项：癫痫、既往有中枢神经系统损伤、易诱发痉挛动物不宜使用。

【措施2】托百士

每日 20 次以上，点眼。

注意事项：不能用于眼内注射。局部用氨基糖苷类抗生素可能会产生过敏反应。如果出现过敏，应停止用药。

【措施 3】红霉素眼药水

每日 20 次以上，外用滴眼。

七、结膜炎

1. 概念

结膜炎是一种睑结膜和球结膜遭受传染病、过敏或眼睛相邻部位组织炎症引起的眼部感染。结膜炎的症状通常为怕光、流眼泪、眼睛泛红、眼皮肿胀。

2. 临床诊断

（1）卡他性结膜炎　结膜潮红，肿胀，充血，眼内角流出多量浆液或浆液黏液性分泌物。

（2）化脓性结膜炎　眼内流出多量脓性分泌物，上、下眼睑常粘在一起，而并发角膜浑浊、眼球粘连及眼睑湿疹等。

（3）滤泡性结膜炎　球结膜水肿、充血和有浆液黏液性分泌物，几天后其分泌物变为脓性黏液。

（4）炎症期第三眼睑内出现大小不等的鲜红色或暗红色颗粒（淋巴滤泡），偶尔在穹窿结膜处见有淋巴滤泡。

3. 用药指南

（1）用药原则　清洗眼周，消炎抗感染，避免直视阳光等刺激眼部光源。

（2）用药方法（根据临床症状、实验室检查结果等临床实际病情的需要选择以下措施进行治疗）

【措施 1】眼净（清洁舒缓洗眼液）

冲洗眼部：轻压瓶身将液体倒出覆盖眼部，用清洁的布擦拭脏污和多余液体。如有必要，可多次使用。

清洁眼周：将液体倒于干净的布上，轻轻擦拭眼周直至清洁。

【措施 2】辉瑞眼膏

把适量辉瑞眼膏涂抹于犬、猫眼球表面或眼睑，每天 2～4 次。

注意事项：治疗期间避免动物抓挠眼睛。避免管嘴与感染部位直接接触。

【措施 3】红霉素眼膏

每日 2～3 次，眼用。

注意事项：治疗期间避免动物抓挠眼睛。

【措施 4】硫酸新霉素滴眼液

点眼，谨遵医嘱。

【措施 5】双氯芬酸钠滴眼液

每日 4～6 次，点眼。

注意事项：避免与其他非甾体抗炎药，包括选择性 COX-2 抑制剂合并用药。避光，密封，在阴凉处保存。

【措施6】速诺（阿莫西林-克拉维酸钾混悬剂）

0.1毫升/千克，每天1次，连用3～5天，肌内注射/皮下注射。

注意事项：避光，密闭；摇匀使用。

【措施7】普罗碘铵

0.05克/次，每日2～3次，结膜下注射。

注意事项：因本品能刺激组织水肿，一般不用于病变早期。

【措施8】地塞米松

抗炎：0.01～0.16毫克/千克，静脉注射/肌内注射/口服，每日1次，最多用药3～5天。

预防并治疗过敏症：0.5毫克/千克，静脉注射。

注意事项：幼犬、猫禁用；心脏病动物禁用；使用此药时应适量补充钙、磷；若长时间使用此药，应逐步减少药物使用量；严禁与水杨酸钠同用。

八、角膜炎

1. 概念

角膜炎是一种眼角膜因为外界刺激而引起的炎症反应，发生角膜混浊、角膜缺损或溃疡。

2. 临床诊断

（1）羞明、流泪、疼痛、眼睑闭合、角膜混浊、角膜缺损或溃疡。

（2）轻度角膜炎在阳光斜照下可见到角膜表面粗糙不平。

（3）外伤性角膜炎，角膜可见有伤痕、浅创、深创或贯通创。

（4）慢性浅表性角膜炎一般双眼发病，结膜增生、血管形成，伴有色素沉着，呈"肉色"血管翳，并向中心进展，逐渐遮住整个角膜，最终导致失明。

（5）间质性角膜炎，角膜周边形成环状血管带，呈毛刷状。

（6）溃疡性角膜炎的角膜溃疡，可见角膜表层或深层不规则的缺损，形成脓肿，脓肿破溃后便形成溃疡。

3. 用药指南

（1）用药原则　以去除病因、消除炎症为原则。

（2）用药方法（根据临床症状、实验室检查结果等临床实际病情的需要选择以下措施进行治疗）

【措施1】硼酸

3%溶液，冲洗患眼，每日2～3次。

注意事项：用药部位如有烧灼感、瘙痒、红肿等情况应停药，并将局部药物洗净，必要时向医师咨询。

【措施2】泰利必妥滴眼液

每日20次以上，点眼。

注意事项：癫痫、既往有中枢神经系统损伤、易诱发痉挛动物不宜使用。

【措施 3】托百士

每日 20 次以上，点眼。

注意事项：不能用于眼内注射。局部用氨基糖苷类抗生素可能会产生过敏反应。如果出现过敏，应停止用药。

【措施 4】氯霉素眼药水

每日 20 次以上，外用滴眼。

注意事项：注意做好眼部护理。治疗期间避免抓挠患部。

【措施 5】硫酸阿托品

1％，每日 1～2 次，点眼。

注意事项：对其他颠茄生物碱不耐受动物，对本品也不耐受。

【措施 6】半胱氨酸

20％溶液，每日 4 次，滴眼。

注意事项：注意做好眼部护理。治疗期间避免抓挠患部。

【措施 7】甲基纤维素

0.5％～1％，每日数次，点眼。

注意事项：注意做好眼部护理。治疗期间避免抓挠患部。

【措施 8】贝复舒

每次 1～2 滴，每日 4～6 次，点眼。

【措施 9】丁胺卡那霉素

5～15 毫克/千克，每日 1～3 次，皮下注射。

注意事项：配制静脉用药时，每 500 毫克加入氯化钠注射液或 5％葡萄糖注射液或其他灭菌稀释液 100～200 毫升。

【措施 10】速诺（阿莫西林-克拉维酸钾混悬剂）

0.1 毫升/千克，每天 1 次，连用 3～5 天，肌内注射/皮下注射。

注意事项：避光，密闭；摇匀使用。

【措施 11】地塞米松

抗炎：0.01～0.16 毫克/千克，静脉注射/肌内注射/口服，每日 1 次，最多用药 3～5 天。

预防并治疗过敏症：0.5 毫克/千克，静脉注射。

注意事项：幼犬、猫禁用；心脏病动物禁用；使用此药时应适量补充钙、磷；若长时间使用此药，应逐步减少药物使用量；严禁与水杨酸钠同用。

九、白内障

1. 概念

白内障是指晶状体囊或晶状体发生浑浊而使视力发生障碍的一种疾病，犬、猫均可发生。

2. 临床诊断

（1）初发期和未成熟期

① 晶体及其囊膜发生轻度病变，呈局灶性浑浊或逐步扩散。

② 晶体皮质吸收水分而膨胀，某些晶体皮质仍有透明区。

③ 有眼底反射，需用检眼镜或手电筒方能查出。

（2）成熟期

① 晶状体全部浑浊，所有皮质肿胀，无清晰区可见。

② 眼底反射消失，临床上发现一眼或两眼瞳孔呈灰白色（白瞳症）。

③ 视力减退，前房变浅，检眼镜检查，看不见眼底，伴有前色素层炎。

④ 宠物活动减少，行走不稳，在熟悉的环境内也碰撞物体。

（3）过熟期

① 晶状体液体消失，晶体缩小，囊膜皱缩，皮质液化分解，晶体核下沉。

② 患眼失明，前房变深，晶体前囊皱缩，可继发青光眼。

③ 严重的导致悬韧带断裂，晶体不全脱位或全脱位。

3. 用药指南

（1）用药原则　对症治疗，抗菌消炎。目前临床上使用的抗白内障药物疗效均不十分确切，药物治疗一般无效。

（2）用药方法（根据临床症状、实验室检查结果等临床实际病情的需要选择以下措施进行治疗）

① 基本用药，对症治疗

【措施1】硫酸阿托品

1%，每小时1～2次，点眼。

注意事项：眼部用药后可能产生皮肤、黏膜干燥，发热，瞳孔扩大，心动过速等现象。少数动物眼睑出现发痒、红肿、结膜充血等过敏现象，应立即停药。

【措施2】白内停

每日3～4次，点眼。

注意事项：避光，密闭保存；用前充分摇匀。

② 抗菌用药，防止继发感染

【措施1】醋酸可的松青霉素溶液

每毫升含可的松10毫克、青霉素1000单位，每日3～4次，点眼。

注意事项：不能长期、大量使用。

【措施2】红霉素眼膏

每小时2～3次，眼用。

注意事项：可出现眼部刺激、发红及其他过敏反应。

十、青光眼

1. 概念

青光眼是一类以病理性高眼压、引起视神经萎缩和视野缺损为共同特征的疾病。

2. 临床诊断

（1）早期

① 泪溢、轻度眼睑痉挛、结膜充血。

② 瞳孔有反射，视力未受影响，眼轻微或无疼痛。

（2）中期

① 眼内压增高，眼球增大，视力大为减弱，虹膜及晶状体向前突出，从侧面观察可见到角膜向前突出，眼前房缩小，瞳孔散大，失去对光的反射能力。

② 滴入缩瞳剂（1%～2%毛果芸香碱溶液）时，瞳孔仍保持散大，或者收缩缓慢，但晶状体没有变化。

③ 在暗室或阳光下常可见患眼表现为绿色或淡青绿色。

④ 最初角膜可能是透明的，后则变为毛玻璃状，并比正常的角膜要凸出些。

（3）晚期

① 患病动物晚期眼球显著增大凸出，眼压明显升高，指压眼球坚硬。

② 瞳孔散大固定，光反射消失，散瞳药不敏感，缩瞳药无效。

③ 角膜水肿、浑浊，晶状体悬韧带变性或断裂，引起晶状体全脱位或不全脱位。

④ 视神经乳头萎缩、凹陷，视神经乳头呈苍白色，视网膜变性，视力完全丧失。患病动物两眼失明时，两耳会转向倾听，运步蹒跚，乱走，甚至撞墙。

3. 用药指南

（1）用药原则　目前没有特效治疗方法，对症治疗。

（2）用药方法（根据临床症状、实验室检查结果等临床实际病情的需要选择以下措施进行治疗）

① 基本用药，对症治疗

【措施1】甘露醇

20%，1～2克/千克，静脉滴注，3～5分钟注完。

注意事项：心肺功能、肾功能差的动物慎用。

【措施2】甘油

50%，1～2克/千克，8小时后重复用1次，静脉慢推或口服。

注意事项：不可以长期使用。

【措施3】二氯磺胺、乙酰唑胺和醋甲唑胺

二氯磺胺10～30毫克/千克，乙酰唑胺2～4毫克/千克，醋甲唑胺2～4毫克/千克，每日2～3次，口服。

注意事项：以上3种药物，肝肾功能差的动物慎用。

【措施4】硝酸毛果芸香碱溶液

1%～2%，每日3～4次，滴眼。

注意事项：避光，密闭保存，不超过20℃。

【措施5】硫酸阿托品

1%，每日1～2次，点眼。

注意事项：眼部用药后可能产生皮肤、黏膜干燥，发热，瞳孔扩大，心动过速等现象。少数动物眼睑出现发痒、红肿、结膜充血等过敏现象，应立即停药。

② 抗菌用药，防止继发感染

【措施1】硫酸新霉素眼药水

外用滴眼，每日20次以上。

注意事项：遮光，密闭，在阴凉处保存。

【措施2】红霉素眼膏

每日2～3次，眼用。

注意事项：可出现眼部刺激、发红及其他过敏反应。

十一、视神经炎

1. 概念

视神经炎是视神经任何部位发炎的总称，泛指视神经的炎性脱髓鞘、感染、非特异性炎症等疾病。视神经炎是一种十分严重的眼病，常导致双眼突然失明，犬较多发生。

2. 临床诊断

（1）临床检查外部表现　临床检查表现为急性双眼失明，眼睛睁大、凝视，瞳孔散大、固定、丧失对光反应。

（2）眼底检查内部表现　眼底检查有时可见视乳头充血、肿胀、边缘模糊不清，视乳头周围视网膜剥离。

3. 用药指南

（1）用药原则　抗菌消炎，迅速减轻或消除炎症，防止视神经变性和视力的不可逆性损害。

（2）用药方法（根据临床症状、实验室检查结果等临床实际病情的需要选择以下措施进行治疗）

【措施1】强的松龙

1～3毫克/千克，每日2次，连用3周，口服。

注意事项：糖皮质激素类药物，不可长期使用。

【措施2】复合维生素B

片剂，1～2片/次，每日3次，口服；针剂，0.5～2毫升/次，肌内注射。

注意事项：遮光，密闭保存，10～30℃。

【措施3】氯霉素眼药水

每日20次以上，外用滴眼。

注意事项：可有眼部刺激、过敏反应等。

【措施4】红霉素眼膏

每日2～3次，眼用。

注意事项：可出现眼部刺激、发红及其他过敏反应。

【措施5】泰利必妥滴眼液

每日20次以上，点眼。

注意事项：喹诺酮类药物，注意使用剂量，孕畜慎用。

十二、前色素层炎

1. 概念

前色素层炎又叫做虹膜睫状体炎。眼球壁的中间层是葡萄膜，它的前部是虹膜（眼睛里的棕色环状结构）和睫状体。当各种原因所诱发的炎症累及虹膜和睫状体时，就会导致虹膜睫状体炎（前色素层炎）。

2. 临床诊断

（1）急性症状表现为泪溢、眼睑痉挛、畏光、视力减退、角膜水肿、浑浊和血管增生、球结膜水肿和充血等。

（2）慢性症状表现为虹膜萎缩、变薄、呈透明样，瞳孔缩小、对光反应迟钝。

（3）严重症状表现为并发虹膜前、后粘连，青光眼和白内障等。

3. 用药指南

（1）用药原则　对症治疗，控制细菌继发感染，一旦发现本病，应立即使用散瞳药，防止虹膜粘连，恢复血管的通透性，减少渗出，解痉止痛。

（2）用药方法（根据临床症状、实验室检查结果等临床实际病情的需要选择以下措施进行治疗）

① 对症治疗

【措施1】硫酸阿托品

1％，每小时1次，滴眼。

注意事项：眼部用药后可能产生皮肤、黏膜干燥，发热，瞳孔扩大，心动过速等现象。少数动物眼睑出现发痒、红肿、结膜充血等过敏现象，应立即停药。

【措施2】醋酸氢化可的松眼药水

每2～4小时1次，点眼。

注意事项：使用前摇匀，不能长期、大量使用。有细菌感染时，可与抗生素合用。

【措施3】地塞米松

每日1～2毫克，滴眼或球结膜下注射。

注意事项：糖皮质激素类药物，不可长时间、大量使用。

【措施4】阿司匹林

0.2～1克/次，口服。

注意事项：密封，在干燥处保存。

② 抗菌消炎

【措施1】氯霉素眼药水

每日20次以上，外用滴眼。

注意事项：可有眼部刺激、过敏反应等。

【措施2】红霉素眼膏

每日2～3次，眼用。

注意事项：可出现眼部刺激、发红及其他过敏反应。

【措施 3】泰利必妥滴眼液

每日 20 次以上，点眼。

注意事项：喹诺酮类药物，注意使用剂量，孕畜慎用。

十三、泪道堵塞

1. 概念

泪道系统从泪小点开始，经过泪小管进入泪总管，再汇合至泪囊，最后进入鼻泪管，形成泪道流出系统，其中任何环节出现堵塞，均可导致泪道堵塞，流泪受阻，泪液就会直接从动物的眼结膜囊溢出，还会发生泪溢现象。

2. 临床诊断

（1）先天性泪道堵塞表现为流泪。

（2）后天性泪道堵塞表现为眼部结膜发红、眼部受到外伤、眼部肿胀、流泪等。

（3）异物性泪道堵塞 某些小型观赏犬如贵妇犬、西施犬的头部垂毛等异物也会刺激或堵塞泪道，导致异物性泪道堵塞，引起动物泪溢。

3. 用药指南

（1）用药原则 根据病因，采用不同的治疗方法，疏通泪道后，及时进行抗菌消炎。

（2）用药方法（根据临床症状、实验室检查结果等临床实际病情的需要选择以下措施进行治疗）

【措施 1】醋酸氢化可的松眼药水

每 2～4 小时 1 次，点眼。

注意事项：使用前摇匀，不能长期、大量使用。有细菌感染时，可与抗生素合用。

【措施 2】地塞米松

每日 1～2 毫克，滴眼或球结膜下注射。

注意事项：糖皮质激素类药物，不可长时间、大量使用。

第二节　耳病

一、耳血肿

1. 概念

耳血肿是指在外力作用下耳部血管破裂，血液积聚于耳郭皮肤与耳软骨之间形成的肿胀，多指耳郭内侧皮下出血引起的肿胀。垂耳品种犬易发，但竖耳犬和猫也常有发生。

2. 临床诊断

（1）损伤性耳血肿

① 耳朵有外伤、创伤。

② 耳部充血肿胀。

③ 触诊有弹性、波动感。

（2）病原性耳血肿

① 发病后动物耳郭内侧迅速肿胀，严重者波及整个耳郭。

② 肿胀处呈现紫褐色。

③ 病初触诊有弹性、波动感，以后触之温热、疼痛。

④ 穿刺可见有血色液体流出。

3. 用药指南

（1）用药原则　及时做好注射器穿刺等方法消除动物耳部血肿积液后的抗菌消炎。

（2）用药方法（根据临床症状、实验室检查结果等临床实际病情的需要选择以下措施进行治疗）

【措施1】氯霉素滴耳液

每日10～20次，冲洗耳部创口。

注意事项：可有耳部刺激、过敏反应等。

【措施2】甲硝唑、庆大霉素、利多卡因

甲硝唑100毫升、庆大霉素40万单位、利多卡因20毫升混合药液，冲洗耳郭。

注意事项：让患病动物佩戴伊丽莎白项圈，防止其抓挠耳部，造成进一步损伤。

二、耳的撕裂创

1. 概念

动物的耳部因受外伤导致耳郭撕裂所造成的创伤叫做耳的撕裂创。多由于打斗、咬架、戏耍、挤压等外伤而引起，轻者受伤耳出现裂口，重者有组织缺损，甚至耳郭部分完全断离。

2. 临床诊断

（1）耳的表皮撕裂创

① 耳部轻微出血。

② 触之疼痛不安。

（2）耳的软骨损伤撕裂创

① 耳部软骨外漏。

② 耳部流血。

③ 不让触碰。

（3）耳的完全穿透性撕裂创

① 耳部部分或全部缺失。

② 动物躁动不安、不停摇头、疼痛呻吟等。

3. 用药指南

（1）用药原则　抗菌消炎，防止继发感染。外伤后应立即清创缝合，术后应用抗生素进行消炎和预防继发感染。

（2）用药方法（根据临床症状、实验室检查结果等临床实际病情的需要选择以下措施进行治疗）

【措施1】氨苄西林

20～30毫克/千克，每日2～3次，肌内注射。

注意事项：在用药过程中应注意观察，如出现过敏反应，应立即停止用药，进行对症治疗。反应严重的，应立即注射肾上腺素、肾上腺糖皮质激素进行抢救。

【措施2】氯霉素滴耳液

每日10～20次，冲洗耳部创口。

注意事项：可有耳部刺激、过敏反应等。

【措施3】甲硝唑、庆大霉素、利多卡因

甲硝唑100毫升、庆大霉素40万单位、利多卡因20毫升混合药液，冲洗耳郭。

注意事项：让患病动物佩戴伊丽莎白项圈，防止其抓挠耳部，造成进一步损伤。

三、外耳炎

1. 概念

外耳炎是指动物外耳道上皮发生的炎症。外耳炎常累及耳轮和耳郭，也可通过鼓膜影响中耳。

2. 临床诊断

（1）动物外耳炎初期

① 病耳垂下，搔抓病耳，可能还会出现耳部破溃、充血。

② 动物不停摇头、疼痛不安、耳郭血肿。

③ 动物耳部被毛潮湿，常流出淡黄色浆液性或脓性分泌物，粘连耳部被毛，并散发异常臭味等。

（2）动物外耳炎后期

① 耳道上皮细胞肥大、增生，阻塞耳道，动物听力减弱。

② 体温间或升高、食欲不振等。

3. 用药指南

（1）用药原则　对症治疗，控制细菌继发感染。确定并去除病因，宠物镇静或麻醉后，剪去或拔除耳郭及外耳道入口的被毛，并用灭菌生理盐水清洗、湿润外耳道；使用抗菌消炎药。

（2）用药方法（根据临床症状、实验室检查结果等临床实际病情的需要选择以下措施进行治疗）

① 清洁

【措施1】新洁尔灭或雷佛奴尔

0.1%，清洗外耳道。

注意事项：清洗患部时注意不要让药液进入动物眼睛和口腔，倘若不慎与眼睛接触或进入口腔，立即用大量清水冲洗。

【措施2】双氧水

3%，清洗、消毒外耳道深部，1～2次。

注意事项：清洗患部时注意不要让药液进入动物眼睛和口腔，倘若不慎与眼睛接触或进入口腔，立即用大量清水冲洗。

【措施3】氧化锌软膏

每日1次，耳用。

注意事项：避免接触动物眼睛和其他黏膜（如口、鼻黏膜等）。

② 抗菌消炎

【措施1】复方新霉素滴耳油

每日3～4次，耳用。

注意事项：遮光，密闭，在阴凉处保存。

【措施2】耳康

每日3～4次，耳用。

注意事项：遮光，密闭，在阴凉处保存。

【措施3】氨苄西林

20～30毫克/千克，每日2～3次，肌内注射。

注意事项：在用药过程中应注意观察，如出现过敏反应，应立即停止用药，进行对症治疗。反应严重的，应立即注射肾上腺素、肾上腺糖皮质激素进行抢救。

【措施4】速诺（阿莫西林-克拉维酸钾混悬剂）

0.1毫升/千克，肌内注射/皮下注射，每日1次。

注意事项：本品含有半合成青霉素，会有产生过敏反应的潜在可能。

【措施5】恩诺沙星

1毫升/千克，皮下注射/肌内注射，每日1次。

注意事项：禁用于妊娠期或哺乳期动物。

【措施6】擦虫净、耳螨灭

3天一次，耳用。

注意事项：柯利犬慎用。药物需在密闭、干燥处保存。注意不要让药物进入动物眼中和口中，如不慎进入，请用大量清水冲洗。

四、中耳炎、内耳炎

1. 概念

中耳炎是动物鼓室的一种炎症，治疗不及时或炎症没有控制住则会引起内耳炎，最终导致耳聋和平衡失调。动物中耳炎、内耳炎常同时或相继发生。

2. 临床诊断

（1）初期

① 动物疼痛不安、摇头。

② 向患侧转圈，患耳下垂。

③ 外耳道有排泄物及耳道内发炎。

（2）中期

① 向同侧跌倒，运动失调，不能站立、吃食及饮水。

② 眼球颤动。

③ 发热，精神沉郁及疼痛加剧。

（3）后期

① 面部麻痹。

② 出现干性角膜炎和鼻黏膜干燥。

③ 可能出现脑脊膜炎，甚至导致动物死亡。

3. 用药指南

（1）用药原则　抗菌消炎，动物局部和全身使用抗生素治疗。

（2）用药方法（根据临床症状、实验室检查结果等临床实际病情的需要选择以下措施进行治疗）

【措施1】复方新霉素滴耳油

每日3～4次，耳用。

注意事项：遮光，密闭，在阴凉处保存。

【措施2】耳康

每日3～4次，耳用。

注意事项：避光，密闭，在阴凉处保存。

【措施3】氨苄西林

20～30毫克/千克，每日2～3次，肌内注射。

注意事项：在用药过程中应注意观察，如出现过敏反应，应立即停止用药，进行对症治疗。反应严重的，应立即注射肾上腺素、肾上腺糖皮质激素进行抢救。

【措施4】速诺（阿莫西林-克拉维酸钾混悬剂）

0.1毫升/千克，肌内注射/皮下注射，每日1次。

注意事项：本品含有半合成青霉素，会有产生过敏反应的潜在可能。

【措施5】恩诺沙星

1毫升/千克，皮下注射/肌内注射，每日1次。

注意事项：禁用于妊娠期或哺乳期动物。

第十六章　肿瘤疾病

一、传染性口腔乳头状瘤

1. 概念

传染性口腔乳头状瘤又称为口腔疣，是发生在犬口腔黏膜或皮肤上的良性肿瘤，猫较少发生。潜伏期 4～6 周，主要感染幼犬的口腔。因该病具有传染性，所以需要对发病犬、猫进行隔离。

2. 临床诊断

（1）初期
① 唇、颊、齿龈或舌下、咽等黏膜局部出现白色隆起。
② 逐渐变为粗糙的呈灰白色小突起状或菜花状肿瘤，呈现多发性。
（2）后期
① 患病动物的舌、口腔和咽部可被肿瘤覆盖，影响采食。
② 当出现坏死或继发感染时可引起口腔恶臭、流涎等。

3. 用药指南

（1）用药原则　对症治疗，控制细菌继发感染，良好的护理是治疗成功的关键。
（2）用药方法（根据临床症状、实验室检查结果等临床实际病情的需要选择以下措施进行治疗）
① 对症治疗
【措施】环磷酰胺
2～4 毫克/千克，口服。
注意事项：本品的代谢产物对尿路有刺激性，使用时应让患病动物多饮水。会有胃肠道反应，包括食欲减退、恶心及呕吐等，一般停药 1～3 天即可恢复。
② 抗菌消炎
【措施】博来霉素
犬：0.25 毫克/千克，静脉滴注/皮下注射，每日 1 次，连用 4 天，每周最大剂量 5 毫克/千克。
注意事项：发热动物及白细胞数量低的动物不宜使用。密封、在阴凉（不超过 20℃）干燥处保存。长时间使用博来霉素容易导致动物肺炎样症状、肺纤维化、肺功能损害等副作用。

二、口腔鳞状上皮癌

1. 概念

口腔鳞状上皮癌起源于口腔上皮，穿过生长层并侵入下面的结缔组织，对老龄犬、猫危害较大。猫最常见于嘴唇、牙龈和舌头，而犬的鳞状细胞癌常发部位是齿龈和上腭。

2. 临床诊断

（1）肿瘤均表现为非常坚硬、侵袭性的白色团块，表面往往出现溃烂，肿瘤切面颜色较淡。

（2）犬和猫的鳞状细胞癌有时会出现在下颌内。肿瘤能引起下颌的扩大与变形。

（3）鳞状细胞癌甚至会发生于猫的食道，造成食道阻塞。

3. 用药指南

（1）用药原则　现在尚无特效药物，对症治疗，预后不良。药食同源，补充营养，增强抵抗力，良好的护理是改善状况的关键。治疗无效可以实行安乐死以减少患病动物的痛苦。

（2）用药方法（根据临床症状、实验室检查结果等临床实际病情的需要选择以下措施进行治疗）

【措施1】长春新碱

0.02～0.05毫克/千克，7～10天1次，静脉滴注。

注意事项：仅用于静脉注射，漏于皮下有局部组织刺激作用，可导致组织坏死、蜂窝织炎等。一旦漏出或可疑外漏，应立即停止输液，一般采用皮下注射硫代硫酸钠注射液进行处理。防止药液溅入动物眼内，一旦发生应立即用大量生理盐水冲洗，以后用地塞米松眼膏保护。遮光、密闭、在冷处（2～10℃）保存。

【措施2】环磷酰胺

2毫克/千克，隔天1次或每日1次，口服。

注意事项：本品的代谢产物对尿路有刺激性，使用时应让患病动物多饮水。会有胃肠道反应，包括食欲减退、恶心及呕吐等，一般停药1～3天即可恢复。

三、齿龈瘤

1. 概念

齿龈瘤为动物牙周韧带的一种肿瘤，其组织结构含细胞成分相对较少，是由成熟结缔组织构成的排列规则的肿块。肿瘤可出现在任何年龄的犬，但以老龄犬多见。齿龈瘤可以分为三种：纤维瘤性齿龈瘤、骨化性纤维瘤和棘皮性齿龈瘤。

2. 临床诊断

（1）初期无明显症状，但被毛、食物残渣可在肿瘤与齿之间积聚产生刺激和口臭。

（2）后期临床表现严重时可出现溃疡、出血。

3. 用药指南

（1）用药原则　现在尚无特效药物，对症治疗，预后不良。药食同源，补充营养，增强抵抗力，良好的护理是改善状况的关键。

（2）用药方法（根据临床症状、实验室检查结果等临床实际病情的需要选择以下措施进行治疗）

【措施1】洗必泰/碘甘油

0.2%，黏膜冲洗清洁，每日1～2次。

注意事项：在清洗时注意不要让动物吞服太多。碘甘油需遮光、密闭保存。

【措施2】长春新碱

0.02～0.05毫克/千克，7～10天1次，静脉滴注。

注意事项：仅用于静脉注射，漏于皮下有局部组织刺激作用，可导致组织坏死、蜂窝织炎等。一旦漏出或可疑外漏，应立即停止输液，一般采用皮下注射硫代硫酸钠注射液进行处理。防止药液溅入动物眼内，一旦发生应立即用大量生理盐水冲洗，以后用地塞米松眼膏保护。遮光、密闭、在冷处（2～10℃）保存。

【措施3】环磷酰胺

2毫克/千克，隔天1次或每日1次，口服。

注意事项：本品的代谢产物对尿路有刺激性，使用时应让患病动物多饮水。会有胃肠道反应，包括食欲减退、恶心及呕吐等，一般停药1～3天即可恢复。

四、鼻腔腺癌

1. 概念

鼻腔腺癌起源于鼻上皮，有很大的破坏性和侵袭性，犬、猫均可患此病。鼻腔腺肿瘤一般表现为红色、粗糙、出血的肿块，填塞于鼻腔，引起脓性带血的鼻漏。

2. 临床诊断

（1）X线检查可见患病动物鼻腔内有占位性高密度阴影。

（2）组织学检查可见肿瘤组织由柱状上皮细胞组成，细胞排成侵袭性索状，一些细胞形成黏液分泌腺。随着肿瘤的生长，邻近的鼻腔正常结构受到破坏。

3. 用药指南

（1）用药原则　现在尚无特效药物，对症治疗，预后不良。药食同源，补充营养，增强抵抗力，良好的护理是改善状况的关键。

（2）用药方法（根据临床症状、实验室检查结果等临床实际病情的需要选择以下措施进行治疗）

【措施1】长春新碱

0.02～0.05毫克/千克，7～10天1次，静脉滴注。

注意事项：仅用于静脉注射，漏于皮下有局部组织刺激作用，可导致组织坏死、蜂窝织炎等。一旦漏出或可疑外漏，应立即停止输液，一般采用皮下注射硫代硫酸钠注射液进行处理。防止药液溅入动物眼内，一旦发生应立即用大量生理盐水冲洗，以后用地塞米松眼膏保护。遮光、密闭、在冷处（2～10℃）保存。

【措施2】环磷酰胺

2毫克/千克，隔天1次或每日1次，口服。

注意事项：本品的代谢产物对尿路有刺激性，使用时应让患病动物多饮水。会有胃肠道反应，包括食欲减退、恶心及呕吐等，一般停药1～3天即可恢复。

五、鼻窦癌

1. 概念

鼻窦癌起源于鼻腔和额窦的柱状上皮细胞，犬、猫均可发生。多是单侧发生，发病侧损伤广泛，鼻甲骨几乎完全被破坏。

2. 临床诊断

（1）鼻腔有时包括额窦被一种苍白、灰褐色、易脆的组织所堵塞。

（2）临床表现为呼吸时的鼾音、单侧黏液性脓性鼻腔分泌物和叩诊浊音。许多病例，肿瘤引起了上额骨和前额骨明显的扭曲，鼻甲骨几乎被完全破坏。

3. 用药指南

（1）用药原则　多数病例，发现时已是晚期，现在尚无特效药物，对症治疗，预后不良。药食同源，补充营养，增强抵抗力，良好的护理是改善状况的关键。

（2）用药方法（根据临床症状、实验室检查结果等临床实际病情的需要选择以下措施进行治疗）

【措施1】环磷酰胺

2毫克/千克，隔天1次或每日1次，口服。

注意事项：本品的代谢产物对尿路有刺激性，使用时应让患病动物多饮水。会有胃肠道反应，包括食欲减退、恶心及呕吐等，一般停药1～3天即可恢复。

【措施2】长春新碱

0.02～0.05毫克/千克，7～10天1次，静脉滴注。

注意事项：仅用于静脉注射，漏于皮下有局部组织刺激作用，可导致组织坏死、蜂窝织炎等。一旦漏出或可疑外漏，应立即停止输液，一般采用皮下注射硫代硫酸钠注射液进行处理。防止药液溅入动物眼内，一旦发生应立即用大量生理盐水冲洗，以后用地塞米松眼膏保护。遮光、密闭、在冷处（2～10℃）保存。

六、咽喉部肿瘤

1. 概念

咽喉部肿瘤是指发生于咽喉部位的肿瘤，咽喉部原发性恶性肿瘤少见，继发性肿瘤如腺瘤、骨瘤、巨细胞瘤和软骨瘤较为常见。

2. 临床诊断

（1）吞咽障碍，采食不畅。

（2）呼吸道阻塞，呼吸困难。

（3）咽喉部肿胀。

（4）食欲下降，精神萎靡，逐渐消瘦。

（5）严重者窒息死亡。

3. 用药指南

（1）用药原则　现在尚无特效药物，对症治疗，抗菌消炎，多预后不良。

（2）用药方法（根据临床症状、实验室检查结果等临床实际病情的需要选择以下措施进行治疗）

① 对症治疗

【措施 1】环磷酰胺

2 毫克/千克，隔天 1 次或每日 1 次，口服。

注意事项：本品的代谢产物对尿路有刺激性，使用时应让患病动物多饮水。会有胃肠道反应，包括食欲减退、恶心及呕吐等，一般停药 1～3 天即可恢复。

【措施 2】长春新碱

0.02～0.05 毫克/千克，7～10 天 1 次，静脉滴注。

注意事项：仅用于静脉注射，漏于皮下有局部组织刺激作用，可导致组织坏死、蜂窝织炎等。一旦漏出或可疑外漏，应立即停止输液，一般采用皮下注射硫代硫酸钠注射液进行处理。防止药液溅入动物眼内，一旦发生应立即用大量生理盐水冲洗，以后用地塞米松眼膏保护。遮光、密闭、在冷处（2～10℃）保存。

② 抗菌消炎

【措施 1】青霉素

2 万单位/千克，每日 2～3 次，肌内注射或静脉滴注。

注意事项：本类药品可出现与剂量无关的过敏反应，表现为皮疹、发热、嗜酸性粒细胞增多、白细胞和血小板减少、贫血、淋巴结病或全身性过敏反应。一旦发生过敏反应，必须立即抢救，保持动物气道通畅以及使用肾上腺素、糖皮质激素等治疗措施。

【措施 2】卡那霉素

5～15 毫克/千克，每日 2～3 次，肌内注射。

注意事项：长期或超量应用可引起蛋白尿、管型尿及不可逆听力减退，肾功能不全的动物慎用。有抑制呼吸作用，不可静脉推注。

【措施 3】阿莫西林

5～15 毫克/千克，每日 2～3 次，口服。

注意事项：阿莫西林属于青霉素类抗生素，可能会产生过敏反应。一旦发生过敏反应，必须立即抢救，保持动物气道通畅以及使用肾上腺素、糖皮质激素等治疗措施。

【措施 4】甲硝唑

15 毫克/千克，每日 2～3 次，然后逐减到每日 1 次，口服。

注意事项：本品毒性较小，其代谢物常使尿液呈红棕色；当剂量过大，易出现舌炎、胃炎、恶心、呕吐、白细胞减少甚至神经症状，但均能耐过。哺乳期及妊娠早期动物不宜使用。

七、外耳道肿瘤

1. 概念

外耳道肿瘤可发生于耳道的任何内皮成分和支持结构，包括鳞状上皮、耳垢腺或皮脂腺等组织。

2. 临床诊断

（1）外耳道出现肿瘤。

（2）动物头偏向患侧，平衡失调。

（3）听力下降。

3. 用药指南

（1）用药原则　做好外耳道手术切除后的抗菌消炎，加强术后护理。

（2）用药方法（根据临床症状、实验室检查结果等临床实际病情的需要选择以下措施进行治疗）

【措施1】新霉素滴耳液

每日5～10次，耳用。

注意事项：遮光，密闭，在阴凉处保存。

【措施2】青霉素

2万单位/千克，每日2～3次，肌内注射或静脉滴注。

注意事项：本类药品可出现与剂量无关的过敏反应，表现为皮疹、发热、嗜酸性粒细胞增多、白细胞和血小板减少、贫血、淋巴结病或全身性过敏反应。一旦发生过敏反应，必须立即抢救，保持动物气道通畅以及使用肾上腺素、糖皮质激素等治疗措施。

【措施3】泰利必妥滴耳液

每日5～10次，耳用。

注意事项：喹诺酮类药物，注意使用剂量，孕畜慎用。

八、胃肠道腺瘤

1. 概念

胃肠道腺瘤是指发生于胃肠黏膜上皮细胞，大都由增生的胃肠黏液腺所组成的良性肿瘤，胃肠道腺瘤又称息肉。

2. 临床诊断

（1）胃或十二指肠瘤　临床表现为进食后几小时出现呕吐。

（2）直肠后段肿瘤　排便费力和粪便混有血液。

（3）通过口服钡餐进行X射线检查，或进行腹腔探查，可做出诊断。

3. 用药指南

（1）用药原则　对症治疗，抗肿瘤。

（2）用药方法（根据临床症状、实验室检查结果等临床实际病情的需要选择以下措施进行治疗）

【措施1】环磷酰胺

2毫克/千克，隔天1次或每日1次，口服。

注意事项：使用本药物期间应提高饮水量，有泌尿系统结石史或肾功能损害的动物慎用。

【措施2】长春新碱

0.02～0.05毫克/千克，7～10天1次，静脉滴注。

注意事项：有局部组织刺激作用，药液不能外漏，否则可引起局部坏死。

【措施3】氟尿嘧啶

犬：5～10毫克/千克，静注，每周1次。

注意事项：胃肠道反应有恶心、呕吐、口腔炎、胃炎、腹痛及腹泻。严重者有血性腹泻或便血。骨髓抑制可致白细胞及血小板减少。射部位可引起静脉炎或动脉内膜炎。能生成神经毒性代谢物——氟代柠檬酸而致脑瘫，故不作鞘内注射。

【措施4】地塞米松

1～2毫克/千克，每日1次，肌内注射。

注意事项：妊娠期动物禁用。患有肾病和糖尿病的动物一般禁止全身使用皮质类固醇。可能破坏伤口愈合，延迟感染的恢复。溃疡性角膜炎禁止局部使用皮质类固醇。患病动物还可能出现高血糖症和血清T4水平下降。

九、胃肠道癌

1. 概念

胃肠道癌是指胃肠道的正常组织发生不可逆的反应和形成的病变，包括异常增生、溃疡性病变和肿物的形成等。

2. 临床诊断

（1）一般症状

① 早期发生恶心、呕吐。

② 晚期感到胃肠道疼痛，体重减轻，进食后不适，食欲锐减，乏力。

（2）胃部

① 胃壁增厚，能见到肿瘤样结构。

② 胃黏膜发生溃疡并出现继发感染，肿瘤呈灰白色，肌肉组织被肿瘤所替代。

（3）小肠　形成多结状癌，肠道部分或全部阻塞。

3. 用药指南

（1）用药原则　抗肿瘤，抑制肿瘤扩散。

（2）用药方法（根据临床症状、实验室检查结果等临床实际病情的需要选择以下措施进

行治疗）

【措施1】环磷酰胺

2毫克/千克，隔天1次或每日1次，口服。

注意事项：使用本药物期间应提高饮水量，有泌尿系统结石史或肾功能损害的动物慎用。

【措施2】长春新碱

0.02～0.05毫克/千克，7～10天1次，静脉滴注。

注意事项：有局部组织刺激作用，药液不能外漏，否则可引起局部坏死。

【措施3】氟尿嘧啶

犬：5～10毫克/千克，静注，每周1次。

注意事项：胃肠道反应有恶心、呕吐、口腔炎、胃炎、腹痛及腹泻。严重者有血性腹泻或便血。骨髓抑制可致白细胞及血小板减少。注射部位可引起静脉炎或动脉内膜炎。能生成神经毒性代谢物——氟代柠檬酸而致脑瘫，故不作鞘内注射。

【措施4】地塞米松

1～2毫克/千克，每日1次，肌内注射。

注意事项：妊娠期动物禁用。患有肾病和糖尿病的动物一般禁止全身使用皮质类固醇。可能破坏伤口愈合，延迟感染部位的恢复。溃疡性角膜炎禁止局部使用皮质类固醇。患病动物还可能出现高血糖症和血清T4水平下降。

十、肝脏肿瘤

1. 概念

肝肿瘤是指发生在肝脏部位的肿瘤病变的统称，有良性和恶性肿瘤之分。肝脏恶性肿瘤主要包括原发性肝癌、继发性肝癌、肝脏其他恶性肿瘤（主要包括肝母细胞瘤、肝肉瘤）等；肝脏良性肿瘤包括肝血管瘤、肝腺瘤、肝脏非寄生虫性囊肿、肝局灶结节性增生等。

2. 临床诊断

（1）明显的症状是触诊腹部有肿块（约占80%）。

（2）食欲缺乏，体重减轻，腹下垂，呕吐。少见有腹水、下痢、黄疸与呼吸困难。有时因肿瘤破裂出血而发生急性贫血。

（3）可借助肝功能检查、组织学检查和X射线检查进行诊断。血检一半以上病例有贫血、肝功能异常。

3. 用药指南

（1）用药原则　抗肿瘤，促进肝细胞生成。

（2）用药方法（根据临床症状、实验室检查结果等临床实际病情的需要选择以下措施进行治疗）

① 抗肿瘤药

【措施1】环磷酰胺

2毫克/千克，隔天1次或每日1次，口服。

注意事项：使用本药物期间应提高饮水量，有泌尿系统结石史或肾功能损害的动物慎用。

【措施2】长春新碱

0.02～0.05毫克/千克，7～10天1次，静脉滴注。

注意事项：有局部组织刺激作用，药液不能外漏，否则可引起局部坏死。

② 促进肝脏修复药

【措施1】肝泰乐注射液

0.1毫升/千克，每日1次，肌内注射或静脉滴注。

【措施2】促肝细胞生长因子

轻度肝损伤，0.2毫升/千克；中度及重度肝损伤，0.2～0.4毫升/千克，肌内或皮下注射，每日1次。肝炎疗程视情况而定，一般4～6周。

注意事项：妊娠期与哺乳期动物可安全使用。

十一、脾脏肿瘤

1. 概念

脾脏肿瘤包括脾脏原发肿瘤以及脾脏转移性肿瘤。原发肿瘤可能有良性的脾脏肿瘤，比如血管瘤、脂肪瘤等；另外也有少数属于脾脏继发性肿瘤，比如脾脏淋巴瘤。

2. 临床诊断

（1）一般症状　初期一般无症状，随着脾脏肿大和血象变化的出现，表现为腹胀、腹痛和贫血症状。

（2）血管瘤和血管肉瘤

① 全身无力，腹部扩张，可视黏膜发绀，呼吸迫促，心动过速。

② 严重时出现脾脏或血管破裂导致低血容量性休克甚至死亡。

（3）脾脏肥大细胞瘤

① 腹胀，不安，呕吐，血便，虚弱。

② 触诊有腹部肿块或脾脏肿大，腹部膨胀。

③ 放射线和超声检查：可见明显的脾脏肿大或脾肿块。

3. 用药指南

（1）用药原则　抗肿瘤，抑制肿瘤转移。

（2）用药方法（根据临床症状、实验室检查结果等临床实际病情的需要选择以下措施进行治疗）

【措施1】泼尼松

5～15毫克/千克，肌内注射。

注意事项：肝功能不全的动物不宜使用，妊娠期动物应慎用或禁用。

【措施2】环磷酰胺

2毫克/千克，隔天1次或每日1次，口服。

注意事项：使用本药物期间应提高饮水量，有泌尿系统结石史或肾功能损害的动物慎用。

【措施3】长春新碱

0.02～0.05毫克/千克，7～10天1次，静脉滴注。

注意事项：有局部组织刺激作用，药液不能外漏，否则可引起局部坏死。

【措施4】异环磷酰胺

9～10毫克/千克，每2～3周1次，静脉滴注。

注意事项：肝、肾功能不良的动物禁用。

【措施5】阿霉素

犬：①中大型犬，1.5～2毫克/千克，静脉滴注，加入150毫升5%葡萄糖溶液，每2～9周1次；最大累积剂量112毫克/千克；②小犬，1毫克/千克，缓慢静注。

猫：1毫克/千克，缓慢静注，3周作为一个疗程，最大累积剂量2毫克/千克。

注意事项：肾功能不全的动物使用阿霉素后要警惕高尿酸血症的出现，对于肾功能不全的动物，用量应予酌减。

十二、胰腺肿瘤

1. 概念

胰腺肿瘤指发生在胰腺的肿瘤，包括良性和恶性肿瘤。恶性肿瘤中最常见的是胰腺癌，常发生在胰腺头部。

2. 临床诊断

（1）外分泌部腺瘤

① 肿瘤为结节状，有包膜。

② 排列为腺泡样或腺管样。

（2）腺癌　外观为结节样或团块样，但无完整包膜，并有向周围浸润现象，易发生转移。

（3）内分泌部胰岛腺瘤（胰腺泡细胞癌）

① 肿瘤外观呈结节状或其他形态。

② 有较完整的包膜，边界清楚，切面均质，质地硬实。

③ 在腺实质内形成小而坚实的白色结节。

（4）胰岛细胞瘤

① 良性肿瘤。

② 病患出现低血糖体征，如运动失调、精神不振、惊厥、昏迷等症状。

3. 用药指南

（1）用药原则　抗肿瘤，消除低血糖症状。

（2）用药方法（根据临床症状、实验室检查结果等临床实际病情的需要选择以下措施进行治疗）

① 抗肿瘤药

【措施1】环磷酰胺

2毫克/千克，隔天1次或每日1次，口服。

注意事项：使用本药物期间应提高饮水量，有泌尿系统结石史或肾功能损害的动物慎用。

【措施2】长春新碱

0.02～0.05毫克/千克，7～10天1次，静脉滴注。

注意事项：有局部组织刺激作用，药液不能外漏，否则可引起局部坏死。

【措施3】异环磷酰胺

9～10毫克/千克，每2～3周1次，静脉滴注。

注意事项：肝、肾功能不良动物禁用。

② 治疗低血糖

【措施1】葡他酸钾

犬：44毫克/千克体重，每日两次。

猫：低钾血症时2～4片/天，分两次拌食，直至症状缓解。

注意事项：肾脏和心脏疾病以及容易出现高钾血症的情况（尿闭或少尿）慎用。

【措施2】葡萄糖

口服或静脉滴注。

注意事项：口服与静脉滴注葡萄糖浓度不同，谨遵医嘱。

十三、肾脏腺瘤

1. 概念

肾脏腺瘤是发生于肾实质的上皮性肿瘤，为良性肿瘤。根据肾脏腺瘤的来源不同，有肾皮质腺瘤、嗜酸细胞腺瘤及后肾腺瘤等。

2. 临床诊断

（1）犬肾原发性肿瘤

① 包括肾细胞癌（肾腺瘤）和胚胎性肾胚细胞瘤（肾母细胞瘤）。肾转移性肿瘤比原发性肿瘤多见。

② 肾腺瘤逐渐增大后，发生腰部疼痛及血尿等。

③ 利用影像学诊断。

（2）猫肾原发性淋巴肉瘤

① 表现为食欲不振，进行性消瘦；腹部膨胀和疼痛。

② 血尿、多尿和烦渴。

③ 触诊有肿大的肾脏。

④ 放射学和B超检查：可见密度稍高阴影和反射波。普通的腹部放射摄片和超声波扫描可显示前腹部的液体密度团块。

3. 用药指南

（1）用药原则　抗肿瘤。

（2）用药方法（根据临床症状、实验室检查结果等临床实际病情的需要选择以下措施进行治疗）

【措施1】环磷酰胺

2毫克/千克，隔天1次或每日1次，口服。

注意事项：使用本药物期间应提高饮水量，有泌尿系统结石史或肾功能损害的动物慎用。

【措施2】长春新碱

0.02～0.05毫克/千克，7～10天1次，静脉滴注。

注意事项：有局部组织刺激作用，药液不能外漏，否则可引起局部坏死。

【措施3】异环磷酰胺

9～10毫克/千克，每2～3周1次，静脉滴注。

注意事项：肝、肾功能不良动物禁用。

【措施4】阿糖胞苷

2.5毫克/千克，静脉滴注，连用4天；或7.5毫克/千克，皮下注射，每日2次，连用2天。

【措施5】托消精粹营养膏

每10千克体重每日给予2次，每次挤出膏体约4厘米，直接喂服，连用1个月。

注意事项：用于体内正气虚损、气滞血瘀、热毒积散、痰凝湿阻之体征，适用于肿瘤病征之调理。

十四、卵巢肿瘤

1. 概念

卵巢肿瘤是卵巢的原发肿瘤，由于卵巢位于盆腔深处，卵巢肿瘤是一种死亡率较高的疾病。卵巢肿瘤按其发生的组织类型可分为三种类型：上皮性卵巢肿瘤、卵巢颗粒细胞瘤和生殖细胞肿瘤。

2. 临床诊断

（1）卵巢颗粒细胞瘤

① 常见于中老龄母犬，来源于卵泡细胞。

② 患犬临床表现持续性长期发情，吸引雄性，但不排卵，机体清瘦。

③ 母犬出现发情征状超过21天，发情前期和发情期持续时间超过40天可怀疑本病。

④ 猫则较难与正常的频繁发情相区别。

（2）卵巢腺瘤和腺癌

① 不引起行为的改变，表现为进行性的腹部膨大。

② 为单侧肿瘤。由大小不一的囊状物组成，囊肿内充满清亮浅黄色的液体，囊外有白色组织包膜。肿瘤组织有规律地排列成乳头状。

③ B超诊断：液体外有一层包膜包裹。

3. 用药指南

（1）用药原则　抗肿瘤。

（2）用药方法（根据临床症状、实验室检查结果等临床实际病情的需要选择以下措施进

行治疗）

【措施1】环磷酰胺

2毫克/千克，隔天1次或每日1次，口服。

注意事项：使用本药物期间应提高饮水量，有泌尿系统结石史或肾功能损害的动物慎用。

【措施2】长春新碱

0.02~0.05毫克/千克，7~10天1次，静脉滴注。

注意事项：有局部组织刺激作用，药液不能外漏，否则可引起局部坏死。

十五、犬、猫子宫肿瘤

1. 概念

犬、猫均可发生上皮性肿瘤（腺瘤与腺癌）或间质细胞性肿瘤（纤维瘤、纤维肉瘤、平滑肌瘤、平滑肌肉瘤、脂肪瘤与淋巴肉瘤），其中以平滑肌瘤为最常见。

2. 临床诊断

（1）平滑肌瘤

① 阴门持续滴血或子宫积液。

② B超检查。

（2）腺瘤

① 在子宫或阴道中腺瘤呈扁平状，界限不清，并侵袭周围组织造成黏膜溃疡。

② 在腹腔触诊有肿瘤时，进一步做B超检查可确诊。

3. 用药指南

（1）用药原则 抗肿瘤。

（2）用药方法（根据临床症状、实验室检查结果等临床实际病情的需要选择以下措施进行治疗）

【措施1】环磷酰胺

2毫克/千克，隔天1次或每日1次，口服。

注意事项：使用本药物期间应提高饮水量，有泌尿系统结石史或肾功能损害的动物慎用。

【措施2】长春新碱

0.02~0.05毫克/千克，7~10天1次，静脉滴注。

注意事项：有局部组织刺激作用，药液不能外漏，否则可引起局部坏死。

十六、阴道与前庭肿瘤

1. 概念

阴道与前庭肿瘤可分为良性肿瘤和恶性肿瘤。阴道的良性肿瘤有纤维瘤、平滑肌瘤、乳头状瘤等，一般不产生明显症状。阴道恶性肿瘤是指发生在阴道壁组织中的病变。

2. 临床诊断

阴道与前庭肿瘤是母犬生殖器官的第二常见肿瘤。母猫阴道肿瘤则不多见。

① 常见平滑肌瘤和传播性性病肿瘤。

② 会阴部鼓起，从阴户脱出肿瘤组织、无尿或频尿，腔内肿瘤感染出现血性或脓性阴道分泌物。

③ 阴道或直肠触诊可以摸到肿瘤块。

3. 用药指南

（1）用药原则　抗肿瘤。

（2）用药方法（根据临床症状、实验室检查结果等临床实际病情的需要选择以下措施进行治疗）

【措施1】环磷酰胺

2毫克/千克，隔天1次或每日1次，口服。

注意事项：使用本药物期间应提高饮水量，有泌尿系统结石史或肾功能损害的动物慎用。

【措施2】长春新碱

0.02～0.05毫克/千克，7～10天1次，静脉滴注。

注意事项：有局部组织刺激作用，药液不能外漏，否则可引起局部坏死。

【措施3】异环磷酰胺

9～10毫克/千克，每2～3周1次，静脉滴注。

注意事项：肝、肾功能不良的动物禁用。

十七、睾丸肿瘤

1. 概念

睾丸肿瘤是指生长在睾丸上的肿瘤，叫做睾丸肿瘤。睾丸肿瘤有良性肿瘤和恶性肿瘤。

2. 临床诊断

（1）良性肿瘤　生长比较缓慢，边界比较清楚，对周边组织破坏比较轻，包膜比较完整。

（2）恶性肿瘤（睾丸癌症）　生长速度比较快，边界不清楚，呈浸润性生长，没有完整的包膜，容易发生淋巴结的转移。

（3）一般症状

① 单侧睾丸肿瘤为多发，临床表现睾丸的肿块，由于雌激素的产生，公犬出现雌性化如阴茎包皮下垂，吸引别的公犬等。

② 犬睾丸肿瘤老年犬易发。拳狮、吉娃娃、博美犬、贵妇犬等易发。猫睾丸肿瘤较少发生。

3. 用药指南

（1）用药原则　抗肿瘤。

（2）用药方法（根据临床症状、实验室检查结果等临床实际病情的需要选择以下措施进行治疗）

【措施1】环磷酰胺

2毫克/千克，隔天1次或每日1次，口服。

注意事项：使用本药物期间应提高饮水量，有泌尿系统结石史或肾功能损害的动物慎用。

【措施2】长春新碱

0.02～0.05毫克/千克，7～10天1次，静脉滴注。

注意事项：有局部组织刺激作用，药液不能外漏，否则可引起局部坏死。

【措施3】异环磷酰胺

9～10毫克/千克，每2～3周1次，静脉滴注。

注意事项：肝、肾功能不良的动物禁用。

【措施4】顺铂

1.5～1.75毫克/千克，每日1次，共5日，静脉滴注。

注意事项：使用本药物期间应提高饮水量，既往有肾病史、造血系统功能不全的动物慎用。

【措施5】睾酮

犬：2.5～10毫克/千克，肌内注射，每月1次。

猫：2.5～5毫克/千克，肌内注射，每月1次。

注意事项：禁用于前列腺增大、会阴痛、肛周腺瘤复发或恶化、心脏功能不足、肝脏或肾脏疾病。不良反应有：可能会引起公猫乱撒尿。青春前期的动物使用雄激素可能引起骨骺生长板过早闭合以及某些个体发生雄性化表现（轻度阴道炎和阴蒂增大）。

十八、前列腺肿瘤

1. 概念

前列腺肿瘤是指发生在前列腺部位的肿瘤，包括前列腺上皮来源或间叶来源的肿瘤，大部分为恶性肿瘤，包括前列腺癌、前列腺肉瘤等。

2. 临床诊断

（1）前列腺肿瘤犬较为常见，以腺癌、良性间质瘤（平滑肌瘤、纤维瘤）、肉瘤和继发性瘤为主。

（2）消瘦、烦渴、多尿、腰区疼痛和体温升高。

（3）如果肿瘤侵害尿道，可能会出现排尿困难或尿道阻塞。

（4）前列腺癌可转移到局部淋巴结、腰椎和骨盆。

（5）已经去势的犬如果出现前列腺肥大，也很可能是肿瘤所致。

3. 用药指南

（1）用药原则　抗肿瘤。

（2）用药方法（根据临床症状、实验室检查结果等临床实际病情的需要选择以下措施进行治疗）

【措施1】环磷酰胺

2毫克/千克，隔天1次或每日1次，口服。

注意事项：使用本药物期间应提高饮水量，有泌尿系统结石史或肾功能损害的动物慎用。

【措施2】顺铂

1.5～1.75毫克/千克，每日1次，共5日，静脉滴注。

注意事项：使用本药物期间应提高饮水量，既往有肾病史、造血系统功能不全的动物慎用。

【措施3】阿霉素

犬：①中大型犬，1.5～2毫克/千克，静脉滴注，加入150毫升5%葡萄糖溶液，每2～9周1次，最大累积剂量112毫克/千克；②小犬，1毫克/千克，缓慢静注。

猫：1毫克/千克，缓慢静注，每3周1次，最大累积剂量2毫克/千克。

注意事项：肾功能不全的动物使用阿霉素后要警惕高尿酸血症的出现，对于肾功能不全的动物，用量应予酌减。

【措施4】吡罗昔康

犬：0.3毫克/千克，口服，每日1次。

注意事项：胃肠毒性、胃溃疡和肾乳头坏死。本品不推荐猫使用。

十九、阴茎和包皮肿瘤

1. 概念

阴茎和包皮肿瘤通常指可发生在包皮和阴茎各种组织中的肿瘤，其中大部分起源于阴茎表皮。乳头状瘤和鳞状细胞癌最常见。根据肿瘤的性质，阴茎肿瘤可分为良性肿瘤、癌前病变和恶性肿瘤。

2. 临床诊断

（1）乳头状瘤或传播性性病肿瘤看上去有蒂或其底部较宽，且常溃疡或出血。

（2）鳞状细胞癌则常出现疣样或颗粒状肿块，可长大至直径5厘米以上。其分泌物有恶臭味。

3. 用药指南

（1）用药原则　抗肿瘤。

（2）用药方法（根据临床症状、实验室检查结果等临床实际病情的需要选择以下措施进行治疗）

【措施1】环磷酰胺

2毫克/千克，隔天1次或每日1次，口服。

注意事项：使用本药物期间应提高饮水量，有泌尿系统结石史或肾功能损害的动物慎用。

【措施2】长春新碱

0.02～0.05毫克/千克，7～10天1次，静脉滴注。

【措施3】异环磷酰胺

9～10毫克/千克，每2～3周1次，静脉滴注。

注意事项：肝、肾功能不良的动物禁用。

【措施4】顺铂

1.5～1.75毫克/千克，每日1次，共5天，静脉滴注。

注意事项：使用本药物期间应提高饮水量，既往有肾病史、造血系统功能不全的动物慎用。

二十、白血病

1. 概念

本病是由于病毒感染或者遗传等原因产生的造血系统恶性肿瘤，犬、猫白血病会使骨髓里有大量的幼稚白细胞增生，流入血液中破坏身体其他组织和器官。特征是体温升高、食欲废绝、呕吐、腹泻。

2. 临床诊断

（1）粒细胞性白血病

① 多见于1～3岁犬，但发病率很低。

② 食欲不振或废绝，体温升高，严重贫血。

③ 呕吐，腹泻，饮欲增加，多尿。

④ 肝、脾、淋巴结肿大。

⑤ 血象检查：白细胞计数逐渐增高。淋巴细胞的比例急剧降低，而单核细胞有所增加。

⑥ 骨髓象检查：幼粒细胞和未成熟的粒细胞增加，涂片上可见大量不成熟和不正常的嗜中性粒细胞。

（2）淋巴性白血病

① 多见于4岁以下的青年犬，猫发生较少。

② 精神沉郁，食欲不振，呕吐，腹泻，消瘦。

③ 呼吸急促或轻度呼吸困难。

④ 体表淋巴结如颌下淋巴结、咽部淋结等肿大。

⑤ 跛行。

⑥ 皮下注射组织形成多发性小结节。

⑦ 腹水增多，腹部触诊脾肿大。

⑧ 血象检查：红细胞数减少，呈轻度低色素性贫血，多染性红细胞和幼稚红细胞增加。白细胞总数增加，淋巴细胞绝对数增加，出现分化型和未分化型淋巴细胞。

⑨ 骨髓象检查：出现异型淋巴细胞和大量幼稚淋巴细胞。

（3）单核细胞性白血病

① 精神沉郁，食欲废绝。

② 可视黏膜苍白。

③ 发热，咳嗽，扁桃体肿大，体表淋巴结和脾脏肿大。

④ 血象检查：红细胞轻度减少，白细胞中度或高度增加，单核细胞增加。

⑤ 骨髓象检查：可见未分化和分化型的各种单核细胞增生。

（4）肥大细胞性白血病

① 多见于老龄犬、猫。

② 食欲不振，体温稍升高。

③ 烦渴，多饮，呕吐，腹泻，呼吸急促。

④ 皮肤出现结节，有时可并发表层化脓性炎症及溃疡性变化，是本病的特征性变化。

⑤ 血象检查：红细胞数稍降低，白细胞数增加，肥大细胞明显增多。

⑥ 骨髓象检查：肥大细胞增多可达 70％以上。

3. 用药指南

（1）用药原则　抗肿瘤，支持疗法，对症治疗。

（2）用药方法（根据临床症状、实验室检查结果等临床实际病情的需要选择以下措施进行治疗）

【措施 1】阿糖胞苷

2.5 毫克/千克，静脉滴注，每日 1 次，连用 4 天；或 7.5 毫克/千克，皮下注射，每日 2 次，连用 2 天。

注意事项：用药后，动物可能出现骨髓抑制、白细胞及血小板减少，出现恶心、呕吐等症状。

【措施 2】羟基脲片

20～60 毫克/千克，口服，每周 2 次，6 周为 1 个疗程。

注意事项：服用本品可使患者免疫机能受到抑制，故用药期间避免接种死或活病毒疫苗，一般停药 3 个月至 1 年才可考虑接种疫苗。服用本品时应适当增加液体的摄入量，以增加尿量及尿酸的排泄。定期监测白细胞、血小板、血中尿素氮、尿酸及肌苷浓度。严重贫血纠正前、骨髓抑制、肾功能不全、痛风、有尿酸盐结石史慎用。不良反应有：骨髓抑制为剂量限制性毒性，可致白细胞和血小板减少，停药后 1～2 周可恢复。有时出现胃肠道反应，尚有致睾丸萎缩和致畸胎的报道。

【措施 3】长春新碱

0.01～0.025 毫克/千克，静脉滴注，间隔 7～10 天。

注意事项：增加循环血小板数量。输液时药液漏到血管外可能造成局部组织坏死。

【措施 4】环磷酰胺

犬：2 毫克/千克，口服，每日 1 次，每周连用 4 天，或隔天 1 次，连用 3～4 周。

猫：2.5 毫克/千克，口服，每日 1 次。

注意事项：不良反应包括食欲减退、恶心及呕吐，一般停药 1～3 天即可消失。

【措施 5】泼尼松龙

0.5～2 毫克/千克，口服，每日 2 次。

注意事项：治疗免疫性溶血性贫血。患有角膜性溃疡、糖尿病或肾功能不全的犬、猫禁用。

【措施 6】注射用重组猫 ω 干扰素

猫：30 万单位/次，皮下注射，每日 1 次，5 天为 1 个疗程。

注意事项：使用后偶有体温升高等过敏症状，不良反应多在注射 48 小时后消失。本品对妊娠、哺乳母猫及幼猫使用安全，无毒副作用。

第十七章　笼养鸟常见疾病

一、大肠杆菌病

1. 概念

鸟的大肠杆菌病是一种以大肠埃希菌为原发或继发性病原体的传染病，包括大肠杆菌性气囊炎、败血症、脐炎、输卵管炎、腹膜炎及大肠杆菌肉芽肿等。

2. 临床诊断

（1）气囊炎　气囊增厚，混浊，有干酪样渗出物，并有原发性呼吸道病变。严重者呼吸困难，有啰音，咳嗽，精神不振，消瘦，第4～5天死亡率最高。

（2）脐炎

① 本病发生于雏鸟。雏鸟缺乏活力，虚弱，喜靠近热源。

② 脐带呈蓝紫色，脐带孔潮湿发炎。

③ 卵黄囊壁水肿。

（3）输卵管炎

① 病鸟消瘦，食欲下降，羽毛无光泽，喜卧不喜动。

② 慢性输卵管炎。输卵管扩大，壁薄，出现大的干酪样团块。

③ 触诊腹部，有不光滑的圆形或椭圆形硬块。

（4）全眼球炎　临床表现为怕光，流泪，眼睑水肿，瞳孔灰白、混浊，眼球萎缩。

（5）急性败血症

① 病鸟呼吸困难，体重减轻。病鸟在死前仍肌肉丰满，嗉囊充满食物。

② 雏鸟下痢，粪便呈白色或黄绿色。

③ 特征性病变是纤维素性心包炎。实质脏器肿大。肝脏明显肿胀，呈绿色，被膜增厚，有胶样渗出物包围。

3. 用药指南

（1）用药原则　抗菌，增强雏鸟抵抗力。

（2）用药方法（根据临床症状、实验室检查结果等临床实际病情的需要选择以下措施进行治疗）

【措施1】硫酸庆大霉素

鸟类：0.05～0.1毫升/千克，肌内注射，一日2次，连用2～3天。

对患脐炎的雏鸟，可经口腔滴服庆大霉素，每日 2 次。在破溃的脐部涂些碘酒，有一定疗效。

注意事项：耳毒性；偶见过敏；大剂量引起神经肌肉传导阻断；可逆性肾毒性。

【措施 2】氯霉素

按 0.1％的比例拌料或饮水，连用 3 天。成年鸟：50 毫克/千克，肌内注射或静脉注射，连用 2～3 天。鸽子：25 毫克/千克，口服，每日两次。

注意事项：所有物种都可发生与剂量相关的可逆性骨髓抑制；不宜长时间高剂量应用；幼宠、孕宠禁用；兽医应尽可能避免直接接触氯霉素药物。其他不良反应包括恶心、呕吐、腹泻和过敏反应。

【措施 3】阿莫西林-克拉维酸钾

125～150 毫克/千克，口服每日两次，静脉注射/肌内注射，每日一次。

注意事项：不要在鸟类同时使用别嘌呤醇；避免同时使用抑菌性抗生素如四环素、红霉素；不要用同一注射器混合氨基糖苷类药物。

【措施 4】对全眼球炎病鸟，可用温水加少量卡那霉素、庆大霉素、氯霉素等抗生素洗眼，每日 2 次以上。上述药物与氢化可的松滴眼液交替使用，疗效更佳。

注意事项：滴眼液悬空滴加，避免接触眼部。

二、丹毒

1. 概念

鸟类的丹毒病是由丹毒杆菌引起的一种败血症。临床特征为发热、皮肤发绀、呼吸道卡他性炎症、腹泻、丹毒性皮炎、败血症变化等。

2. 临床诊断

（1）患者出现呼吸道症状　体温升高至 43.5℃，精神萎靡，食欲下降，鼻腔和喉头黏膜发生卡他性炎症，呼吸困难，羽毛松乱，步态不稳，头部发绀。

（2）消化道症状　有时下痢，排黄绿色稀粪。

（3）慢性症状

① 消瘦，贫血，生长停滞和关节肿胀。

② 可能发生丹毒性皮炎，腹泻，肛门周围出血和皮肤变色，腹膜发炎或发生猝死。

（4）皮肤症状　带蹼的鸟类蹼上有发黑的充血区。带冠鸟类的冠和内髯浮肿，呈不规则样紫红色。

（5）病理变化主要表现为败血症变化。

3. 用药指南

（1）用药原则　搞好平时的消毒和卫生工作，抗菌，防止继发感染。

（2）用药方法（根据临床症状、实验室检查结果等临床实际病情的需要选择以下措施进行治疗）

① 环境消毒

【措施】环境消毒剂

0.1%升汞、1%~3%的氢氧化钠、0.1%~1%过氧乙酸对生活环境进行消毒。

注意事项：消毒后用清水冲洗鸟笼和鸟舍，以消除消毒剂的腐蚀作用。

② 抗菌，防止继发感染

【措施1】四环素

用四环素治疗可按0.02%~0.04%的比例拌料，连喂7天。

注意事项：消化道刺激，损坏肝脏，产软壳蛋。

【措施2】红霉素

鸟类：0.05~0.125克/千克，每日3次，连用5~6天。

注意事项：副作用是胃肠道的反应，表现为恶心、呕吐、腹痛、腹泻、纳差等症状，通常和剂量有关系。

【措施3】乙酰螺旋霉素

鸟类：5~10毫升/千克，3次/日，连用5天。

注意事项：副作用通常为胃肠道反应。

三、葡萄球菌病

1. 概念

葡萄球菌病是由金黄色葡萄球菌引起的一种细菌性传染病。其致病特点是引起化脓，还可引起全身性感染，发生败血症、脓毒血症和肠炎等，主要表现为急性败血症、关节炎和脐炎。

2. 临床诊断

（1）急性败血症型

① 发热、精神沉郁、缩颈怕冷、食欲不振、翅膀下垂、羽毛蓬乱。

② 排水样白色粪便，运动障碍，在2~4天死亡。

③ 发病部位的羽毛易脱落，裸露的皮肤有出血点或坏死斑。

（2）关节型

① 跛行，关节肿胀，迫使鸟用跗关节走动。肿大的关节囊内积液，有脓汁或干酪样物质。

② 病后期，鸟的肢体部分皮肤出现炎性水肿，呈紫蓝色，渗出物有滑腻感。被感染的部位有热感。

（3）脐炎型

① 炎症部位呈紫蓝色，并有炎性渗出物，有滑腻感。

② 腹部膨大，脐孔及周围组织发炎肿胀或形成坏死灶，常有臭味。

（4）其他病型 耳炎、骨髓炎、眼球炎、化脓性皮炎、腱鞘炎和心内膜炎等病型。

3. 用药指南

（1）用药原则 治疗外伤，抗菌消炎，防止继发感染。

（2）用药方法（根据临床症状、实验室检查结果等临床实际病情的需要选择以下措施进行治疗）

① 外伤用药

【措施】德玛喷雾

每天使用温水或生理盐水清洗患处，以保护上皮细胞免受刺激。温柔地将德玛喷在患处，根据需要每天使用2～3次。为了防止皮肤增生，可扩大使用区域。

注意事项：德玛不含有毒或禁止使用的成分，赛期、妊娠期均可安全使用。

② 抗菌，防止继发感染

【措施1】新生霉素

按每千克饲料加0.37克，连用5～7天。可在使用新生霉素的前3～4天，给病鸟肌内注射卡那霉素，0.4万～0.5万单位/千克，每日2次。

注意事项：雀形目不宜采用注射的方法，否则容易引起死亡。

【措施2】氯霉素

按0.1%的比例拌料或饮水，连用3天。或成年鸟：50毫克/千克，肌内注射或静脉注射，连用2～3天。鸽子：25毫克/千克，口服，每日两次。

注意事项：所有物种都可发生与剂量相关的可逆性骨髓抑制；不宜长时间高剂量应用；幼宠、孕宠禁用；兽医应尽可能避免直接接触氯霉素药物。其他不良反应包括恶心、呕吐、腹泻和过敏反应。

【措施3】对脐炎型的病例，应用广谱抗生素治疗，如庆大霉素、氯霉素等，经饮水给药，与此同时，在饲料中加新生霉素。

注意事项：雏鸟注意给药剂量与疗程。

【措施4】阿莫西林-克拉维酸钾

125～150毫克/千克，口服，每日2次；静脉注射/肌内注射，每日1次。

注意事项：不要在鸟类同时使用别嘌呤醇；避免同时使用抑菌性抗生素如四环素、红霉素；不要用同一注射器混合氨基糖苷类药物。

【措施5】病鸽

每只鸽每日注射庆大霉素2000单位，分2次；或每千克水中加入3000～4000单位，供病鸽饮用。

注意事项：疗程长，大剂量引起神经肌肉传导阻断。

四、链球菌病

1. 概念

鸟的链球菌病是由链球菌引起的一种急性败血性传染病，临床表现为急性、亚急性和慢性病型。

2. 临床诊断

（1）发病后白细胞增多，体温升高。

（2）急性病型

① 败血症，精神萎靡、嗜睡是特征性症状。

② 羽毛蓬乱，躁动，腹泻，头轻微颤动，产蛋下降或停止。

（3）亚急性和慢性病型

① 精神沉郁，体重下降。

② 脚部皮肤和组织坏死，翅肿胀、腐烂，含有大量恶臭液体。

③ 跛行，头部震颤，出现败血症、细菌性心内膜炎或输卵管炎等。

3. 用药指南

（1）用药原则　以抗菌消炎、防止继发感染为原则。搞好环境卫生是预防本病的主要措施。

（2）用药方法（根据临床症状、实验室检查结果等临床实际病情的需要选择以下措施进行治疗）

【措施1】环己烯胺头孢菌素

6～15毫克/千克，口服，每日3次，连服3～6天。

注意事项：青霉素过敏者慎用。

【措施2】青霉素

1万～5万单位/千克，肌内注射。

注意事项：雀形目等小型鸟不宜采用注射的治疗方法。

【措施3】氯霉素

按0.1%的比例拌料或饮水，连用3天。成年鸟：50毫克/千克，肌内注射或静脉注射，连用2～3天。鸽子：25毫克/千克，口服，每日2次。

注意事项：所有物种都可发生与剂量相关的可逆性骨髓抑制；不宜长时间高剂量应用；幼宠、孕宠禁用；兽医应尽可能避免直接接触氯霉素药物。其他不良反应包括恶心、呕吐、腹泻和过敏反应。

【措施4】乙酰螺旋霉素

5～16毫克/千克，每日3～4次，口服，连用3～6天。

注意事项：副作用为腹痛、恶心、呕吐等胃肠道反应

【措施5】病鸽

青霉素，每只鸽每日注射6000单位，分2次注射。

四环素，每日每只鸽0.02～0.03克，分3～4次放入水中饮用，连用5天。

红霉素，每只鸽每日0.01～0.02克，分4次口服，连服5天。

【措施6】乙酰螺旋霉素

5～16毫克/千克，每3～4次，口服，连用3～6天。

注意事项：禁与酸性药物配伍；不能与莫能菌素、盐霉素等球虫药合用。

五、副伤寒

1. 概念

鸟或家禽的副伤寒病是由多种能运动的沙门杆菌所引起的一种急性或慢性传染病，主要侵害幼鸟和幼禽。母禽感染会引起产蛋率、受精率和孵化率下降。

2. 临床诊断

（1）急性型

① 雏鸟精神沉郁，食欲减少或废绝，口渴，呼吸加速，呆立，头下垂，嗜睡。

② 排绿色水粪，粪中带小气泡。

③ 流泪，眼睑粘连，头部肿胀。

（2）慢性型

① 瘫痪和神经症状：低头，偏头歪颈或者后仰转圈，有时单腿站立。

② 翅关节皮下肿胀，死前呈昏睡状态。

（3）剖检特征为肝、脾充血和出现不正的星芒形白色坏死点。

3. 用药指南

（1）用药原则　本病治疗以预防为主、同时抗菌为原则。

（2）用药方法（根据临床症状、实验室检查结果等临床实际病情的需要选择以下措施进行治疗）

【措施1】痢特灵

可按0.04%的浓度拌料，连用3～6天。饮水治疗时，浓度不超过0.02%。

注意事项：注意本药毒性较大且不易溶于水，因此一定要将药物碾碎后放入水中。

【措施2】盐酸多西环素

可按0.03%的比例饮水，连用3～5天。

注意事项：避免与含钙量较高的饲料同时服用。

【措施3】磺胺类药物

可按0.2%～0.5%的比例拌料或饮水，连用5天。

注意事项：超量或持续服用引起痉挛和神经症状或贫血、黄疸、生长缓慢。

【措施4】氟哌酸

10～15毫克/千克混水，每日3次，连用3～5天。

注意事项：副作用为胃肠道反应。

六、禽霍乱

1. 概念

禽霍乱是一种由多杀性巴氏杆菌引起的败血性传染病，常呈现败血性症状，以发热、腹泻、呼吸困难为特征。

2. 临床诊断

（1）消化道症状

① 精神不振，羽毛松乱，头藏于翅下，站立不稳。

② 剧烈腹泻，初期排白色水样稀粪，后变为绿色，并有黄色或褐色黏液，有时带血。

③ 肛门附近羽毛粘有粪便。

（2）呼吸道症状

① 体温升高至43～44℃，口渴，喜饮水。

② 呼吸加速，发出"咯咯"声。

③ 口排黏性流出物，鼻腔分泌物增多。

（3）慢性型

① 逐渐消瘦，贫血，无力，食欲不振。

② 腿关节和翅关节肿大跛行。

③ 持续性腹泻。

④ 无毛区皮肤紫绀，是死亡前的征兆。

⑤ 某些头部无羽毛处出现鳞片状和痂皮状病变。

3. 用药指南

（1）用药原则　本病以预防为主，同时抗菌。

（2）用药方法（根据临床症状、实验室检查结果等临床实际病情的需要选择以下措施进行治疗）

【措施1】海益安

每升水30毫克海益安，连用3～5天。

注意事项：避免与含钙量较高的饲料同时服用。遮光，密封，干燥处保存。

【措施2】氟苯尼考注射液

0.067毫升/千克体重，肌内注射，每隔48小时1次，连用2次。

注意事项：产蛋期禁用；疫苗接种期或免疫功能严重缺损的动物禁用；肾功能不全动物需适当减量或延长给药间隔时间。

【措施3】呋喃唑酮

可按0.04%的浓度拌料，连用3～6天。饮水治疗时，浓度不超过0.02%。

注意事项：本药毒性较大且不易溶于水，因此一定要将药物碾碎后放入水中。

【措施4】庆大霉素

1300单位/千克体重，饮水，每日2～3次，连用3～7天。

注意事项：耳毒性；偶见过敏；大剂量引起神经肌肉传导阻断；可逆性肾毒性。

【措施5】氟哌酸

10～15毫克/千克，饮水，每日3次，连用3～5天。

注意事项：副作用为胃肠道反应。

七、结核病

1. 概念

禽结核病是由禽结核杆菌引起的一种慢性传染病，特征是引起鸡组织器官形成肉芽肿和干酪样钙化结节。

2. 临床诊断

（1）一般症状

① 体重减轻，胸肌消瘦，羽毛松乱无光泽。

② 头部的冠与肉垂贫血。

③ 病重者呼吸困难，排稀便，脱水。

（2）骨髓结核　一侧跛行或跳跃式行走，这是骨髓结核的典型症状。

（3）肠结核和肠系膜结核　在腹部能摸到结节硬块，并发生连续性腹泻。

（4）结核性关节炎　翅麻痹，关节肿大，疼痛，运动受阻，严重者关节破溃，从破孔流出液状或干酪样分泌物，有的鸟完全瘫痪。

（5）肺部感染结核菌，发生呼吸困难；肱骨、肩胛骨感染则翅下垂。

3. 用药指南

（1）用药原则　应以预防为主，应用治结核特效药。增强鸟类身体免疫力，加强饲养管理。

（2）用药方法（根据临床症状、实验室检查结果等临床实际病情的需要选择以下措施进行治疗）

① 营养补充药

【措施】伊可新

一次 1 粒，一日 1～2 次。

注意事项：避光，不超过 20℃。

② 结核特效药

【措施1】链霉素

每千克水 50～150 毫克链霉素，混饮，连用 7～8 日。

注意事项：与利尿药、红霉素有禁忌。内服不吸收，只用于肠道感染治疗。

【措施2】联合用药

异烟肼，30 毫克/千克体重；乙二胺丁醇，30 毫克/千克体重；利福霉素，2 克/升水，1 个月为一个疗程。

注意事项：上述药物应分开使用，但可交替进行，以免产生耐药性。同时服用 B 族维生素、维生素 C、叶酸和肝太乐，以减少药物的毒副作用和保护肝脏。

八、曲霉菌病

1. 概念

曲霉菌病是指由曲霉属真菌引起的疾病。曲霉菌病分为急性和慢性两类：急性曲霉菌病主要发生于幼鸟，慢性曲霉菌病主要发生于成年鸟。主要特征是呼吸道症状。

2. 临床诊断

（1）急性曲霉病

① 体温升高，食欲不振，饮欲增加。

② 呼吸困难，张口呼吸，听诊有明显喘息声。

③ 气囊炎：肺部和气囊充满白色黏液，肺部也可能有结节。

（2）慢性曲霉病

① 病初抑郁，虚弱，感染时间长者发生呼吸困难。

② 上呼吸道发生畸形。

③ 中枢神经系统被感染，鸟儿可能会出现颤抖、失去协调和瘫痪。

④ 食道受感染时，吞咽困难，眼、鼻有浆液性分泌物。

⑤ 眼受感染时，一侧瞬膜下出现黄色干酪样物，眼睑鼓起或角膜溃疡。

3. 用药指南

（1）用药原则 做好预防管理，抗真菌，增强鸟类自身免疫力。

（2）用药方法（根据临床症状、实验室检查结果等临床实际病情的需要选择以下措施进行治疗）

① 抗真菌药

【措施1】制霉菌素

10000 单位/千克拌料，0.05％硫酸铜溶液饮水，连用 5～7 天。

注意事项：单独使用硫酸铜不配合使用制霉菌素无效。

【措施2】克霉唑

每只病鸟每天用 0.03 克，连用 10 天。

注意事项：该品毒性大，口服可有胃肠道反应；外用偶有局部刺激、烧灼感、红肿、瘙痒。

【措施3】碘化钾

每千克水中加碘化钾 5～10 克，连用 3 天。

注意事项：阴凉、干燥、通风保存。

【措施4】两性霉素 B

全身真菌感染：1～1.5 毫克/千克，静脉注射，治疗 3～5 天；或 1 毫克/千克于 2 毫升灭菌用水中经气管内给药，每日两次，连用 12 天；而后每日一次，连用 5 周。

注意事项：两性霉素 B 全身给药对鸟类有毒性，如果静脉输注，应密切监护。

【措施5】酮康唑

25～30 毫克/千克，口服或肌内注射，每日 1 次。

注意事项：肝脏毒性；可能有致畸作用；可能造成鸟类的肝脏毒性和呕吐。

② 营养补充药

【措施】伊可新

一次 1 粒，一日 1～2 次。

注意事项：避光，不超过 20℃保存。

九、念珠菌病（鹅口疮）

1. 概念

念珠菌病是由白色念珠菌引起的一种传染性疾病，是人和动物共患疾病。本病的特征是：口腔、咽喉、食道和嗉囊发生炎症或坏死，消化道黏膜出现白色假膜和溃疡。

2. 临床诊断

（1）消化道症状

① 生长不良，发育受阻，羽毛蓬乱。

② 消化道受损害，病鸟吞咽困难。嗉囊肿大，黏膜增厚，上有白色圆形隆起状溃疡。触诊嗉囊柔软，有酸味内容物从口腔流出。

（2）皮肤黏膜症状

① 眼睑和口角可见痂皮样病变，腿上皮肤病变。口腔和舌面有溃疡坏死。

② 口腔、食道、嗉囊有白色、黄色或褐色薄膜。

（3）病鸽常出现下痢，死前出现痉挛状态。

3. 用药指南

（1）用药原则　本病以预防为主，抗真菌，补充 B 族维生素。

（2）用药方法（根据临床症状、实验室检查结果等临床实际病情的需要选择以下措施进行治疗）

【措施 1】制霉菌素

每千克饲料中加入 50～100 毫克制霉菌素，连喂 4 周。

每升水中加入 62～250 毫克制霉菌素和 7.8～25 毫克硫酸月桂酸酯，连用 5 天，对嗉囊霉菌病很有效。

【措施 2】可鲁凝胶

皮肤创面感染：3～4 次/日。

注意事项：本品勿与碘制剂、双氧水、重金属离子等物质接触；阴凉干燥处保存。

【措施 3】COVB 片

适量口服。

【措施 4】球红霉素

可配成 1 升水中含 800～2500 单位的制剂，喷入鸟舍，以气雾治疗鸟的霉菌感染。

注意事项：湿度不宜过大。

【措施 5】酮康唑

25～30 毫克/千克，口服或肌内注射，每日 1 次。

注意事项：肝脏毒性；可能有致畸作用；可能造成鸟类的肝脏毒性和呕吐。

十、球虫病

1. 概念

鸟球虫病是由一种或多种球虫引起的疾病，几乎所有的鸟类都感染，发病率高，死亡率也高，是对养鸟业危害极大的一种内寄生虫病。

2. 临床诊断

（1）精神萎靡，食欲不振或废绝，口渴，体重减轻。

（2）羽毛松乱，翅下垂，贫血。

（3）部分病鸟出现震颤、昏厥或跛行。

（4）消化道症状　轻度下痢或致死性下痢，粪便呈水样或黏性绿色或为带血稀便。痊愈后对球虫感染有免疫力。

（5）便检可看到圆形虫卵。

3. 用药指南

（1）用药原则　抗球虫感染。

（2）用药方法（根据临床症状、实验室检查结果等临床实际病情的需要选择以下措施进行治疗）

【措施1】磺胺二甲基嘧啶

配成0.4％浓度的饮水。饮用3～5天，停药2～5天，再饮用3天。

注意事项：超量或持续服用引起痉挛和神经症状或贫血、黄疸、生长缓慢。

【措施2】制菌磺片

按0.5％的比例添加到饲料中，连用3天，停2天，再连用3天。

注意事项：同磺胺类药物。

【措施3】痢特灵

按0.02％的比例加入到饮水中饮用；或按0.04％的比例混于粉料中，连喂4～5天。

注意事项：混合均匀，以防中毒。

【措施4】球痢灵

0.12克/千克饲料，连用30～40天。

【措施5】氨丙啉

鸽子：将28毫升浓缩液加入4.5升饮用水中，连用7天。

注意事项：剩余的加入药物的饮水须在24小时之后弃掉。

【措施6】克拉珠利

鸽子：5～10毫克/千克，口服。

鹦鹉：7毫克/千克，口服。

注意事项：不要同时服用可引起呕吐的药物。

【措施7】速丹

3～6毫克/千克饲料，充分混匀。

【措施8】氯苯胍

30～40毫克/千克饲料，连用7天。

注意事项：易产生耐药性。

十一、毛滴虫病

1. 概念

毛滴虫病是家禽、鸽和鹦鹉等的一种原虫病，由毛滴虫属寄生于消化道上段所引起。本病的特征是喉部有干酪样积聚，常伴有体重下降。

2. 临床诊断

（1）病鸟食欲废绝，精神不振，羽毛松乱，消瘦。

（2）在病鸟的口腔可见有浅绿色至浅黄色黏液，并从嘴流出。

（3）口腔、鼻窦、咽、食道和嗉囊黏膜，有干酪样物质积聚。

（4）便检可看到游动的滴虫。

3. 用药指南

（1）用药原则 抗原虫感染。

（2）用药方法（根据临床症状、实验室检查结果等临床实际病情的需要选择以下措施进行治疗）

【措施1】卡硝唑

鸽子：12.5～25毫克/千克，口服1次。

鹦鹉：30～50毫克/千克，口服1次，2周后再次给药。

其他鸟类：20～30毫克/千克，口服1次。

【措施2】灭滴灵

30～40毫克/千克，每日2次，连用7～10天。

注意事项：副作用大，可同时服用肝太乐和维生素C或按说明书使用。

【措施3】碘溶液

病鸟饮用0.2％的碘溶液，7天为1个疗程。

健康鸟饮用0.2％的碘溶液，可预防毛滴虫病。

注意事项：碘溶液浓度不宜过高。

十二、绦虫病

1. 概念

绦虫病是绦虫寄生在鸟的小肠内，从而引起鸟出现腹泻、异食癖等症状的疾病。

2. 临床诊断

（1）消化道症状

① 食欲不振，贫血，消瘦，异食癖。

② 病鸟下痢，稀薄的粪便中混有血和黏液，或排出绦虫身体节片。

（2）神经症状　抽搐、昏迷、瘫痪、头颈扭曲。

3. 用药指南

（1）用药原则　灭绦虫，对症治疗。

（2）用药方法（根据临床症状、实验室检查结果等临床实际病情的需要选择以下措施进行治疗）

【措施1】灭绦灵

按200毫克/千克体重，混入饲料中喂给。

注意事项：为防止药物致呕吐而使虫卵反流入胃，在服药前先用止吐药及在服药后应用泻药以驱除成虫及被裂解的头节片等。

【措施2】安乐士

3.3毫克/千克，口服，每日两次，连服3日。

【措施3】氢溴酸槟榔碱

3毫克/千克体重，配成0.1％水溶液灌服。

注意事项：本药性质不稳定，中毒可用阿托品解救。

十三、感冒

1. 概念

鸟感冒是一种常见的多发性呼吸道感染病，在气温突变时多发。

2. 临床诊断

（1）精神不振，羽毛逆立，不爱活动，口渴，鼻孔周围有黏稠分泌物。
（2）鸟鸣叫声沙哑，重者哮喘，呼吸困难、急促，张口呼吸，似喉咙有异物。

3. 用药指南

（1）用药原则　对症治疗，加强饲养管理。
（2）用药方法（根据临床症状、实验室检查结果等临床实际病情的需要选择以下措施进行治疗）
【措施1】磺胺嘧啶
8毫克磺胺嘧啶溶于300毫克水中，让鸟自由饮用。
注意事项：超量或持续服用引起痉挛和神经症状或贫血、黄疸、生长缓慢。
【措施2】银翘解毒片
注意事项：口服，风寒感冒不适用。
【措施3】嗅己新
1.5毫克/千克，肌内注射/口服，每日1～2次。
注意事项：本品辅助咳出支气管异物。
【措施4】头孢噻肟
50～100毫克/千克，肌内注射。
注意事项：注射可能疼痛。胃肠道紊乱、耐药微生物的二次感染是潜在的风险。

十四、肠炎

1. 概念

肠炎是鸟类消化道疾病，为伴有肠的分泌蠕动、吸收和排泄机能紊乱的炎症的总称。

2. 临床诊断

（1）单纯性肠炎
① 精神不振，羽毛松乱，腹疼，食欲减退，饮欲增加，体温升高。
② 排稀便或带血粪便。
（2）出血性肠炎　粪便如汤或粥，并混有血丝、血块或组织碎片，病鸟常很快死亡。
（3）由细菌、原虫和霉菌引起的肠炎，其症状各异，前文已有叙述，这里不再重复。

3. 用药指南

（1）用药原则　对症治疗；抗菌，防止继发感染；补液，增强机体抵抗力；加强饲养管理。

（2）用药方法（根据临床症状、实验室检查结果等临床实际病情的需要选择以下措施进行治疗）

① 对症治疗，缓泻

【措施1】白龙散

湿热泻痢，凉血止痢。1～3克/千克，灌服。

注意事项：脾胃虚寒者禁用。

【措施2】高岭土

高岭土/果胶复合物，15毫升/千克，口服，每日1次。

注意事项：肠梗阻或穿孔禁用。

② 抗菌，防止继发感染

【措施1】庆大霉素

鸟类：0.05～0.1毫升/千克，肌内注射，1日2次，连用2～3天。

注意事项：耳毒性；偶见过敏；大剂量引起神经肌肉传导阻断；可逆性肾毒性。

【措施2】氟哌酸

10～15毫克/千克混水，每日3次，连用3～5天。

注意事项：副作用为胃肠道反应。

【措施3】出血性肠炎

患鸟先停食1天，然后用庆大霉素和氟哌酸治疗。配合药物治疗时，可同时口服复合维生素B，有利于胃肠道黏膜的恢复。

③ 补液，增加机体抵抗力

【措施1】生理盐水

0.9％生理盐水灌服。

【措施2】乳酸钠林格注射液

皮下补液。

【措施3】葡萄糖

25％葡萄糖，每次1～5毫升，每日2次，连用5天，灌服。

第十八章 金鱼常见疾病

一、细菌性腐败病

1. 概念

细菌性腐败病是由一种尚未鉴种的细菌引起的、金鱼常患的一种疾病。其特征为体表局部或大部出现发炎充血，鳍端和鳃盖出现烂斑。

2. 临床诊断

（1）病鱼初期患部皮肤发白，随后发炎充血。
（2）鳞片脱落。
（3）鳍基充血，鳍端腐烂，鳍条裂开。
（4）鳃盖、上下颌出现红斑。
（5）有时鳃盖表皮溃烂，露出鳃盖骨。

3. 用药指南

（1）用药原则　预防为主，抗菌，控制继发感染。
（2）用药方法（根据临床症状、实验室检查结果等临床实际病情的需要选择以下措施进行治疗）
【措施1】漂白粉
1克/立方米全池泼洒消毒。
注意事项：用水将漂白粉溶解后再进行泼洒。
【措施2】呋喃西林
20克/立方米药浴20分钟。
注意事项：尽量选择隔离病鱼单独进行药浴，若鱼状态不佳甚至无法直立可适当加大用量。
【措施3】青霉素
鱼：10万单位/次，肌内注射/腹腔注射。
注意事项：青霉素在水中易失效，不适合倒入水中药浴。
【措施4】孔雀石绿
10%溶液，涂抹腐烂处。
注意事项：孔雀石绿使用后可能会使病鱼的消化道、鳃以及体表轻微发炎，从而会影响其吃食和生长发育，不建议经常使用。

【措施5】红霉素

0.2～0.5克/立方米全池泼洒。

注意事项：不可与维生素C同时使用。

【措施6】3％双氧水、3％食盐水、金霉素

3％双氧水清洗患部，再置于3％食盐水中浸浴10～15分钟，最后涂上金霉素。

注意事项：若病鱼体表有较深溃疡，则不可使用双氧水；稀释双氧水时应用洁净容器以防药效降低；双氧水贮存于棕色玻璃瓶中。

二、表皮增生病

1. 概念

表皮增生病是由于病毒在金鱼皮肤细胞中复制引起的一种疾病。其特征为体表上皮细胞异型增殖。

2. 临床诊断

（1）体表出现乳白色点，随后变大呈蜡状，淡红或灰白色。

（2）增生物表面有红色条纹。

（3）严重时增生物显著增厚，若扩大至体表则病鱼因生长发育受阻而亡。

3. 用药指南

（1）用药原则　预防为主，抗菌，控制继发感染。

（2）用药方法（根据临床症状、实验室检查结果等临床实际病情的需要选择以下措施进行治疗）

【措施1】漂白粉

淘汰病鱼后将鱼缸以1克/立方米泼洒消毒。

注意事项：用水将漂白粉溶解后再进行泼洒。

【措施2】红霉素

0.4～1克/立方米全池泼洒。

注意事项：不可与维生素C同时使用。

三、赤皮病

1. 概念

赤皮病是由荧光极毛杆菌引起的一种细菌性传染病。其特征为鱼体表局部或大部出血发炎。

2. 临床诊断

（1）鳍基部出血，以胸鳍基部最多。

（2）鳍条腐烂，鳞片脱落，且患部常有水霉菌寄生。

（3）有时头部皮肤及眼睛巩膜呈炎症出血。

（4）肠道充血发炎。

3. 用药指南

（1）用药原则　预防为主，抗菌消炎，控制继发感染。

（2）用药方法（根据临床症状、实验室检查结果等临床实际病情的需要选择以下措施进行治疗）

【措施1】呋喃西林

0.1‰～1‰，药浴，每日2～3次。

注意事项：尽量选择隔离病鱼单独进行药浴，若鱼状态不佳甚至无法直立可适当加大用量。

【措施2】食盐水

2‰～5‰，药浴，每日2～3次。

【措施3】漂白粉

1克/立方米全池泼洒消毒。

注意事项：用水将漂白粉溶解后再进行泼洒。

【措施4】二氯异氰脲酸钠

0.3克/立方米全池泼洒。

注意事项：保存于干燥通风处；不能与酸碱类药物并存或混合使用；现配现用；水温升高其毒性增强，高温季节使用应控制在有效剂量的低限。

【措施5】恩诺沙星粉

5%恩诺沙星粉，2克/立方米全池泼撒。

注意事项：可能导致幼年鱼软骨生长受到影响。

【措施6】磺胺

拌饵料投喂，50～100毫克/千克饲料，连续7天。

注意事项：具有一定肝肾毒性，造成贫血。

四、竖鳞病

1. 概念

竖鳞病是鱼体受伤后被细菌感染，引起鳞囊内积聚液体导致鳞片竖立的一种疾病。其特征为体表粗糙，部分或全部鳞片像松球一样向外张开竖起。

2. 临床诊断

（1）鳞片基部水肿，其内部积聚着半透明或含血的渗出液，以致鳞片竖起。

（2）鳍基充血，鳍条溃烂。

（3）眼球突出，腹部膨大。

3. 用药指南

（1）用药原则　预防为主，抗菌，控制继发感染。

（2）用药方法（根据临床症状、实验室检查结果等临床实际病情的需要选择以下措施进行治疗）

【措施1】食盐水

2％，药浴10分钟。

【措施2】青霉素

鱼：4000单位/次，肌内注射/腹腔注射。

注意事项：青霉素在水中易失效，不适合倒入水中药浴。

【措施3】呋喃西林

1.5～2克/立方米全池泼撒。

注意事项：尽量选择隔离病鱼单独进行药浴，若鱼状态不佳甚至无法直立可适当加大用量。

【措施4】红霉素

0.2～0.5克/立方米全池泼洒。

注意事项：不可与维生素C同时使用。

【措施5】利凡诺

0.8～1.5毫克/升全池泼洒

注意事项：贮存于褐色玻璃瓶中。

【措施6】二氯异氰脲酸钠

含有效氯60％，0.5～0.6克/立方米全池泼洒。

注意事项：保存于干燥通风处；不能与酸碱类药物并存或混合使用；现配现用；水温升高其毒性增强，高温季节使用应控制在有效剂量的低限。

【措施7】二氧化氯

先用柠檬酸或醋酸活化后再1克/立方米全池泼洒。

注意事项：使用时需关掉过滤器和氧气泵。

五、白头白嘴病

1. 概念

白头白嘴病是由黏球菌引起的一种疾病。其特征为病鱼常游于水面，额部和嘴部四周色素消失，呈白头白嘴状。

2. 临床诊断

（1）额部和嘴部周围的细胞坏死，色素消失而表现白色。

（2）病变部位发生溃烂，有时带有灰白色绒毛状物。

（3）个别鱼头部充血。

（4）病鱼漂浮于水面，不久死亡。

3. 用药指南

（1）用药原则　预防为主，抗菌，控制继发感染。

（2）用药方法（根据临床症状、实验室检查结果等临床实际病情的需要选择以下措施进

行治疗）

【措施1】食盐水

1‰～2‰，药浴，每日2～3次，同时彻底刷洗消毒鱼缸及换水。

【措施2】呋喃西林

1‰～2‰，药浴10～20分钟。

注意事项：尽量选择隔离病鱼单独进行药浴，若鱼状态不佳甚至无法直立可适当加大用量。

【措施3】漂白粉

1克/立方米全池泼洒消毒，连泼2次。

注意事项：用水将漂白粉溶解后再进行泼洒。

【措施4】大黄

2.5～3.7克/立方米全池泼洒。

注意事项：使用前一般先将大黄用0.3‰的氨水按1∶20比例室温浸浴12小时，以提高疗效。

【措施5】五倍子

2～4克/立方米全池泼洒。

【措施6】土霉素

2～5毫克/毫升浸浴30分钟。

注意事项：注意增氧。

六、水痘病

1. 概念

水痘病最初被认为是由细菌引起，但致病菌种尚未确定。其特征为病鱼体表出现大小不一、数量不等的水痘。

2. 临床诊断

(1) 病鱼腹部及两侧集中出现一粒一粒的小水痘。

(2) 水痘通常为圆形或椭圆形，其内积有淡黄色液体。

(3) 当水痘破裂时，可见病灶部位有出血现象。

3. 用药指南

(1) 用药原则 预防为主，抗菌，控制继发感染。

(2) 用药方法（根据临床症状、实验室检查结果等临床实际病情的需要选择以下措施进行治疗）

【措施1】利凡诺

1‰，涂抹水痘破裂处，每日1次，连续3～6天。

注意事项：贮存于褐色玻璃瓶中。

【措施2】呋喃唑酮

0.1～0.2毫克/升全池泼洒。

注意事项：易受光线破坏，宜采暗色容器保存，药浴最好在傍晚或夜晚光线越弱时为之。

七、斜管虫病

1. 概念

斜管虫病是由斜管虫寄生所造成的一种寄生虫病。其特征为病鱼体表出现白色薄翳物质，病鱼失去原有颜色。

2. 临床诊断

（1）体色较深，鱼体瘦弱，且出现一层白色薄翳物质。

（2）严重时金鱼的鳍条不能充分伸展。

（3）当水痘破裂时，可见病灶部位有出血现象。

（4）鳃组织受损，呼吸困难，出现浮头状，换水无法恢复正常。

3. 用药指南

（1）用药原则　预防为主，双重抗菌，控制继发感染。

（2）用药方法（根据临床症状、实验室检查结果等临床实际病情的需要选择以下措施进行治疗）

【措施1】硫酸铜和高锰酸钾合剂（5：2）

全池泼洒。当水温低于10℃时，使浓度达到0.3～0.4毫克/升。

注意事项：注意增氧。

【措施2】硝酸亚汞

全池泼洒。当水温低于10℃时，使浓度达到0.2毫克/升；当水温为15℃时，浓度达到0.1毫克/升。

注意事项：硝酸亚汞可能会影响鱼的神经系统致其短时间兴奋。

【措施3】亚甲基蓝

3克/立方米全池泼洒。

注意事项：使用时需避光；水温较低或水体有机质含量过高时会影响疗效。

【措施4】阿维菌素、二氧化氯

阿维菌素溶液0.2～0.3毫克/立方米全池泼洒，第二天用含量8％的二氧化氯0.3克/立方米全池泼洒。

注意事项：使用阿维菌素后需及时增氧，不得与消毒剂混合使用。

八、水霉病

1. 概念

水霉病是由多种霉菌引起的一种疾病。其特征为病鱼受损组织发炎、坏死，鱼体负担过重，游动失常。

2. 临床诊断

（1）霉菌在受损处向外生长成棉絮状，可见灰白或青色菌丝。

（2）组织充血、发炎、糜烂。

（3）鱼体分泌出大量黏液，焦躁不安，最终虚弱而死。

3. 用药指南

（1）用药原则　预防为主，抗菌，控制继发感染。

（2）用药方法（根据临床症状、实验室检查结果等临床实际病情的需要选择以下措施进行治疗）

【措施1】食盐水

3％，浸浴15～30分钟，每日1次。

【措施2】孔雀石绿

7克/立方米浸浴20～30分钟。

注意事项：孔雀石绿使用后可能会使病鱼的消化道、鳃以及体表轻微发炎，从而会影响其吃食和生长发育，不建议经常使用。

【措施3】硼砂

300克/立方米浸浴5～10分钟，然后移入清水中静养。

【措施4】五倍子

4克/立方米全池泼洒。

注意事项：置于通风干燥地。

【措施5】重铬酸钾

20克/立方米全池泼洒。

注意事项：泼洒鱼缸后，经1周或10天要换去一半池水。

【措施6】来苏儿

20毫升/立方米浸浴。

【措施7】二氧化氯

20克/立方米全池泼洒。

注意事项：使用时需关掉过滤器和氧气泵。

【措施8】亚甲基蓝

10毫克/升浸浴10～20分钟。

注意事项：使用时需避光；水温较低或水体有机质含量过高时会影响疗效。

九、嗜子宫线虫病

1. 概念

嗜子宫线虫病是由鲫嗜子宫线虫寄生而引起的一种寄生虫病。其特征为病鱼鳍条充血，鳍条基部发炎。

2. 临床诊断

(1) 病鱼鳞片隆起，皮肤发炎和充血出血。

(2) 尾鳍等鳍条中出现红色线虫。

(3) 当鳍条破裂时往往引起细菌和水霉菌继发感染。

3. 用药指南

(1) 用药原则　预防为主，杀虫抗菌，控制继发感染。

(2) 用药方法（根据临床症状、实验室检查结果等临床实际病情的需要选择以下措施进行治疗）

【措施1】呋喃唑酮

0.2毫克/升全池泼洒。

注意事项：易受光线破坏，宜采暗色容器保存，药浴最好在傍晚或夜晚光线越弱时为之。

【措施2】晶体敌百虫

0.4～0.5毫克/升全池泼洒。

注意事项：注意增氧，不可泼洒入金属容器。

【措施3】高锰酸钾

1‰，涂抹病灶部位。

注意事项：避免药液流进鱼鳃。

【措施4】二氯异氰脲酸钠

1‰，涂抹病灶部位，每日1次，连续3天。

注意事项：保存于干燥通风处；不能与酸碱类药物并存或混合使用；现配现用；水温升高其毒性增强，高温季节使用应控制在有效剂量的低限。

【措施5】二氧化氯

0.3毫克/升全池泼洒。

注意事项：使用时需关掉过滤器和氧气泵。

十、口丝虫病

1. 概念

口丝虫病是由漂游口丝虫寄生而引起的一种寄生虫病。其特征为病鱼体表覆着一层乳白色或灰蓝色的黏液。

2. 临床诊断

(1) 黏液分泌异常，体表似白云样。

(2) 鳃丝呈淡红色，皮肤发炎充血。

(3) 鱼体消瘦，呼吸困难而后死亡。

3. 用药指南

（1）用药原则　预防为主，杀虫抗菌，控制继发感染。

（2）用药方法（根据临床症状、实验室检查结果等临床实际病情的需要选择以下措施进行治疗）

【措施1】食盐水

2%～5%，浸浴5～15分钟。

【措施2】硫酸铜

0.5～0.7克/立方米全池泼洒。

注意事项：注意增氧。

【措施3】高锰酸钾

20克/立方米浸浴15～30分钟。

注意事项：注意增氧。

【措施4】亚甲基蓝

50毫克/升浸浴30分钟，连续几次。

注意事项：使用时需避光，水温较低或水体有机质含量过高时会影响疗效。

【措施5】孔雀石绿

0.2毫克/升浸浴30分钟，连续几次。

注意事项：孔雀石绿使用后可能会使病鱼的消化道、鳃以及体表轻微发炎，从而会影响其吃食和生长发育，不建议经常使用。

十一、三代虫病

1. 概念

三代虫病是由秀丽三代虫寄生而引起的一种寄生虫病。其特征为病鱼体表无光，呈不安游泳状。

2. 临床诊断

（1）少量虫体寄生时，无明显症状，仅在水中显示出不安游泳状。

（2）大量虫体寄生时，体表失去光泽且出现一层灰白色黏液。

（3）虫体寄生于鳃上时，出现呼吸困难

3. 用药指南

（1）用药原则　预防为主，杀虫抗菌，控制继发感染。

（2）用药方法（根据临床症状、实验室检查结果等临床实际病情的需要选择以下措施进行治疗）

【措施1】晶体敌百虫

0.2～0.4毫克/升全池泼洒。

注意事项：注意增氧，不可泼洒入金属容器。

【措施2】高锰酸钾

20 毫克/升浸浴。水温 10～20℃时药浴 20～30 分钟，水温 20～25℃时药浴 15～20 分钟，水温 25℃以上时药浴不得超过 15 分钟。

注意事项：注意增氧。

十二、锚头鳋病

1. 概念

锚头鳋病是由锚头鳋寄生而引起的一种寄生虫病。其特征为病鱼体表挂有虫体，患部发炎、肿胀坏死。

2. 临床诊断

（1）肌肉、鳞下可见身体大部露在外的虫体。
（2）鳞片破裂，皮肤肌肉组织发炎红肿、坏死。

3. 用药指南

（1）用药原则　预防为主，杀虫抗菌，控制继发感染。
（2）用药方法（根据临床症状、实验室检查结果等临床实际病情的需要选择以下措施进行治疗）

【措施 1】高锰酸钾

1%，涂抹虫体和伤口，30 秒后放入水中；次日重复 1 次。

注意事项：涂抹时要注意避免接触鱼体正常鳞片、头、眼等部位。

【措施 2】敌百虫

0.3～0.7 克/立方米全池泼洒。

注意事项：注意增氧，不可泼洒入金属容器。

【措施 3】呋喃西林

1～1.5 克/立方米全池泼洒。

注意事项：尽量选择隔离病鱼单独进行药浴，若鱼状态不佳甚至无法直立可适当加大用量。

十三、寄生虫性烂鳃病

1. 概念

寄生虫性烂鳃病是由寄生虫寄生和细菌感染所引起的一种疾病，主要是指环虫和黏孢子虫的感染造成。

2. 临床诊断

（1）指环虫感染
① 鳃部浮肿，鳃盖张开，鳃丝失血。
② 精神呆滞，鱼体消瘦。
③ 耐低氧能力降低，最终窒息而亡。

（2）黏孢子虫感染

① 鳃丝可见许多灰白色点状包囊。

② 鳃组织受损，鳃丝失血。

③ 呼吸受阻，窒息而亡。

3. 用药指南

（1）用药原则　预防为主，杀虫抗菌，控制继发感染。

（2）用药方法（根据临床症状、实验室检查结果等临床实际病情的需要选择以下措施进行治疗）

【措施1】晶体敌百虫

0.5～0.8克放于10千克水中浸浴10～15分钟；0.2～0.3克放于1000千克水中全池泼洒，每周1～2次。

注意事项：注意增氧，不可泼洒入金属容器。

【措施2】氨水

150克放于10千克水中浸浴10～15分钟。

【措施3】低浓度石灰水

浸浴5～10分钟。

注意事项：现配现用以防减效失效，不可与敌百虫同时使用。

【措施4】尿砖、呋喃西林

适量放入10千克水中浸浴或泼洒。

注意事项：尽量选择隔离病鱼单独进行药浴，若鱼状态不佳甚至无法直立可适当加大用量。

十四、细菌性烂鳃病

1. 概念

细菌性烂鳃病是由多种细菌感染所引起的一种疾病，主要是黏球菌和柱状嗜纤维菌的感染造成。

2. 临床诊断

（1）黏球菌感染

① 鳃丝溃烂，附有较多白色黏液。

② 鳃盖骨皮肤充血。

③ 鳃丝被腐蚀成一个个小洞，软骨外露。

④ 呼吸困难，最终窒息而亡。

（2）柱状嗜纤维菌感染

① 鳃丝腐烂处带有污泥。

② 鳃盖内表皮充血，可能出现腐蚀成圆形的透明区。

③ 呼吸困难，最终窒息而亡。

3. 用药指南

（1）用药原则　预防为主，杀虫抗菌，控制继发感染。

（2）用药方法（根据临床症状、实验室检查结果等临床实际病情的需要选择以下措施进行治疗）

【措施1】呋喃唑酮

1～2克放于10千克水中浸浴15～20分钟；0.1～0.2克放于1000千克水中全池泼洒。

注意事项：易受光线破坏，宜采用暗色容器保存，药浴最好在傍晚或夜晚光线越弱时为之。

【措施2】呋喃西林

0.5克放于10千克水中浸浴30分钟；1克放于1000千克水中全池泼洒。

注意事项：尽量选择隔离病鱼单独进行药浴，若鱼状态不佳甚至无法直立可适当加大用量。

【措施3】漂白粉

1～1.2毫克/升全池泼洒。

注意事项：用水将漂白粉溶解后再进行泼洒。

【措施4】食盐水

2％，浸浴5～15分钟。

【措施5】红霉素

3片放于10千克水中浸浴。

注意事项：不可与维生素C同时使用。

【措施6】二氯异氰尿酸钠

0.3克/立方米全池泼洒。

注意事项：保存于干燥通风处；不能与酸碱类药物并存或混合使用；现配现用；水温升高其毒性增强，高温季节使用应控制在有效剂量的低限。

【措施7】恩诺沙星

5％，2克/立方米全池泼洒。

注意事项：可能导致幼年鱼软骨生长受到影响。

十五、病毒性出血病

1. 概念

病毒性出血病是由呼肠孤病毒引起的一种疾病。其特征为病鱼体表及内脏各部出现充血。

2. 临床诊断

（1）眼眶周围、鳃盖、口腔和各鳍条基部充血。

（2）剥开皮肤可见肌肉呈点状充血，严重时全部肌肉呈血红色。

（3）肠道、肝脏、脾脏出现充血。

（4）腹腔内有腹水，鳃部通常呈淡红色或苍白色。

3. 用药指南

（1）用药原则　预防为主，抗菌，控制继发感染。

（2）用药方法（根据临床症状、实验室检查结果等临床实际病情的需要选择以下措施进行治疗）

【措施1】漂白粉

1毫克/升全池泼洒。

注意事项：用水将漂白粉溶解后再进行泼洒。

【措施2】红霉素

4～10毫克/升水中浸浴15分钟。

注意事项：不可与维生素C同时使用。

【措施3】红汞

涂擦患处，每天1次直至痊愈。

【措施4】呋喃西林

10～20毫克/升浸浴10～15分钟。

注意事项：尽量选择隔离病鱼单独进行药浴，若鱼状态不佳甚至无法直立可适当加大用量。

十六、棉口病

1. 概念

棉口病是由柱状软骨球菌感染引起的一种传染病，其特征为病鱼的吻部生长着一种像棉花样的菌丝。

2. 临床诊断

（1）头部、嘴部周围细胞坏死，色素消失呈白色。

（2）病变部位发生溃烂，带有灰白色绒毛状物。

（3）无法吃食，头部逐渐腐烂，最后死亡。

3. 用药指南

（1）用药原则　预防为主，抗菌，控制继发感染。

（2）用药方法（根据临床症状、实验室检查结果等临床实际病情的需要选择以下措施进行治疗）

【措施1】甲醛溶液

0.1%，彻底清洗、消毒鱼缸。

注意事项：避光清洗以免降低药效。

【措施2】土霉素

十万分之一浓度的溶液浸浴至症状消失。

注意事项：不可在碱性水体中使用。

【措施3】亮绿溶液

八十万分之五的浓度浸浴不超过1分钟，每日1次。

十七、肠炎

1. 概念

肠炎是由于鱼食入不洁净食物、摄食过多或肠道排泄受阻，最后因消化不良引起。其特征为病鱼绝食、肛门充血肿胀。

2. 临床诊断

(1) 精神不振，拒绝投饵，常伏于池底。
(2) 身体肌肉短时间抽搐。
(3) 肛门附近红肿溃烂，最后死亡。

3. 用药指南

(1) 用药原则　预防为主，消炎，助消化。
(2) 用药方法（根据临床症状、实验室检查结果等临床实际病情的需要选择以下措施进行治疗）
【措施 1】硫胺嘧啶片
1～2 片拌入饵料。
注意事项：易导致鱼肾脏损伤。
【措施 2】硫酸镁
3％～5％，药浴。
【措施 3】恩诺沙星
5％，2 克/立方米全池泼洒。
注意事项：可能导致幼年鱼软骨生长受到影响。
【措施 4】二氧化氯
0.5～0.6 克/立方米全池泼洒。
注意事项：使用时需关掉过滤器和氧气泵。

十八、蛀鳍烂鳍病

1. 概念

蛀鳍烂鳍病是由于换水太勤导致鱼尾鳍软组织腐烂或换水不及时水质老化导致鳍膜破裂腐烂而引发的细菌感染。

2. 临床诊断

(1) 各鳍边缘呈乳白色继之腐烂，鳍条残缺不全，尾鳍尤为明显。
(2) 有时鳍条软骨结缔组织变成扫帚状。
(3) 严重时整个尾鳍烂掉，最后遭黏细菌感染，恢复困难。

3. 用药指南

（1）用药原则　预防为主，抗菌，控制继发感染。

（2）用药方法（根据临床症状、实验室检查结果等临床实际病情的需要选择以下措施进行治疗）

【措施1】呋喃唑酮

1克放于10千克水中浸浴20分钟。

注意事项：易受光线破坏，宜采用暗色容器保存，药浴最好在傍晚或夜晚光线越弱时为之。

【措施2】高锰酸钾

0.1%，全池泼洒。

注意事项：注意增氧。

【措施3】细盐

50克/立方米连续泼洒2～3次。

第十九章　龟类常见疾病

一、霉菌性口腔炎

1. 概念

龟霉菌性口腔炎是一种由白色念珠菌引起的口腔黏膜疾病。长期食物单一或长期、超量使用广谱抗生素或免疫功能低下，容易并发霉菌性口腔炎。其主要症状表现为口腔黏膜覆盖一层白色膜状物。

2. 临床诊断

（1）本病多发于龟的舌、吻端、颊、颚等处
①病变区黏膜充血，有分散的白色小点。
②不久即相互融合，出现较大溃疡面，上覆一层白色分泌物。
（2）病龟表现出烦躁不安，嘴总张着，口内有奶酪样白色块状物

3. 用药指南

（1）用药原则　对症治疗，抑制霉菌继发性感染，局部用药，全身用药及良好的护理是治疗成功的关键。
（2）用药方法（根据临床症状、实验室检查结果等临床实际病情的需要选择以下措施进行治疗）
① 外用
【措施1】小苏打溶液、龙胆紫、美蓝
用2％～4％的小苏打溶液清洗病龟口腔，清洗后在口腔内患处涂抹1％～2％龙胆紫或美蓝。
注意事项：小苏打即碳酸氢钠，属碱性药物，注意配比浓度，避免造成口腔烧伤。
【措施2】制霉菌素甘油
用10％的制霉菌素甘油涂抹，1天3次或4次。
注意事项：用药时一定要摇匀，混匀；混悬液剂室温下不稳定，应新鲜配制。
【措施3】预防措施
保持养殖水质清新，饲料新鲜。
注意事项：饲料中除防治疾病外，不要过多添加抗生素；彻底杀灭水中寄生虫。
② 内服

【措施】制霉菌素

病情严重者，在上述处理的同时，在饵料中添加制霉菌素，每千克体重加入 2 万单位，连用 3～5 天。

注意事项：不得长期大剂量使用。

二、白斑病

1. 概念

白斑病是龟类常见疾病之一，病原体有寄生原虫（如钟形虫、累枝虫）和霉菌等，其中毛霉菌是主要引起白斑病的病原体，病龟会在头颈部出现一层暗灰色覆盖物，之后逐渐变白并向周围扩散，有些会蔓延至眼部。

2. 临床诊断

（1）白斑病易发环境
① 此菌喜欢水质清新无藻类生长的水环境。
② 在土壤、烂草中也有其菌丝和孢子。
（2）早期甲壳、头颈四肢及尾部症状　可在水中见到病龟的甲壳、头颈、四肢、尾部等处有针尖大小的白点，早期仅表现在皮肤浅层，几天后迅速扩大，形成一块块的白斑，表皮坏死，部分崩解。
（3）中后期病龟表皮症状　病灶呈圆形向深处扩展，白斑形态如云絮，表皮开始溃烂、坏死、脱落。
（4）病龟食欲减退，烦躁不安，或瘫软伏地，反应迟钝。当白斑寄生到咽喉时，病龟不久窒息死亡。

3. 用药指南

（1）用药原则　对症治疗，抑制毛霉菌继发性感染，全身用药及良好的护理是治疗成功的关键。
（2）用药方法（根据临床症状、实验室检查结果等临床实际病情的需要选择以下措施进行治疗）
① 药浴
【措施】孔雀石绿
发现病龟后，捞出，放入浓度为 2 毫克/千克孔雀石绿溶液中药浴 15～20 分钟，患处涂抹 1% 的孔雀石绿软膏。
注意事项：孔雀石绿稳定性不高，放置的时间越长，药效越弱，长期超量使用可致癌。
② 饲养场地消毒
【措施 1】食盐水、小苏打
用 0.5% 食盐水和 0.5% 的小苏打合剂全池泼洒，连用 3 天。
注意事项：食盐水与小苏打合用时的配比浓度。
【措施 2】亚甲基蓝
用 1 或 2 毫克/千克浓度的亚甲基蓝溶液全池泼洒。

注意事项：亚甲基蓝水溶液为碱性，低毒，避免与病龟皮肤和眼睛接触。

③ 阳光照晒

【措施】阳光照晒

对刚发病的幼龟，可将其放在阳光下每天晒 2 小时，反复数天，可取得良好的治疗效果。

注意事项：控制幼龟阳光照射时间，避免时间过长。

三、烂板壳病

1. 概念

由于甲壳受磨损或受挤压，细菌侵入而导致甲壳溃烂，龟的背甲和腹甲四肢有白点（初期症状），慢慢形成红色块状，用力压会有血水产生，严重时就会使龟甲糜烂、穿孔。

2. 临床诊断

（1）发病条件

① 本病主要危害幼龟。

② 常发生于气温较高的季节。

（2）背壳或底板症状

① 病龟背壳或底板出现白色斑点。

② 以后白色处慢慢溃烂。

③ 变成红色块状，用力压之，血水可被挤出。

（3）病龟精神沉郁 病龟活动能力减弱，摄食减少，不久便死亡。

3. 用药指南

（1）用药原则 对症治疗，合理用药，做好杀菌消毒工作及良好护理是治疗成功的关键。

（2）用药方法（根据临床症状、实验室检查结果等临床实际病情的需要选择以下措施进行治疗）

① 饲养场地消毒

【措施】强氯精

发病季节，用 1 毫克/升的强氯精全池泼洒，每隔 15 天 1 次。

注意事项：强氯精与酸接触释放出有毒气体，故全池泼洒前清空饲养池及做好人员防护。

② 局部用药

【措施 1】食盐水

将病龟患处表皮挑破，挤出血水，用 10% 的食盐水反复涂擦，然后冲洗，每日 1 次，连续 7 天。

注意事项：挑破患处表皮时注意不要损伤周围表皮，食盐水浓度不要过高。

【措施 2】呋喃唑酮

将病龟患处洗净后，用呋喃唑酮干粉擦患部。

注意事项：过量使用呋喃唑酮可能会导致胃肠道反应，若超量或长期连续用药，可引起动物中毒，严重时会导致动物死亡。

【措施 3】金霉素

注射金霉素，每千克龟体重 20 万单位。

注意事项：称量、计算好病龟重量，避免注射剂量过大。

四、腮腺炎

1. 概念

本病的病原暂不确定，发生的主要原因是水质恶化，龟长期生活在脏水中，身体衰弱，病原菌容易侵入身体，大量病原菌侵入后产生溶血毒素导致。

2. 临床诊断

（1）病龟行为表现

① 病龟行动迟缓，常在水中、陆地上高抬头颈。

② 精神沉郁、摄食量减少甚至不摄食。

（2）患病龟脖颈肿大，无法缩入甲壳内。

（3）出现浮肿、口鼻流血

① 后肢窝鼓起，皮下有气，四肢浮肿。

② 严重者口鼻流血。

（4）与红脖子病鉴别　本病脖颈肿大但不发红，胃肠道有凝固的血块或毫无血色。

3. 用药指南

（1）用药原则　科学管理，对症治疗；控制病原菌继发感染；维持体液平衡，增强抵抗力；保持养殖水质清新；饲料中除防治疾病外，不要过多添加抗生素；彻底杀灭水中寄生虫。

（2）用药方法（根据临床症状、实验室检查结果等临床实际病情的需要选择以下措施进行治疗）

① 发病季节做好预防

【措施 1】漂白粉

发病季节要常撒漂白粉预防，保持水质良好，pH7.2～8.0，若水中 pH 小于 7.0，可用生石灰调节至微碱性。

注意事项：漂白粉极易分解失效，因此应密封、避光、干燥保存。

【措施 2】呋喃唑酮

日常可每隔 2～3 个月，用 30 毫克/千克呋喃唑酮溶液浸洗龟体 40～50 分钟。

注意事项：呋喃唑酮可能会导致胃肠道反应，若超量或长期连续用药，可引起动物中毒，严重时会导致动物死亡，严格控制其配比浓度与用量。

② 抗生素溶液浸泡

【措施】土霉素

发现病龟时，病症较轻的龟，可用土霉素溶液（每千克水中加土霉素 3 片）浸泡 30 分钟，每日1次，直至痊愈。

注意事项：注意土霉素溶液配比浓度，避免出现二重感染等不良反应。

③ 肌内注射

【措施】硫酸链霉素

病重时，每千克体重注射12万单位硫酸链霉素，每日2次，连续注射3天。

注意事项：硫酸链霉素会造成血尿、排尿次数减少或尿量减少、食欲减退、口渴等肾毒性症状，部分可出现四肢麻木、针刺感等周围神经炎症状。

④ 出现大规模发病龟池

【措施】大黄、复方新诺明

按每立方米取3.7克大黄，粉碎后用20倍大黄量的0.3％氨水浸泡12小时，全池泼洒；同时按每千克龟体重用0.1克的量在饵料中添加复方新诺明投喂，连用3天。

注意事项：复方新诺明不可任意加大剂量、增加用药次数或延长疗程，以防蓄积中毒。由于复方新诺明能抑制大肠杆菌的生长，妨碍B族维生素在肠内的合成，故使用该品超过1周以上者，应同时给予B族维生素以预防其缺乏。

五、水霉病

1. 概念

水霉病是由水霉感染引起的疾病。病龟体表出现白丝，消瘦无力，病灶溃烂。

2. 临床诊断

（1）一般症状　病龟精神沉郁，食欲下降，消瘦无力。

（2）体表症状

① 病龟的症状在水中最明显，出水后不易观察。

② 体表局部发白，接着身上长出灰白色、棉絮状长毛，为真菌寄生后长出的菌丝。

③ 严重时部分病灶、伤口充血或溃烂，最后病龟衰竭死亡。

3. 用药指南

（1）用药原则　做好早期消毒工作，加强饲养管理；保持水质优良、稳定；操作轻柔尽量避免龟体受伤及良好预后是治疗成功的关键。

（2）用药方法（根据临床症状、实验室检查结果等临床实际病情的需要选择以下措施进行治疗）

① 龟体受伤后应急处理方法

【措施】食盐水或小苏打

龟体受伤后，立刻用食盐水或小苏打水全池泼洒。

注意事项：注意食盐水或小苏打水配比浓度，避免浓度过高损害龟体或浓度过低不产生消杀效果。

② 涂抹

【措施】孔雀石绿

用1％的孔雀石绿水溶液涂抹，1～2分钟后，立即放入清水中漂去多余药液，然后放入清水中隔离饲养，3～4天后再重复用药1次。

注意事项：孔雀石绿稳定性不高，放置的时间越长药效越弱，长期超量使用可致癌。

③ 药物拌料饲喂

【措施】磺胺类药

每千克病龟每天用磺胺类药0.1克拌料投喂，连喂3天。

注意事项：注意磺胺类药物用量，不可长期过量使用，避免产生耐药性。

六、疔疮病

1. 概念

乌龟疔疮病由嗜水气单胞菌感染而引起，多因龟体表受伤后，细菌继发感染所致。发病具有季节流行性，发病高峰在5～7月，以皮肤出现疔疮为特征。

2. 临床诊断

（1）病龟出现皮肤症状

① 颈部、四肢有芝麻大或绿豆大的白色疔疮。

② 疔疮内可挤出黄色、白色的豆渣状内容物，并伴有腥臭气味。

③ 严重时呈腐皮病症状。

（2）食欲减退　初期尚能进食，后逐渐少食，停食，体况消瘦。

（3）神经症状　精神不振，静卧不动，头不能回。

3. 用药指南

（1）用药原则　清洁用水，水池定期消毒，预防发病。正确清除疔疮，控制伤口细菌，避免重复感染。重症病龟使用抗生素治疗效果明显。

（2）用药方法（根据临床症状、实验室检查结果等临床实际病情的需要选择以下措施进行治疗）

① 消毒水池，预防感染

【措施】漂白粉

龟：1毫克/千克，全池泼洒，每15天1次。

注意事项：龟放养时彻底清塘，养殖操作中动作轻柔，防止龟体受伤。漂白粉不宜用金属物品盛装，水温、溶解氧、盐度、有机物等因子会影响漂白粉的毒性，且容易灼伤皮肤，使用时要注意安全。

② 清除疔疮

【措施1】碘酒

龟：疔疮挤掉后，用碘酒擦抹。

注意事项：不能大面积使用，避免大量碘吸收，导致碘中毒。

【措施2】红霉素软膏

龟：外涂，每日1次；或敷在棉球上，填入创洞。

注意事项：避免长期使用，避免涂抹在眼睛和其他黏膜上，如口、鼻黏膜。

③ 抗生素治疗

【措施1】庆大霉素

龟：200毫克/千克，肌内注射，每日1次，连续注射4~6天。

注意事项：此药具有肾毒性，治疗过程中要给予足够的补水和补液，减少肾损伤。

【措施2】卡那霉素

龟：200毫克/千克，肌内注射，每日1次，连续注射4~6天。

注意事项：此药具有肾毒性，避免长期治疗，要严格掌握用药剂量与疗程。

七、败血症

1. 概念

龟类败血症由致病菌侵入血液循环引起，病原不明。以皮肤出现出血斑点等败血症症状为特征。

2. 临床症状

（1）一般症状　体况消瘦，静卧不动，口渴。

（2）消化道症状

① 食欲不振，摄食停止。

② 呕吐。

③ 下痢：排褐色或黄色的脓样粪便。

（3）皮肤症状

① 皮肤大面积脱皮。

② 皮肤表面有出血斑点。

③ 病情严重的龟皮肤溃烂、化脓。

3. 用药指南

（1）用药原则　消毒养殖池，保持水质无污染，合理利用抗生素杀菌，消除感染，避免继发感染。

（2）用药方法（根据临床症状、实验室检查结果等临床实际病情的需要选择以下措施进行治疗）

① 养殖池消毒

【措施】漂白粉

龟：1毫克/千克，全池泼洒，每15日1次。

注意事项：漂白粉不宜用金属物品盛装，水温、溶解氧、盐度、有机物等因子会影响漂白粉的毒性，且容易灼伤皮肤，使用时要注意安全。

② 抗生素杀菌治疗

【措施1】硫酸链霉素

龟：200毫克/千克，肌内注射，每日1次，连用3天。

注意事项：具有肾毒性，要严格掌握用药剂量与疗程，给药时可适当补液，减少肾损伤。

【措施2】恩诺沙星

龟：2.5~5.0毫克/千克，肌内注射，每日1次。

注意事项：可使幼龄龟软骨发生变性，且具有肾毒性，肾功能不全者慎用，需调节用量以免体内药物蓄积。

【措施3】新霉素

龟：10毫克/千克，肌内注射，每日1次。

注意事项：避免大面积使用，以免吸收中毒，避免接触眼睛和口鼻，具有肾毒性。

【措施4】庆大霉素

龟：200毫克/千克，肌内注射，每日1次。

注意事项：此药具有肾毒性，治疗过程中要给予足够的补水和补液，减少肾损伤。

【措施5】土霉素

龟：50毫克/千克，肌内注射，每日1次。

注意事项：使用过程中可以适量补液，避免长期使用，有肝毒性和肾毒性，会导致肝肾功能损伤。

八、腐皮病

1. 概念

龟腐皮病由单胞杆菌感染引起。特征为受伤部位皮肤溃烂或糜烂，皮肤组织坏死。

2. 临床症状

（1）一般症状　食欲不振，少食或停食，精神沉郁，静卧不动。

（2）明显的皮肤症状

① 病龟颈部、四肢、尾部等处皮肤溃烂或糜烂。

② 局部变白或有肉眼可见的红色伤痕。

③ 组织坏死，形成溃疡。

④ 溃烂严重时，皮肤开裂，露出鲜红的皮下组织。

⑤ 四肢发病时会导致骨骼裸露，甚至爪子脱落。

3. 用药指南

（1）用药原则　预防感染，确定合理的饲养密度，定期对养殖池进行消毒。清洗病灶，涂抹或内服抗生素，防止继发感染。可药浴浸泡消毒，有效切断传播途径。

（2）用药方法（根据临床症状、实验室检查结果等临床实际病情的需要选择以下措施进行治疗）

① 养殖池消毒

【措施】生石灰

龟：1～15毫克/千克，全池泼洒，每10～15日1次。

注意事项：生石灰遇水才会发生消毒作用，且必须现配现用，久置会变质失去杀菌消毒作用；若石灰中含有杂质，消杀过程中可能会引起燃烧和爆炸。

② 清理病灶，防止继发感染

【措施】金霉素

龟：生理盐水清洗，金霉素眼膏涂抹患处，每日1次。

注意事项：仅限眼部使用，不宜频繁或长期使用，涂抹时管口避免接触其他部位，防止损伤和污染。

③ 抗生素治疗

【措施1】卡那霉素

龟：150～200毫克/千克，肌内注射，每日1次，连用2天。

注意事项：此药具有肾毒性，避免长期治疗，要严格掌握用药剂量与疗程。

【措施2】庆大霉素

龟：150～200毫克/千克，肌内注射，每日1次，连用2天。

注意事项：此药具有肾毒性，治疗过程中要给予足够的补水和补液，减少肾损伤。

【措施3】红霉素

龟：30～50毫克/千克，肌内注射，每日1次，连用2天。

注意事项：应先以注射用水溶解，切不可用生理盐水或其它无机盐溶液溶解。待溶解后可用等渗葡萄糖注射液或生理盐水稀释。

【措施4】诺氟沙星

龟：0.02～0.03毫克/千克，口服，每日1次，连用5～7天。

注意事项：服用期间要增加饮水，要注意避免过度暴露在阳光下。

④ 药浴浸泡

【措施】链霉素

龟：10毫克/千克溶液，浸泡48小时。

注意事项：具有肾毒性，要严格掌握用药剂量与疗程，给药时可适当补液，减少肾损伤。

九、红脖子病

1. 概念

龟红脖子病是由嗜水气单胞菌感染引起，为一级传染性疾病，多发生在梅雨季节。以脖颈肿胀、发红为特征。

2. 临床症状

（1）颈部症状

① 脖颈肿胀、发红、充血，以致颈部不能缩进甲壳内。

② 剖检可见颈部充满黏液。

（2）龟甲损伤　腹甲有红斑，背甲失去光泽呈暗黑色。

（3）消化道症状

① 食欲不振，病重时停止摄食。

② 口腔、胃肠黏膜出血。

③ 食道腹腔充满积液。

（4）皮下充血，周身水肿，舌尖出血，从口、鼻流血。

（5）严重时眼睛混浊失明，反应迟钝，体况消瘦。

3. 用药指南

（1）用药原则　确保养殖池环境，合理消毒，保持良好水质，pH7.2～8.0，预防病原菌感染；使用抗生素治疗效果较好。

（2）用药方法（根据临床症状、实验室检查结果等临床实际病情的需要选择以下措施进行治疗）

① 确保养殖池环境，合理消毒

【措施】漂白粉

龟：1～15毫克/千克，全池泼洒，每10～15天1次。

注意事项：漂白粉不宜用金属物品盛装，水温、溶解氧、盐度、有机物等因子会影响漂白粉的毒性，且容易灼伤皮肤，使用时要注意安全。

② 抗生素治疗

【措施1】卡那霉素

龟：150～200毫克/千克，口服，每日1次，连用2～3天；200毫克/千克，肌内注射，每日1次，连用3天。

注意事项：此药具有肾毒性，避免长期治疗，要严格掌握用药剂量与疗程。

【措施2】庆大霉素

龟：150～200毫克/千克，口服，每日1次，连用2～3天；200毫克/千克，肌内注射，每日1次，连用3天。

注意事项：此药具有肾毒性，治疗过程中要给予足够的补水和补液，减少肾损伤。

十、肠胃炎

1. 概念

龟肠胃炎主要由感染产气单胞菌而引起。主要引起软便、稀便等消化道症状。

2. 临床症状

（1）消化道症状

① 食欲降低，腹部和肠内发炎充血，粪便不成形。

② 患病轻微的龟粪便中有少量黏液或粪便稀软，呈黄色、绿色或深绿色。

③ 患病严重的龟粪便呈水样或黏液状，呈酱色、血红色，用棉签蘸少量，涂于白纸上，可见血迹。

（2）神经症状

① 精神萎靡，眼眶凹陷，对外界刺激不敏感。

② 四肢无力，头部耷拉到地面，后肢或者夹窝处肿胀。

（3）皮肤干燥松弛，无弹性，无光泽。

3. 用药指南

（1）用药原则　清塘消毒，杀灭病菌，保持水质清洁。合理使用抗生素治疗，必要时补液，维持体液平衡。

（2）用药方法（根据临床症状、实验室检查结果等临床实际病情的需要选择以下措施进行治疗）

① 抗生素治疗

【措施1】磺胺类药物

龟：200毫克/千克，口服，每日1次，第2～6天减半。

注意事项：投药期间，拌饵料投喂量比平时少些，以便使药饵全部被吃掉。

【措施2】土霉素

龟：500毫克/千克，口服，每日2次，7天为一个疗程。

注意事项：土霉素会导致肝肾功能损害，服用土霉素片，应给予足量水，以减少对胃肠道的刺激。

【措施3】氯霉素

龟：40～50毫克/千克，肌内注射，每日1次。

注意事项：可能发生不可逆性的骨髓抑制，应避免重复使用。

【措施4】庆大霉素

龟：40～50毫克/千克，肌内注射，每日1次。

注意事项：此药具有肾毒性，治疗过程中要给予足够的补水和补液，减少肾损伤。

② 补液

【措施1】葡萄糖

龟：5％葡萄糖1毫升/千克，肌内注射，每日1次。

注意事项：不要一次性注射过多，冬天寒冷时，注射前要加热到接近体温，减少应激。葡萄糖配制和使用时尽量无菌操作，以免发霉。

【措施2】口服补液盐

规格：13.95克/袋，1/5袋溶于100毫升温水中，直至腹泻停止。

十一、钟形虫病

1. 概念

龟钟形虫病是由钟形虫寄生于龟颈部和四肢导致的疾病。通常少量钟形虫病不会直接引起死亡，但是龟摄食量大为降低，影响幼龟的生长与发育。

2. 临床症状

（1）患处出现白色絮状物

① 肉眼可见病龟四肢、背腹甲、颈部等处有灰白色或白色棉絮状和水霉状物。

② 显微镜检查絮状物或污物，可见虫的群体。

（2）食欲不振　摄食量大大减少，日渐消瘦，精神沉郁。

3. 用药指南

（1）用药原则　对养殖池和龟体严格消毒，防止虫体寄生；定期消毒池水，保持水质清洁；药浴杀虫，抗生素浸洗，合理杀菌，清除感染环境。

（2）用药方法（根据临床症状、实验室检查结果等临床实际病情的需要选择以下措施进

行治疗）

① 养殖池和龟体消毒

【措施1】硫酸铜

龟：0.5 毫克/千克，全池泼洒，每 10～15 天 1 次。

注意事项：硫酸铜的毒性与水温成正比，使用时应按照水温相对调节用量；溶解时勿用金属器皿，勿用 60℃ 以上的水，以防失去药效。

【措施2】新洁尔灭

龟：0.5 毫克/千克，全池泼洒，每 10～25 天 1 次。

注意事项：低效消毒剂，容易被微生物污染，应随用随配，禁与肥皂等阴离子表面活性剂、盐类消毒药、碘化物及过氧化物合用。

【措施3】高锰酸钾

龟：5 毫克/千克，全池泼洒，每 10～25 天 1 次。

注意事项：避光保存，现配现用。

【措施4】食盐水

龟：5% 食盐水，水温 10～32℃，浸洗龟体 5 分钟，每日 1 次，连续 3～5 天。

注意事项：盐水可以杀菌但无法杀灭病毒，不能代替消毒液，故盐水不能起到消毒作用；皮肤有伤口时要严格消毒。

② 药浴杀虫，合理杀菌

【措施1】制霉菌素

龟：3.5 毫克/千克，药浴 2.5～3 小时，每日 1 次，连续 2 天。

注意事项：有刺激性，避免接触到眼睛，避免长期使用。

【措施2】硫酸铜

龟：0.08 克/升，浸洗 20～30 分钟，可以彻底杀灭虫体。

注意事项：硫酸铜的毒性与水温成正比，使用时应按照水温调节用量；溶解时勿用金属器皿，勿用 60℃ 以上的水，以防失去药效。

【措施3】高锰酸钾

龟：1‰ 高锰酸钾浓度，涂抹，每日 1 次，连续 2 天。

注意事项：具有氧化作用，对皮肤和黏膜有损伤，避免长期使用。配置时用凉水，现配现用。

参考文献

［1］董军．宠物疾病诊疗与处方手册．2版．北京：化学工业出版社，2014.

［2］刘建柱．宠物处方药速查手册．北京：中国农业出版社，2014.

［3］胡元亮．兽医处方手册．北京：中国农业出版社，2005.

［4］刘建柱．宠物临床急救手册．北京：中国农业出版社，2014.

［5］朱模忠．兽药手册．北京：化学工业出版社，2002.

［6］侯加法．小动物疾病学．北京：中国农业出版社，2002.

［7］戴庶．观赏水生宠物——龟．北京：中国农业大学出版社，2001.